电力系统电压稳定性分析

汤 涌 著

科 学 出 版 社

北 京

内 容 简 介

本书全面阐述了电力系统电压稳定领域的理论和方法，共分为8章。第1章介绍了电力系统的基本理论以及电力系统稳定性的基本概念及分类；第2章讨论了电压稳定性的基本概念，包括电压稳定的机理、暂态、中长期电压稳定的影响因素；第3章介绍了电压稳定分析中重要的电力系统的元件特性和模型；第4～6章分别讨论了静态、暂态以及中长期电压稳定分析的理论和方法；第7章介绍了提高电压稳定性的措施；第8章介绍了两个电压稳定工程应用分析实例。

本书可供从事电力系统调度运行、规划设计和科学研究的工程技术人员以及高等院校电气工程专业的师生参考。

图书在版编目(CIP)数据

电力系统电压稳定性分析/汤涌著. —北京：科学出版社，2011
ISBN 978-7-03-032395-8

Ⅰ.电… Ⅱ.汤… Ⅲ.电力系统-系统电压调整 Ⅳ.TM761

中国版本图书馆CIP数据核字(2011)第193342号

责任编辑：汤 枫 / 责任校对：包志虹
责任印制：吴兆东 / 封面设计：陈 敬

科学出版社 出版
北京东黄城根北街16号
邮政编码：100717
http://www.sciencep.com
北京厚诚则铭印刷科技有限公司印刷
科学出版社发行 各地新华书店经销
*
2011年10月第 一 版 开本：B5(720×1000)
2024年 1月第四次印刷 印张：19 3/4
字数：382 000
定价：160.00元
（如有印装质量问题，我社负责调换）

前言

电力系统是当今世界覆盖面最广、规模最大、结构最复杂的人造系统之一，多年来其安全稳定性一直是电力科技工作者重视的研究课题。长期以来，人们往往只关注电力系统的功角稳定和频率稳定问题。自20世纪70年代末以来，世界上一些大电网因电压失稳多次发生大停电事故，电压稳定问题才开始受到重视，逐渐成为电力系统稳定性研究的一个重要分支。近30年来，我国电力系统向大机组、大电网、大容量远距离输电发展，特别是20世纪90年代以来，电力系统发生了许多新的变化：受端系统负荷高度集中，互联电网规模不断扩大，远离负荷中心的水电厂、坑口火电厂及大规模可再生能源发电所占比重不断增加，直流输电和电力电子控制装置广泛应用。这些变化对于合理利用资源、提高经济效益和保护环境具有重要意义，但是也给电力系统的安全运行带来新的挑战，其中之一便是电压稳定问题。此外，受环境因素制约，输电线路走廊日益紧张，不利于电压稳定的负荷比例越来越大，这些因素使电压稳定问题越来越突出。

尽管在过去的几十年间，电力系统电压稳定研究取得了很大进展，然而，电压稳定问题仍是困扰世界电力学术界的难题之一，对电压稳定的基础理论研究仍不完善。到目前为止，国内外还没有统一的、物理意义明确的电压稳定定义，缺乏具有理论性和工程实用性的暂态和中长期电压稳定判断指标，以及电压失稳和功角失稳的区分方法等。因此更深入地理解电压稳定机理，研究快速、准确的电压稳定分析方法是我们亟须解决的重大问题。

本书是中国电力科学研究院电力系统研究所在电压稳定性研究方面所取得的研究成果的总结，特别是国家重点基础研究发展计划项目(973项目)“提高大型互联电网运行可靠性的基础研究”项目中的第1子课题“电力受端系统的动态特性及安全性评价的基础研究”(2004CB217901)的研究成果。课题组历时5年的潜心研究和技术攻关，深入开展了电压稳定基础理论研究，在电压稳定机理、判据及其工程应用方面取得了一些有益的成果。本书是在系统总结已有研究成果的基础上，收编了课题的最新研究成果和工程分析实例，希望对电压稳定研究领域的广大电力工作者有所裨益。

本书是在中国电力科学研究院电力系统研究所的领导和支持下完成的，973课题组成员孙华东、仲悟之、易俊、林伟芳、马世英、张鑫、宋新立、侯俊贤、张东霞、博士研究生邵瑶等参与了研究工作，孙华东、仲悟之、易俊、林伟芳参与了编写工作。在此表示衷心感谢！

限于作者水平和实践经验，书中难免有不足或有待改进之处，尚希读者不吝指正。

汤　涌

2011年6月于北京

目　　录

第1章 绪 论

1.1 电力系统的发展

电力是重要的二次能源，对国民经济的发展具有不可替代的作用，电力安全直接关系着国家经济和社会安全。

电力系统包含发电、输变电和配用电全过程。在电力系统中，发电设备生产电能，在发电设备中一次能源转化为电能；变压器、电力线路输送和分配电能；用电设备消费电能，在用电设备中，电能转化为机械能、热能、光能等。

电能和其他能源不同，其主要特点是不能大规模储存，电能的生产、输送、分配、消费实际上是同时进行的，即发电设备任何时刻生产的电能必须等于该时刻用电设备消费和输送、分配中消耗的电能之和。发电和用电之间必须实时保持供需平衡，如果不能保持平衡，将危及用电的安全性和连续性。

安全、可靠和优质的电力供应是现代社会的基础及重要条件之一，经济、环境和技术等方面的影响对电力系统的发展不断提出新的要求，主要体现在：

(1) 洁净、可持续、对环境影响较小的能源。在发电侧，应用可再生能源，减少碳排放等；增大现存架空线路走廊的输电密度，设计电磁和噪声影响小、适应环境要求的、美观的新线路；逐步以电缆替代架空线路，特别是在城市及其周边地区。

(2) 可用性。使所有的人都能用得到和用得起电。

(3) 适用性。提供不同用户所需的可靠性和质量等级的电能。

(4) 先进性。电力工业的发展必须切实依靠科技进步，现代控制理论、信息技术、计算机技术、电子技术、新材料等渗透到电力工业的各个方面。

(5) 灵活性和可控性。能够快速和精确地控制电力供应以适应市场的需求。

为合理开发和利用资源，形成互联电力系统是现代电力系统发展的客观要求和必然趋势。美国、加拿大和墨西哥的部分电网已经互联形成北美电网，包含东部(Eastern Interconnection)、西部(Western Interconnection)、德克萨斯州(Texas Interconnection)和魁北克(Quebec Interconnection)四个同步电网互联。欧洲电网正在原有西欧电网的基础上，通过与周边跨国电网(如北欧电网)和周边国家电网(如东欧国家)互联扩大电网的规模。

随着我国经济和能源供应发生巨大变化以及我国电力工业的迅速发展，同时为了满足电能大容量、远距离、低损耗、低成本输送的基本要求，适应未来能源流的变化，具备电网运行调度的灵活性和电网结构的可扩展性，我国将建设以特高压交流电网为骨干网架，特高压、超高压、高压电网分层、分区，网架结构清晰的、强大的国家电网。2009年1月，世界上运行电压等级最高、输送能力最大、代表国际输变电技术最高水平的特高压交流输变电工程——1000kV晋东南—南阳—荆门特高压交流试验示范工程成功投运，标志着我国在远距离、大容量、低损耗的特高压核心技术和设备国产化上取得重大突破，对优化能源资源配置、保障国家能源安全和电力可靠供应具有重要意义。

为满足远距离、大容量的互联要求，直流输电也在我国得到了广泛的应用。我国已形成世界上结构最复杂的交直流输电系统：形成华北-华中电网、华东电网、西北电网、东北电网、南方电网五大同步电网，五大同步电网通过直流实现了异步互联，东北电网与南方电网在同步电网内部实现了交直流并列运行。截止至2010年年底，建成投运的直流工程有：舟山直流工程、葛（洲坝）—南（上海南桥）、三（峡）—常（州）、三（峡）—广（东）、三（峡）—沪（上海）、天（生桥）—广（东）、贵（州）—广（东）Ⅰ回、贵（州）—广（东）Ⅱ回，以及两个特高压直流（±800kV）输电工程向（家坝）—上（海）和云（南）—广（东）。直流输电线路总长度和输送容量均居世界第一。随着经济发展和电网的建设，必然要求电网能够实现多电源供电以及多落点受电，然而传统的两端直流仅能实现点对点的直流功率传送，因此在两端直流输电系统上发展而来的多端直流输电系统受到了越来越多的关注。

可再生能源与分布式电源是未来电网发展的大趋势。风能、太阳能等清洁能源是人类赖以持续生存发展的新能源，而分布式电源能够提高能源的利用效率。这些新型电力的大量接入及其多变性使发电资源发生了根本性变化。多变的可再生能源利用、分布式发电、需求响应、微电网和超导电网的接入以及电动运输体系和建筑智能管理等的应用，使得电力系统更加复杂。

为了提高能源有效利用和系统的安全性，我国开始发展坚强智能电网。坚强智能电网是经济和技术发展的必然结果，通过利用先进的技术提高电力系统在能源转换效率、电能利用率、供电质量和可靠性等方面的性能。建设坚强智能电网已经成为电力工业的一种美好愿景，必将进一步推动电力工业的变革与进步。

1.2　运行与控制

1.2.1　电力系统运行

1. 基本运行要求

供电的中断将使生产停顿、生活混乱，甚至危及人身和设备安全，造成十分严重的后果。停电给国民经济造成的损失远远超过电力系统本身的损失。因此，电力系统运行首先要满足可靠、持续供电的要求。

为了保证电力系统安全稳定运行，我国《电力系统安全稳定导则》规定电力系统必须满足以下要求[1]：

(1) 为保证电力系统运行的稳定性，维持电网频率、电压的正常水平，系统应有足够的静态稳定储备和有功、无功备用容量。备用容量应分配合理，并有必要的调节手段。在正常负荷波动和调整有功、无功潮流时，均不应发生自发振荡。

(2) 合理的电网结构是电力系统安全稳定运行的基础。在电网的规划设计阶段，应当统筹考虑，合理布局。电网运行方式安排也要注重电网结构的合理性。合理的电网结构应满足如下基本要求：

① 能够满足各种运行方式下潮流变化的需要，具有一定的灵活性，并能适应系统发展的要求；

② 任一元件无故障断开，应能保持电力系统的稳定运行，且不致使其他元件超过规定的事故过负荷和电压允许偏差的要求；

③ 应有较大的抗扰动能力，并满足《电力系统安全稳定导则》中规定的有关各项安全稳定标准；

④ 满足分层和分区原则；

⑤ 合理控制系统短路电流。

(3) 在正常运行方式(含计划检修方式)下，系统中任一元件(发电机、线路、变压器、母线)发生单一故障时，不应导致主系统非同步运行，不应发生频率崩溃和电压崩溃。

(4) 在事故后经调整的运行方式下，电力系统仍应有规定的静态稳定储备，并满足再次发生单一元件故障后的暂态稳定和其他元件不超过规定事故过负荷能力的要求。

(5) 电力系统发生稳定破坏时，必须有预定的措施，以防止事故范围扩大，减少事故损失。

(6) 低一级电网中的任何元件(包括线路、母线、变压器等)发生各种类型的单一故障均不得影响高一级电压电网的稳定运行。

2. 运行状态

根据不同的运行条件，一般可将电力系统的运行状态分为正常运行状态、警戒状态、紧急状态、崩溃状态和恢复状态等。随着运行条件的变化，电力系统的运行状态将在各种状态之间转变，如图 1.1 所示。

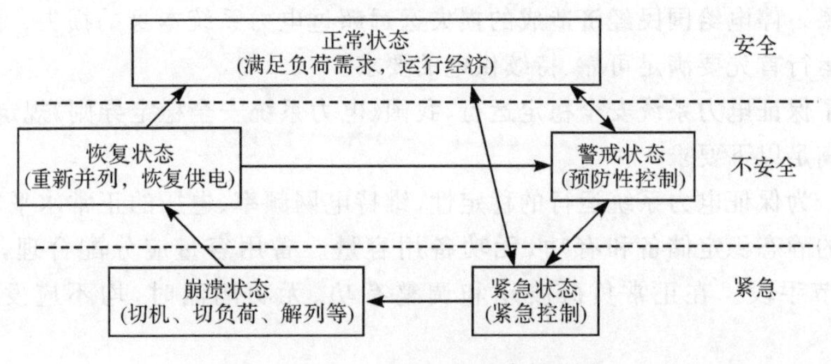

图 1.1 电力系统运行状态转化图

在正常状态下,系统供给平衡的、质量合格的电能,满足上述安全运行要求,并有足够的储备,同时能够实现系统的经济运行。但如果由于系统运行条件的变化或故障扰动等原因,使系统的安全水平低于某一值时,系统将进入警戒状态,此时系统承受扰动的能力降低,应采取预防性控制措施,使系统恢复到正常状态。在正常或警戒状态,当出现足够大的扰动时,系统都可能进入紧急状态。在快速清除故障元件,并采取有效的紧急控制措施后,系统有可能恢复到警戒甚至正常状态。如果不能及时而有效地采取相应的消除故障和紧急控制措施,系统有可能自行解列,以致出现全系统的崩溃和大面积停电,即为崩溃状态。在系统自行解列或崩溃后,当采取各种控制措施使系统稳定下来时,则系统可进入恢复状态。此时应采取各种恢复发电出力和送电能力的措施,迅速而平滑地对用户恢复供电,使无计划解列的系统重新并列。根据系统的实际情况,系统可从恢复状态进入到正常状态或警戒状态。

1.2.2 电力系统安全稳定控制

电力系统安全稳定控制的目的是采取各种措施使系统尽可能运行在或恢复到安全稳定运行状态。电力系统稳定破坏的主要原因是系统内有功功率或无功功率的不平衡。

控制有功功率的稳定措施有:切除发电机、切除负荷、汽/水轮机快关汽/水门、电阻动态制动(电气制动)、备用电源自动投入、超导储能等,这些措施主要用于减少发电机的加速功率,抑制系统过渡过程中的功率振荡。

控制无功功率的稳定措施主要有:发电机励磁附加稳定控制(如电力系统稳定器、线性最优励磁控制器、非线性最优励磁控制器等)、输电系统中的静止无功调节设备等,这些措施通常用于维持电压稳定、提高阻尼力矩抑制系统振荡等。

另外还有快速切除故障元件、正确选用重合闸方式和重合闸时间、可控串联电容补偿控制、高压直流输电线的功率调制、快速投切并联电抗器等一些新型的灵活交流输电系统(flexible AC transmission system,FACTS)设备,在以上这些措施不能挽救系统时,也可采用有选择的系统解列和切负荷措施。

电力系统安全稳定控制按其起作用的时机可分为预防控制、紧急控制和恢复控制。通过提前确定各项预防性控制,提高对可能出现的紧急状态的处理能力。这些控制内容包括:调整发电机出力、切换网络和负荷、调整潮流、切换变压器分接头等,使系统在发生事故时有较高的安全水平。当电力系统进入紧急状态时,则靠紧急控制来处理。紧急控制措施包括继电保护装置和各种安全稳定控制装置等,通过这些装置的自动响应正确快速动作,防止事故扩大,平衡有功和无功,将系统恢复到正常运行状态。

通常按照故障的严重程度将系统安全稳定控制分为三道防线[2,3]:

第一道防线主要采用继电保护装置,快速切除故障元件,防止故障扩大。

第二道防线主要采用安全稳定控制系统,进行紧急自动控制,防止系统失去稳定。

第三道防线主要采用解列、切机、切负荷等自动控制措施,以及调度运行人员采取的紧急措施,在系统失去稳定后,防止发生大面积停电。

为保证电力系统的安全稳定运行,一次系统应建立合理的电网结构、配置完善的电力设施、安排合理的运行方式,二次系统应配备性能完善的继电保护系统和安全稳定控制措施,组成一个完善的安全稳定防御体系。

1.3 电力系统稳定性的定义及分类

1.3.1 概述

自20世纪20年代起电力工作者就已认识到电力系统稳定问题并将其作为系统安全运行的重要方面加以研究[4]。近几十年来,世界各地发生了多起由于电力系统失稳导致的大停电事故,这些事故造成了巨大的经济损失和社会影响,同时也反映出研究电力系统稳定的重要意义。电力系统稳定研究中的基础问题是其定义及分类,清晰理解不同类型的稳定问题以及它们之间的相互关系对于电力系统安全规划和运行非常必要。

电力系统两大国际组织——国际大电网会议(Conseil International Des Grands Réseaux Electriques,CIGRE)和国际电气与电子工程师学会电力工程分会(Institute of Electrical and Electronic Engineers,Power Engineering Society,IEEE/PES)曾分别给出过电力系统稳定的定义[5~8]。

随着电网的发展,电力系统失稳的形态更加复杂。暂态功角稳定曾是早期电力系统稳定的主要问题,随着电网互联的不断发展、新技术和新控制手段的不断应用以及系统运行越来越重载,电压失稳、振荡失稳和频率失稳逐渐成为电力系统失稳的常见现象。IEEE/PES 和 CIGRE 以前给出的定义已不完全适应,其分类也不能包含所有实际的稳定情况,因此,IEEE/CIGRE 稳定定义联合工作组于近期给出了新的电力系统稳定定义和分类报告[9]。

我国《电力系统安全稳定导则》(DL 755—2001)在以往定义的基础上系统地给出了电力系统稳定的定义和分类[2],文献[10]和[11]又对该定义和分类进行了补充和细化,从而形成了完整的电力系统稳定分类与定义体系。但 IEEE/CIGRE 和我国行标 DL 755—2001 给出的电力系统稳定的定义和分类并不完全相同。文献[12]详细介绍并比较了 IEEE/CIGRE 和《电力系统安全稳定导则》(DL 755—2001)中的电力系统稳定定义和分类,分析了不同定义和分类的依据。

1.3.2 我国电力系统稳定定义与分类

在我国《电力系统安全稳定导则》(DL 755—2001)和《国家电网公司电力系统安全稳定计算规范》中,电力系统稳定性是指电力系统受到事故扰动后保持稳定运行的能力。通常根据动态过程的特征和参与动作的元件及控制系统,将电力系统稳定分为功角稳定、频率稳定和电压稳定三大类以及众多子类,如图 1.2 所示[2,10]。

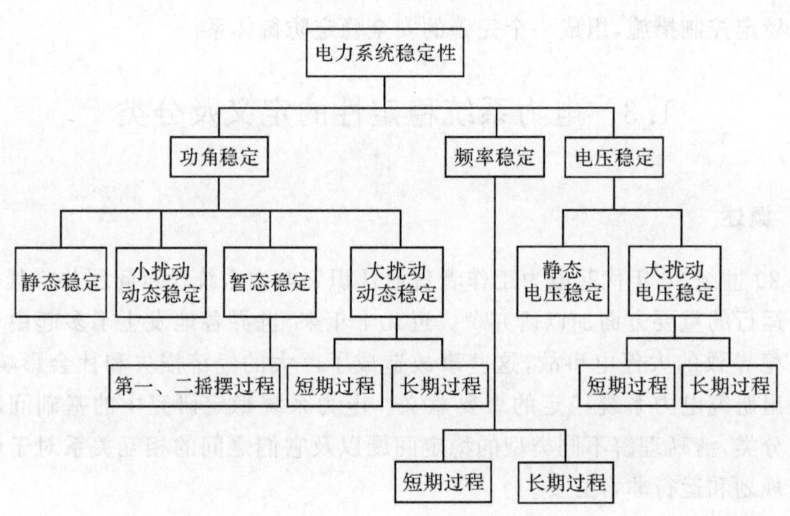

图 1.2 《国家电网电力系统安全稳定计算规定》中的电力系统稳定性分类

1. 功角稳定

功角失稳表现为同步发电机受到扰动后不再保持同步运行。根据受到扰动的大小以及导致功角不稳定的主导因素不同(同步力矩不足和阻尼力矩不足),又将功角稳定分为以下 4 个子类：静态稳定、小扰动动态稳定、暂态稳定和大扰动动态稳定，如图 1.2 所示。

静态稳定在实际运行分析中，是指系统受到小扰动后不发生非周期性失稳的功角稳定性，其物理特性是指与同步力矩相关的小扰动动态稳定性。主要用以定义系统正常运行和事故后运行方式下的静稳定储备情况。

小扰动动态稳定是指系统受到小扰动后不发生周期性振荡失稳的功角稳定性，其物理特性是指与阻尼力矩相关的小扰动动态稳定性。主要用于分析系统正常运行和事故后运行方式下的阻尼特性。

暂态稳定主要指系统受到大扰动后第一、二摇摆的稳定性，用以确定系统暂态稳定极限和稳定措施，其物理特性是指与同步力矩相关的暂态稳定性。

大扰动动态稳定主要指系统受到大扰动后，在系统动态元件和控制装置的作用下，保持系统稳定性的能力，其物理特性是指与阻尼力矩相关的大扰动动态稳定性。主要用于分析系统暂态稳定后的动态稳定性，在计算分析中必须考虑详细的动态元件和控制装置的模型，如励磁系统及其附加控制、原动机调速器、电力电子装置等。

2. 电压稳定

电压稳定是指电力系统受到小的或大的扰动后，系统电压能够保持或恢复到允许的范围内，不发生电压崩溃的能力。根据受到扰动的大小，电压稳定分为静态电压稳定和大扰动电压稳定。

静态电压稳定是指系统受到小扰动后，系统电压能够保持或恢复到允许的范围内，不发生电压崩溃的能力。主要用以定义系统正常运行和事故后运行方式下的电压静稳定储备情况。

大扰动电压稳定包括暂态电压稳定、动态电压稳定和中长期电压稳定，是指电力系统受到大扰动后，系统不发生电压崩溃的能力。暂态电压稳定主要用于分析快速的电压崩溃问题，中长期电压稳定主要用于分析系统在响应较慢的动态元件和控制装置的作用下的电压稳定性，如有载调压变压器(OLTC)、发电机定子和转子过流和低励限制、可操作并联电容器、电压和频率的二次控制、恒温负荷等。

3. 频率稳定

频率稳定是指电力系统发生突然的有功功率扰动后，系统频率能够保持或恢复到允许的范围内不发生频率崩溃的能力。主要用于研究系统的旋转备用容量和低频减负荷配置的有效性与合理性，以及机网协调问题。

1.3.3　IEEE/CIGRE 的电力系统稳定定义与分类

电力系统稳定性是指系统在给定的初始运行方式下，受到物理扰动后仍能够重新获得运行平衡点，且在该平衡点大部分系统状态量都未越限，从而保持系统完整性的能力。

IEEE/CIGRE 稳定定义联合工作组根据电力系统失稳的物理特性、受扰动的大小以及研究稳定问题必须考虑的设备、过程和时间框架，将电力系统稳定分为功角稳定、电压稳定和频率稳定三大类以及众多子类，如图 1.3 所示[9]。

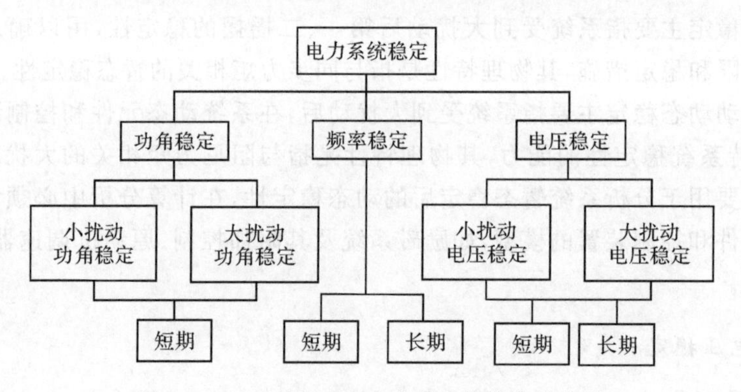

图 1.3　IEEE/CIGRE 中电力系统稳定的分类

1. 功角稳定

功角稳定是指互联系统中的同步发电机受到扰动后保持同步运行的能力。功角失稳可能由同步转矩和/或阻尼转矩不足引起，同步转矩不足会导致非周期性失稳，而阻尼转矩不足会导致振荡失稳。

为便于分析和深入理解稳定问题，根据扰动的大小将功角稳定分为小扰动功角稳定和大扰动功角稳定。由于小扰动可以足够小，因此，小扰动稳定分析时可在平衡点处将电力系统非线性微分方程线性化，在此基础上对稳定问题进行研究；而大扰动稳定必须通过非线性微分方程进行研究。

小扰动功角稳定是指电力系统遭受小扰动后保持同步运行的能力，它由系统的初始运行状态决定。小扰动功角稳定可表现为转子同步转矩不足引起的非周期失稳以及阻尼转矩不足造成的转子增幅振荡失稳。振荡失稳分本地模式和互联模式两种振荡情形。小扰动功角稳定研究的时间范围通常是扰动之后 10～20s 时间。

大扰动功角稳定又称为暂态稳定，是指电力系统遭受输电线短路等大扰动时保持同步运行的能力，它由系统的初始运行状态和受扰动的严重程度共同决定。

同理,大扰动功角稳定也可表现为非周期失稳(第一摆失稳)和振荡失稳两种形式。对于非周期失稳的大扰动功角稳定,研究的时间框架通常是扰动之后的3～5s时间;对于振荡失稳的大扰动功角稳定,研究的时间框架需延长到扰动之后10～20s的时间。

在IEEE/CIGRE的定义与分类中,小扰动功角稳定和大扰动功角稳定均被视为一种短期现象。

2. 电压稳定

电压稳定性是指在给定的初始运行状态下,电力系统遭受扰动后系统中所有母线维持稳定电压的能力,它依赖于负荷需求与系统向负荷供电之间保持/恢复平衡的能力。根据扰动的大小,IEEE/CIGRE将电压稳定分为小扰动电压稳定和大扰动电压稳定两种,如图1.3所示。

大扰动电压稳定是指电力系统遭受大扰动如系统故障、失去发电机或线路之后,系统所有母线保持稳定电压的能力。大扰动电压稳定研究中必须考虑非线性响应,根据需要大扰动电压稳定的研究时段可从几秒到几十分钟。

小扰动电压稳定是指电力系统受到诸如负荷增加等小扰动后,系统所有母线维持稳定电压的能力。小扰动电压稳定可能是短期的或长期的。

电压稳定可以是一种短期或长期的现象。短期电压稳定与快速响应的感应电动机负荷、电力电子控制负荷以及高压直流输电换流器等的动态有关,研究的时段大约在几秒钟。短期电压稳定研究必须考虑动态负荷模型,同时临近负荷的短路故障分析对短期电压稳定研究也很重要。长期电压稳定与慢动态设备有关,如OLTC、恒温负荷和发电机励磁电流限制等,长期电压稳定研究的时段是几分钟或更长时间。长期电压稳定问题通常是由连锁的设备停运造成的,而与最初的扰动严重程度无关。

IEEE/CIGRE的电力系统稳定定义和分类报告中对于正确区分电压稳定和功角稳定给出了解释:功角稳定和电压稳定的区别并不是基于有功功率/功角和无功功率/电压幅值之间的弱耦合关系。实际上,对于重负荷状态下的电力系统,有功功率/功角和无功功率/电压幅值之间具有很强的耦合关系,功角稳定和电压稳定都受到扰动前有功和无功潮流的影响。两种稳定应该基于经受持续不平衡的一组特定相反作用力以及随后发生不稳定时的主导系统变量加以区分。

3. 频率稳定

频率稳定是指电力系统受到严重扰动后,发电和负荷需求出现大的不平衡,系统仍能保持稳定频率的能力。频率稳定可以是一种短期或长期现象。

1.3.4 国内外定义与分类的比较分析

IEEE/CIGRE 2004 年提出的电力系统稳定定义和分类与我国 2001 年提出的定义和分类(DL 755—2001 中)有所不同。IEEE/CIGRE 和行标 DL 755—2001 均认为电力系统稳定是一个整体性问题,客观上只有稳定或不稳定状态,但依据系统的稳定特性、扰动大小和时间框架的不同,系统失稳可表现为多种不同的形式。为识别导致电力系统失稳的主要诱因,在分析特定问题时进行合理简化假设以及采用恰当的模型和计算方法,从而安排合理的方式、制定提高系统安全稳定水平的控制策略、规划和优化电网结构。IEEE/CIGRE 和行标 DL 755—2001 均将电力系统稳定分为功角稳定、频率稳定和电压稳定,这种分类对于分析和解决电力系统实际稳定问题十分必要,也有助于正确理解和有效处理电力系统稳定问题。表 1.1 给出了两种定义的比较与对应关系。

表 1.1 两种定义与分类的对应关系

<table>
<tr><th>比较项</th><th colspan="2">IEEE/CIGRE</th><th colspan="2">行标 DL 755—2001</th></tr>
<tr><td rowspan="4">功角稳定</td><td rowspan="2">小扰动功角稳定</td><td rowspan="2">短期过程</td><td>静态稳定</td><td rowspan="2"></td></tr>
<tr><td>小扰动动态稳定</td></tr>
<tr><td rowspan="2">大扰动功角稳定</td><td rowspan="2">短期过程</td><td>暂态稳定</td><td>第一、二摇摆过程</td></tr>
<tr><td>大扰动动态稳定</td><td>短、长期过程</td></tr>
<tr><td rowspan="2">电压稳定</td><td>小扰动电压稳定</td><td>短、长期过程</td><td>静态电压稳定</td><td></td></tr>
<tr><td>大扰动电压稳定</td><td>短、长期过程</td><td>大扰动电压稳定</td><td>短、长期过程</td></tr>
<tr><td>频率稳定</td><td colspan="2">短、长期过程</td><td colspan="2">短、长期过程</td></tr>
</table>

1. 功角稳定

IEEE/CIGRE 从数学计算方法和稳定预测的角度,将功角稳定分为小扰动功角稳定和大扰动功角稳定。在这种分类下,小扰动功角稳定认为扰动足够小,从而可采用基于线性化微分方程的小扰动稳定分析方法来研究,而大扰动功角稳定必须基于保留电力系统动态因素的非线性微分方程加以研究。小扰动功角稳定可通过特征根分析以预测和判断系统的稳定特性,而大扰动功角稳定可基于时域仿真预测和判断稳定性。

IEEE/CIGRE 认为,小扰动功角稳定研究的时间框架通常是扰动之后的 10～20s 时间,第一摆失稳的大扰动功角稳定研究的时间框架通常是扰动之后的 3～5s 时间,振荡失稳的大扰动功角稳定研究的时间框架通常延长到扰动之后 10～20s 的时间。因此,IEEE/CIGRE 将功角稳定(小扰动功角稳定和大扰动功角稳定)归为短期稳定问题。

IEEE和CIGRE在早前各自给出的电力系统稳定的定义中曾将“动态稳定(dynamic stability)”作为功角稳定的一种稳定形式。但因为“动态稳定”在北美和欧洲分别表示不同的现象：在北美，动态稳定一般表示考虑控制(主要指发电机励磁控制)的小扰动稳定，以区别于不计发电机控制的经典“静态稳定”；而在欧洲却表示暂态稳定。为避免应用“动态稳定”这一术语造成的混乱，IEEE/CIGRE在新的定义中不再采用“动态稳定”的术语表示。

《电力系统安全稳定导则》(DL 755—2001)从电力系统稳定的物理特性和数学计算方法的角度，将功角稳定再细分为静态稳定、小扰动动态稳定、暂态稳定和大扰动动态稳定。这种分类既考虑了失稳的不同性质，又兼顾了受到扰动的大小，从而可以采用不同的分析方法加以研究。

由上述分析可以看出，IEEE/CIGRE依据扰动的大小，将功角稳定分为小扰动功角稳定和大扰动功角稳定，而子类中不再具体细分是由哪种原因导致的稳定性质问题。《电力系统安全稳定导则》(DL 755—2001)同时考虑稳定的物理特性和数学计算方法的不同，将功角稳定细分为静态稳定(在小扰动下由于同步力矩不足引起的小扰动功角稳定)、小扰动动态稳定(在小扰动下由于阻尼力矩不足引起的小扰动功角稳定)、暂态稳定(在大扰动下由于同步力矩不足引起的大扰动功角稳定)和大扰动动态稳定(在大扰动下由于阻尼力矩不足引起的大扰动功角稳定)。

2. 电压稳定

对于电压稳定，IEEE/CIGRE从数学计算方法和稳定预测的角度，将电压稳定分为小扰动电压稳定和大扰动电压稳定。《电力系统安全稳定导则》(DL 755—2001)同样从数学计算方法和稳定预测的角度，将电压稳定分为静态电压稳定和大扰动电压稳定，该静态电压稳定与IEEE/CIGRE中的小扰动电压稳定是相对应的。

对于大扰动电压稳定，IEEE/CIGRE和《电力系统安全稳定导则》(DL 755—2001)均认为既可以是由于快速动态负荷、HVDC等引起的快速短期电压失稳，也可以是由慢动态设备如OLTC、恒温负荷和发电机励磁电流限制等引起的长过程电压失稳。

对于小扰动电压稳定(静态电压稳定)，IEEE/CIGRE认为在给定运行点，电力系统受到诸如持续负荷增加、连续控制、离散控制(有载调压使功率恢复)等可能导致电压失稳，这种小扰动电压失稳可以是一种短期现象，也可以是一种长期现象。《电力系统安全稳定导则》(DL 755—2001)定义静态电压稳定的目的主要是用以考察电力系统正常运行和事故后运行方式下的电压静稳定储备情况，因此，未再从时间框架上将静态电压稳定加以区分。

3. 频率稳定

对于频率稳定，IEEE/CIGRE 和《电力系统安全稳定导则》(DL 755—2001)均从系统的角度定义频率在保持发电和负荷平衡情况下的稳定能力。此外，行标 DL 755—2001 还从安全运行的角度定义频率必须保持或恢复到允许的范围内。

总之，我国电力系统稳定的定义与分类比较总结如下：

(1) 电力系统稳定是一个整体性问题，客观上只有一种稳定或不稳定状态，但依据系统的稳定特性、扰动大小和时间框架的不同，电力系统失稳可表现为多种不同的形式。为识别导致电力系统失稳的主要诱因，合理地简化以及选用恰当的元件模型和分析技术，从而安排合理的运行方式、制定提高系统安全稳定水平的控制策略、规划和优化电网结构，IEEE/CIGRE 和《电力系统安全稳定导则》(DL 755—2001)均将电力系统稳定分为功角稳定、频率稳定和电压稳定。

(2) 对于功角稳定，IEEE/CIGRE 依据扰动大小的不同，将功角稳定分为小扰动功角稳定和大扰动功角稳定，而子类中不再具体细分是由哪种原因导致的稳定问题；而《电力系统安全稳定导则》(DL 755—2001)同时考虑稳定的物理特性和数学计算方法的不同，将功角稳定细分为静态稳定、小扰动动态稳定、暂态稳定和大扰动动态稳定。

(3) 对于电压稳定，IEEE/CIGRE 从数学计算方法和稳定预测的角度，将电压稳定分为小扰动电压稳定和大扰动电压稳定。《电力系统安全稳定导则》(DL 755—2001)同样从数学计算方法和稳定预测的角度，将电压稳定分为静态电压稳定和大扰动电压稳定，该静态电压稳定与 IEEE/CIGRE 中的小扰动电压稳定是对应的。

(4) 对于频率稳定，IEEE/CIGRE 和《电力系统安全稳定导则》(DL 755—2001)均从系统论的角度定义频率在保持发电和负荷平衡情况下的稳定能力。此外，《电力系统安全稳定导则》(DL 755—2001)还从安全运行的角度定义频率必须保持或恢复到允许的范围内。

1.3.5 电力系统稳定的定义与分类

通过对《电力系统安全稳定导则》、《国家电网公司电力系统安全稳定计算规范》和 IEEE/CIGRE 电力系统稳定性分类给出的定义与分类分析对比，稳定性定义需要根据不同的物理本质和数学描述进行详细说明。在 IEEE/CIGRE 定义中，由阻尼力矩不足引起的功角稳定与由同步力矩不足引起的功角稳定在分类图中没有给予明确说明，本书结合我国电力系统生产实践的习惯用语，同时基于物理本质和数学描述，给出如下电力系统稳定的定义与分类。

电力系统稳定(power system stability)是指电力系统受到扰动后保持稳定运

行的能力。根据电力系统失稳的物理特性、受扰动的大小以及研究稳定问题必须考虑的设备、过程和时间框架，电力系统稳定可分为功角稳定、电压稳定和频率稳定三大类以及若干子类。图1.4给出了电力系统稳定性的分类。

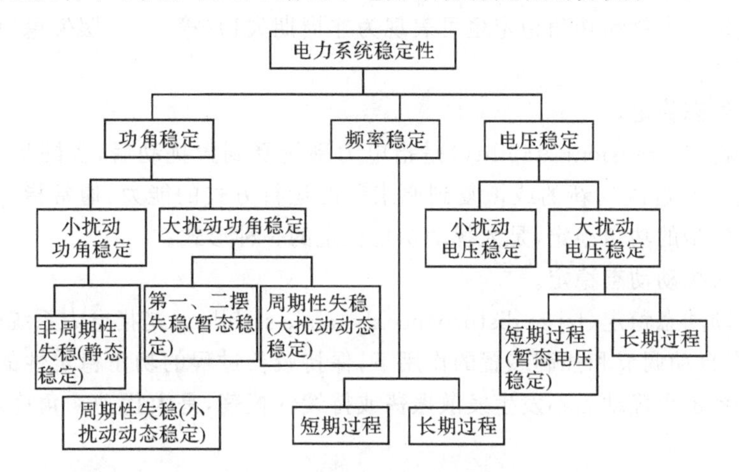

图1.4　电力系统稳定性分类

1. 功角稳定

功角稳定(rotor angle stability)是指互联系统中的同步发电机受到扰动后保持同步运行的能力。功角失稳可能由同步转矩和/或阻尼转矩不足引起，同步转矩不足会导致非周期性失稳，而阻尼转矩不足会导致振荡失稳。

1) 小扰动功角稳定

小扰动功角稳定(small disturbance rotor angle stability)是指电力系统遭受小扰动后保持同步运行的能力，它由系统的初始运行状态决定。小扰动功角稳定可表现为转子同步转矩不足引起的非周期失稳以及阻尼转矩不足造成的转子增幅振荡失稳。

(1) 静态功角稳定。

静态功角稳定(steady state rotor angle stability)(简称静态稳定)是指电力系统受到小扰动后，不发生非周期性失步，自动恢复到初始运行状态的能力，是小扰动功角稳定的一种形式。

(2) 小扰动动态稳定。

小扰动动态稳定(small disturbance dynamic stability)是指电力系统受到小的扰动后，在自动调节和控制装置的作用下，保持较长过程的运行稳定性的能力，通常指电力系统受扰动后不发生发散振荡或持续的振荡，是小扰动功角稳定的另一种形式。

2）大扰动功角稳定

大扰动功角稳定(large disturbance rotor angle stability)是指电力系统遭受严重故障时，保持同步运行的能力，它由系统的初始运行状态和受扰动的严重程度共同决定。大扰动功角稳定也可表现为非周期失稳(第一、二摆失稳)和振荡失稳两种形式。

(1）暂态稳定。

暂态稳定(transient stability)是指电力系统受到大扰动后，各同步发电机保持同步运行并过渡到新的或恢复到原来稳态运行方式的能力，通常指保持第一、二摇摆不失步的功角稳定，是大扰动功角稳定的一种形式。

(2）大扰动动态稳定。

大扰动动态稳定(large disturbance dynamic stability)是指电力系统受到大的扰动后，在自动调节和控制装置的作用下，保持较长过程的功角稳定性的能力，通常指电力系统受扰动后不发生发散振荡或持续的振荡，是大扰动功角稳定的另一种形式。

2. 电压稳定

电压稳定性(voltage stability)是指在给定的初始运行状态下，电力系统遭受扰动后系统中所有母线维持稳定电压的能力，它依赖于负荷需求与系统向负荷供电之间保持/恢复平衡的能力。其本质是指，当系统向负荷提供的功率随着电流的增加而增加时，系统处于电压稳定状态；反之，系统处于电压不稳定状态。当系统处于大范围电压不稳定状态时，负荷仍持续地试图通过加大电流以获得更大的功率(有功或无功)，则会发生电压崩溃。根据扰动的大小，电压稳定分为小扰动电压稳定和大扰动电压稳定。

1）小扰动电压稳定

小扰动电压稳定(small disturbance voltage stability)是指电力系统受到诸如负荷增加等小扰动后，系统所有母线维持稳定电压的能力，小扰动电压稳定也称为静态电压稳定。

2）大扰动电压稳定

大扰动电压稳定(large disturbance voltage stability)是指电力系统遭受大扰动如系统故障、失去发电机或线路之后，系统所有母线保持稳定电压的能力。大扰动电压稳定可能是短期的或长期的。短期电压稳定又称暂态电压稳定(transient voltage stability)。

3. 频率稳定

频率稳定(frequency stability)是指电力系统受到严重扰动后，发电和负荷需求出现大的不平衡情况下，系统频率能够保持或恢复到允许的范围内、不发生频率崩溃的能力。频率稳定可以是一种短期或长期现象。

参考文献

[1] 中华人民共和国电力行业标准.电力系统安全稳定导则(DL 755—2001).北京：中国电力出版社，2001.

[2] 中华人民共和国国家经济贸易委员会. DL 755—2001 电力系统安全稳定导则. 北京：中国电力出版社，2001.

[3] 中华人民共和国国家经济贸易委员会. DL/T 723—2000 电力系统安全稳定控制技术导则. 北京：中国电力出版社，2000.

[4] Steinmetz C P. Power control and stability of electric generating stations. AIEE Transaction，1920，XXXIX(II)：1215～1287.

[5] Crary S B，Herlitz I，Favez B. CIGRE SC32 report：System stability and voltage，power and frequency control. Paris：CIGRE，1948.

[6] CIGRE Report. Definitions of general terms relating to the stability of interconnected synchronous machine. Paris：CIGRE，1966.

[7] Barbier C，Carpentier L，Saccomanno F. CIGRE SC32 report：Tentative classification and terminologies relating to stability problems of power systems. Electra，1978，(56)：57～67.

[8] IEEE TF Report. Proposed terms and definitions for power system stability. IEEE Transactions on Power Apparatus and Systems，1982，PAS-101(7)：1894～1897.

[9] IEEE/CIGRE Joint Task Force on Stability Terms and Definitions. Definition and classification of power system stability. IEEE Transactions on Power Systems，2004，19(2)：1387～1401.

[10] 国家电网公司.国家电网公司电力系统安全稳定计算规定.北京：国家电网公司，2006.

[11] 国家电网公司.《国家电网公司电力系统安全稳定计算规定》编制说明.北京：国家电网公司，2006.

[12] 孙华东，汤涌，马世英.电力系统稳定的定义和分类评述.电网技术，2006，30(17)：31～35.

第 2 章　电压稳定性概论

2.1　电压稳定性研究的历史和现状

电压稳定是电力系统稳定问题中发展较晚的一个分支。总的来说，电压稳定的研究可划分为三个阶段：第一阶段，从 20 世纪 40 年代苏联学者马尔柯维奇提出第一个电压稳定判据 dQ/dU[1] 到 70 年代中期，是电压稳定问题未引起足够重视的阶段；第二阶段，从 70 年代末期到 80 年代中期，是注重静态电压稳定研究的阶段；第三阶段，从 80 年代末期到现在，是以非线性动态系统中的现代分析方法、混沌与突变理论、微分几何为理论工具的动态机理探讨为基础的全面研究阶段[2~4]。

电压稳定问题的研究往往是与物理概念明确的功角稳定问题相关或对应来进行的。由于有记录的电压崩溃事故往往离初始故障的时间间隔都比较长，研究人员普遍认为电压稳定问题属于静态的范畴，因此从静态观点来研究电压崩溃的机理，提出了大量基于潮流方程或扩展潮流方程的分析方法。早期的观点一般认为，功角稳定问题是研究发电机在各种情况下的同步运行问题；而当电力系统无法满足负荷的无功需求则导致电压稳定问题。虽然静态研究方法并不能很好地揭示电压稳定问题的物理本质和失稳机理，但是在获取电网的极限传输功率、指导生产调度运行方面起到了重要作用，也为后来动态分析方法的研究奠定了基础。

随着各方面研究的深入，学术界逐步认识到电压稳定问题实际上很复杂。一方面，电压失稳与功角失稳是非线性动力学系统失稳的两种典型表现形式，它们是电力系统稳定性的重要组成部分。大量稳定破坏事故表明，很多情况下两者都是相互联系、相互影响的，很难确切地区分。因此研究电力系统功角稳定问题的数学模型与研究电压稳定的数学模型应该是一致的，只不过研究电压稳定这一特定的动态现象时，重点在于揭示与电压稳定问题直接相关的影响因素和主要特点，需要特别注意与电压稳定相关的元件模型。人为地将两者分割开来，可能会得到片面的结论。另一方面，人们逐渐认识到动态研究的必要性。电力系统是非线性动力系统，稳定本身属于动态范畴，电压稳定或电压崩溃本质上也是一个动态过程。静态分析方法难以完整计及系统动态元件的影响，因此无法深入研究电压失稳的机理及其演变过程。同时，电力系统遭受短路或其他类型的大扰动冲击时,电力系统动态行为的数学描述必须保留其非线性特性,才能真正揭示电压失稳的发展机制。

到目前为止,虽然电压稳定的研究取得了众多成果,但和成熟的功角稳定相比,对电压稳定的本质仍缺乏全面的认识,研究方法和理论还不够完善和全面,电压失稳的机理、电压稳定分析的数学模型和方法、电压稳定性指标以及电压稳定控制、电压稳定和功角稳定的关系等问题仍有待于电力工作者大量深入细致的研究[3~7]。

2.2　电压不稳定事故及其特征

20 世纪 70 年代后期以来,国际上相继发生过多次大的电力系统电压崩溃事故[8~21],见表 2.1,其共同特点在于事故的突发性和隐蔽性,运行人员在电压崩溃事故形成初期很难察觉,不能及时采取紧急控制措施,一旦电压崩溃就很难挽回,往往需数小时乃至十几小时才能恢复正常供电,造成了巨大的经济损失和社会影响,其严重后果引起国际电力界对电压稳定问题的普遍关注。

表 2.1　20 世纪 70 年代以来与电压崩溃相关的国际大停电事故

序号	国家	发生时间	事故名称	停电规模/MW	停电时间
1	美国	1977-07-13	纽约大停电	5868(100%负荷)	25h59min
2	法国	1978-12-19	法国大停电	29000(75%负荷)	8h30min
3	比利时	1982-08-04	比利时大停电	2400	1h28min
4	加拿大	1982-12-14	魁北克州大停电	15473	5h30min
5	瑞典	1983-12-27	瑞典南部大停电	11400(67%负荷)	5h20min
6	法国	1987-1-12	法国西部大停电	1500	6～7min
7	日本	1987-07-23	东京大停电	8168	3h21min
8	加拿大	1989-03-13	魁北克州大停电	9450	2h45min
9	美国	1996-07-02	美国西部大停电	150～200 万用户	1.5～3h

许多电网崩溃事故表明,功角失稳与电压失稳往往发生在同一时间框架中,从现象上难以准确地区分。明确电压失稳和功角失稳的区别和联系,分析电压崩溃事故特征,是进行电压崩溃机理分析和电压失稳判据研究的基础。

总结电力系统电压崩溃性事故,可以发现电压崩溃现象的一些共同特征,分析电压失稳或崩溃的特征,对于提高电网安全稳定水平具有积极的借鉴和指导意义,同时也为评价电压稳定性的原则和标准提供参考。国内外大电网电压崩溃性事故特征总结如下:

(1) 电压崩溃前的系统往往处于重负荷运行状态,系统运行备用(特别是无功)紧张,传输线潮流接近最大功率极限。

(2) 电压崩溃起因可能不同:系统负荷持续增加;大的突然扰动;失去发电机组;线路重负载;运行人员在处理非正常工况过程中判断错误,误操作,使事故扩大等。有时一个小的扰动也可能导致事故扩大,最终引起电压崩溃。

(3) 当系统存在重载线路而从邻近区域传输无功功率发生困难时,如果由于负荷增加或元件故障,受端系统不断地要求增加无功功率支持情况下,就可能导致电压崩溃。

(4) 低电压下,线路距离保护动作,使并行输电线相继跳闸;发电机励磁限制器动作,引起发电机级联跳闸;低电压情况下,OLTC 动作,恢复二次侧负荷,使一次系统电压进一步跌落。这些是电压崩溃的重要机理。

(5) 电压崩溃通常显示为慢的电压衰减,这是由于许多电压控制设备和保护系统作用及其相互作用积累过程的结果。电压崩溃过程可持续几分钟量级,有些电压崩溃动态时间为几秒钟量级,这样的事故通常是由不利的负荷成分(感应电动机)或直流换流器引起的。这种电压不稳定的时间框架与功角不稳定时间框架相同。在许多情况下,电压不稳定和功角不稳定的现象是相互耦合的。

(6) 电压崩溃可能因过分使用并联电容补偿而恶化。通过并联电容器、静止无功补偿器和同步调相机的合适选择和协调才能使无功补偿最有效。

2.2.1 典型电压崩溃事故综述

欧洲、北美、日本等发达地区的电网结构较强,安全稳定措施相对完善,输电技术比较先进,但仍然不能避免全网性的电压崩溃事故的发生。事故后各电力公司从规划到运行都采取了各种积极的对策,给大电网的规划设计和调度运行提供了宝贵的经验。目前,我国互联电网也跨入了大电网、大机组的时代,全国互联电网已经初具规模,国外大电网崩溃性事故的经验教训给我国电网的发展以深刻的启迪[21~23]。

1. 瑞典电力系统大停电事故

1983 年 12 月 27 日瑞典南部的电力系统发生大停电。该事故的起因是由于斯德哥尔摩(Stockholm)西北部约 60km 处 Hamra 地区的一个变电站内 400kV 母线发生断路器故障。故障首先导致变电站与系统解列,并有 2 条 400kV 传输线跳闸。该地区停电后,来自瑞典北部的输电线路负载不断加重,电流增大,使得斯德哥尔摩地区电压不断下降。虽然在后来的 53s 内没有任何重要线路立即跳闸,但接下来的 2s 内,由于负荷过重,瑞典所有北部往南部输电的干线全部跳闸。1s 后,瑞典和挪威的联络线解列。期间瑞典北部电网频率逐渐升高,而南部电网频率不断降低,并且由于瑞典南部大量功率缺失,导致该地所有发电机组全部跳闸。

图2.1是丹麦西兰岛(Sealand)上一座132kV变电站当时记录的电压曲线。①点处瑞典Hamra地区2条北部的400kV传输线跳闸;②点处瑞典北—南的4条400kV主干线、7条220kV和所有132kV传输线路跳闸,此时电压曲线开始受影响而波动;③点处瑞典与挪威的联络线退出运行,此时西兰岛电压开始下降;④点处瑞典与西兰岛之间的1条400kV和2条132kV传输线跳闸,此时电压已下降到约0.5p.u.。由图可以看出,在$t=53$s时,瑞典南部发生电压崩溃后3s西兰岛也发生了电压崩溃。幸运的是在$t=56.3$s时两地的联络线由于保护动作而跳闸,因此西兰岛电压和频率的恢复比较顺利,未受太大影响。而瑞典南部电网负荷停电约11400MW,占整个系统负荷的67%,影响时间约7h。

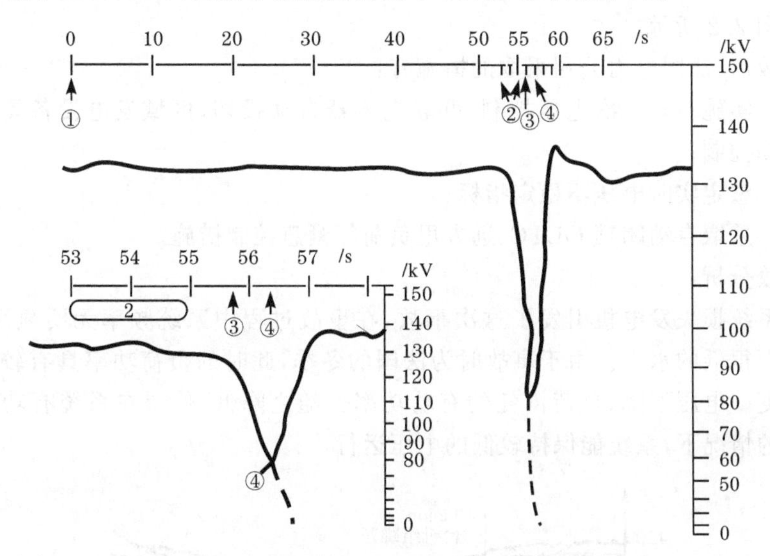

图2.1 丹麦西兰岛某132kV变电站的电压波动曲线

事后瑞典电力公司总结分析认为,事故是由于变电站故障导致电压降低使得系统负荷下降,但OLTC动作反使负荷增加,导致瑞典北部往南部送电的传输线负荷增加而使主网和配电网电压都逐渐降低,电流增大,传输线保护动作使得线路级联跳闸,影响了周边国家和地区的供电。同时由于电网无功功率缺额过多,最终发展为电压崩溃,造成巨大损失。

2. 法国西部大停电事故

1987年1月12日10:55分,法国西部电网发生了电压崩溃事故。事件时序如下:

(1) 10:30,事故前全国峰荷58000MW,有功备用5900MW,约占10%;系统电压正常。

(2) 10:55～11:41,Cordemais 火电厂的 3 台机组相继跳开。

(3) 11:28 地区控制中心发出命令,启动燃气发电机。

(4) 在 Cordemais 电厂的第 3 台发电机跳开后 13s,第 4 台发电机由于最大励磁电流保护动作而跳闸;地区 400kV 电网电压下降至 380kV,并扩大到邻近区域。

(5) 11:45～11:50,其他电厂 9 台发电机组跳闸,导致系统总的有功缺额 9000MW,系统电压稳定在很低的水平(0.5～0.8p.u.),而系统频率没有明显恶化。

在电压崩溃大约 6min 后,Britanny 系统中 440kV/225kV 变压器馈电负荷甩负荷 1500MW 后,电网电压恢复。法国西部电压崩溃中 400kV 系统的电压记录曲线如图 2.2 所示。

事故后,法国电力公司采取的措施有:

(1) 实施自动二次电压控制,并联电容器自动投切,区域发电设备无功功率输出自动控制;

(2) 整定实时电压不稳定指标;

(3) 采取自动闭锁 OLTC、远方甩负荷等紧急控制措施。

事故分析:

由系统损失发电机引发了这次事故,在事故过程中系统频率无明显恶化,而电压降至很低的水平。由于事故时为法国的冬季,此时的负荷功率具有较高的电压灵敏度。电压下降,负荷消耗的有功功率也随之降低,使得在系统有功功率大量缺额的情况下,系统能保持较低的电压运行。

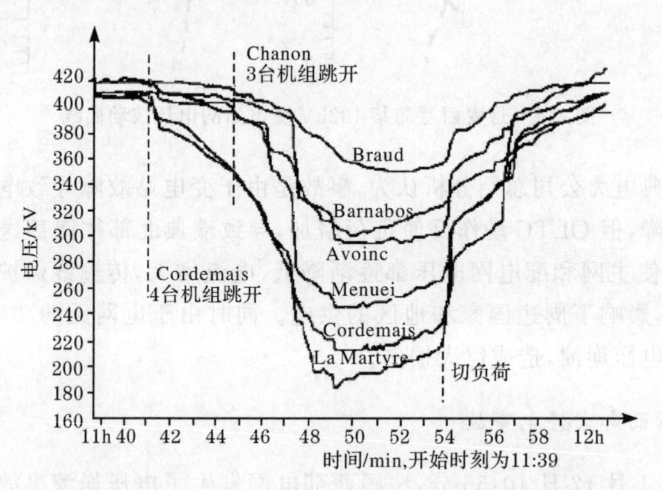

图 2.2 法国西部电压崩溃中 400kV 系统的电压记录曲线

3. 日本东京电力系统大停电事故

1987 年 7 月 23 日在日本东京发生大停电事故，这是一次典型的电压崩溃事故。当天中午东京天气炎热，气温高达 36°，用户负荷持续增长，到中午 13 点最快增速达到 400MW/min，负荷总需求约 39300MW，整个系统已接近极限水平。由于增速过快，系统内由电压无功控制器（VQC）和励磁自动调节器（AVR）控制的无功电源不能及时投入补偿，使得东京西部电网中 2 回 500kV 母线上电压持续下降，在电压崩溃以前，电压最低至 370kV 左右，母线继电保护动作，导致母线跳闸，同时 4 回 275kV 传输线和 4 台 275kV/66kV 变压器也退出运行。由于东京电网中 275kV 及以下网络为链型结构，为防止事故扩大，13:19 东京电力公司在网络末端切负荷 8168MW（约占总负荷的 21%），约 280 万用户受影响。直到 16:40 左右，系统供电才全面恢复正常。至此，停电时间最长达 3 小时 21 分。当天的负荷记录曲线如图 2.3 所示，图 2.4 则为东京电网中主要 4 个 500kV 变电站的电压变化曲线。

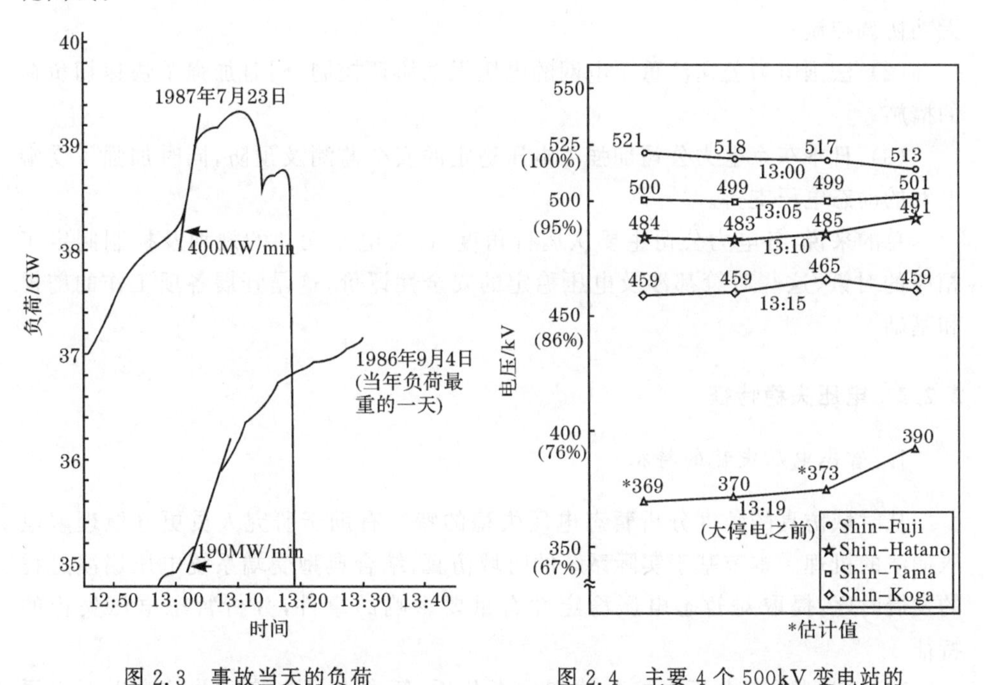

图 2.3　事故当天的负荷变化曲线

图 2.4　主要 4 个 500kV 变电站的电压变化曲线

事故后，东京电力公司总结了事故的五个原因：

(1) 事故前负荷增长过快，超过了预期值，对负荷特性认识不足是事故的主要原因；

(2) 对500kV母线电压的监测手段缺乏，使得电网运行管理者不能及时把握运行情况；

(3) 事故前东京电力公司没有针对电压失稳的预防措施，导致操作员缺乏对这类事故的认识和对策；

(4) 电网上的并联电抗器和并联电容器由VQC控制，其控制策略的缺陷导致了事故的扩大；

(5) 东京地区的发电厂位置分布不均，导致东部电源中心向西部负荷中心送电的网架潮流过重，且中部和西部的两座电厂当天因故停运，更加大了电压崩溃的概率。

4. 电压崩溃事故对电压无功控制对策的影响

总结瑞典、法国和日本大停电事故后的对策如下：

(1) 瑞典电力公司认识到了变压器有载调压的运行问题，加强了电网的电压无功协调控制；

(2) 法国电力公司注重了电网的电压无功协调控制，同时加强了快速切负荷的措施；

(3) 日本东京电力公司加强了电压稳定的安全监测及预防，同时加强了受端电网的动态电压支持。

总的来说，各电力公司主要从运行角度，针对电压无功的规划及控制制定了相应的对策，这些对策都涉及电压稳定的安全性评价，这是开展各项工作的前提和基础。

2.2.2 电压失稳特征

1. 暂态电压失稳的特征

从时域仿真的角度分析暂态电压失稳的特征有助于研究人员更好地理解电压崩溃的机理。本节基于实际系统的时域仿真，结合典型受端系统电压崩溃过程的发展时序，提取对暂态电压稳定性有重要影响的事件，分析暂态电压失稳的特征。

基于典型暂态电压失稳事故和仿真分析，暂态电压失稳可总结为以下主要特征[24~27]：

(1) 暂态电压失稳的起因几乎总由大扰动引起，如失去重负载输电线路、失去大的发电机组、变电站全停、负荷的大幅度增加等。

(2) 发生暂态电压失稳前系统已经处于重负荷运行状态，系统运行备用(特别是无功)紧张,输电线路的潮流接近最大功率极限。

(3) 暂态过程中,各种负荷元件和控制装置的动态行为都是想恢复负荷功率,至少是恢复到一定的程度,尤其感应电动机负荷对暂态电压稳定影响较大。

(4) 受端系统电压支撑严重不足容易引起暂态电压失稳,此时系统由于重载无法从相邻地区输入无功功率,任何额外需要的有功/无功支持都可能导致电压跌落,甚至引起暂态电压崩溃。这个问题在过度使用并联电容器时会变得更加严重。

(5) 在多直流馈入的受端系统中,逆变侧遭受大扰动后由于无功需求增加往往使得交流电网大部分节点电压持续低落,容易导致多回直流连续换相失败,严重时会引起系统暂态电压崩溃。

(6) 暂态电压失稳现象并不总是孤立地发生,暂态功角失稳和暂态电压失稳的发生往往交织在一起,一般情况下,其中一种失稳模式占据主导地位,但两者并不容易区分。

2. 中长期电压失稳的特征

中长期电压失稳现象表现为:暂态过程后,系统能够保持稳定,而局部地区持续低电压,随着 OLTC 的调节作用,增加了无功需求,使电压水平表现为持续缓慢的降落,电压持续降落的时间一般较长,从几分钟到几十分钟不等,取决于系统电压调节设备和负荷恢复特性的行为。

基于典型中长期电压失稳事故和仿真分析,中长期电压失稳的主要特征可总结如下[24~27]:

(1) 随着负荷持续增长,从远方电源送入的大量功率,导致系统处于电压不稳定状态;

(2) 发生中长期电压失稳时系统一般处于重负荷水平,且从远方电源送入大量功率,并伴随突然出现的大扰动;

(3) 低电压情况下 OLTC 动作,恢复二次侧负荷,使一次系统电压进一步跌落;

(4) 持续的低电压过程中,发电机励磁限制保护动作,从而返回到其额定值时,将造成系统中无功的突然减少,引起系统中电压的突然降落;

(5) 负荷的恢复特性进一步加剧系统电压的下降;

(6) 最后阶段的特征类似暂态电压失稳特征,包括感应电动机堵转和继电保护装置动作等。

2.3 电压稳定的机理

2.3.1 简单纯电阻电路电压稳定性

以图 2.5 所示的简单纯电阻电路为例，当 $R_s = R_L$，有

$$\begin{cases} P_{\text{Lmax}} = E^2/(4R_s) \\ U_L = E/2 \end{cases} \tag{2-1}$$

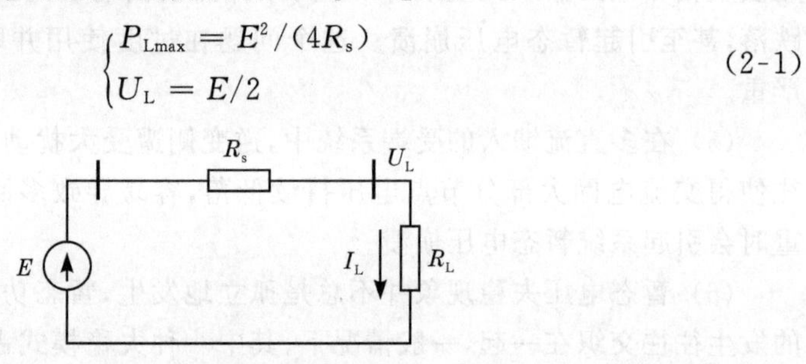

图 2.5 纯电阻电路图

假设 $E=10\text{V}$，$R_s=1\Omega$，则由式(2-1)可以得到

$$\begin{cases} P_{\text{Lmax}} = \dfrac{10^2}{4\times 1} = 25(\text{W}) \\ U_{\text{Lcr}} = 10/2 = 5(\text{V}) \end{cases} \tag{2-2}$$

若假设纯电阻负荷是变化的，电路如图 2.6 所示。

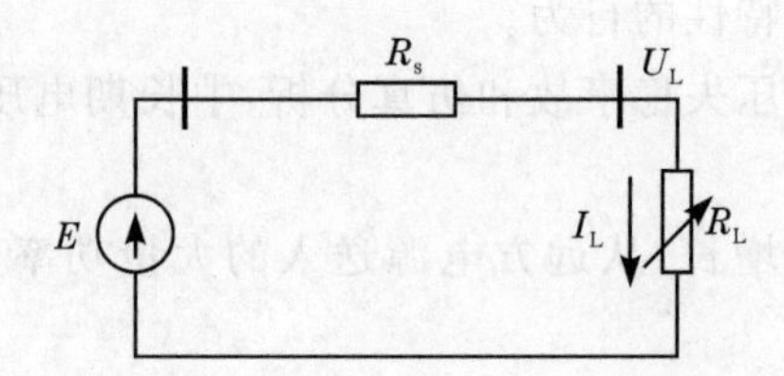

图 2.6 负荷变化的纯电阻电路图

则可以得到如下方程式：

$$\begin{cases} I_L = \dfrac{E}{R_s + R_L} \\ U_L = \dfrac{E}{R_s + R_L} \times R_L \\ P_L = I_L U_L \end{cases} \tag{2-3}$$

当 R_L 取不同的值，可以得到如表 2.2 所示结果。

表 2.2　随着负荷 R_L 变化的系统参数变化表

R_L/Ω	I_L/A	U_L/V	P_L/W
49	0.2	9.8	1.96
24	0.4	9.6	3.84
9	1.0	9.0	9.0
4	2.0	8.0	16.0
1	5.0	5.0	25.0
0.25	8.0	2.0	16.0
0.11	9.0	1.0	9.0
0	10	0	0

功率、电压、电流随着纯电阻负荷 R_L 变化的曲线如图 2.7 所示。

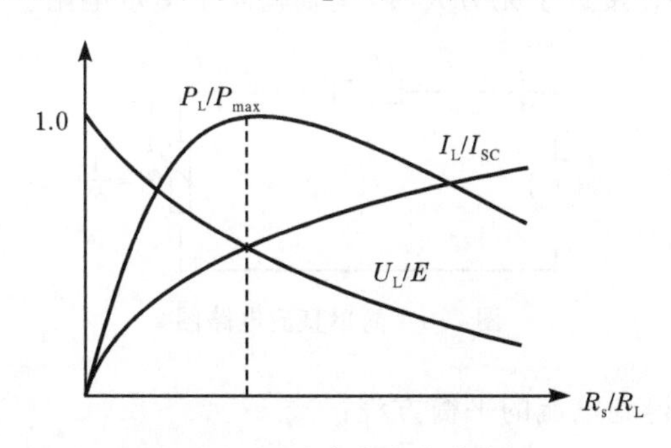

图 2.7　系统参数变化曲线图

由此可见，当 $R_L=R_s=1\Omega$ 时，系统的运行点正好对应着功率-电压曲线的鼻点，此时 P_L 达到最大值，其曲线如图 2.8 所示。

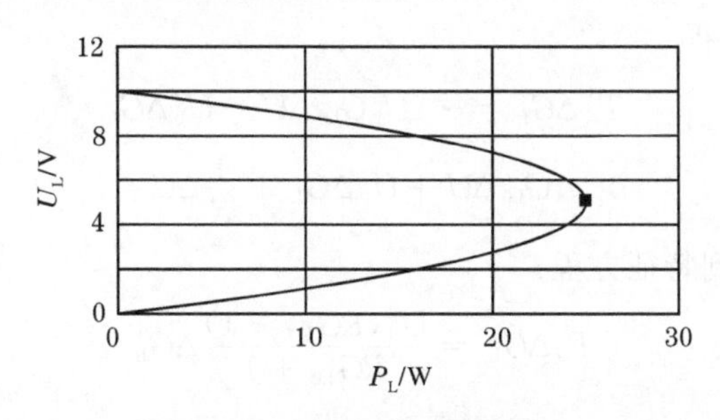

图 2.8　功率-电压曲线图

可以看出，由于电源内阻抗的存在，当负载试图通过增加电流获得更大功率时，负载电压要下降。当电压的下降对负载功率的影响大于电流的增加时，负载就不能获得更大的功率了。如果负载要求的功率超过了系统能够提供的最大功率，并试图不断通过增加电流来获得更大的功率，就会发生电压崩溃现象。一般认为,在交流系统中,电压控制和无功功率有着密切的关系。但是,这个简单直流系统例子中没有无功功率,却同样具有交流系统电压失稳的主要特征,表明无功功率不是电压失稳的唯一原因。

2.3.2 简单纯电阻电路电压稳定性的数学描述

对于图 2.9 所示的简单直流电路,假设负载在某种自动调节装置的作用下,其最终稳态功率维持不变,可用式(2-4)的电导的一阶模型表示,下标 0 对应初始时刻值。

$$T_G \dot{G}_L = P_0 - U^2 G_L \tag{2-4}$$

式中,T_G 为电导的恢复时间常数。当时间常数 T_G 接近于零时,负载趋向于恒定功率;当时间常数 T_G 接近于无穷大时,负载趋向于恒定电阻。

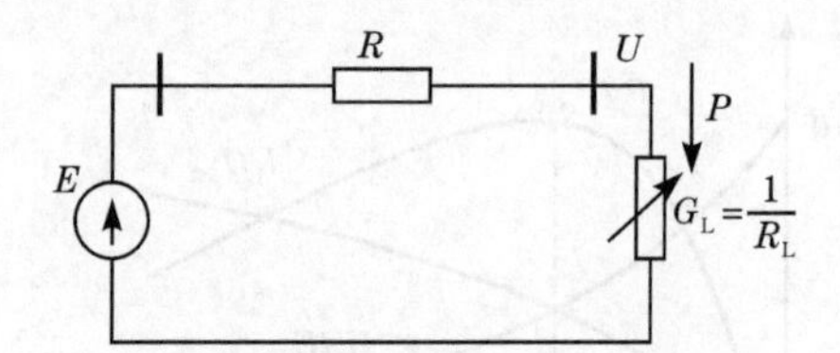

图 2.9 简单直流电路图

由图 2.9 可以得到电流的平衡方程:

$$0 = UG_L - \frac{E-U}{R} \tag{2-5}$$

由式(2-4)和式(2-5)组成的微分-代数方程组(differential algebraic equations,DAE)的小扰动稳定性可用特征分析方法确定。将式(2-4)和式(2-5)在平衡点附近线性化可得

$$\begin{aligned} T_G \Delta\dot{G}_L &= -2U_0 G_{L0}\Delta U - U_0^2 \Delta G_L \\ 0 &= G_{L0}\Delta U + U_0 \Delta G_L + \frac{1}{R}\Delta U \end{aligned} \tag{2-6}$$

由式(2-6)可以得到特征方程:

$$T_G \Delta\dot{G}_L = \frac{U_0^2 (RG_{L0}-1)}{RG_{L0}+1}\Delta G_L \tag{2-7}$$

由式(2-7)可得:

当 $RG_{L0}-1<0$ 或 $R_{L0}>R$ 时,系统稳定;

当 $RG_{L0}-1>0$ 或 $R_{L0}<R$ 时,系统不稳定。

从图 2.10 的 PV 曲线上看,当 $RG_{L0}-1<0$ 或 $R_{L0}>R$ 时,系统处于高电压、小电流状态,对应于 PV 曲线的上半部,是稳定的;当 $RG_{L0}-1>0$ 或 $R_{L0}<R$ 时,处于低电压、大电流状态,对应于 PV 曲线的下半部,是不稳定的。

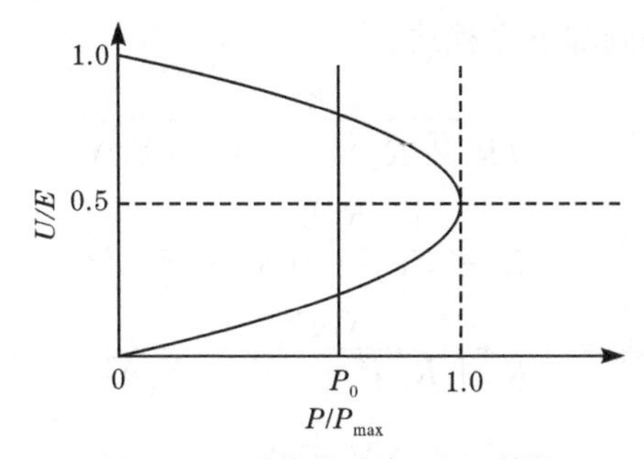

图 2.10　系统的功率-电压特性

由图 2.10 和图 2.11 可见，在 PV 曲线的上半部的一个平衡点处，一个引起 G_L减小(R_L变大)的扰动，会导致负载所吸收的功率减小，通过调节会使 G_L变大(R_L减小)回到初值；同样，一个引起 G_L变大(R_L减小)的扰动，会导致负载所吸收的功率增加，通过调节使 G_L减小(R_L变大)回到初值。同样，在 PV 曲线的下半部的一个平衡点处，一个引起 G_L减小(R_L变大)的扰动，会导致负载所吸收的功率增加，通过调节会使 G_L进一步减小(R_L变大)，进而沿着 PV 曲线回到上半部平衡点；一个引起 G_L变大(R_L减小)的扰动，会导致负载所吸收的功率减小，通过调节会使 G_L进一步变大(R_L减小)，进而沿着 PV 曲线趋近于零点，这就是一个电压崩溃的过程。

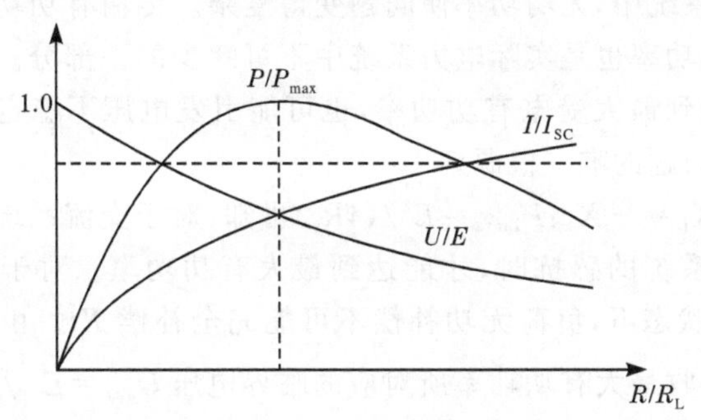

图 2.11　负载电压、电流和功率对负荷需求量的函数关系

2.3.3　交流电路的电压稳定性

在以电抗占主导的高压交流电力系统中，电压控制和无功功率之间有着十分密切的联系。以简单交流电路为例，负荷以恒阻抗表示，如图 2.12 所示。

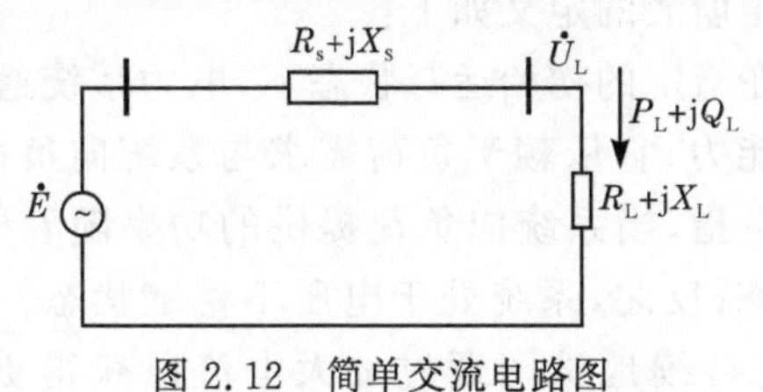

图 2.12　简单交流电路图

由图 2.12 可以得到如下方程式：

$$
\begin{cases}
I_L = \dfrac{E}{\sqrt{(R_s + R_L)^2 + (X_s + X_L)^2}} \\
P_L = \dfrac{R_L E^2}{(R_s + R_L)^2 + (X_s + X_L)^2} \\
Q_L = \dfrac{X_L E^2}{(R_s + R_L)^2 + (X_s + X_L)^2} \\
U_L = \dfrac{\sqrt{R_L^2 + X_L^2}}{\sqrt{(R_s + R_L)^2 + (X_s + X_L)^2}} E
\end{cases}
\tag{2-8}
$$

假设 R_L、X_L 可以任意变化：

(1) 当 $R_L = R_s$、$X_L = -X_s$ 时，达到负荷所消耗的最大有功功率 $P_{Lmax} = E^2/(4R_s)$；对应的临界电压为 $U_{Lcr} = E\sqrt{R_s^2 + X_s^2}/(2R_s)$。此时，从电压源看进去为纯电阻负荷，这时的电源并不会产生任何无功功率。

(2) 当 $R_L = -R_s$、$X_L = X_s$ 时，达到负荷所消耗的最大无功功率 $Q_{Lmax} = E^2/(4X_s)$；对应的临界电压为 $U_{Lcr} = E\sqrt{R_s^2 + X_s^2}/(2X_s)$。此时，从电压源看进去为纯电抗负荷，这时的电源并不会产生任何有功功率。

在交流电力系统中，无功功率使问题变得复杂。传输有功功率是电力系统的主要功能，但无功功率也是实际电力系统中不可缺少的一部分。受端系统无功功率的变化，会影响到最大受电有功功率，也可能引发电压不稳定问题。但无功功率肯定不是电压问题的唯一根源。

由 $R_L = R_s$、$X_L = -X_s$、$P_{Lmax} = E^2/(4R_s)$ 可知，对于交流系统只有在负荷侧的容抗完全补偿了系统的感抗时，才能达到最大有功功率。对于高压交流输电系统，$X_s \gg R_s$，正常状态下，负荷无功补偿不可能完全补偿 X_s。由当 R_L、X_s 可以任意变化时，负荷吸收最大有功功率所对应的临界电压 $U_{Lcr} = E\sqrt{R_s^2 + X_s^2}/(2R_s)$ 可知，只要 $X_s > \sqrt{3}R_s$，则 $U_{Lcr} > E$。

由于交流输电系统在正常运行时，受运行电压的限制，不可能为提高最大受电功率而投入大量的无功补偿；但是在系统故障或负荷加重的情况下，投入无功补偿，可以有效提高电压水平和受电能力，因此系统需要动态无功储备。

综上所述，基于对电力系统电压稳定性的物理本质和机理，本书给出新的电力系统电压稳定和电压崩溃的定义如下：

电压稳定性是指在给定的初始运行状态下，电力系统遭受扰动后系统中所有母线维持稳定电压的能力，它依赖于负荷需求与系统向负荷供电之间保持/恢复平衡的能力。其本质是指，当系统向负荷提供的功率随着电流的增加而增加时，系统处于电压稳定状态；反之，系统处于电压不稳定状态。当系统处于大范围电压不稳定状态，负荷仍持续地试图通过加大电流以获得更大的功率(有功或无功)，则会发生电压崩溃。

2.4　电压稳定性的影响因素

2.4.1　暂态电压稳定

电压失稳是系统特性和负荷特性共同作用的结果。系统工作点电压支撑较强时，负荷特性的影响不大；但出现大扰动或连续故障，系统处于较薄弱的状态，电压是否失稳甚至于崩溃，负荷特性将起到决定作用。暂态电压失稳过程的持续时间一般为 0～10s，这也是暂态功角稳定所关心的时间范畴。暂态电压失稳和暂态功角失稳之间的区别有时不是十分明显，在系统某些特定条件下它们可能同时发生。究竟是电压崩溃导致功角失稳，还是功角失稳导致电压崩溃？有时仅从现象上难以判断。

在一个运行在电压稳定极限附近的电力系统中，有功或无功负荷的增加、失去发电机或并联补偿、送端电压下降或输电线故障等都可能造成系统暂态电压失稳。暂态电压失稳是系统传输能力不能满足负荷需求导致的系统性问题，而不是单一元件的失稳。暂态电压稳定主要与输电网络输电极限、负荷动态特性以及受端系统电压支撑三个方面相关。

1. 输电网络的输电能力限制

在图 2.13 所示的两机系统模型上分析输电网络的传输特性。

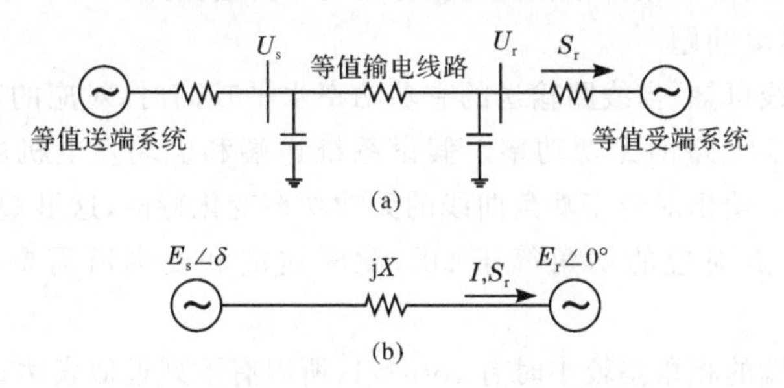

图 2.13　计算有功和无功功率传输的简单模型

对于输电线路，其传输的有功和无功功率主要取决于送端和受端电压的幅值和相角。受端的功率表达式如下：

$$P_r = \frac{E_s E_r}{X}\sin\delta = P_{max}\sin\delta \tag{2-9}$$

$$Q_r = \frac{E_s E_r \cos\delta - E_r^2}{X} \tag{2-10}$$

1）有功传输问题

由式(2-9)可以看出，输电线路理想情况下的最大传输功率对应的功角等于90°，图 2.14 为相应的功角曲线。如果考虑线路损耗或受端有并联电阻性负荷，则最大传输功率对应的功角 δ 会改变。

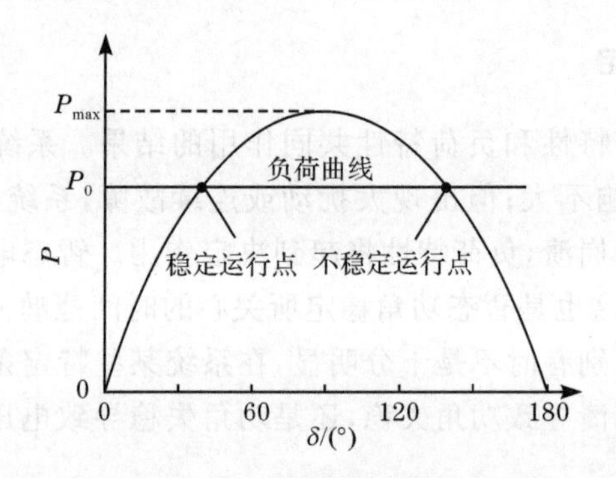

图 2.14 简单模型的功角曲线

图 2.14 中当送端的发电机机械功率恒定时，机械功率和电磁功率曲线有 2 个交点，其中左边交点为系统稳定运行点，右边交点为不稳定运行点。为了说明此结论，假设受端系统足够大，可看做电压相角和转速不变的无穷大母线。如果送端发电机的机械功率有微小增加，发电机转速将增加，从而功角将增大。对图 2.14中右边的运行点而言，功角增大将进一步降低电磁功率，结果使发电机转速继续增加，功角随之增大；而对左边的运行点而言，功角增大后提高了电磁功率，最终与增加后的机械功率相匹配。有功功率传输主要取决于功角大小。

2）无功传输问题

由功角曲线可知，当线路输送的有功功率水平较高时，对应的功角较大，此时送端和受端需要大量的无功功率。假设系统送端和受端发电机的电势相等，即 $E_s = E_r$，图 2.15 给出对应于功角曲线的无功功率变化特性，这里 $Q_s = -Q_r$。静态稳定极限运行点对应的功角等于 90°，此时送端和受端所需要的无功功率等于 P_{max}。

当线路两端的相角差较小时有 $\cos\delta \approx 1$，所以有下列近似表达式：

$$Q_r = \frac{E_r(E_s - E_r)}{X} \tag{2-11}$$

$$Q_s = \frac{E_s(E_s - E_r)}{X} \tag{2-12}$$

由式(2-11)和式(2-12)可知，无功功率传输大小主要取决于电压的幅值，传输方向由电压高的一端流向电压低的一端。

需要注意的是，当电力系统处于重载条件时，传输功率和功角较大，此时系统

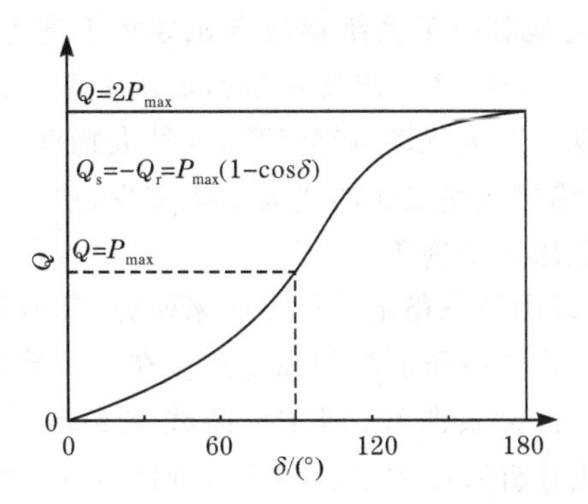

图 2.15　简单模型无功功率-功角曲线

将不再具有上述物理特性。这时的输电线路变成了消耗无功功率的元件，线路的无功损耗等于送端和受端注入的无功功率之和。这点对于研究电压稳定性问题非常重要，因为电力系统的电压性问题一般发生在重载情况下。

3）无功功率传输的难度

无功功率传输的难度表现在：如果线路两端电压相角差较大，则即使两端电压幅值差值再大，也不可能通过该线路传输无功功率，而长线路或重载情况都可能导致两端电压相角差增大。根据电力系统运行要求，各点电压幅值应维持在(1±5%)p.u.的范围，这更增加了无功传输的难度，因此相对于有功功率传输而言，无功功率不能远距离传输。另外为了减少线路的有功和无功损耗也应减少无功的远距离传输，输电线路阻抗上的有功和无功损耗分别为 I^2R 和 I^2X，其中 I^2 为

$$I^2 = \dot{I} \cdot \overset{*}{I} = \left[\frac{P-\mathrm{j}Q}{\overset{*}{U}}\right]\left[\frac{P+\mathrm{j}Q}{\dot{U}}\right] = \frac{P^2+Q^2}{U^2} \tag{2-13}$$

从而有

$$P_{\text{loss}} = I^2R = \frac{P^2+Q^2}{U^2}R \tag{2-14}$$

$$Q_{\text{loss}} = I^2X = \frac{P^2+Q^2}{U^2}X \tag{2-15}$$

由式(2-14)和式(2-15)可知，在保证线路传输有功功率恒定的情况下，为使线路的输电功率损耗最小，必须使线路传输的无功功率最小，同时还应保持高的电压水平，这样可以减少无功损耗，有助于提高电力系统的电压稳定性。可见，在有功功率传输较大状况下传输无功是低效的，线路两端需要较大的电压幅值降落，同时无功传输会增加线路的有功和无功损耗，在可能的情况下，无功电源点应该靠近无功负荷点，尽量做到无功分层分区平衡。

4）输电网络的输电能力限制

电力系统稳定运行的前提是必须存在一个稳定平衡点，而且最重要的一类暂

态电压不稳定性场景正是对应于系统参数变化导致平衡点不再存在的情况。在实际运行中，暂态电压的失稳往往出现在负荷需求大于系统的最大传输功率，如在重载的输电线上出现一个大扰动（如断线），这种大扰动可能使网络特性急剧变动，扰动之后比扰动前输电线路输送的最大功率减少，达不到负荷的功率需求，这时系统就会发生暂态电压失稳现象。

通常，此类问题可以用静态稳定分析方法来研究，其本质都是基于潮流分析，以电网的极限输送能力作为电压崩溃的临界点。在大多数的论证或工业实践中，常用电压与有功功率的关系曲线，即 PV 曲线来判断系统的电压稳定性，如图 2.16所示。PV 曲线分析通过建立 P（传输断面传送的功率）和 U（关键节点电压）之间的关系曲线，从而指示传输断面功率水平导致整个系统临近电压崩溃的程度。

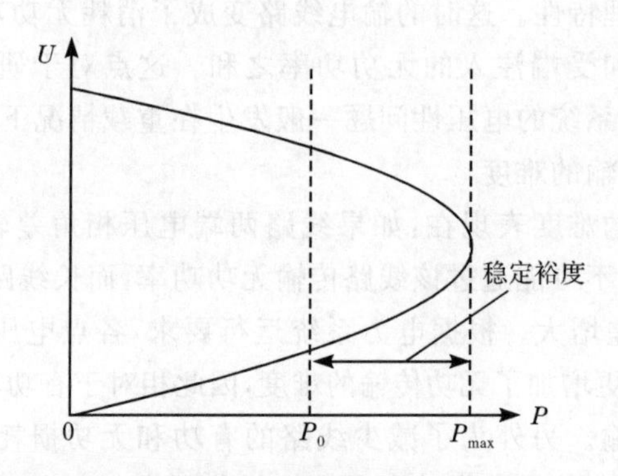

图 2.16　输电网络的输电能力限制的 PV 曲线

2. 负荷动态特性

通常情况下，暂态过程中负荷特性比稳态时的负荷特性对电压变化更敏感。各种负荷成分和控制装置的动态行为都是力图恢复负荷功率，至少是恢复到一定的程度。影响暂态电压稳定性的负荷主要是感应电动机。

随着负荷母线电压的下降，负荷从系统吸收的无功功率会恶化系统的区域无功平衡，形成电压下降的正反馈机制。例如，负荷节点的电压跌落严重（在较慢切除短路故障期间），感应电动机吸收的无功功率会上升，将可能导致电压崩溃，除非保护装置或交流接触器将感应电动机跳开。故障切除后，如果某些感应电动机不能再加速，则这些电动机将趋于堵转，并导致相邻的其他电动机也发生堵转。如果感应电动机的失稳只是导致个别节点的电压跌落，则不能把感应电动机稳定性视为暂态电压稳定性，此时应称为感应电动机失稳；如果感应电动机的失稳最终导致系统性的电压严重跌落/崩溃，这时才可以认为是系统暂态电压失稳。在暂态电压稳定仿真研究中，感应电动机必须表示为动态负荷模型。

3. 受端系统电压支撑不足

1）发电机引起的暂态电压失稳

发生电压失稳事故时电力系统一般处于重负荷水平，且从远方电源送入大量功率，并伴随突然出现的大扰动。受端系统的发电机失磁或跳闸，可能导致受端系统无功大量缺额，使远方发电机必须提供所需的无功功率。由于远方发电机向负荷区域提供无功是低效率的，可能致使发电和输电系统不能够再支撑无功需求和系统无功损耗，系统电压迅速下降，导致暂态电压失稳。

2）并联电容器、SVC 引起的暂态电压失稳

由于并联电容器提供的无功支持随着电压的平方变化，因此在电压下降的同时，其提供的无功支持会大大下降，容易导致暂态电压失稳。

SVC 的动态调节有利于提高系统的暂态电压稳定性，但一旦达到其最大输出电纳或者最大输出电流时，SVC 的无功输出与母线电压为平方关系，其效果相当于并联电容器，此时 SVC 丧失了无功调节的能力，其提供无功支持的能力大大下降，同样容易导致暂态电压失稳。

3）HVDC 引起的暂态电压失稳

HVDC 在远距离、大容量输电方面具有独特优势。然而，由于直流换流器要吸收大量的无功功率（为直流有功功率的 50%～60%），使大扰动后交直流系统的暂态电压稳定性面临严峻的考验，尤其是与直流系统相连的弱交流系统的暂态电压稳定性。

当 HVDC 系统发生严重故障，如直流双极闭锁，会导致潮流大量转移，一旦电压降低，受端系统中感应电动机负荷的无功需求可能会大量增加，同时，并联电容器提供的无功补偿开始减少，全网电压可能会进一步恶化导致暂态电压失稳。直流功率在交流系统故障切除后的快速恢复有助于缓解交流系统的有功功率不平衡，但过快的功率恢复可能造成后继的换相失败，导致交流系统暂态电压失稳。对于多馈入交直流电力系统，这一特点更加明显。

2.4.2　中长期电压稳定

1. 发电机过励限制

发电机励磁系统动态及其限制环节是影响系统电压稳定性的一个重要因素，因此在求取系统电压稳定极限时，需要准确地考虑发电机调节系统的影响。发电机过励磁限制（over excitation limiter，OEL）是由发电机过热负荷能力所决定的，转子过电流时间与励磁电流峰值有关。

励磁调节器是电力系统中调节电压的主要手段，但其调节范围有一定的限

制，一旦系统中某发电机的励磁调节达到其最大限制值，由于励磁绕组热容量限制，当机组的过励磁能力到达设定运行时间时，过励磁限制器会将励磁电流减少到额定值，造成系统中无功功率突然减少，引起系统中电压突然降落，由于此时其他发电机一般也处于接近极限状态，该发电机的突然减励磁可能会引起其他发电机的连锁反应，从而造成系统电压失稳。

2. OLTC 动作特性

OLTC 的调节作用被认为是导致电压失稳的主要机理之一，当系统电压降落一段时间后，OLTC 恢复负荷侧电压的同时恢复了其功率，这对电压稳定不利，同时 OLTC 的不断调整也使其一次侧电压不断降低，最终可能导致电压崩溃。

对恒功率或接近于恒功率型的负荷，OLTC 的调节作用对一次侧电压的影响较小，而对于恒阻抗或恒电流型的负荷，低电压时 OLTC 的调节作用使得二次侧负荷功率恢复，对一次侧电压则起着不利影响。在复杂系统中，OLTC 的动作可能会引起与其相连节点的电压降低，这对维持系统电压水平不利，但根本原因是系统有功或无功失去了平衡，OLTC 的调节特性仅是引起系统失去功率平衡的一个因素。

3. 负荷的功率恢复特性

负荷的功率恢复特性及其低电压失稳特性决定了系统电压崩溃与否和电压崩溃的进程：负荷的功率恢复特性可能将运行电压已经较低的系统推向崩溃的边缘，尤其是负荷的低电压失稳特性可能导致大面积的电压崩溃。

参考文献

[1] 马尔柯维奇. 动力系统及其运行情况. 张钟俊译. 北京：电力工业出版社，1956.

[2] USA Response to Questionnaire Sponsored by CIGRE Study Committee 32 on Control of the Dynamic Peformance of Future Power System. CIGRE Report，1976.

[3] 段献忠，何仰赞. 电力系统电压稳定性的研究现状. 电网技术，1995，19(4)：20～24.

[4] 刘益青，陈超英，梁磊，等. 电力系统电压稳定性的动态分析方法综述. 电力系统自动化学报，2003，15(1)：105～108.

[5] 仲悟之. 受端系统暂态电压稳定机理研究[博士学位论文]. 北京：中国电力科学研究院，2008.

[6] 张鑫. 电力系统电压稳定故障排序研究[硕士学位论文]. 北京：中国电力科学研究院，2007.

[7] 林伟芳. 多馈入交直流系统电压稳定分析[硕士学位论文]. 北京：中国电力科学研究院，2008.

[8] 王梅义，吴竞昌，蒙定中. 大电网系统技术(第二版). 北京：中国电力出版社，1991.

[9] Hain Y，Schweitzer I. Analysis of the power blackout of June 8，1995 in the Israel electric

corporation. IEEE Transactions on Power Systems，1997，12(4)：1752～1757.
[10] 程浩忠. 电力系统静态电压稳定性的研究[博士学位论文]. 上海：上海交通大学，1998.
[11] U. S. -Canada Power System Outage Task Force. Interim report：Causes of the August 14th blackout in the United States and Canada. U. S. -Canada Power System Outage Task Force，2003.
[12] 何大愚. 对于美国西部电力系统 1996 年 7 月 2 日大停电事故的初步认识. 电网技术，1996，20(9)：35～39.
[13] 卢卫星，舒印彪，史连军. 美国西部电力系统 1996 年 8 月 10 日大停电事故. 电网技术，1996，20(9)：40～42.
[14] 周孝信，郑健超，沈国荣，等. 从美加东北部电网大面积停电事故中吸取教训. 电网技术，2003，27(9)：T1.
[15] 胡学浩. 美加联合电网大面积停电事故的反思和启示. 电网技术，2003，27(9)：T2～T6.
[16] 唐葆生. 伦敦南部地区大停电及其教训. 电网技术，2003，27(11)：1～6.
[17] 张建峰. 从北京地区的两次停电事故看加速城市电网建设的重要性. 电网技术，1998，22(8)：31～33.
[18] 屈靖，郭剑波. “九五”期间我国电网事故统计分析. 电网技术，2004，28(21)：60～62.
[19] 韩祯祥，曹一家. 电力系统的安全性及防治措施. 电网技术，2004，28(9)：1～6.
[20] Kundur P. Power System Stability and Control. EPRI Power System Engineering Series. New York：McGraw Hill，1994.
[21] Harmand Y，Trotignon M，Lesigne J F，et al. Analysis of a voltage collapse-incident and proposal for a time-based hierarchical containment scheme. CIGRE Report，1990.
[22] Kurita A，Sakurai T. The power system failure on July 23，1987 in Tokyo. Proceedings of the 27th Conference on Decision and Control，Austin Texas，1988.
[23] CIGRE Task Force 38-01-03 of Committee 38. Planning against voltage collapse. CIGRE Report，1986.
[24] van Cutsem T，Vournas C. Voltage Stability of Electric Power Systems. Norwell：Kluwer Academic Publishers，1998.
[25] 仲悟之，汤涌. 计及感应电动机负荷的暂态电压稳定性分析. 中国电机工程学会第十届青年学术会议，吉林，2008.
[26] 仲悟之，汤涌. 受端系统暂态电压稳定机理初探. 中国电机工程学报，2008，(增刊)：1～7.
[27] 汤涌，仲悟之，孙华东，等. 电力系统电压稳定机理研究. 电网技术，2010，34(4)：24～29.

第3章 电力系统元件特性与模型

3.1 同步发电机及其控制系统

电力系统的电能主要由同步发电机提供。电力系统电压稳定与同步发电机关系密切，对于电力系统电压稳定性研究而言，理解和掌握同步发电机的特性是十分重要的。

3.1.1 同步发电机

1. *同步发电机的相量图及功率表达式*

同步发电机的转子转速与旋转磁场转速相同，即为“同步”。定义转速为 n，电枢电流的频率为 f，交流发电机磁极对数为 p，则有

$$n = \frac{60f}{p}(\mathrm{r/min}) \tag{3-1}$$

在我国电力系统的标准电流频率为50Hz，同步发电机设计为1对极时，其转速为3000r/min。

当原动机把同步发电机拖动至额定转速后，转子绕组中通入直流励磁电流，在发电机的气隙中就会产生磁通，该磁通以同步发电机额定转速的运动来切割定子绕组。如果发电机空载，定子绕组中无电流，气隙磁场就是由励磁磁动势所产生的同步旋转的主磁场，发电机端电压等于绕组中的感应电动势，称为空载电动势 $\dot{E}_0$；如果发电机带上对称负载，则定子绕组将流过负载电流，电枢绕组就会产生电枢磁动势以及相应的电枢磁场，若仅考虑基波，则它与转子同向、同速旋转，使得气隙磁场以及绕组中的感应电动势发生变化，这种现象称之为电枢反应，电枢磁场感应的电枢反应电动势用 $\dot{E}_a$ 表示。

下面分别介绍隐极同步发电机和凸极同步发电机的稳态分析方法。

1) 隐极同步发电机

当不考虑磁路饱和现象时，可应用叠加原理，认为转子磁场和电枢磁场分别在定子绕组中的感应电动势为 $\dot{E}_0$ 和 $\dot{E}_a$。因此，定子回路的电压方程式可表示为

$$\dot{E} = \dot{E}_a + \dot{E}_0 = \dot{U} + \dot{I}(r_a + \mathrm{j}x_\sigma) \tag{3-2}$$

式中,$\dot{E}$ 为合成电动势;$\dot{U}$ 为定子绕组的端电压;$\dot{I}$ 为定子电流;r_a 为定子绕组电阻;x_σ 为定子绕组漏抗。其等效电路如图 3.1 所示。

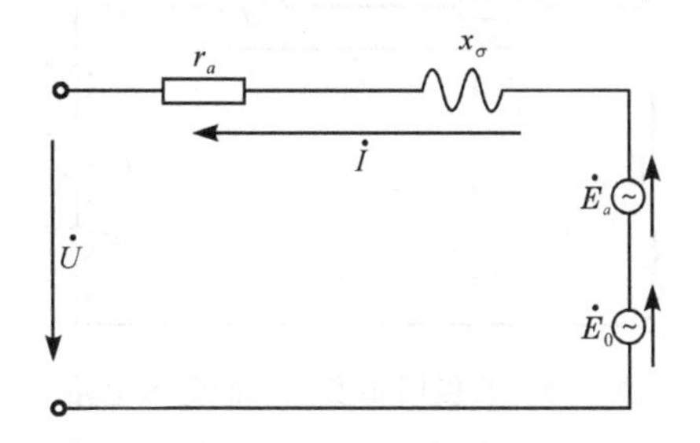

图 3.1 隐极同步发电机的等效电路

由于电枢反应电动势 $\dot{E}_a$ 可以看成相电流所产生的一个电抗电压降,这个电抗称为电枢反应电抗,即 $\dot{E}_a = -\mathrm{j}x_a\dot{I}$ 。若将 x_a 和 x_σ 合并为一个 x_s,称为同步电抗,并可直接测定。则式(3-2)可写成

$$\dot{E}_0 = \dot{U} + \dot{I}[r_a + \mathrm{j}(x_a + x_\sigma)] = \dot{U} + \dot{I}(r_a + \mathrm{j}x_s) \tag{3-3}$$

隐极同步发电机的相量图如图 3.2 所示。

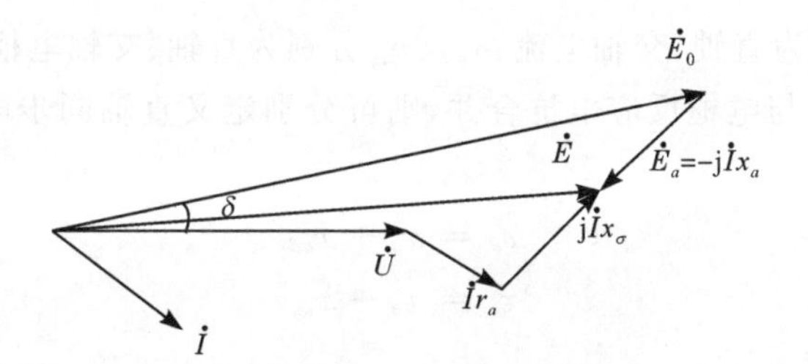

图 3.2 隐极同步发电机相量图

隐极同步发电机的有功功率和无功功率表达式分别为

$$P = \frac{E_0 U}{x_s}\sin\delta \tag{3-4}$$

$$Q = \frac{E_0 U}{x_s}\cos\delta - \frac{U^2}{x_s} \tag{3-5}$$

2) 凸极同步发电机

由于凸极同步发电机的气隙不均匀,气隙各处的磁阻不相同,在极面下的磁导大,两极之间的磁导小,二者相差甚大。因此,在一般分析中通常采用双反应法。该方法建立在叠加原理的基础上,将电枢基波磁动势 $\dot{F}_a$ 分解为分别作用在直轴和交轴上的电枢反应磁动势 $\dot{F}_{ad}$ 和 $\dot{F}_{aq}$,因此,在定子绕组中分别建立直轴电枢反应电动势和交轴电枢反应电动势,其基波分量分别记为 $\dot{E}_{ad}$ 和 $\dot{E}_{aq}$,其等效电

路图如图 3.3 所示。

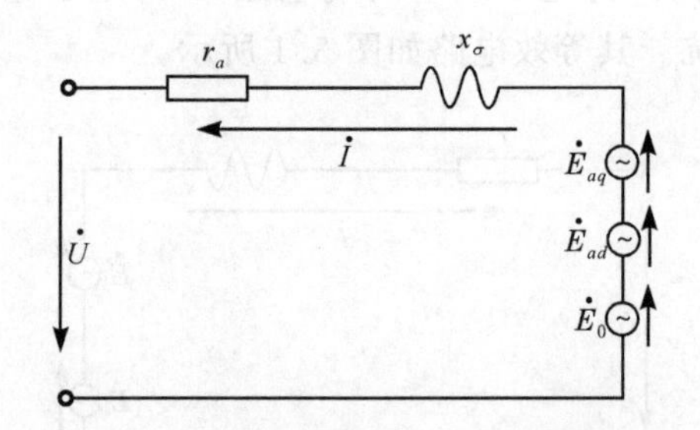

图 3.3　凸极同步发电机的等效电路

对应凸极同步发电机的定子绕组得到电压平衡方程式，即

$$\dot{E} = \dot{E}_{ad} + \dot{E}_{aq} + \dot{E}_0 = \dot{U} + \dot{I}(r_a + jx_\sigma) \tag{3-6}$$

对于凸极机，与隐极机相类似，直轴、交轴电枢反应电动势 $\dot{E}_{ad}$ 和 $\dot{E}_{aq}$ 可以看成直轴、交轴电流所产生的一个电抗电压降，即

$$\dot{E}_{ad} = -j\dot{I}_d x_{ad} \tag{3-7}$$

$$\dot{E}_{aq} = -j\dot{I}_q x_{aq} \tag{3-8}$$

式中，$\dot{I}_d$、$\dot{I}_q$ 分别为直轴、交轴电流；x_{ad}、x_{aq} 分别为直轴、交轴电枢反应电抗。

若将漏抗 x_σ 与电枢反应电抗合并，则可分别定义直轴同步电抗 x_d 和交轴同步电抗 x_q：

$$x_d = x_\sigma + x_{ad} \tag{3-9}$$

$$x_q = x_\sigma + x_{aq} \tag{3-10}$$

式(3-6)可改写为

$$\begin{aligned}\dot{E}_0 &= \dot{U} + \dot{I}(r_a + jx_\sigma) - \dot{E}_{ad} - \dot{E}_{aq} \\ &= \dot{U} + \dot{I}(r_a + jx_\sigma) + j\dot{I}_d x_{ad} + j\dot{I}_q x_{aq} \\ &= \dot{U} + \dot{I}r_a + j\dot{I}_d(x_\sigma + x_{ad}) + j\dot{I}_q(x_\sigma + x_{aq}) \\ &= \dot{U} + \dot{I}r_a + j\dot{I}_d x_d + j\dot{I}_q x_q\end{aligned} \tag{3-11}$$

在作凸极同步发电机的相量图时，需先分别找出电枢电流的直轴分量 $\dot{I}_d$ 和交轴分量 $\dot{I}_q$，式(3-11)可改写为

$$\dot{E}_0 - j\dot{I}_d(x_d - x_q) = \dot{U} + \dot{I}r_a + j\dot{I}x_q \tag{3-12}$$

由于相量 $\dot{I}_d$ 与 $\dot{E}_0$ 垂直，因此 $j\dot{I}_d(x_d - x_q)$ 与 $\dot{E}_0$ 在同一线上。由此，通过式(3-12)的右端项可确定 $\dot{E}_0$ 的位置，从而可确定负载电流 $\dot{I}_d$、$\dot{I}_q$ 的位置。相量图如图 3.4 所示。

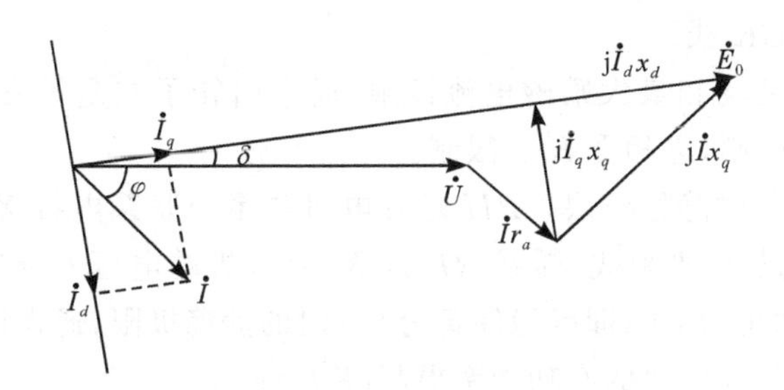

图 3.4　凸极同步发电机的相量图

凸极同步发电机的有功功率和无功功率表达式分别为

$$P=\frac{E_q U}{x_d}\sin\delta+\frac{U^2}{2}\left(\frac{1}{x_q}-\frac{1}{x_d}\right)\sin 2\delta \tag{3-13}$$

$$Q=\frac{E_q U}{x_d}\cos\delta-U^2\left(\frac{\sin^2\delta}{x_q}+\frac{\cos^2\delta}{x_d}\right) \tag{3-14}$$

2. 同步发电机的运行容量极限图

发电机在额定工况运行时,可发出的额定无功功率 Q_{GN} 为

$$Q_{\mathrm{GN}}=S_{\mathrm{GN}}\sin\varphi_{\mathrm{N}} \tag{3-15}$$

式中,S_{GN} 为发电机额定视在功率;φ_{N} 为发电机的额定功率因数角。

发电机在非额定功率因数运行时,可通过改变进入转子回路的励磁电流来实现对发电机输出无功功率的平滑调整,既可发出无功功率,又可吸收无功功率,其提供无功功率的能力由发电机运行的 PQ 极限决定。图 3.5 为隐极同步发电机的运行容量极限图。图中,以 B 为圆心,AB 为半径作转子额定电流圆弧 AC;以 O 点为圆心,OA 为半径作定子额定电流圆弧 $ADGK$,这两个圆弧交点 A 对应发电机定子、转子电流同时达到额定值。OA 在纵、横坐标上的投影分别为额定有功功率和额定无功功率。OB 代表发电机与无穷大电网并联运行,$P=0$ 时可吸收的最大无功功率。当 $\cos\varphi$ 降低时,由于受到转子电流限制,发电机运行点不能超过弧线 AC,C 点为 $\cos\varphi=0$ 时,发电机输出的无功功率最大。当 $\cos\varphi$ 增高时,发电机电枢反应减小,所需的励磁电流减小,故励磁电流不成为限制因素。但此时要受到定子电流的限制,发电机的运行点不能超过弧线 $ADGK$。对于发电机的有功功率,则不能超过其额定功率。因此过 D 点继续提高 $\cos\varphi$,受到原动机功率限制线(DEF 线)的限制。所以在稳态条件下,发电机允许运行范围取决于以下 5 个条件:

(1) 原动机输出功率限制,发电机的电功率输出稍小于或等于原动机的额定功率(DEF 线)。

(2) 发电机的额定容量。即由定子发热决定的允许范围,发电机的运行点不能超过弧线（$ADGK$ 线）。

（3）发电机磁场和最大励磁电流极限，通常由转子或定子发热决定，迟相运行时受 AC 弧线限制，进相受 $K'J$ 限制。

（4）进相运行时静稳极限。BH 是发电机与系统联系电抗 $X_s=0$、发电机运行功角为90°时的静稳极限线，弧线 RP 是 $X_s\neq0$，机端电压 $U=1$ 时的静稳极限线，直线 BB' 是功角为 70°，即静稳储备为 6%时的静稳极限，通常以 10%的静稳储备为进相运行时的发电机的有功功率限制（$F'L$ 线）。

（5）曲线 MLN 为允许的最小励磁电流限制线，通常取额定励磁电流的 10%。

由这些条件决定的 PQ 极限范围内，在一定的定子电压和电流下，当功率因数下降时，发电机有功输出减少，无功输出增大，而功率因数上升时则相反。图 3.5所示的同步发电机的 PQ 曲线表示发电机运行过程中有功功率和无功功率之间的关系。由图可知在有功功率一定的情况下所允许的最大无功功率。

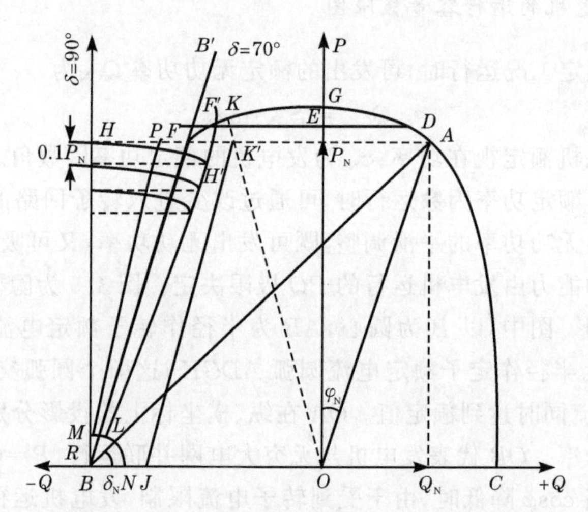

图 3.5 隐极同步发电机的运行容量极限图

3. 同步发电机的通用 PQ 曲线

在发电机同步电抗未知，仅知道它的额定功率因数时，则可通过查阅通用 PQ 曲线来确定不同有功功率时所允许的无功功率，如图 3.6 所示。图中实线表示额定功率因数为 0.8 的发电机，虚线表示额定功率因数为 0.9 的发电机，其他功率因数值可用插值法求解。

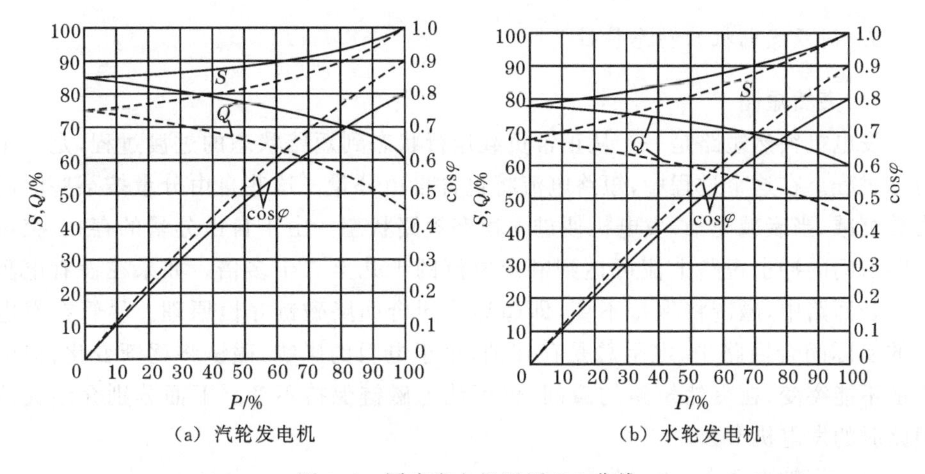

图 3.6　同步发电机通用 PQ 曲线

4. 同步发电机的 V 形曲线

同步发电机的 V 形曲线是定子电流 I_s 和励磁电流 I_L 之间的关系曲线，如图 3.7所示。图中每一条 V 形曲线分别代表一个有功功率输出情况，曲线最低点的连线(虚线)表示 $\cos\varphi=1$ 的运行情况，只发出有功，不发出无功，且定子电流值最小。最下面的一条曲线是有功输出为零，点 a 表示不输出无功功率的励磁情况，即空载励磁情况。虚线右边是过励状态，它输出容性无功功率。图中不稳定区的励磁电流很小，励磁电动势 E_0 也很小，发电机达到临界功率角90°时，再减小励磁电流就不能保持功角稳定了。

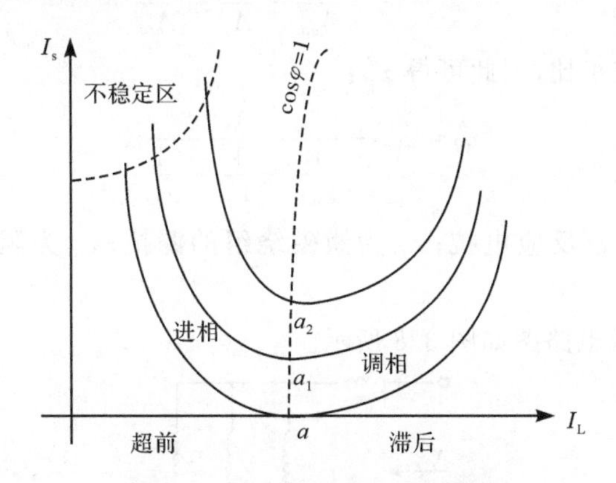

图 3.7　同步发电机的 V 形曲线

5. 同步发电机的动态特性

1) 突然短路

发电机突然短路是一个从正常负载运行状态到短路状态的过渡过程，是一个暂态过程。在这个过程中，短路电流将包含自由分量。这些自由分量按某些时间常数衰减，当衰减完毕，发电机便进入稳态短路状态。由于自由分量的存在，突然短路瞬间的冲击短路电流可达到额定电流的十几至二十多倍。如果在没有电阻的闭合回路中，磁链将保持不变，即超导体闭合回路磁链守恒原理。尽管在发电机的实际闭合回路中，电阻总是存在的，由于电阻的影响，磁链将逐渐变化，但因磁链不能突变，在突然短路的瞬间，仍可认为磁链保持不变。下面分别介绍突然短路时的发电机参数。

(1) 直轴次暂态电抗 x''_d。

当转子上装有阻尼绕组，由于阻尼绕组为闭合回路，磁链不能突变，因此在短路瞬间，电枢磁通将被排挤在阻尼绕组以外。即电枢磁通将依次经过空气隙、阻尼绕组旁的漏磁路和激磁绕组旁的漏磁路，磁阻增大，对应更小的电抗 x''_d。x''_d 称为直轴超瞬态电抗或直轴次暂态电抗。在短路发生瞬间，定子绕组中的短路电流将为 x''_d 所限制，由于阻尼绕组中的感应电流衰减得较快，故在最初几个周波以后，定子电流将为 x'_d 所限制，最后到达稳态时，定子电流便为 x_d 所限制。

假设 Λ_{ad} 为空气隙的磁导，Λ_{ld} 为阻尼绕组旁的漏磁路磁导，Λ_f 为激磁绕组旁的漏磁路的磁导，Λ_σ 为电枢漏磁的磁导。电枢磁通的磁路的总磁导 Λ''_d 为

$$\Lambda''_d = \Lambda_\sigma + \frac{1}{\dfrac{1}{\Lambda_{ad}} + \dfrac{1}{\Lambda_f} + \dfrac{1}{\Lambda_{ld}}} \tag{3-16}$$

由于电抗与磁导成正比，因此可得 x''_d：

$$x''_d = x_\sigma + \frac{1}{\dfrac{1}{x_{ad}} + \dfrac{1}{x_f} + \dfrac{1}{x_{ld}}} \tag{3-17}$$

式中，x_{ad} 为直轴电枢反应电抗；x_f 为激磁绕组的漏抗；x_{ld} 为阻尼绕组在直轴的漏抗。

x''_d 对应的等效电路图如图 3.8 所示。

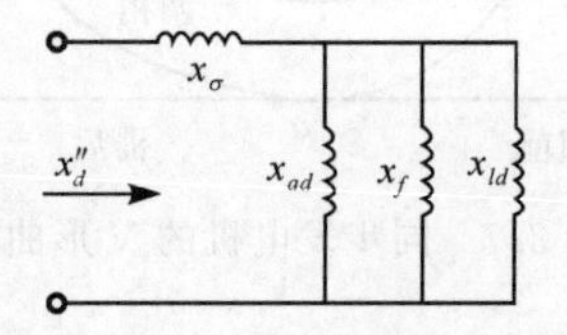

图 3.8 x''_d 对应的等效电路图

(2) 直轴暂态电抗 x'_d。

当短路发生瞬间,按照磁链不能突变的原则,转子绕组所键链的磁通不能突变,因此,短路电流所产生的电枢反应磁通不能通过转子铁芯去键链转子绕组,而是被排挤到转子绕组外侧的漏磁路中去。定子短路电流所产生的磁通 $\dot{\phi}'_{ad}$ 所经路线的磁阻变大,因此限制电枢电流的电抗变小,使突然短路瞬间有较大的短路电流。这个限制电枢电流的电抗称为直轴瞬态电抗或直轴暂态电抗,用 x'_d 表示。由于转子绕组上的电阻的阻尼作用,使得突然短路时较大的冲击电流逐渐减小,最后短路电流为 x_d 所限制。

如果转子上无阻尼绕组或阻尼绕组中的感应电流衰减完毕,电枢反应磁通可以穿过阻尼绕组,其总磁导 Λ'_d 为

$$\Lambda'_d = \Lambda_\sigma + \frac{1}{\dfrac{1}{\Lambda_{ad}} + \dfrac{1}{\Lambda_f}} \tag{3-18}$$

同理,直轴暂态电抗 x'_d 为

$$x'_d = x_\sigma + \frac{1}{\dfrac{1}{x_{ad}} + \dfrac{1}{x_f}} \tag{3-19}$$

x'_d 对应的等效电路图如图 3.9 所示。

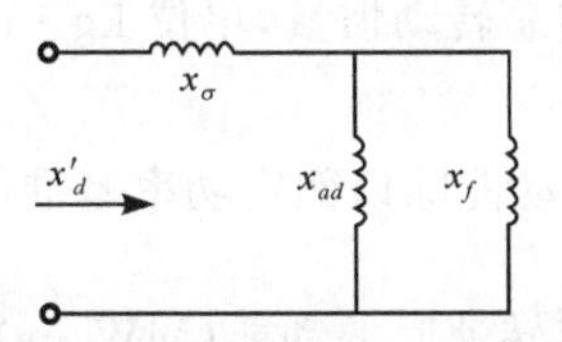

图 3.9　x'_d 对应的等效电路图

(3) 交轴次暂态电抗 x''_q。

在有阻尼的情况下,由于阻尼绕组为不对称绕组,所以它在交轴的阻尼作用与直轴的阻尼作用不同。对应的交轴次暂态电抗 x''_q 为

$$x''_q = x_\sigma + \frac{1}{\dfrac{1}{x_{aq}} + \dfrac{1}{x_{lq}}} \tag{3-20}$$

式中,x_{aq} 为交轴电枢反应电抗;x_{lq} 为阻尼绕组在交轴的漏抗。

x''_q 对应的等效电路图如图 3.10 所示。

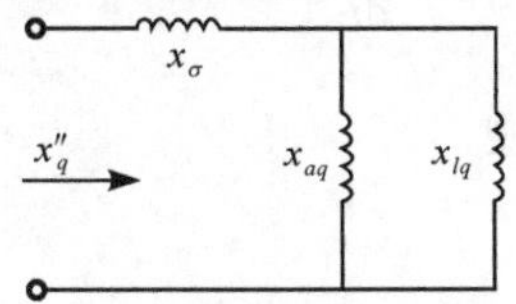

图 3.10　x''_q 对应的等效电路图

(4) 交轴暂态电抗 x_q'。

如果发电机不是在出线端发生短路，而是经过负载阻抗短路，则由短路电流所产生的电枢磁场不仅有直轴分量，也有交轴分量。由于沿着交轴的磁路与沿着直轴的磁路有不同的磁阻，因此对应的电抗也有不同的数值。因为同步发电机在交轴没有激磁绕组，所以，一般来说，交轴暂态电抗与交轴同步电抗相等，即

$$x_q' = x_q \tag{3-21}$$

2) 发电机振荡

当发电机运行时，其合成磁场与转子磁场间有弹性作用。当负载增加时，功角 δ(空载电势 E_0 与 U 的夹角)将增大，但由于弹性作用，δ 不能立即达到新的稳态值，而将引起振荡。如果振荡的幅度逐渐衰减下来，则转子将在最后获得新的位移角的情况下，仍以同步转速稳定运行。如果振荡的幅度逐渐扩大，则 δ 将不断增大，同步发电机将与电网失步。

发电机的运动方程是发电机振荡时的核心方程。假设 T_a 为加速转矩，T_m 为机械转矩，T_e 为机械转矩，单位 N · m。发电机的不平衡转矩是导致发电机振荡的本质原因：

$$J\frac{\mathrm{d}\omega_m}{\mathrm{d}t} = T_a = T_m - T_e \tag{3-22}$$

式中，J 为发电机和汽轮机的总转动惯量，单位 kg · m^2；ω_m 为转子的角速度，单位 rad/s；t 为时间，单位 s。

H 定义为额定转速时的动能除以额定功率基准值 S_{base}，即

$$H = \frac{\text{额定转速时的动能(MW · s)}}{\text{额定功率基准值(MVA)}} = \frac{\frac{1}{2}J\omega_0^2}{S_{base}} \tag{3-23}$$

若以惯性时间常数 H 来描述发电机的运动方程，则有

$$\frac{2H}{\omega_0^2}S_{base}\frac{\mathrm{d}\omega_m}{\mathrm{d}t} = T_m - T_e \tag{3-24}$$

由于 $T_{base} = S_{base}/\omega_0$，重新整理可得

$$2H\frac{\mathrm{d}}{\mathrm{d}t}\left(\frac{\omega_m}{\omega_0}\right) = \frac{T_m - T_e}{S_{base}/\omega_0} \tag{3-25}$$

可得标幺形式的运动方程

$$2H\frac{\mathrm{d}\omega^*}{\mathrm{d}t} = T_m^* - T_e^* \tag{3-26}$$

6. 同步发电机的数学模型

1) 六阶模型

在电力系统的暂态稳定仿真分析中，一般使用六阶发电机模型作为发电机的

详细模型。

$$
\begin{cases}
T_j \dfrac{\mathrm{d}\omega}{\mathrm{d}t} = T_{\mathrm{m}} - T_{\mathrm{e}} - D(\omega - \omega_0) \\
\dfrac{\mathrm{d}\delta}{\mathrm{d}t} = \omega - \omega_0 \\
T'_{d0} \dfrac{\mathrm{d}E'_q}{\mathrm{d}t} = E_{fd} - E'_q - \dfrac{x_d - x'_d}{x'_d - x''_d}(E'_q - E''_q) \\
T''_{d0} \dfrac{\mathrm{d}E''_q}{\mathrm{d}t} = E'_q - E''_q - (x'_d - x''_d)I_d \\
T'_{q0} \dfrac{\mathrm{d}E'_d}{\mathrm{d}t} = -E'_d - \dfrac{x_q - x'_q}{x'_q - x''_q}(E'_d - E''_d) \\
T''_{q0} \dfrac{\mathrm{d}E''_d}{\mathrm{d}t} = E'_d - E''_d + (x'_q - x''_q)I_q \\
U_d = X''_q I_q + E''_d - r_a I_d \\
U_q = -X''_d I_d + E''_q - r_a I_q
\end{cases}
\tag{3-27}
$$

式中，T_j 为发电机惯性常数；T_{m} 为发电机的机械功率；T_{e} 为发电机的电磁功率；E_{fd} 为发电机励磁电动势；E'_d、E'_q 为发电机 d 轴和 q 轴暂态电动势；E''_d、E''_q 为发电机 d 轴和 q 轴的次暂态电动势；T'_{d0}、T'_{q0}、T''_{d0}、T''_{q0} 分别为 d 轴和 q 轴开路暂态时间常数、d 轴和 q 轴开路次暂态时间常数；X'_d、X'_q、X''_d、X''_q 分别为 d 轴和 q 轴的暂态电抗、d 轴和 q 轴的次暂态电抗；r_a 为发电机定子电阻；U_d、U_q 为发电机端电压在 d 轴和 q 轴上的投影；I_d、I_q 为发电机输出电流在 d 轴和 q 轴上的投影。

2）五阶模型

若忽略定子电磁暂态过程，但计及转子侧 f、D、Q 绕组的电磁暂态以及转子运动的机电暂态过程，由此得到实用五阶模型：

$$
\begin{cases}
T_j \dfrac{\mathrm{d}\omega}{\mathrm{d}t} = T_{\mathrm{m}} - T_{\mathrm{e}} - D(\omega - \omega_0) \\
\dfrac{\mathrm{d}\delta}{\mathrm{d}t} = \omega - \omega_0 \\
T'_{d0} \dfrac{\mathrm{d}E'_q}{\mathrm{d}t} = E_{fd} - E'_q - \dfrac{x_d - x'_d}{x'_d - x''_d}(E'_q - E''_q) \\
T''_{d0} \dfrac{\mathrm{d}E''_q}{\mathrm{d}t} = E'_q - E''_q - (x'_d - x''_d)I_d \\
T''_{q0} \dfrac{\mathrm{d}E''_d}{\mathrm{d}t} = -E''_d + (x'_q - x''_q)I_q \\
U_d = X''_q I_q + E''_d - r_a I_d \\
U_q = -X''_d I_d + E''_q - r_a I_q
\end{cases}
\tag{3-28}
$$

3）三阶模型

若忽略定子 d 绕组、q 绕组的暂态，并忽略阻尼绕组（D、Q 绕组）的作用，由此得到实用三阶模型：

$$\begin{cases} T_j \dfrac{d\omega}{dt} = T_m - T_e - D(\omega - \omega_0) \\ \dfrac{d\delta}{dt} = \omega - \omega_0 \\ T'_{d0} \dfrac{dE'_q}{dt} = E_{fd} - E'_q - (x_d - x'_d) I_d \\ U_d = X_q I_q - r_a I_d \\ U_q = E'_q - X'_d I_d - r_a I_q \end{cases} \tag{3-29}$$

在实用电力系统动态分析中，当要计及励磁系统动态时，最简单的模型就是三阶模型，由于其简单而又能计算励磁系统动态，因而常常应用于精度要求不高，但仍需计及励磁系统动态的电力系统动态分析中。

4）经典二阶模型

（1）E'恒定模型。

该模型在电力系统分析中广泛应用。它将同步发电机用暂态电抗 X'_d后的暂态电动势 $\dot{E}'$组成的等值电路表示，只考虑发电机转子动态过程。如下式所示：

$$\begin{cases} T_j \dfrac{d\omega}{dt} = T_m - T_e - D(\omega - \omega_0) \\ \dfrac{d\delta}{dt} = \omega - \omega_0 \\ \dot{U} = \dot{E}' - (r_a + jX'_d)\dot{I} \end{cases} \tag{3-30}$$

（2）E'_q恒定模型。

在三阶模型中，若假设 E'_q恒定，即可得到 E'_q恒定模型：

$$\begin{cases} T_j \dfrac{d\omega}{dt} = T_m - T_e - D(\omega - \omega_0) \\ \dfrac{d\delta}{dt} = \omega - \omega_0 \\ U_d = X_q I_q - r_a I_d \\ U_q = E'_q - X'_d I_d - r_a I_q \end{cases} \tag{3-31}$$

3.1.2 同步发电机的励磁控制系统

1. *励磁系统的作用*

励磁调节器是电力系统中调节电压的主要手段，其主要作用有：

(1) 提供发电机励磁绕组足够、可靠以及连续可调的直流电流。

(2) 自动维持发电机端电压。这是通过励磁系统的电压偏差反馈控制实现，利用输出量和参考输入量进行比较，以减少二者之间的差别，达到维持发电机端电压的目的。

(3) 对励磁电流或励磁电压的限制和保护。在电力系统出现大的扰动时，励磁控制可以使发电机提供瞬时的或短时的无功功率支援，这对电力系统暂态过程中的电压稳定性具有重要的作用。发电机的过负荷能力受到以下因素限制：励磁电压过高引起绝缘破坏、励磁电流过高引起转子过热、在欠励状态下运行造成定子端部过热，以及磁链过高引起发热等。

励磁系统是影响电力系统电压稳定性的一个重要因素，因此在研究电力系统的电压稳定性时，需要准确地考虑发电机励磁调节系统的影响，而不同的励磁调节系统对电力系统的电压稳定性影响也不同。快速强型励磁调节系统能够较快地使发电机端邻近节点电压恢复，但对距离发电机端较远的负荷节点作用甚微，因此仍需安装无功补偿装置以有效调控远端负荷节点电压；若励磁调节系统为弱慢调节型，当系统调节能力储备不足时，远端负荷节点电压崩溃将可能扩大影响到发电机端邻近节点电压，使其出现持续低电压的风险。因此，在正常运行情况下，应使发电机励磁电压留有一定的安全裕度。

从电力系统的电压稳定性考虑，可以在发电机端安装并联电容器组，这样，正常时发电机可以运行在功率因数1.0附近，从而增加了发电机的旋转无功备用。一旦需要，这些备用容量可以迅速地投入以防止电压失稳。因此，发电机的无功储备大小也是电力系统电压稳定水平的一个度量。

另外，励磁控制系统的过励和低励限制特性是影响电力系统电压稳定性的重要特性。下面将详细分析。

2. *励磁控制系统模型*

励磁系统种类繁多，这里仅给出两种常用的励磁调节系统，其模型框图及参数分别简介如下。

1) 他励的常规或快速励磁系统

该系统即通常具有励磁机的励磁调节系统，其模型如图3.11所示。

图3.11中，U_{T}为发电机端电压；U_{ref}为励磁调节器电压设定值；U_{s}为电力系统稳定器(PSS)输入信号；U_{f}为反馈环节输入信号；E_{fd0}为稳态时励磁电压；E_{fd}为实际输出励磁电压；$E_{fd\max}$、$E_{fd\min}$为励磁输出电压上下限；K_{r}、K_{a}、K_{f}分别为测量环节、放大环节及反馈环节的放大倍数；T_{r}、T_{a}、T_{f}分别为上述三个环节的时间常数；T_{e}为励磁机的时间常数。

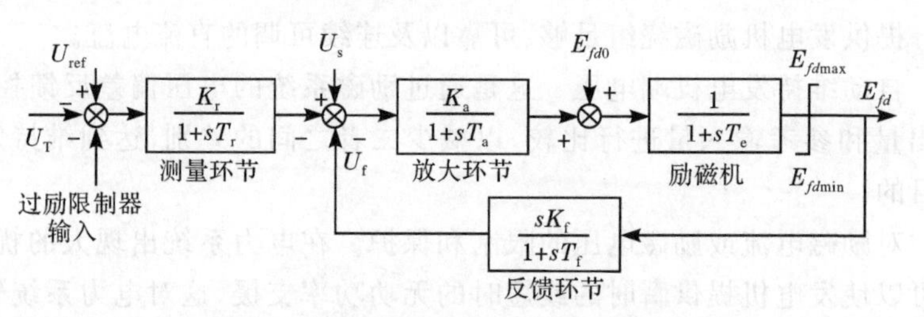

图 3.11 他励的常规或快速励磁系统框图

2）自并励励磁调节系统模型

自并励快速励磁系统与他励式励磁系统的不同之处在于前者的励磁电源取自发电机机端，图 3.12 所示为自并励励磁调节系统的传递函数框图。

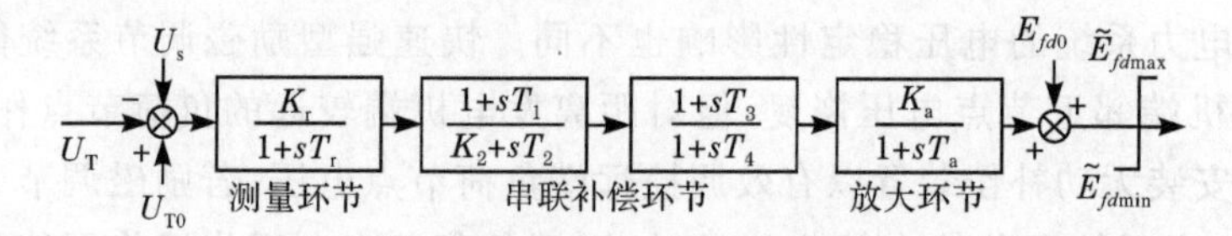

图 3.12 自并励励磁调节系统模型框图

图 3.12 中，U_T 为发电机端电压；U_{T0} 为励磁调节器设定电压；U_s 为 PSS 输入信号；K_r、K_a 分别为测量环节和放大环节的放大倍数；K_2 为变换环节类型参数，等于 0 时为比例积分环节，等于 1 时为移项环节；T_1、T_2、T_3、T_4、T_r、T_a 为上述各环节的时间常数；E_{fd0} 为稳态时励磁输出电压；$\tilde{E}_{fdmax}$、$\tilde{E}_{fdmin}$ 为可变的励磁输出电压上下限。

3. 过励和低励限制

1）过励限制

发电机过励磁限制模型是由发电机过热负荷能力所决定的，转子过电流时间与励磁电流峰值有关。一旦系统中某发电机的励磁调节达到其最大限制值，当由于励磁绕组热容量限制，机组的过励磁能力到达设定运行时间时，过励磁限制器将使励磁电流减少到额定值，造成发电机无功功率减少，引起系统中电压降落，由于系统电压降低，其他相关发电机也会处于接近过励状态，所以一台发电机的突然减励磁可能会引起其他发电机的连锁反应，从而造成系统电压失稳。

本书介绍两种过励磁模型，一种是中国电力科学研究院励磁专家根据长期的工程实践提出的一种实用模型（OELCEPRI）[1]；另一种是 IEEE 励磁限制工作组提出的一种模型（OELIEEE）[2]。两者的说明分别如下。

(1) OELCEPRI 模型。

模型框图如图 3.13 所示。OELCEPRI 模型的输入电气量有两种：

① 发电机转子电流——只用于有刷励磁系统。

② 交流励磁机励磁电流——无刷励磁系统必须用,有刷励磁系统也可以用。

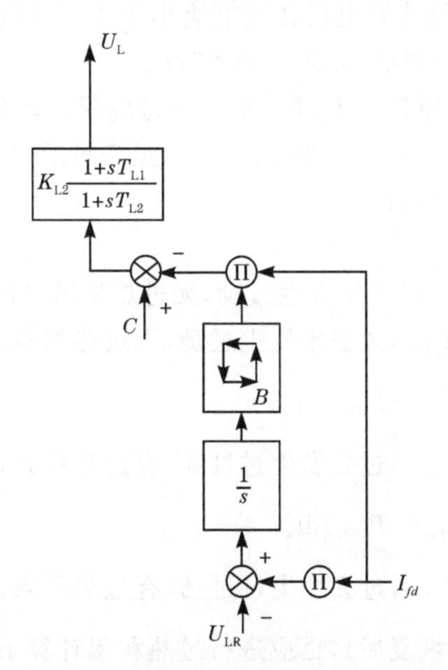

图 3.13　过励磁限制模型(OELCEPRI)

图 3.13 中的变量含义：I_{fd} 为发电机磁场电流；U_{LR} 为发电机磁场长期容许电流的平方值；B 为发热量；C 为过励恢复系数；K_{L2} 为过励限制回路增益；T_{L1} 为过励限制回路超前时间常数；T_{L2} 为过励限制回路滞后时间常数；U_L 为过励限制输出值。

模型的输出用于限制调节器输出电压,从而达到限制发电机转子电流的目的。在实际装置中,不能直接限制转子电流或电压,而在程序中模拟时可以直接限制转子电流和电压。

模型判断是否过励磁的原则是等效发热反时限特性,由输入的两点(过励时间和过励电流)确定限制曲线。

判定过励的过程和原则如下：

过励过程可能是一种近似恒定的过励过程。例如,调节器故障引起过励,有可能是这种过程。过渡过程结束后,发电机励磁电流 I_{fd} 为固定值。

过励也可能是一种逐步发生、逐步增大过励值的慢过程。例如,系统电压逐步下降,可引起发电机的励磁电流 I_{fd} 从小于 $I_{fd\infty}$ 到等于 $I_{fd\infty}$,再大于 $I_{fd\infty}$($I_{fd\infty}$ 为长期运行允许的励磁电流)。过励值也在不断变化。

因此,一般不用计算过励时间的方法来判别过励是否允许,而是累积计算发热量 $B=\int(I_{fd}^2-I_{fd\infty}^2)\mathrm{d}t$ 是否达到允许值 B_0 的方法来确定是否应该进行限制,即 $B=B_0$ 时限制器动作。

限制器动作后,应保持发电机转子电流小于 $I_{fd\infty}$,以便把过励过程中产生的过多的热量释放出去。一般取 $(0.90\sim0.95)I_{fd\infty}$。

当限制器不能有效地限制 I_{fd} 时,则应由过励保护动作,把发电机切除,以保证机组安全。因此,在 $B>B_0$ 后,要进行计时,经 T 秒后,I_{fd} 应小于 $I_{fd\infty}$,B 应小于 B_0,且不断减少,否则应切机。

有四种状态:

① $B=0,I_{fd}\leqslant I_{fd\infty}$,过去未发生过励,无过热积累,当前也不过励。

② $B=0,I_{fd}>I_{fd\infty}$,过去未发生过励,无过热积累,当前正在过励,应进行过热积累计算 $B=\int(I_{fd}^2-I_{fd\infty}^2)\mathrm{d}t$。

③ $B>0,I_{fd}>I_{fd\infty}$,过去发生过过励,有过热积累,当前也在过励,应进行过热积累计算 $B=\int(I_{fd}^2-I_{fd\infty}^2)\mathrm{d}t$。

④ $B>0,I_{fd}\leqslant I_{fd\infty}$,过去发生过过励,有过热积累,当前不再过励(限制器动作后或系统电压水平恢复后),也应进行过热积累计算 $B=\int(I_{fd}^2-I_{fd\infty}^2)\mathrm{d}t$。此时向反方向积累,是释放过程,这一计算直到 $B\leqslant0$ 为止。当 $B\leqslant0$ 时,令 $B=0$。

过励的判别与动作过程如下:

① 第一次发生过励,就进行发热积累计算。

② 当发热积累超过给定值,即 $B\geqslant B_0$ 时,发出限制信号,并使调节器输出电压限制在与 $(0.90\sim0.95)I_{fd\infty}$ 相对应的水平上。同时进行计时,$T=T+\Delta t$。

③ 限制器动作正常,经过一定时间(1～2s),I_{fd} 将小于 $I_{fd\infty}$。此时仍有 $B>0$,还需进行反向(释放)发热积累计算,直到 $B\leqslant0$ 为止。

④ 如果限制器动作不正常,$T>T_0$ 后,仍不能使 $B<B_0$、$I_{fd}<I_{fd\infty}$,则切机。

⑤ 限制器动作正常时,虽然可有 $I_{fd}<I_{fd\infty}$,但是,若由系统电压过低引起过励,有可能导致定子过流或发电机失步,也可能因此而切机。

(2) OELIEEE 模型。

模型的框图如图 3.14 所示。

模型的输入是励磁电流 I_{fd}、励磁电压 E_{fd} 或励磁机励磁电压 V_{FE} 三者中的一种。如果以上的输入大于设定值 I_{TFPU},则启动模型的延时单元。经过一定的时间后,如果可变参考点 I_{ref} 的值小于模型的输入值($I_{err}<0$),则启动模型的输出部分进行励磁输出限制 Output,从而达到过励磁限制的作用。

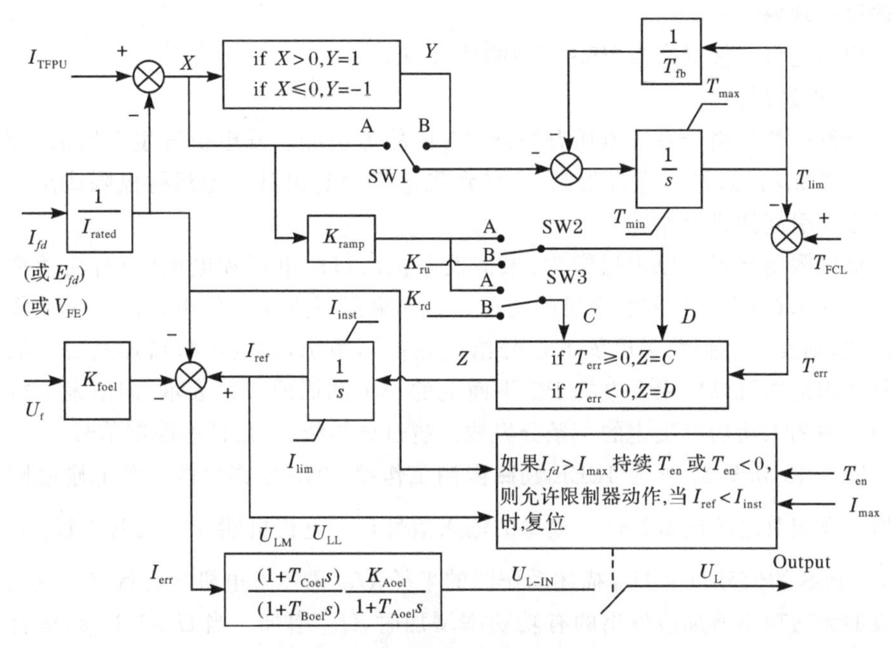

图3.14　过励磁限制模型(OELIEEE)

延时单元由两个比较环节、两个积分环节和三个开关构成。积分单元模拟延时功能,不同的开关位置可以表示反时限和定时限两种方式。

如果输入大于设置值 I_{TFPU},则时间定时器1(第一个积分环节)开始积分。如果开关1(SW1)的位置在图3.14中位置"A",则积分速度与输入偏差成正比(反时限功能);如果开关1的位置在图3.14中位置"B",则以固定速率积分(定时限功能)。

如果时间定时器1的输出 T_{lim} 大于设定值 T_{FCL},则启动另一个时间定时器(第二个积分环节)。类似的,开关2(SW2)和开关3(SW3)的不同位置分别实现了定时限和反时限功能。

如果可变的参考点 I_{ref} 小于输入的励磁电流 I_{fd},则 I_{err} 小于0,模型输出为一负值,进行过励磁限制。额定运行状态下,模型的输出是一个大的正数。

框图中的上下限幅 I_{inst} 和 I_{lim} 的典型值可取1.6和1.05。励磁电流 I_{fd} 输入(或其他两个输入,下同)在额定值及以下时,限制器的参考点 I_{ref} 的值等于 I_{inst},其含义是:当励磁电流 I_{fd} 达到其额定值的1.6倍时,可以不经过延时单元,瞬时进行输出限制励磁。

当系统发生短路等故障时,在暂态过程中的初始阶段,为维持机端电压处于较高水平,励磁系统在瞬时会产生很大的励磁电流,此时,过励磁装置一般不应限制励磁电流。模型中含有最大励磁电流参数 I_{max} 和延时时间参数 T_{en} 的环节用以描述这一现象。

模型还可以接受来自 PSS 模型的输入 U_s。

2）低励限制

低励一般是由于系统电压升高或 AVR 故障引起。发电机发生低励后，会吸收大量的无功，如果不进行限制，会导致发电机因超出其稳定运行极限或定子发热极限而引起切机操作。

低励限制装置的原理通常为：根据发电机出口的电压和电流（或有功功率 P 和无功功率 Q）确定当前发电机的运行点。如果运行点超出发电机的低励动作限制范围，则发出限制励磁电流的信号给励磁控制系统，给发电机增加励磁。低励限制动作范围可以使用发电机 PQ 平面上的一个圆周或直线表示，即由发电机的有功功率和无功功率决定的一条分界线。越过分界线，发出低励限制信号。

图 3.15 和图 3.16 是 IEEE 励磁限制工作组 1995 年提出的一种低励磁限制模型[3]及相对应的模型特性。模型的输入信号是发电机机端的交流电压 $\dot{U}_T$ 和电流 $\dot{I}_T$、PSS 的信号 U_s。U_{UR} 描述动作圆的半径，U_{UC} 描述发电机的运行点。发电机吸收的无功功率增加或发出的有功功率增加时，U_{UC} 增加。当 $U_{UC}>U_{UR}$，运行点超出低励动作分界线时，输出低励限制信号。U_s 的作用是增强阻尼、稳定发电机的输出。

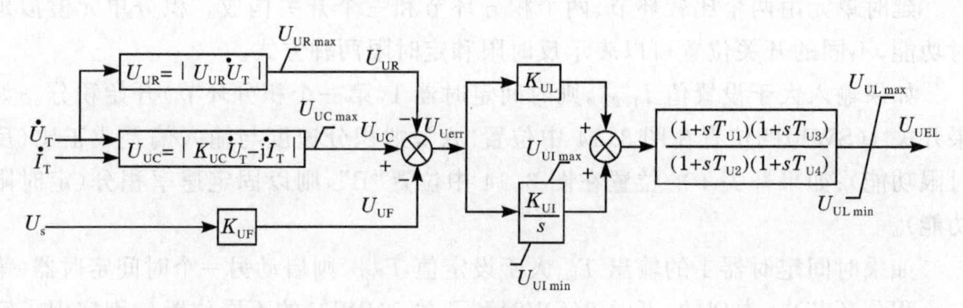

图 3.15 低励磁限制模型

3.1.3 电力系统稳定器

1. 电力系统稳定器特性

20 世纪 70 年代发展起来的电力系统稳定器（power system stabilizer，PSS）是科学技术上的一项突破。励磁系统为了维持发电机端电压，需采用较大的电压放大倍数，而研究表明这种高电压放大倍数的励磁控制配上快速反应的励磁系统对发电机的电压控制具有明显的效果，但同时会使系统的阻尼减弱，甚至提供负阻尼，使得系统发生低频振荡。PSS 也称为励磁系统的附加控制，它能很好解决励磁系统维持发电机端电压与产生负阻尼之间的矛盾。PSS 不但可以克服快速

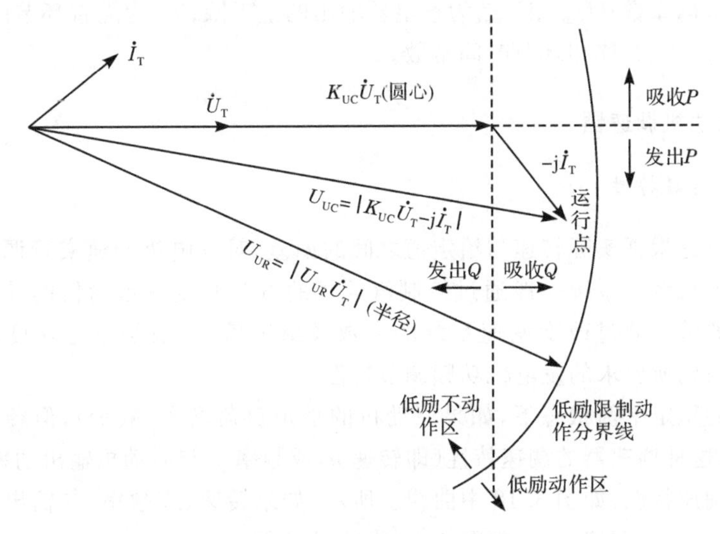

图 3.16　低励磁限制特性

励磁系统带来的负阻尼,还可以向系统提供正阻尼。

PSS 采用了功率和频率的反馈控制,但并不是经过与某个参考值的比较后的偏差进行反馈控制,而是通过微分或带惯性的微分环节进行反馈,因此相当于一个并联于电压反馈上的动态校正。不论功率和频率稳态运行值怎么变化,都不会影响电压稳态值的变化,只是在动态过程中起作用。

2. 电力系统稳定器模型

PSS 输入信号可根据需要取转速偏差或电功率偏差或端电压偏差,或者为它们的组合。输出量 U_s 作用于励磁控制器的输入端,用来改善机组的阻尼特性,即增加阻尼作用。

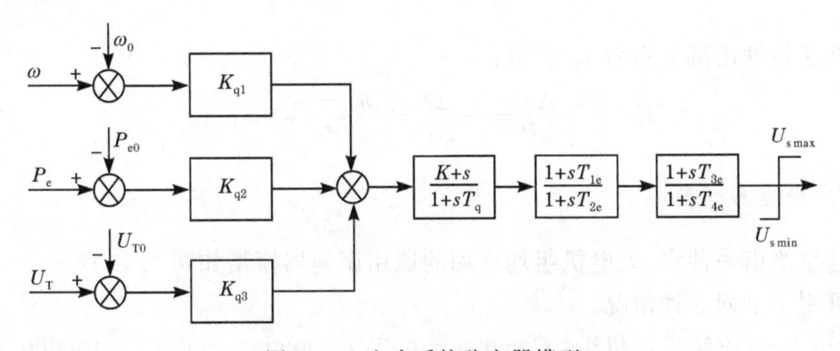

图 3.17　电力系统稳定器模型

图 3.17 中,K_{q1}、K_{q2}、K_{q3} 分别为转速偏差、功率偏差和电压偏差放大倍数;K

为改变环节的系数；$U_{s\min}$、$U_{s\max}$为稳定器输出的上下限；T_q 为隔直环节时间常数；T_{1e}、T_{2e}、T_{3e}、T_{4e}为移相环节时间常数。

3.1.4 原动机调速器

1. 调速器特性

调速器是根据实际转速与给定值之间的偏差，对发电机转速实行调节的自动装置。发电机调速系统一般通过控制汽轮机的汽门开度或水轮机的导叶开度来实现功频调节。通过改变调速系统的参数及给定值（一般是给定速度或给定功率），可以得到所要求的发电机功频调节特性。

在新的稳定平衡状态下，如果原动机的承担负荷增大（减少），但转速却下降（增加）了，这种调速器的调速特性（即转速 n，或频率 f 与原动机输出功率的关系）称为有差调速特性，如图 3.18 中曲线①所示；如果转速（或频率）与输出功率大小无关，则称为无差调速特性，如图 3.18 中曲线②所示。

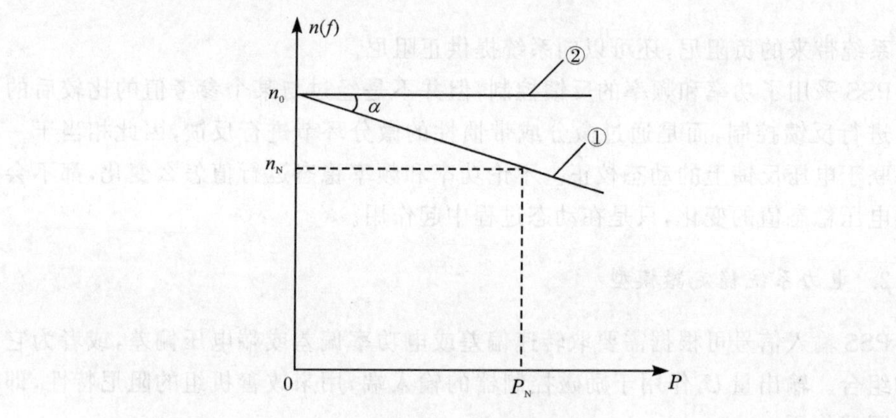

图 3.18 调速特性

调速特性用调差系数 K_c表示：

$$K_c = -\frac{\Delta n}{\Delta P} = -\frac{\Delta f}{\Delta P} = \frac{n_0 - n_N}{P_N} = \tan\alpha \tag{3-32}$$

2. 调速器模型

这里给出一种水、火电机组均适用的通用调速器模型如图 3.19 所示。

可用于下列 3 种情况。

(1) 一般汽轮发电机组：$T_w = 0$，$k_\beta = 0$，$T_i = 100000$，$\alpha = 1$，$T_{rh} = 100000$。

(2) 中间再热汽轮发电机组：$T_w = 0$，$k_\beta = 0$，$\alpha = 1/3$。

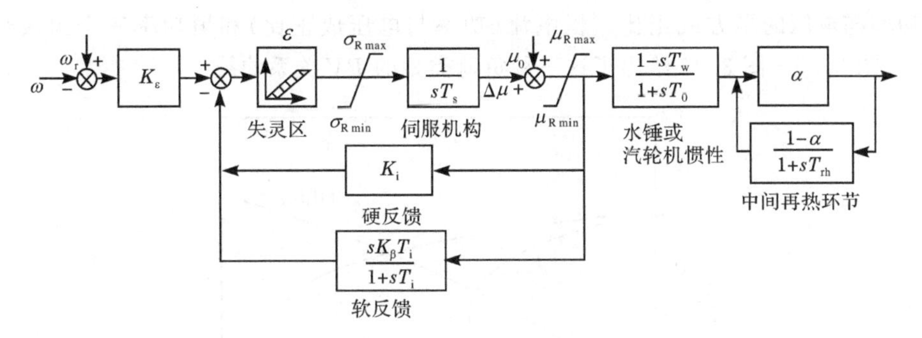

图 3.19　调速器传递函数框图

（3）一般水轮发电机组：$\alpha=1, T_0=T_w/2$。

其中，T_i为软反馈时间常数；T_0为蒸汽容积时间常数；T_{rh}为中间再热蒸汽容积时间常数；α为高压缸输出功率所占比例。

3.2　负　　荷

3.2.1　负荷的构成

负荷是将电能转化成其他形式能量的用电设备，一般可以分为居民负荷、工业负荷、商业负荷、农业负荷和发电厂辅助设备等。

居民负荷主要是家用电器，主要包括供暖、制冷、热水器、家用电器、照明、娱乐等用电设备，如电暖器、空调、电阻型热水器、电炉灶、电冰箱、洗衣机、洗碗机、烘干机、白炽灯、荧光灯、电视机等。

工业负荷中电设备种类更多，但最主要的是电动机，以及电弧炉、整流型电解设备等。

商业负荷主要用电设备有白炽灯、荧光灯、热泵、中央空调、窗式空调、风扇和电动机等，用电量最大的属中央空调。

农业负荷包括农村民用电、生产与排灌用电和农村商业用电等。

发电厂辅助设备主要是电动机。

3.2.2　负荷静态特性

负荷的功率随着系统运行参数（主要是电压和频率）的变化而变化，反映这种变化规律的曲线或数学表达式称为负荷特性。负荷特性包括动态特性和静态特性，其中静态特性又包括多项式和指数两种形式。

在不计频率变化的情况下，用多项式表示的负荷静态特性将负荷分为恒阻抗

(功率与电压的平方成正比)、恒电流(功率与电压成正比)和恒功率三个组成部分。图 3.20～图 3.22 给出了这三种负荷类型的 PV 关系曲线。

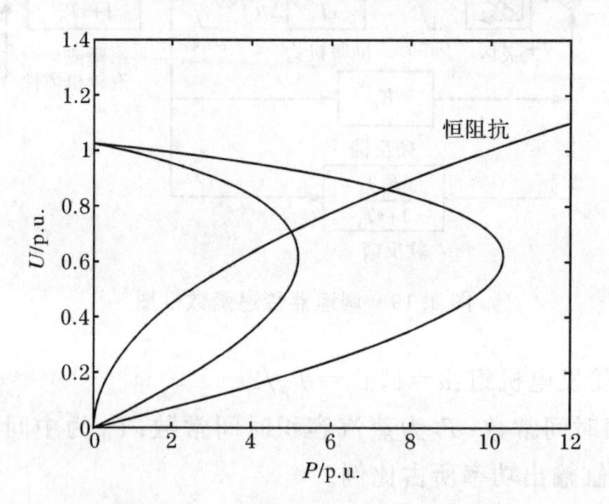

图 3.20 恒阻抗负荷 PV 关系图

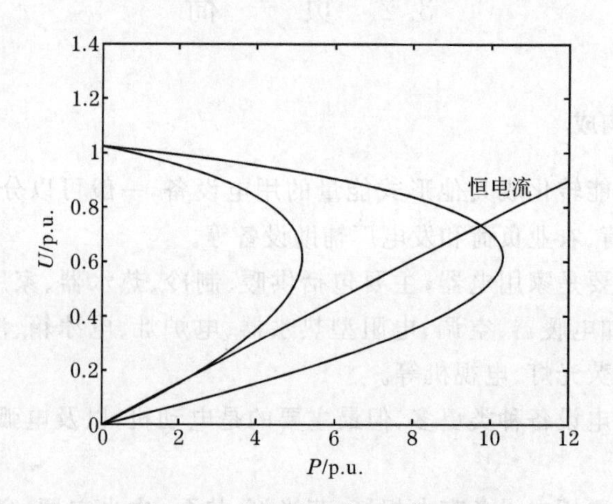

图 3.21 恒电流负荷 PV 关系图

对于恒阻抗负荷,其 PV 关系曲线与系统的鼻型曲线总存在交点,即系统总有运行点。对于恒电流及恒功率负荷,如果故障或扰动使得系统传输能力下降,鼻型曲线往纵轴收缩,则负荷的 PV 关系曲线与鼻型曲线可能不存在交点,即系统电压失稳。

3.2.3 负荷动态特性

感应电动机的动态过程可以用图 3.23 所示的等值电路来模拟。图中,R_s 和 X_s 分别为定子绕组的电阻和漏电抗,R_r 和 X_r 分别为转子绕组的等值电阻和漏电

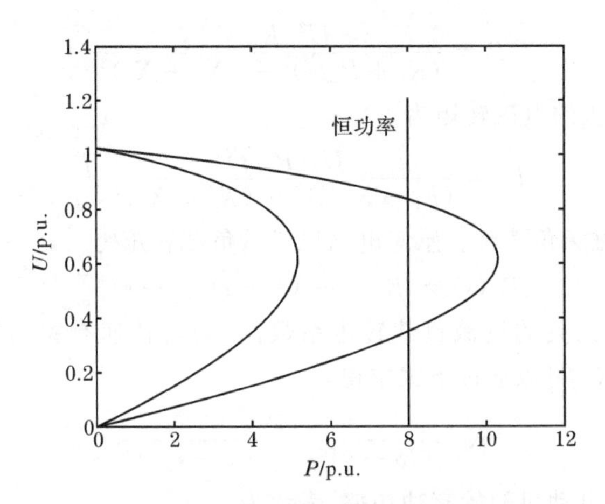

图 3.22　恒功率负荷 *PV* 关系图

抗，X_m 为励磁电抗，s 为感应电动机转子滑差。

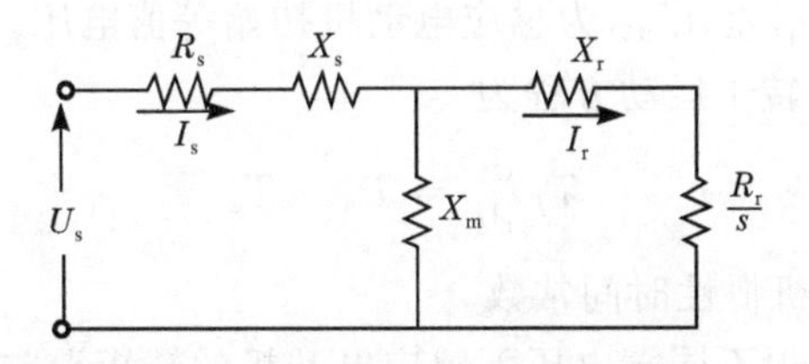

图 3.23　感应电动机稳态等值电路

将图 3.23 中定子阻抗和励磁电抗部分进行戴维南等值变换，等值电路如图 3.24所示。

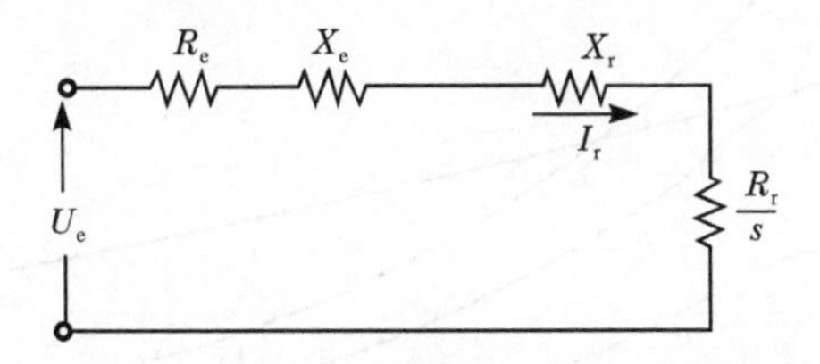

图 3.24　感应电动机戴维南等值变换电路

图 3.24 中，等值电势和等值阻抗分别为

$$U_e = \frac{jX_m U_s}{R_s + j(X_s + X_m)} \tag{3-33}$$

$$R_e + jX_e = \frac{jX_m(R_s + jX_s)}{R_s + j(X_s + X_m)} \tag{3-34}$$

于是可以将感应电动机吸收的有功功率表示为

$$P = \frac{U_e^2(R_r/s)}{(R_e + R_r/s)^2 + (X_e + X_r)^2} \tag{3-35}$$

相应的感应电动机的电磁转矩为

$$T_e = \frac{U_e^2(R_r/s)}{(R_e + R_r/s)^2 + (X_e + X_r)^2}\frac{1}{\omega_s} \tag{3-36}$$

式中，ω_s 为定子磁场角速度。感应电动机机械负载转矩为

$$T_m(s) = K_L[\alpha + (1-\alpha)(1-s)^m] \tag{3-37}$$

式中，α 为与转速无关的机械负载转矩系数；m 为与转速有关的机械负载转矩方次；负荷率系数 K_L 可以通过下式求得：

$$K_L = \frac{P_{(0)}}{\alpha + (1-\alpha)(1-s_{(0)})^m} \tag{3-38}$$

其中，$P_{(0)}$ 为感应电动机初始有功功率，表示为

$$P_{(0)} = \frac{U_{e(0)}^2 \ (R_r/s_{(0)})}{(R_e + R_r/s_{(0)})^2 + (X_e + X_r)^2} \tag{3-39}$$

这里，$s_{(0)}$ 为初始转子滑差；$U_{e(0)}$ 为感应电动机初始等值电压。

感应电动机负荷转子运动方程为

$$T_j \frac{ds}{dt} = T_m - T_e \tag{3-40}$$

式中，T_j 为感应电动机惯性时间常数。

由上面的公式可得不同端电压下感应电动机的转矩滑差特性曲线，如图 3.25 所示。

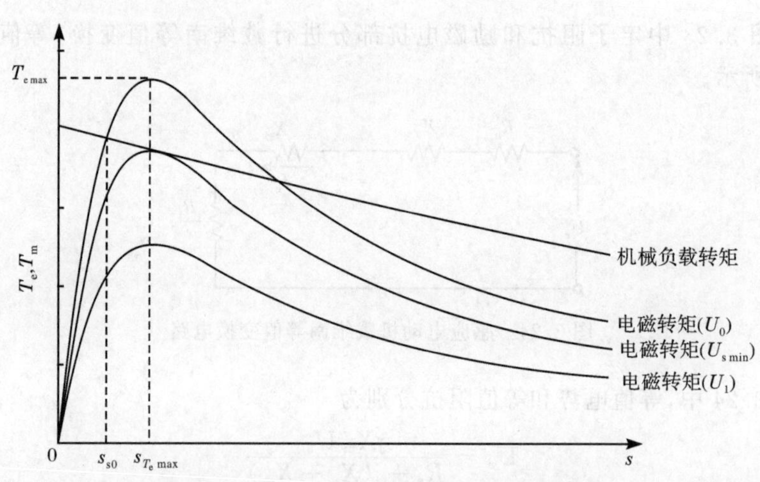

图 3.25 感应电动机转矩滑差特性曲线

对于稳定运行的感应电动机，有 $T_e = T_m$，即对于某一给定的端电压，感应电动机会自动调整转子滑差，达到输入电磁功率和输出机械负载功率平衡。对于给

定的端电压，由等式 $T_e = T_m$，可求出该端电压对应的稳定平衡运行滑差。根据已知的端电压和滑差就可求出感应电动机对应的有功功率和无功功率。随着端电压的不断减小，如果在某一稳态电压 $U_{s\,min}$ 时，转矩滑差平面中电磁转矩滑差特性曲线与机械负载转矩滑差特性曲线相切，该电压称为感应电动机的小扰动稳定临界电压。当端电压小于 $U_{s\,min}$ 时，等式 $T_e = T_m$ 无解，即不存在运行点，感应电动机进入堵转过程，滑差跃变为 1，感应电动机停转。根据等式 $T_e = T_m$ 所确定的感应电动机吸收功率与端电压的关系，可得到如图 3.26 所示的感应电动机的功率电压特性曲线(不同类型感应电动机的功率电压特性曲线略有差别)。

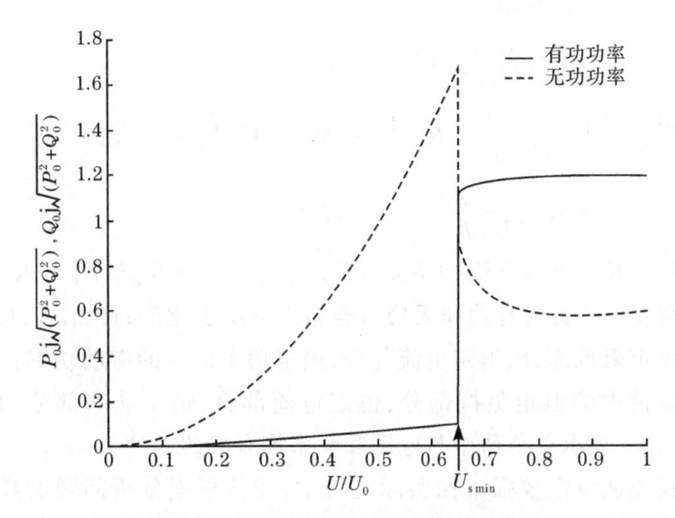

图 3.26　感应电动机功率电压特性曲线

图 3.26 中，如果端电压大于 $U_{s\,min}$，感应电动机有稳定运行点，在稳定运行点处，其有功功率基本保持不变(因而在电压缓慢变化的情况下，当端电压大于 $U_{s\,min}$ 时，PV 曲线分析中可以将感应电动机负荷近似看成恒定功率负荷)，无功功率先随着电压的降低而略微减小，然后随着电压的降低而增加。如果端电压小于 $U_{s\,min}$，曲线出现跃变，感应电动机将失稳并停转。这时，感应电动机可以看为恒阻抗负荷，其功率电压特性变为恒阻抗负荷特性。

需要注意的是，除了端电压的持续下降可以使感应电动机堵转外，故障或扰动持续期间的低电压冲击若使得感应电动机的转差 s 大于图 3.25 所示的机械负载转矩与电磁转矩曲线在 $s_{T_e\,max}$ 轴右边的交点时，即使故障或扰动消失后端电压恢复到故障前的值，感应电动机仍然会继续减速直到堵转。但这种情况应当属于感应电动机自身失稳，而不是电压失稳。

3.2.4 负荷的数学描述

1. 静态负荷模型

分别用多项式模拟负荷的电压静特性以及频率静特性，通常采用二次多项式拟合，这种方式的拟合结果在一定的电压范围内能够获得足够的精度。

IEEE Task Force 1995 年推荐的标准静态负荷模型如下[4]：

$$\frac{P}{P_{\text{frac}}P_0}=K_{\text{pz}}\left(\frac{U}{U_0}\right)^2+K_{\text{pi}}\frac{U}{U_0}+K_{\text{pc}}+K_{\text{p1}}\left(\frac{U}{U_0}\right)^{n_{\text{pv1}}}(1+n_{\text{pf1}}\Delta f)$$
$$+K_{\text{p2}}\left(\frac{U}{U_0}\right)^{n_{\text{pv2}}}(1+n_{\text{pf2}}\Delta f) \tag{3-41}$$

$$\frac{Q}{Q_{\text{frac}}Q_0}=K_{\text{qz}}\left(\frac{U}{U_0}\right)^2+K_{\text{qi}}\frac{U}{U_0}+K_{\text{qc}}+K_{\text{q1}}\left(\frac{U}{U_0}\right)^{n_{\text{qv1}}}(1+n_{\text{qf1}}\Delta f)$$
$$+K_{\text{q2}}\left(\frac{U}{U_0}\right)^{n_{\text{qv2}}}(1+n_{\text{qf2}}\Delta f) \tag{3-42}$$

式中，$K_{\text{pz}}=1-(K_{\text{pi}}+K_{\text{pc}}+K_{\text{p1}}+K_{\text{p2}})$；$K_{\text{qz}}=1-(K_{\text{qi}}+K_{\text{qc}}+K_{\text{q1}}+K_{\text{q2}})$；$Q_0\neq 0$；$P_{\text{frac}}$、$Q_{\text{frac}}$分别表示总负荷有功和无功的静态部分所占比例；$K_{\text{pz}}$、$K_{\text{pi}}$、$K_{\text{pc}}$分别表示总负荷中的恒定阻抗部分、恒定电流部分、恒定功率部分的有功功率；K_{qz}、K_{qi}、K_{qc}分别表示总负荷中的恒定阻抗部分、恒定电流部分、恒定功率部分的无功功率；K_{p1}、K_{q1}、K_{p2}、K_{q2}表示总负荷中与电压和频率均有关的部分。

该静态模型适应性较强。在实际应用中，往往根据分析问题的具体情况，选择此模型的重要项派生出若干实用模型。

我国常用的综合静态模型通常用以下多项式表示：

$$P=P_0(A_{\text{p}}U^2+B_{\text{p}}U^1+C_{\text{p}}U^0)(1+L_{\text{dp}}\Delta f) \tag{3-43}$$
$$Q=Q_0(A_{\text{q}}U^2+B_{\text{q}}U^1+C_{\text{q}}U^0)(1+L_{\text{dq}}\Delta f) \tag{3-44}$$

式中，$A_{\text{p}}+B_{\text{p}}+C_{\text{p}}=1.0$；$A_{\text{q}}+B_{\text{q}}+C_{\text{q}}=1.0$；$L_{\text{dp}}=\left.\frac{\mathrm{d}P}{\mathrm{d}f}\right|_{f=f_0}$，取值范围为 0～3.0，一般取 1.2～1.8；$L_{\text{dq}}=\left.\frac{\mathrm{d}Q}{\mathrm{d}f}\right|_{f=f_0}$，取值范围为－2.0～0，一般取－2.0。

系数 A、B、C 分别代表负荷的恒定阻抗（Z）、恒定电流（I）、恒定功率（P）部分在节点负荷中所占的比例，因此，通常被称为 ZIP 模型。

2. 动态负荷模型

在考虑感应电动机机电暂态的负荷动态模型中，忽略了定子绕组暂态，只考虑转子绕组暂态及转子运动动态。这种模型较精确地反映了转子绕组电磁暂态对电磁力矩的影响，相对于只考虑机械暂态的负荷动态模型在暂态过程中具有更好的仿真精度，并在电力系统稳定分析中得到广泛应用。感应电动机负荷的等值电路如图 3.27 所示。

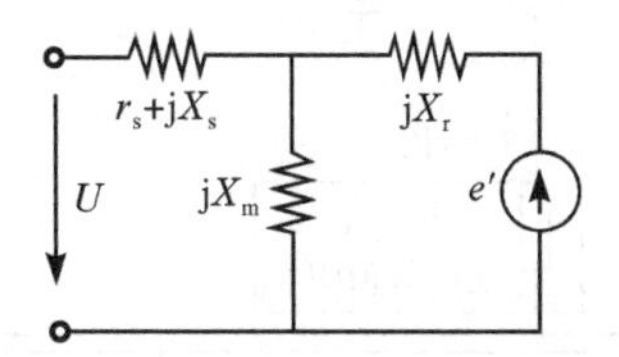

图 3.27　感应电动机负荷等值电路

数学表达式为

$$\begin{cases}\dfrac{\mathrm{d}e'}{\mathrm{d}t}=-2\pi f_0\cdot \mathrm{j}se'-\dfrac{1}{T}[e'-\mathrm{j}(X-X')I]\\ T_j\dfrac{\mathrm{d}s}{\mathrm{d}t}=T_\mathrm{m}-T_\mathrm{e}\\ U=e'+(r_\mathrm{s}+\mathrm{j}X)I\\ T_\mathrm{m}=k[a+(1-a)(1-s)^\rho]\end{cases}\tag{3-45}$$

式中，感应电动机等值电抗 $X=X_\mathrm{s}+X_\mathrm{m}$；感应电动机暂态电抗 $X'=X_\mathrm{s}+X_\mathrm{r}X_\mathrm{m}/(X_\mathrm{r}+X_\mathrm{m})$，其中，$X_\mathrm{s}$为异步电动机的漏抗，$X_\mathrm{m}$为励磁电抗，$X_\mathrm{r}$为转子电抗；定子开路转子回路时间常数 $T=\dfrac{X_\mathrm{r}+X_\mathrm{m}}{\omega_0 r_\mathrm{r}}$；$T_\mathrm{m}$为负荷机械力矩；$T_\mathrm{e}$为电动机电磁力矩；$a$为恒转矩部分所占比例；$\rho$ 为与转速有关的转矩参数；T 为电动机转子回路时间常数，当定子开路时为 T_{d0}；e'为电动机内电势；s 为异步电动机滑差；T_j为惯性常数。

3. 综合负荷模型

在电力系统仿真计算中，负荷一般接在 220kV 变电站的 220kV 或 110kV 母线侧，但电动机负荷、照明和生活用电负荷都不可能由 220kV 或 110kV 母线直接供电，而是经过 110kV/10kV 输配电网来供电的，因此，在负荷模型中考虑配电网的影响是必要的。考虑配电网络的综合负荷模型(synthesis load model,SLM)的等值电路如图 3.28 所示[5,6]。

该负荷模型除了模拟等值静态负荷和等值电动机负荷，还考虑了等值发电机、等值配电网络以及电容补偿，输入数据包括感应电动机参数及其在 P_L中的占比、静态负荷分量在 P_static和 Q_static中的占比、静态负荷的功率因数 η_pfac、以等值支路初始负荷容量为基准功率得到的配电网等值阻抗(标幺值)、等值发电机输出的有功功率 P_G和无功功率 Q_G、由发电机卡给出的机组参数和励磁调速系统参数。

电力系统暂态稳定分析中的 SLM 初始化步骤如下：

(1) 根据潮流计算得到的负荷功率、等值发电机的出力和配电网等值阻抗的

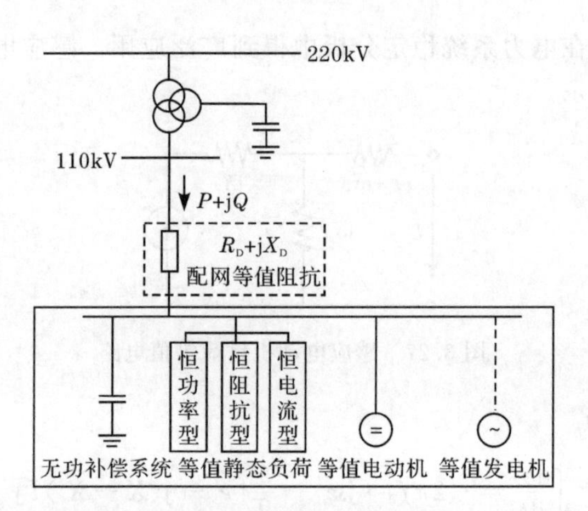

图 3.28　考虑配电网的综合负荷模型(SLM)的等值电路

损耗，得到负荷的初始功率

$$\begin{cases} P_L = P_0 + P_G - P_{D0} \\ Q_L = Q_0 + Q_G - Q_{D0} \end{cases} \tag{3-46}$$

式中，P_{D0} 和 Q_{D0} 分别为配电网等值阻抗的有功损耗和无功损耗。

(2) 分别按感应电动机参数、静态负荷和发电机参数初始化导纳矩阵。

(3) 求出负荷母线电压

$$\dot{U}_{L0} = \dot{U}_{s0} - \frac{P_0 - jQ_0}{\overset{*}{U}_{s0}}(R_D + jX_D) \tag{3-47}$$

式中，$\dot{U}_{s0}$ 为系统母线电压；$\overset{*}{U}_{s0}$ 为系统母线电压的共轭。如果 $|\dot{U}_{s0} - \dot{U}_{L0}| > 5\%$，给出警告信息。

(4) 求出配电网等值阻抗的功率损耗

$$P_{D0} + jQ_{D0} = \frac{P_0^2 + Q_0^2}{U_{s0}^2}(R_D + jX_D) \tag{3-48}$$

(5) 根据感应电动机的部分初始化参数得到 Q_{IM0}。

(6) 求出负荷静态有功功率和负荷静态无功功率

$$\begin{cases} P_{static} = P_L - P_{IM0} = P_{Z0} + P_{I0} + P_{P0} \\ Q_{static} = P_{static}\tan\varphi = Q_{Z0} + Q_{I0} + Q_{P0} \end{cases} \tag{3-49}$$

式中，φ 为静态负荷的功率因数角，$\varphi = \cos^{-1}(\eta_{pfac})$。

(7) 根据负荷功率平衡式(3-46)检查有功功率平衡，并求出静止无功补偿的补偿容量 Q_{SC0}

$$\begin{cases} 0 = P_0 - P_{D0} - (P_{IM0} + P_{Z0} + P_{I0} + P_{P0} - P_{G0}) \\ -Q_{SC0} = Q_0 - Q_{D0} - (Q_{IM0} + Q_{Z0} + Q_{I0} + Q_{P0} - Q_{G0}) \end{cases} \tag{3-50}$$

如果计算出的 Q_{SC0} 为正值,将给出警告信息。

(8) 初始化等值发电机。

与传统负荷模型相比,SLM 可较完整地模拟负荷和配电系统,在稳定计算程序中的实现采用迭代求解方法,计算量增加很少。SLM 的特点如下:

(1) 静态负荷和电动机负荷都可以考虑配电系统阻抗的影响。对配电系统采用阻抗模拟方法,保证了模型结构更符合实际配电系统和用电负荷的关系。可以采用适当的等值方法,得到较准确的配电系统等值阻抗。

(2) 模拟了配电系统的无功补偿。配电网络和电力用户都配置了大量的无功补偿装置,其动态特性对系统的稳定性具有重要影响,应该进行详细模拟,SLM 为配电系统无功补偿的模型提供了有效的模拟方法。

(3) 可以方便地考虑配电系统的小机组。在电力系统仿真分析(特别是扰动试验和事故分析)中,有时需要考虑接入配电网络的小机组,SLM 中包含了小机组,可以使小机组的模拟更加方便。

(4) 静态无功负荷不会出现负的恒定电流和恒定功率。负荷功率因数的引入,保证了静态负荷无功部分不会出现负的恒定电流和负的恒定功率,使模型更符合实际。

3.3　无功补偿元件

在电力系统传输有功功率的过程中需要无功功率的支持,用于在电气设备中建立和维持磁场,完成电磁能量的相互转换。无功功率不对外做功,但它为系统提供电压支撑。不仅大多数网络元件需要消耗无功功率,而且大多数用户负荷也要消耗无功功率。

无功补偿是同时提高功率传输容量和电压稳定性的有效办法。输电系统的无功补偿主要是为了控制电压,提高输电网络的功率传输能力和电力系统运行的稳定性;配电系统的无功补偿大多属于负荷的补偿,主要是控制无功,改善负荷的功率因数,改善电能质量。无功控制的基本要求是尽量减少不同电压等级间的无功流动,这是无功补偿的一般原则即无功分层分区就地补偿。

无功补偿可以分为串联补偿和并联补偿,它也可以分为有源补偿和无源补偿。本节主要介绍串联电容器、并联电抗器和电容器、FACTS 装置、同步调相机等无功补偿设备。

3.3.1　串联电容器

通常串联电容器补偿都与长距离输电线提高功率传输能力和暂态稳定性相联系。串联电容器减少了输电线路的感性电抗,有效地缩短了线路长度,以实现功率的远距离传输，它发出的无功(I^2X_C)补偿了输电线的无功消耗(I^2X_L)，简单的等效电路如图 3.29 所示。

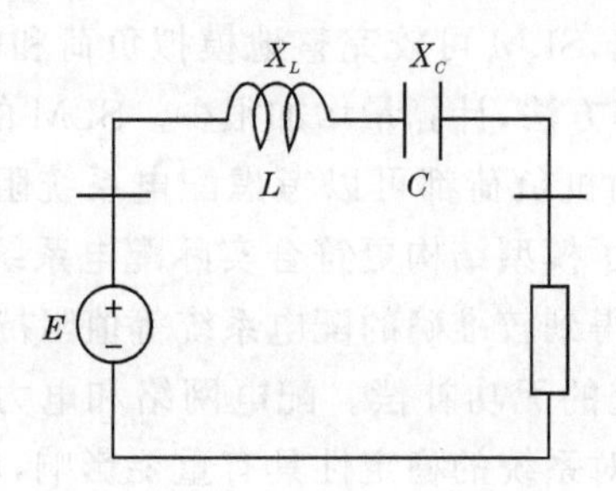

图 3.29 串联电容器补偿原理

加装串联补偿器之后，线路的纯电抗为

$$X_{net} = X_L - X_C = \omega L - \frac{1}{\omega C} \tag{3-51}$$

此时，串联补偿度为

$$z_{se} = \frac{X_L - X_{net}}{X_L} = \frac{X_C}{X_L} \tag{3-52}$$

式中，z_{se}为串联补偿度，通常在 30%～80%的范围内。

串联电容器发出的无功功率正比于电流的平方，而与节点电压无关，这样在系统最需要无功功率的时候串联电容器提供最多的无功功率，这种快速、固有的自我调节是串联电容补偿非常重要的特性，对电压稳定十分有利。

不同于并联电容器，串联电容器降低了线路的特性阻抗和电气长度，可以有效改善电压调节特性和功角稳定性。

图 3.30 是一种典型串联电容器补偿装置示意图，它包括电容器及其保护装置，即金属氧化物限压器(metal oxide varistor，MOV)、触发间隙和旁路开关。

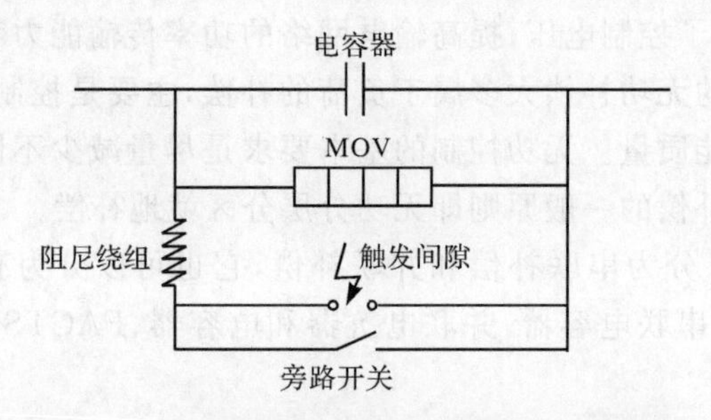

图 3.30 典型串联电容器补偿装置原理结构图

固定串联电容补偿(以下简称串补)装置中的 MOV 是通过限制电容器两端的电压来保护电容器，可采用线性化模型来模拟它的功能。当线路电流 I_L 大于电容

器保护水平电流 I_{pr} 的 0.98 时，MOV 导通，整个固定串补也用线性化模型来代替，如图 3.31 所示。

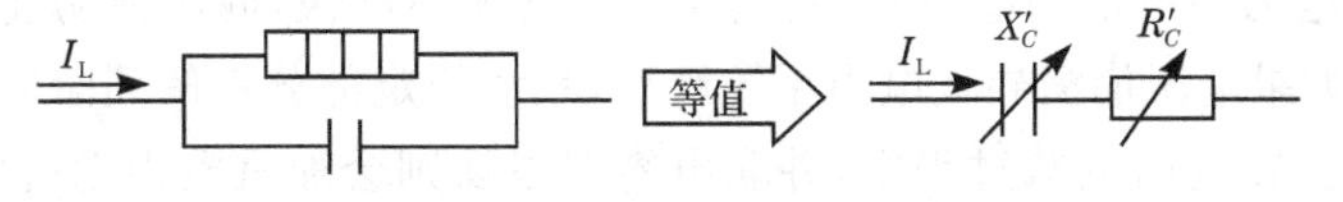

图 3.31　MOV 导通的线性化模型

线性化模型中的等值电阻和电抗是线路电流的函数，基本关系式为

$$R'_C = X_{C0}(0.0745 + 0.49e^{-0.243I_{p.u.}} - 35.0e^{-5.0I_{p.u.}} - 0.6e^{-1.4I_{p.u.}}) \tag{3-53}$$

$$X'_C = X_{C0}(0.1010 - 0.005749I_{p.u.} + 2.088e^{-0.8566I_{p.u.}}) \tag{3-54}$$

式中，$I_{p.u.}$ 为线路电流相对于电容器保护水平的标幺值，即 $I_{p.u.} = \dfrac{I_L}{I_{pr}}$，其中，$I_L$ 为线路电流，I_{pr} 为电容器的保护水平电流；X_{C0} 为正常情况下电容器的容抗值。

当 MOV 导通后，如果线路电流小于电容器保护水平电流的 0.98 时，MOV 停止导通。MOV 导通后会吸收一定的能量，当吸收的能量达到限定值时，触发间隙触发导通将整个串补装置短接；如果 MOV 中的电流峰值达到设定值，为了避免 MOV 能量增长过快，也要将触发间隙触发导通；触发间隙导通的同时给旁路开关发合闸命令。当串补旁路后，经过设定的时间后重新投入运行。

3.3.2　并联电容器和并联电抗器

并联电容器和电抗器已成为电力系统中应用最广泛的控制电压和无功功率分布的重要设备，是调节系统电压的重要手段。

由于并联电容器或电抗器的投切值是离散的，其运行特性又决定并联电容器或电抗器不能频繁操作，所以这种无功调节手段只能控制某一母线的电压在一定范围内。因此，可以将可投切并联电容器或电抗器控制的母线电压设定在一个范围内(U_{min},U_{max})，当低于下限 U_{min} 时，投入电容器或切除电抗器，而当高于上限 U_{max} 时，则切除电容器或投入电抗器。当可投切的并联电容器量或电抗器量耗尽后，被控母线的电压将失去控制，可投切并联电容器或电抗器失去调节能力，等效为固定连接的电容器或电抗器。

并联电容器通过提高受端系统负荷功率因数来有效扩大其电压稳定极限，并联电容器还可以用来释放发电机的“旋转无功备用”，允许附近的发电机运行在功率因数 1.0 附近，这相当于增加了系统能快速响应的动态无功储备，对电压稳定是非常有利的。

然而从电压稳定和控制的观点看，并联电容器有若干固有的局限性：

(1) 在一个大量应用并联电容器补偿的系统中，电压调节能力反而变差。

(2) 由并联电容器产生的无功功率正比于电压的平方，在系统低电压期间无功功率的输出反而下降，这是一个恶性循环的问题。这点与串联电容器的自我调节性能完全相反。

(3) 在电力系统的暂态过程中，其投切速度还不够快，尚不能防止暂态电压失稳的发生。如果电压崩溃导致电力系统解列，系统稳定部分在解列瞬间可能承受过电压的危害。在电压衰减过程中，并联电容器投切则会加重电力系统的过电压。

一般而言，以上关于并联电容器的讨论同样也适用于可投切并联电抗器。并联电容器总是装在母线而非线路上，而并联电抗器既可以接在线路上，也可以接在母线或变压器的第三绕组上。

图 3.32 为可投切并联电容器投入系统的示意图。

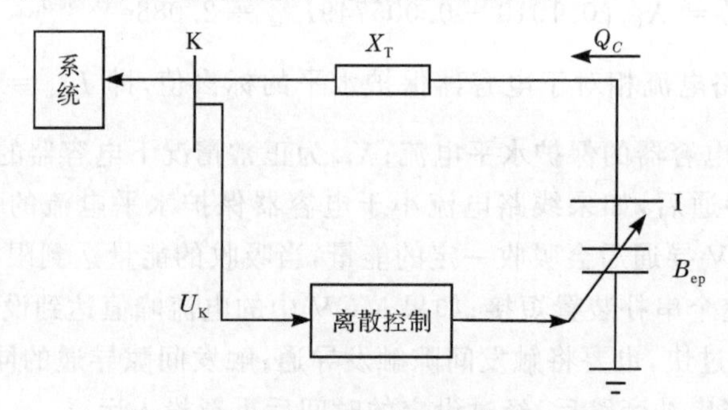

图 3.32　并联电容器接入系统的示意图

3.3.3　静止无功补偿器

静止无功补偿器(static var compensator, SVC)是一种无功补偿设备，美国的通用电气公司(General Electrical)和西屋公司(Westing House)20 世纪 70 年代末制造了世界上首台静止无功补偿器。SVC 是一种可以控制无功功率的补偿装置，它克服了机械投切并联电容器和电抗器的缺点，能够跟踪电网或负荷的无功功率波动，进行无功功率的实时补偿，快速准确地调节电压。

SVC 是为了解决由电弧炉引起的闪变而开发出来的，可调节其输出的容性或感性电流，以便保持或控制电力系统的一些特定运行参数。现在，SVC 不仅用于输电网络中，也广泛用于配电系统中，如电弧炉及滚动轧机等工业负荷和较小的负荷(小至 1Mvar)上，在大型电动机的启动中应用 SVC 可以降低电压跌落值，SVC 亦可应用于单相负荷如电焊机和电气化铁路供电系统中。

SVC 是一种不受领先-滞后范围限制、大多无响应延时、能快速调节无功功率的装置，根据其斜率特性调节电压，这种斜率与调节器的稳态增益有关，通常整个调节范围为 1%～5%。当达到极限时，SVC 变为一个简单的电容器，而失去电压控制能力。

正常情况时，SVC 工作在感性输出或无差调节范围，以便在扰动时可以得到快速容性无功功率输出。SVC 接入系统的示意图如图 3.33(a)所示，与可投切并联电容器或电抗器类似，但 SVC 可以平滑地改变其接入系统的等值电抗，控制系统中某一母线电压在给定值附近。

SVC 的实际运行特性如图 3.33(b)所示，根据其运行特性可将 SVC 的模型用如下三种运行状态描述。

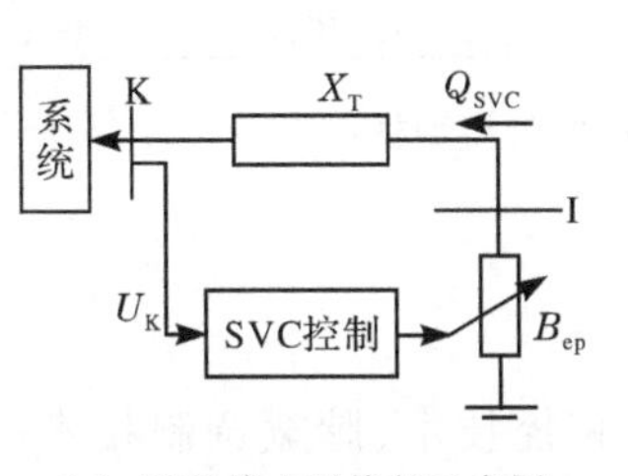

(a) SVC 接入系统的示意图

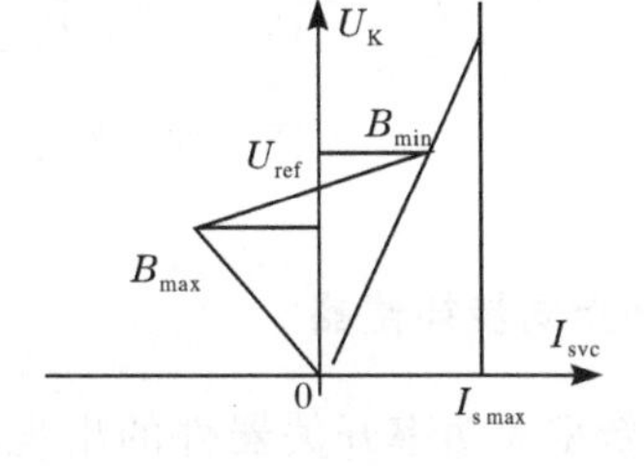

(b) SVC 的运行特性

图 3.33　SVC 模型

1. 线性控制状态

如 SVC 为无差调节，被控母线 K 电压维持恒定，则母线 K 可视为 SVC 控制的 PV 节点。为此接于母线 I 的 SVC 需作相应调节，注入适当的无功功率。

如 SVC 为有差调节，则由 SVC 的运行特性可知 SVC 的无功注入应为

$$Q_{SVC} = U_L \frac{U_{ref} - U_K}{X_{sl}} \tag{3-55}$$

式中，X_{sl}为表征 SVC 有差调节特性的电抗；U_{ref}为被控母线的给定参考电压。

2. 容性限制状态

如 SVC 接入系统中的等值电纳达到最大 B_{max} 仍不足以维持 K 母线电压，则 SVC 失去调节电压的能力，相当于并接于母线 I 的固定电纳，则

$$Q_{SVC} = U_I^2 B_{max} \tag{3-56}$$

3. 感性限制状态

如 SVC 接入系统中的等值电纳达到最小 B_{min} 仍不足以抑制 K 母线电压升高，则 SVC 失去调节电压的能力，相当于并接于母线 I 的固定电纳，则

$$Q_{SVC} = U_I^2 B_{min} \tag{3-57}$$

正常情况时，SVC 应工作在感性输出或无差调节范围，以便在扰动时可以得到快速容性升压。为了得到容性储备，可以安排投切 SVC 附近的并联电容器组或并联电抗器。

图 3.34 是静止无功补偿器的模型框图。

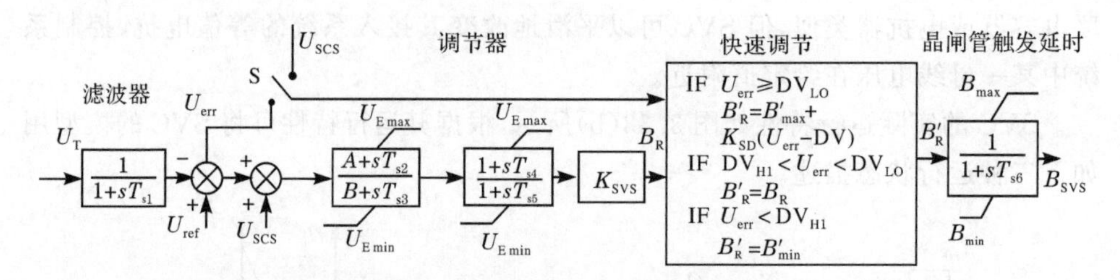

图 3.34　静止无功补偿器的模型框图

3.3.4　静止同步补偿器

随着新型大功率开关器件的出现，以及相控技术、脉宽调制技术(PWM)、四象限变流技术的提出，电力电子换流技术得到快速发展。以此为基础发展起来的新一代 FACTS 装置——静止同步补偿器(static compensator，STATCOM)，因为具有能够平滑地控制无功功率、调节系统电压、校正功率因数、平衡负荷等众多优越性能，而成为研究的热点，并在国内外开始逐步应用起来。

STATCOM 在输电网中主要用于潮流控制、无功补偿和提高系统稳定性等，在配电网中主要用于改善电能质量和提高供电可靠性，其工作原理是通过调节输出电压幅值和相位来实现与交流系统无功功率的交换。STATCOM 输出的三相交流电压与所接电网的三相交流电压同步，并联接入输电线路。虽然它的输出特性与旋转同步调相机相似，但它能够提供快速的响应速度以及对称超前或滞后的无功电流，从而调整输电线路的无功功率，平衡输电线路电压，保持输电线路静态或动态电压在系统允许的范围内运行；同时，它的平滑连续控制可使由无源装置产生的电压波动减少到最低限度，有利于提高电力系统稳定性。

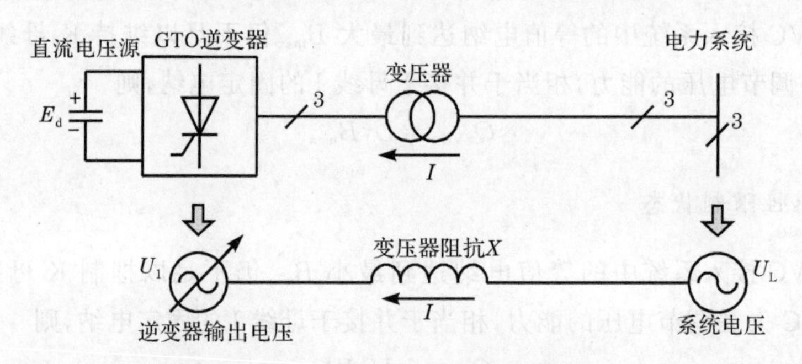

图 3.35　STATCOM 的基本工作原理

STATCOM 的基本工作原理图如图 3.35 所示，其工作原理是：当 STATCOM 输出电压幅值小于系统等效电压幅值时，STATCOM 吸收超前无功功率，相当于电抗器的作用；当 STATCOM 输出电压幅值等于系统等效电压幅值时，STATCOM 与系统没有无功功率交换；当 STATCOM 输出电压幅值大于系统等效电压幅值时，STATCOM 输出超前无功功率，相当于电容器的作用。实际上，STATCOM 的工作非常复杂，它的功能远远超出电容器和电抗器的作用。

STATCOM 一个突出的特点是能提供动态电压支撑，在电网中合适的地点安装适当容量的动态无功补偿装置是提高系统电压稳定的主要手段。STATCOM 低压时无功补偿特性比 SVC 好，研究发现同容量 STATCOM 装置低压时相当于约 1.3 倍同容量的 SVC 装置，而且 STATCOM 响应速度约为 20ms，比 SVC 响应速度快。

由于 STATCOM 采用电力电子变换器来产生无功功率，具有响应速度快、无需负载电容/电抗和较好的暂态无功补偿特性等特点，因而具有控制节点电压、实现瞬时无功补偿、阻尼系统振荡、增强系统暂态稳定性、提高电能质量等功能。STATCOM 能够在系统事故后的暂态过程中对控制点附近区域电压提供较强的支撑，从而提高电网事故后的电压恢复能力，较大幅度地改善因事故后系统电压跌落而产生的暂态稳定问题，因此受到广泛重视。

STATCOM 模型如图 3.36 所示。

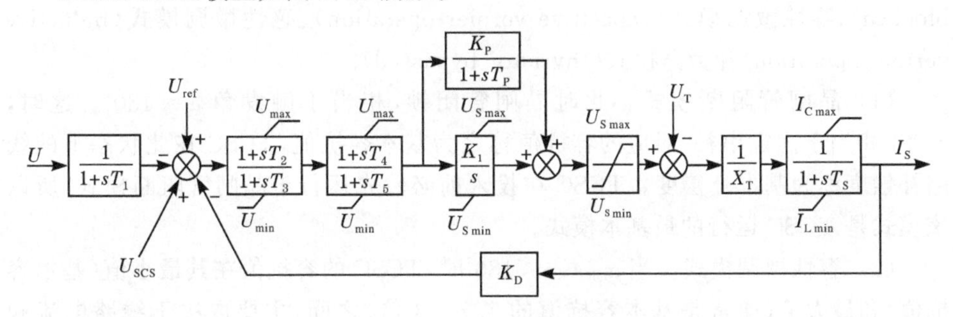

图 3.36　STATCOM 模型

3.3.5　可控串联电容补偿器

可控串联电容补偿器(thyristor controlled series capacitor，TCSC)，简称可控串补，于 1986 年由 Vithayathil 等提出，作为一种快速调节电网线路阻抗的手段，可以通过输电线中间串联可变阻抗，大范围平滑调节输电线路补偿阻抗。主要用于：网络潮流控制、改善电网潮流分布、消除环流、提高系统暂态稳定性、电力系统阻尼控制、抑制低频和次同步振荡。

TCSC 的基本运行原理是：利用晶闸管的快速可控能力可以使得晶闸管控制电抗器(thyristor controlled reactor，TCR)在工频半个周波内部分导通，由此改变电容器的充放电状态，而线路电流基本保持恒定，从而可以改变 TCSC 的等效电抗。根据 TCR 导通状态的不同,TCSC 的总等效电抗既可以是容性电抗,也可以是感性电抗。因此,只要对晶闸管的导通角进行精确调节,就可以对 TCSC 的等值电抗进行快速、连续、精确的控制。

TCSC 的基本结构示意图如图 3.37 所示,主要由 4 个元器件组成:电容器 C、旁路电感 L、两个反并联大功率晶闸管 SCR、金属氧化物限压器 MOV,实际装置中还包括旁路断路器等。它与固定串补相比,增加了双向晶闸管控制的电感支路,通过调节可控串补的触发角可以平滑调节其等值电抗。

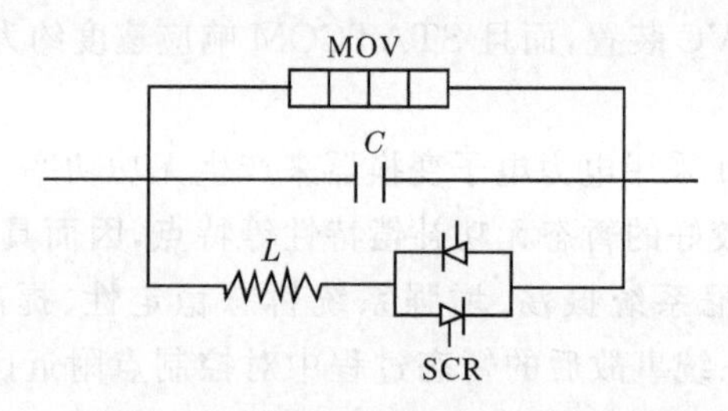

图 3.37　TCSC 的基本结构示意图

正常情况下,TCSC 有 4 种基本运行方式:晶闸管阻断模式(thyristor blocked)、容性微调模式(capacitive vernier operation)、感性微调模式(inductive vernier operation)和旁路模式(thyristor bypassed)。

(1) 晶闸管阻断模式。此时晶闸管闭锁,相当于触发角 $\alpha=180°$。这时,TCSC相当于固定串补,对应的容抗值称之为基本容抗值,TCSC 在此状态下的线路补偿度称为基本补偿度。TCSC 在投入前必然先运行于晶闸管阻断模式,所以该模式是 TCSC 运行的最基本模式。

(2) 容性微调模式。当 $\alpha_{\min}\leqslant\alpha<180°$时,TCSC 的容抗值在其最小值(基本容抗值)和最大值(通常是基本容抗值的 1.7～3 倍)之间,主要取决于线路电流和 TCSC 的短时过载能力等条件。TCSC 通常都是运行于容性微调模式。在暂态过程中可通过提高其容抗值来改善系统暂态稳定性;在动态过程中可控制其阻抗来抑制系统振荡;稳态运行时,可调节容抗值使系统潮流合理分布、降低网损。

(3) 感性微调模式。当$90°\leqslant\alpha\leqslant\alpha_{\max}$时,TCSC 呈现为一个感性可调电抗。若一套 TCSC 装置是由多个模块构成时,不同模块的感抗调节模式与容抗调节模式相配合,可以使整套 TCSC 装置的等值阻抗获得较大范围的连续可调性。

(4) 旁路模式。此时触发角 $\alpha=90°$,晶闸管全导通,TCSC 呈现为一个小感抗。在系统发生短路故障期间,TCSC 运行于旁路模式,利用自身的小感抗特性增大线路阻抗,从而能够减小故障电流。

TCSC 的控制框图是采用线性控制结合 Bang-Bang 控制,如图 3.38 所示。

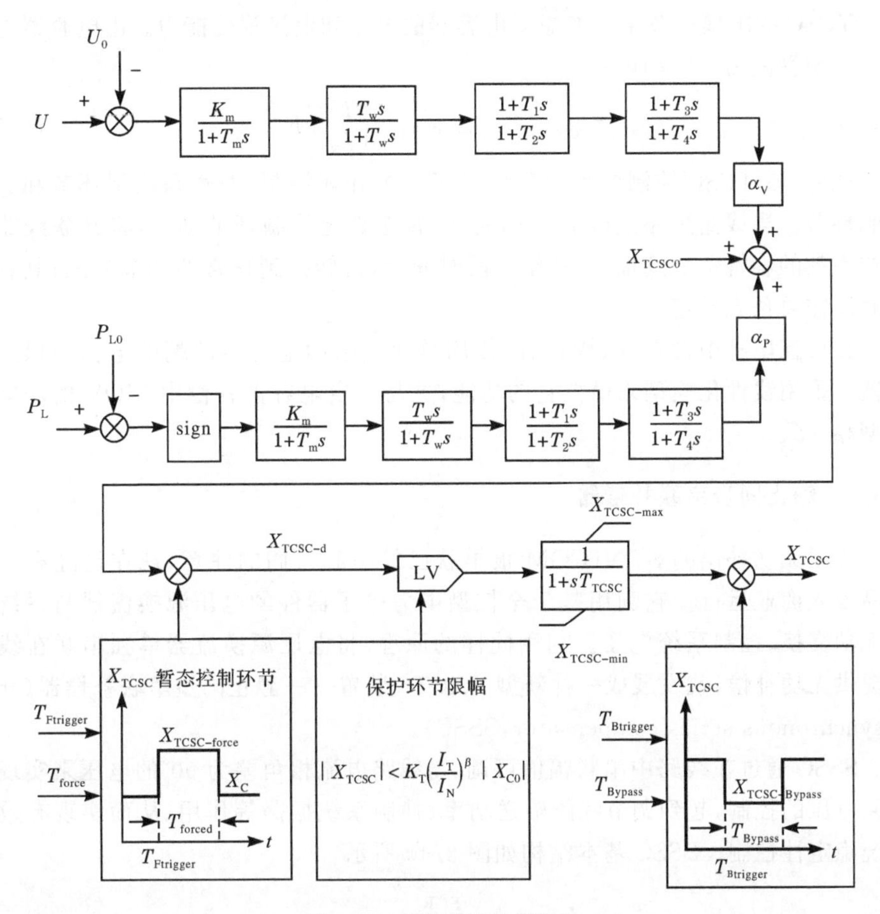

图 3.38　TCSC 的控制框图

图 3.38 中的线性控制部分采用的是类似于 PSS 的控制方式，也可以采用 PID 控制，如图 3.39 所示。

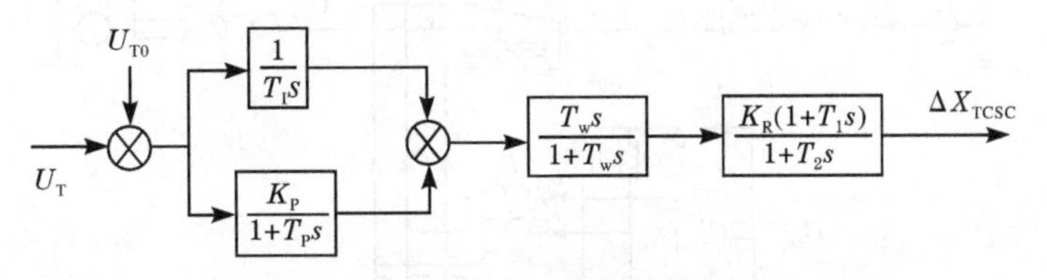

图 3.39　TCSC 的线性控制部分框图

线性控制部分可以采用功率控制和电压控制相结合的方式，也可以只采用功率控制或者电压控制方式，并且每个控制模块中既可以使用 PID 控制也可以采用类似于 PSS 的控制方式。

TCSC 的限幅环节主要考虑了电容器的电压和电流耐受能力。由电容器电压和电流耐受能力决定的电抗为

$$X_{\mathrm{TCSC,max}}^{\mathrm{T}} = X_{\mathrm{TCSC,rated}}\left(\frac{I_{\mathrm{T}}}{I_{\mathrm{N}}}\right)^{\beta} K_{\mathrm{T}} \tag{3-58}$$

此外，该 TCSC 控制框图中还设置了两个开环控制，即暂态控制环节和旁路控制环节。当线路短路故障后三相断开，暂态稳定控制环节动作，将并联线路的可控串补的容抗调节到最大，补偿一段时间后，再转换到正常的调节方式；其补偿的时间需要预先设定。

在可控串补中含有 MOV，它的作用是通过限制电容器两端的电压来保护电容器。采用线性化模型来模拟它的功能，这与固定电容器补偿中 MOV 的功能与模型相一致。

3.3.6　静止同步串联补偿器

并联无功补偿的 STATCOM 很早就已经引起人们的注意，现在已经有一些产品投入商业运行。它利用基于全控型电力电子器件的电压源换流器与系统实现无功交换，控制系统电压。利用同样的原理，将电压源换流器单独串联在线路中提供无功补偿，就发展成一种新型 FACTS 装置——静止同步串联补偿器（static synchronous series compensator，SSSC）。

SSSC 通过在线路中串联幅值可调、与线路电流相角差为 90°的电压来实现对线路电压的控制，起到调节线路输送功率、抑制系统振荡等作用，从而实现有效的系统稳定性控制。SSSC 基本结构如图 3.40 所示。

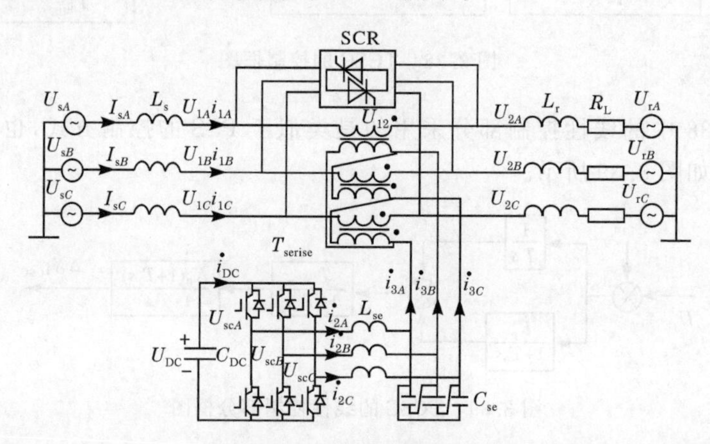

图 3.40　SSSC 基本结构示意图

SSSC 相当于在线路上串联了一个可变阻抗，从外特性上看，它与串联电容器（固定式电容器、晶闸管投切串联补偿电容器 TSSC、可控串联补偿器 TCSC）有相

似之处，但内在机理却有很大不同，下面通过含有 SSSC 的双机系统介绍 SSSC 的基本原理。因为 SSSC 相当于在线路中串联一个与线路电流相差 90°的电压源，因此，含有 SSSC 的双机系统可以表示为图 3.41。

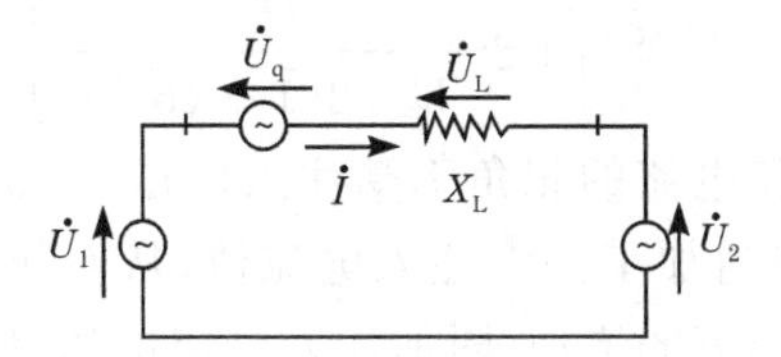

图 3.41　含有 SSSC 的双机系统等值电路

图 3.41 中，电压 $\dot{U}_q$ 为 SSSC 的等值注入电压相量，$\dot{U}_1$、$\dot{U}_2$ 和 $\dot{U}_L$ 分别为系统两端等值机端电压相量和线路电压相量，I 为线路电流相量。图 3.41 中的 SSSC 等值注入电压相量可以表示为 $\dot{U}_q = K\dot{I}e^{-j90°}$，其中，$K$ 为常数。这个等值注入电压的补偿作用的相量图可表示为图 3.42。由于使用了基于全控型电力电子器件的电压源换流器，SSSC 注入电压大小可以不受线路电流和系统阻抗影响，并能够通过控制使其串联在线路中的可控电压 $\dot{U}_q$ 与线路电抗压降相位刚好相反（容性补偿方式）或相同（感性补偿方式），可以起到类似串联电容或串联电感的作用，因此其外特性与可控串补 TCSC 相类似。尤其是 SSSC 处于容性补偿时，在保持相同输送功率前提下，通过减小输电线路两端的压降和相角差，从而提高了系统的输送能力和稳定裕度。

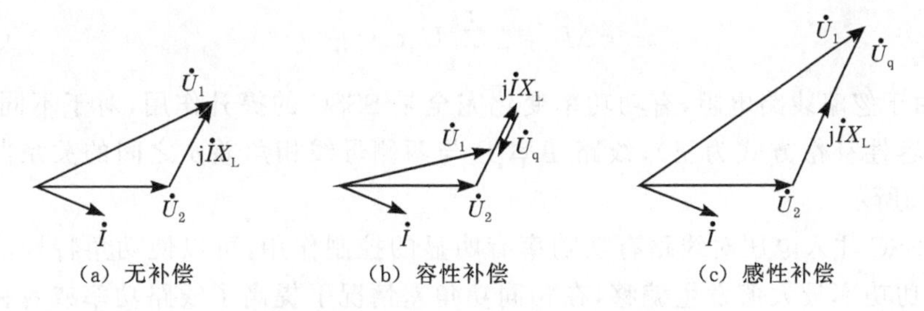

图 3.42　SSSC 补偿作用的相量图

SSSC 通过控制注入电压幅值调节线路电流。设图 3.42 中 $\dot{U}_1 = U_1\angle 0°$、$\dot{U}_2 = U_2\angle -\delta$、$\dot{I} = I\angle -\theta$，$\dot{U}_q^{(C)} = U_q\angle(-\theta - \pi/2)$ 指容性补偿，$\dot{U}_q^{(L)} = U_q\angle(-\theta + \pi/2)$ 指感性补偿，X_L 为线路电抗（包括耦合变压器漏抗），假设 $U_1 = U_2 = U$，则有

$$\dot{I} = \frac{\dot{U}_1 - \dot{U}_2 - \dot{U}_q}{jX_L} = \frac{U\sin\delta - jU(1-\cos\delta)}{X_L}\left[1 \pm \frac{U_q}{U\sqrt{2(1+\cos\delta)}}\right] \tag{3-59}$$

未加 SSSC 的线路电流的幅值为

$$I_{未加SSSC}=\frac{\sqrt{U_1^2+U_2^2-2U_1U_2\cos\delta}}{X_L}=\frac{U\sqrt{2(1-\cos\delta)}}{X_L} \tag{3-60}$$

加入 SSSC 的线路电流的幅值为

$$I_{加SSSC}=\frac{U\sqrt{2(1-\cos\delta)}}{X_L}\left[1\pm\frac{U_q}{U\sqrt{2(1+\cos\delta)}}\right]=I_{未加SSSC}\pm\frac{U_q}{X_L} \tag{3-61}$$

上面的公式说明线路电流的相角不受注入电压 U_q 的影响,只有幅值发生变化。SSSC 相当于向线路附加了一个注入电流值,从而使线路电流发生改变。容性补偿时随着注入电压幅值的增加,附加注入电流增加,使线路电流增加,其最大值取决于 SSSC 的补偿容量和线路输送容量的限制;感性补偿时随着注入电压幅值的增加,线路电流减小,若感性补偿注入电压持续增加,线路电流可能反向使功率倒送。即 SSSC 既可是容性补偿又可是感性补偿,既能增加线路的传输功率又能减少线路的传输功率,当它处于感性补偿时,还可以实现功率的反向传输。因此,与串联电容器相比,SSSC 有更大的调节范围。

假设投入 SSSC 后仍保持线路两端电压的幅值和相角不变,则含有 SSSC 的线路潮流为功角差 δ 和 SSSC 等值电压 $\dot{U}_q$ 的函数,线路传输的有功功率可以表示为

$$P_1=\frac{U_1U_2\sin\delta}{X_L}\left(1\pm\frac{U_q}{\sqrt{U_1^2+U_2^2-2U_1U_2\cos\delta}}\right)=\frac{U^2}{X_L}\sin\delta\pm\frac{U}{X_L}U_q\cos\frac{\delta}{2} \tag{3-62}$$

因此,投入 SSSC 后线路有功功率变化值为

$$\Delta P=\pm\frac{U}{X_L}U_q\cos\frac{\delta}{2} \tag{3-63}$$

由于忽略线路电阻,有功功率变化完全是 SSSC 的提升作用,对于不同的 U_q 幅值(容性补偿方式为正),线路功率 P 与两侧母线相角差 δ 之间的关系曲线如图 3.43所示。

SSSC 注入电压对线路有功功率有明显的控制作用,可以使功角特性曲线提高,有功功率最大值发生偏移,在相同功角差情况下提高了线路功率或者在较小功角差的情况下保持相同的线路输送功率。SSSC 工作在容性补偿情况下,可以有效地提高功角曲线,使加速面积减小、减速面积增加,从而提高系统的静态稳定裕度。

SSSC 的控制框图不仅包括针对 U_{SSSC} 的定线路有功或定线路电流控制,还包括针对 θ_{SSSC} 的定直流电压控制,如图 3.44 所示(注:图中 U 表示 U_{SSSC},ψ 表示 θ_{SSSC})。

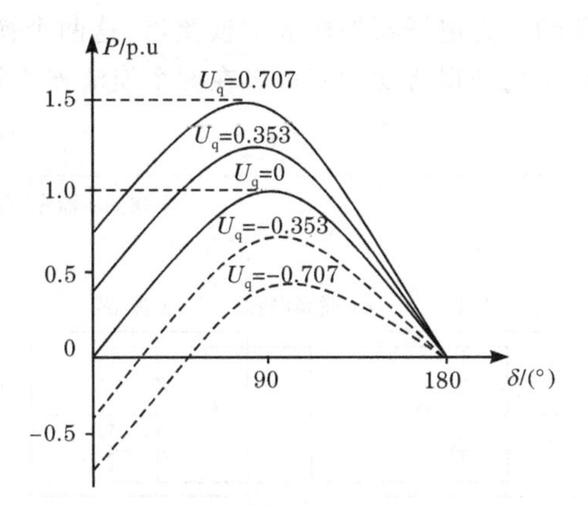

图 3.43　SSSC 不同幅值的串联电压下线路的功角曲线

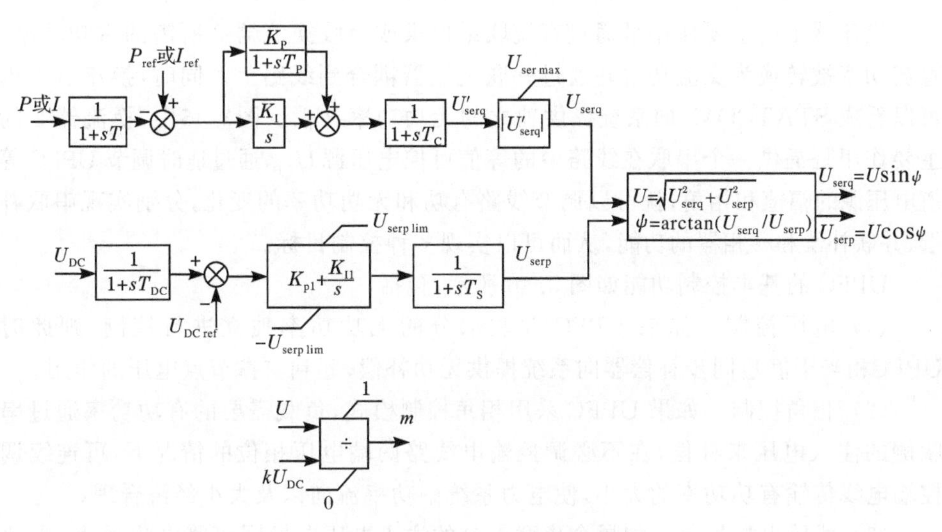

图 3.44　SSSC 的控制框图

3.3.7　统一潮流控制器

统一潮流控制器(unified power flow controllers,UPFC)在 FACTS 控制器中最具有代表性,它的用途广、潮流控制功能强,是由 Mehta 等在 1992 年首次提出的新一代 FACTS 装置。它集合了 STATCOM 和 SSSC 装置的优点,具有串联补偿、并联补偿、移相和端电压调节四种基本功能以及由这些基本功能组合起来的综合功能。这使得 UPFC 在可以很好地控制输电线路的稳态潮流的同时,还可有效地提高系统的暂态和动态稳定性。

UPFC 的基本结构示意图如图 3.45 所示。UPFC 最主要的特点是具有两个背靠背相连的由可关断电力电子器件构成的换流器，这两个换流器耦合在一个直流联系电容上。这种结构使得有功功率可以在两个换流器之间双向随意传输。

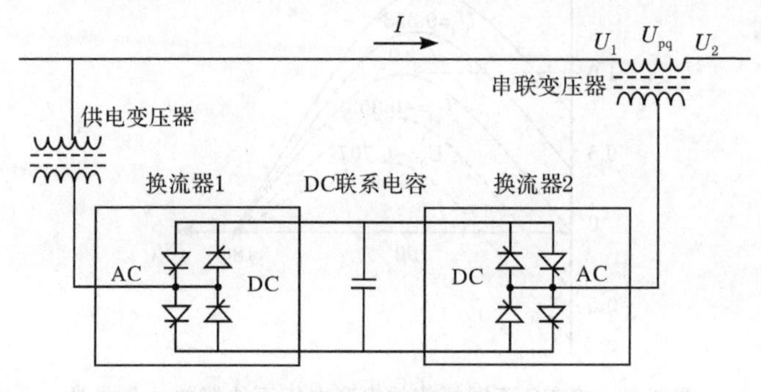

图 3.45　UPFC 的基本结构示意图

换流器 1 的主要作用是通过直流联系提供或吸收换流器 2 所需的有功功率，直流功率被转换为交流功率并通过并联变压器耦合到线路上。同时，换流器 1 也可以看成 STATCOM，向系统提供独立的无功功率补偿。图3.45中，换流器 2 的主要作用是提供一个串联在线路中的等值可控电压源 U_{pq}，通过适时调节 UPFC 等值电压源的幅值和相角，就可以调节线路有功和无功功率的变化，分别实现串联补偿、并联补偿和移相器的功能，从而可以实现多种控制目标。

UPFC 的基本控制功能如图 3.46 所示，包括：

(1) 电压控制。如果 UPFC 并联部分的无功功率独立进行控制，则此时 UPFC相当于静止同步补偿器向系统提供无功补偿，起到支撑节点电压的作用。

(2) 相角控制。如果 UPFC 采用相角控制模式，负载需要的有功功率通过串联侧的注入电压来补偿，在不必调控输电线路两端电压相位的情况下，可连续调控输电线传输有功功率的大小，使电力系统中功率流向以及大小经济合理。

(3) 线路电抗控制。如果令串联部分的注入电压向量同线路电流垂直，则此时 UPFC 相当于串联补偿装置。它既能连续调控，又能双向补偿(升高和降低电压)，且在合适的控制下不会引发 LC 振荡，是一项先进的调控电网节点电压、补偿线路感抗、增强电力系统传输功率极限、提高电力系统稳定性的非常有效的技术。

这几种功能组合起来，就可以充分发挥 UPFC 的强大功能。线路电抗控制和相角控制是相互关联的功能，可以集成为一个通用控制器将线路有功和无功功率控制到需要的水平。另外，UPFC 的并联补偿部分既可以执行独立的无功补偿功能来控制电压，也可以与通用控制器相互协调，共同控制线路潮流。UPFC 的几种控制功能可以实时地从一种功能转换到另一种，这种功能上的灵活性使得 UPFC在解决电力系统的多种问题方面具有很大的潜力。

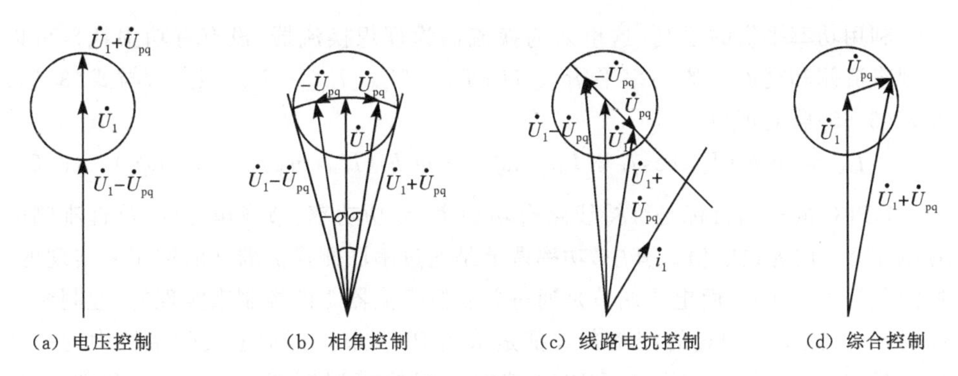

图 3.46　UPFC 的基本控制功能

考虑直流侧动态的 UPFC 模型的等效电路如图 3.47 所示。

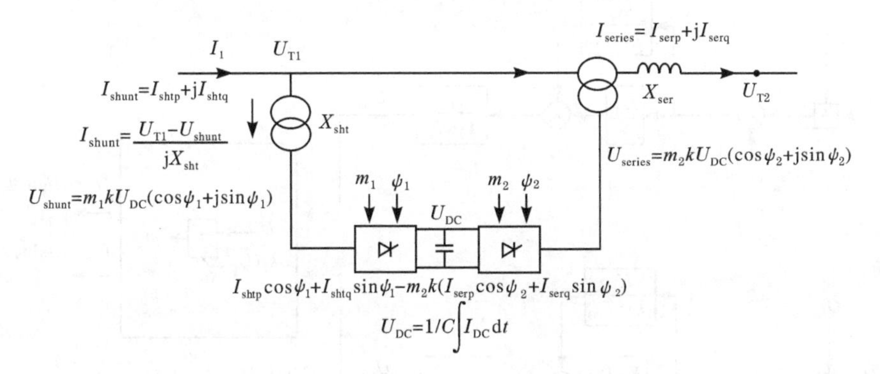

图 3.47　考虑直流侧动态的 UPFC 改进模型的等效电路

结合 PWM 技术的基本原理，可知图 3.47 中，UPFC 换流器和换流器 2 的交流侧与直流侧电压幅值关系可以表示为

$$U_{shunt}=m_1k_1U_{DC} \tag{3-64}$$

$$U_{series}=m_2k_2U_{DC} \tag{3-65}$$

式中，m_1、m_2 为调制比，且 $0\leqslant m_1,m_2\leqslant 1$；$k_1$、$k_2$ 为 UPFC 并联换流器的内部参数；U_{DC}为直流电压。U_{shunt}和 U_{series}的相位 δ_1 和 δ_2 分别由换流器 1 和换流器 2 的 ψ_1、ψ_2 两个控制量来决定。以 UPFC 所安装线路的首端电压 $\dot{U}_{T1}$ 的相位角 θ_{T1} 为参考(设图 3.47 中 $\theta_{T1}=0$)，则相角关系表达式为

$$\delta_1=\psi_1-\theta_{T1}=\psi_1 \tag{3-66}$$

$$\delta_2=\psi_2-\theta_{T1}=\psi_2 \tag{3-67}$$

UPFC 的直流侧电压是由直流电容支撑，所以 UPFC 直流侧的动态方程可以看成是电容充放电的动态过程：

$$C\frac{dU_{DC}}{dt}=I_{DC},\quad 即\ U_{DC}=\frac{1}{C}\int I_{DC}dt \tag{3-68}$$

利用功率平衡的原则(这里认为换流器为理想换流器,没有有功损耗),可以得到直流侧和交流侧的功率平衡式:$U_{DC}I_{DC}=U_{shunt}I_{shunt}-U_{series}I_{series}$,与式(3-64)和式(3-65)联立可得

$$I_{DC}=m_1k_1(I_{shtp}\cos\psi_1+I_{shtq}\sin\psi_1)-m_2k_2(I_{serp}\cos\psi_2+I_{serq}\sin\psi_2) \tag{3-69}$$

UPFC的控制目标是维持线路有功功率、无功功率、节点电压$\dot{U}_s$及直流侧电容电压U_{DC}均为设定值。其中,功率调节是通过串联侧换流器2的控制来实现的,控制量为m_2和ψ_2;而电压调节是通过并联侧换流器1的控制来实现的,控制量为m_1和ψ_1。这些控制量的控制方式都是采用PI调节。再加上实际系统中的一些惯性延时环节等,就得到了UPFC控制系统的模型框图,如图3.48和图3.49所示。

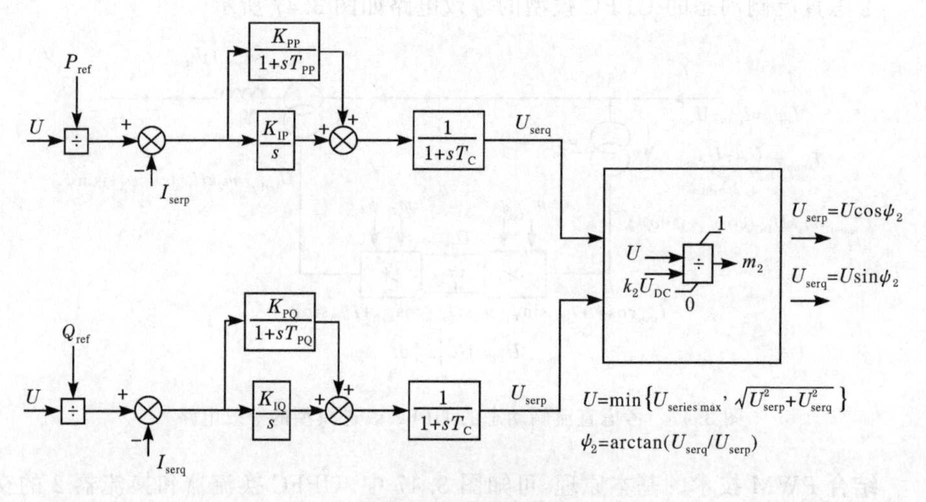

图 3.48　潮流控制

从图3.48中可以看出,UPFC控制模型的串联部分主要包括四个部分:有功功率PI调节器、无功功率PI调节器、串联换流器时间常数的滞后环节,以及调制比限幅。

从图3.49中可以看出,UPFC控制模型的并联部分也主要包括四个部分:节点电压PI调节器、直流侧电压PI调节器、并联换流器时间常数的滞后环节,以及调制比限幅。

3.3.8　可控并联电抗器

在超高压长距离输电线中,会因电容效应产生不能允许的工频电压升高和相应的暂态振荡过电压,接在变压器低压或中压绕组上的同步调相机或静止补偿器等设备,会由于线路一侧的开关分闸而被同时切除,起不到限制工频过电压的作

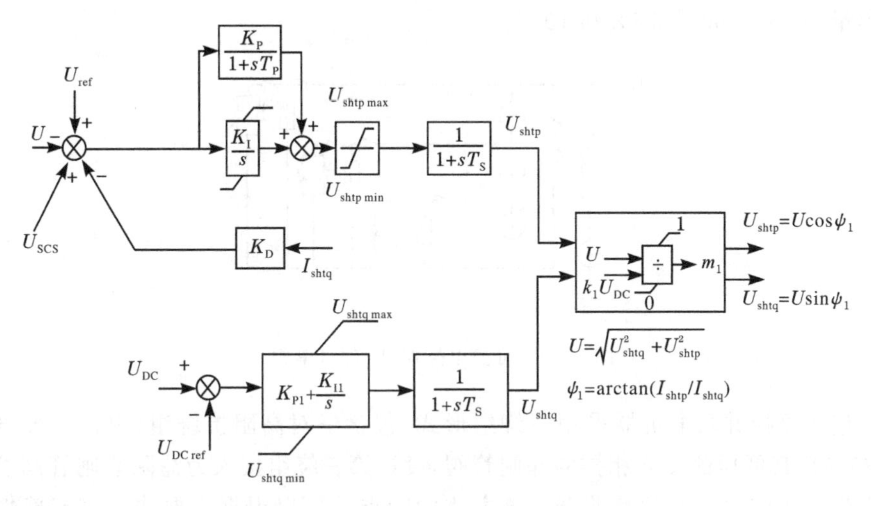

图 3.49 节点电压控制和直流侧电压控制

用,故我国目前普遍采用了超高压并联电抗器,它直接接在长输电线中不会因开关的操作退出运行和丧失补偿能力。

并联电抗器的结构十分复杂,其容量不能做到连续可调。通常超高压线路的最大传输功率接近于线路的自然功率 P_0,在系统传输较小功率时(例如,水电站的枯水季节),并联电抗器起到了充分补偿线路无功功率的作用。然而,当传输功率接近于 P_0 时,线路中的容性和感性无功基本上自我补偿,并联电抗器就成为多余的装置,它不仅使得线路电压过分降低,且其无功电流会在电网中造成附加的有功损耗,也就降低了全网的经济效益。

可控并联电抗器(controllable shunt reactor,CSR)能够随着传输功率的变化自动平滑地调节自身容量,在线路传输大功率时,运行在小容量范围内,当线路轻载或空载时,它会增大容量而呈现深度的补偿效应,即能够起到减小工频电压升高的作用,在很大程度上提高了电网的经济效益。

目前的可控电抗器技术根据其构成原理的不同,基本可划分为基于高阻抗变压器原理和基于磁控原理两种类型。基于高阻抗变压器原理的可控并联电抗器,又有分级可控和连续可控两种不同的方式。

高阻抗变压器型分级可控电抗器是在晶闸管控制变压器型(TCT)SVC 基础上发展起来的。它采用双绕组形式,将变压器的阻抗设计为 100%,再在变压器的低压串联接入三组电抗器,并由晶闸管和断路器进行分级调节,实现感性无功功率的控制。高阻抗变压器的低压侧串联三组电抗器,并引出三组抽头,根据不同的组合,可以得到四种输出容量。500kV 可控电抗器的结构如图 3.50 所示。通过二次侧晶闸管和旁路断路器的通断,就可以控制可控电抗器的容量。典型的分级容量为 25%、50%、75%和 100%。

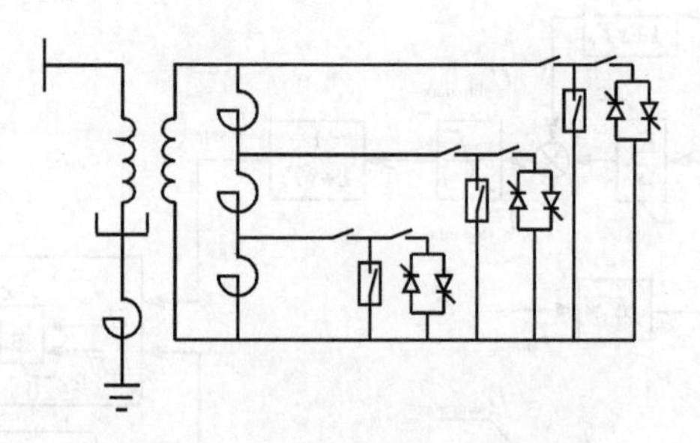

图 3.50　可控电抗器结构图(单相)

连续可控并联电抗器采用三绕组形式,包含一对高阻抗绕组(阻抗一般设计为 85%),其低压侧接入相控的晶闸管阀,设计第三绕组接入为滤除晶闸管阀控制中产生高次谐波电流的滤波器。该方式的特点是可以根据需要快速进行感性无功功率的连续控制,其接线原理如图 3.51 所示。

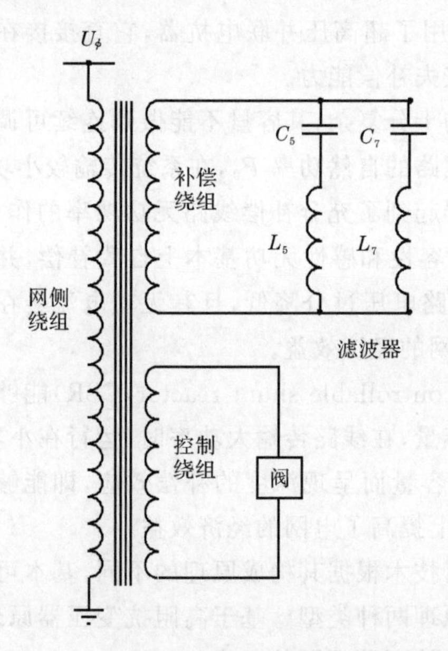

图 3.51　连续可控并联电抗器接线图(单相)

基于磁控原理的可控电抗器,在整个容量调节范围内,只有铁芯饱和,铁轭处于未饱和的线性区域,晶闸管控制系统通过改变铁芯的饱和程度来改变电抗器的容量,因此,一般称为励磁式可控电抗器(magnetically controlled reactor,MCR)。它由电抗器主体和控制系统两部分组成。当直流励磁电流为零时,铁芯柱在整个工频周期中不饱和,此时电抗器处于空载状态,容量为最小;随着控制电流增加,铁芯柱的饱和时间加大，电抗器的容量亦增加；当在一个工频周期中，铁芯全部饱和时，电抗器的容量也达到极限值 Q_m。励磁式可控电抗器的运行原理如图 3.52 所示。

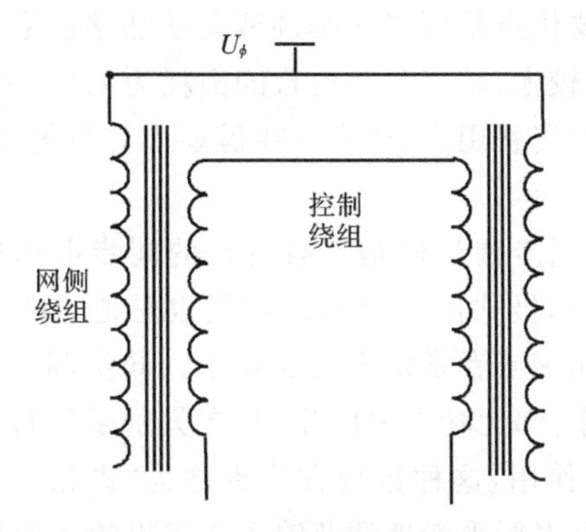

图 3.52　可控电抗器运行原理图

本节中的可控高抗模型是根据中国电力科学研究院研制的江陵变电站可控高抗资料建立的，属于磁控式的可控高抗。运行状态下，可控高抗主要采用自动恒容量或自动恒电压的控制方式。自动恒容量方式通过自动调节励磁电流的大小，对可控高抗容量进行反馈控制，维持可控高抗容量为设定值；自动恒电压控制通过自动调节可控高抗的容量，对可控高抗挂点的电压进行反馈控制，维持挂点电压为设定值。因此主要建立了这两种控制方式的系统分析模型，如图 3.53 和图 3.54 所示。

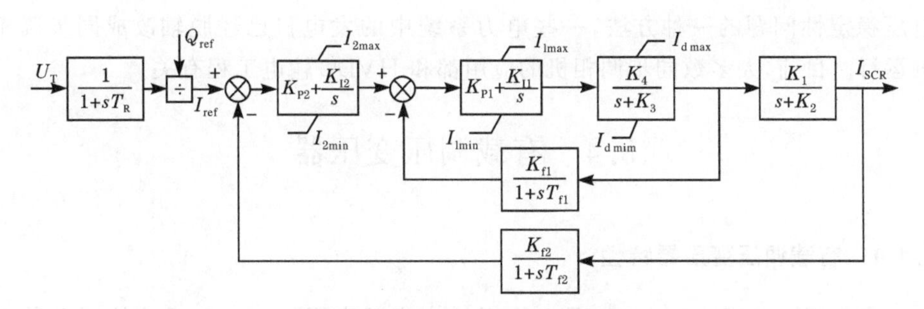

图 3.53　自动恒容量控制系统模型

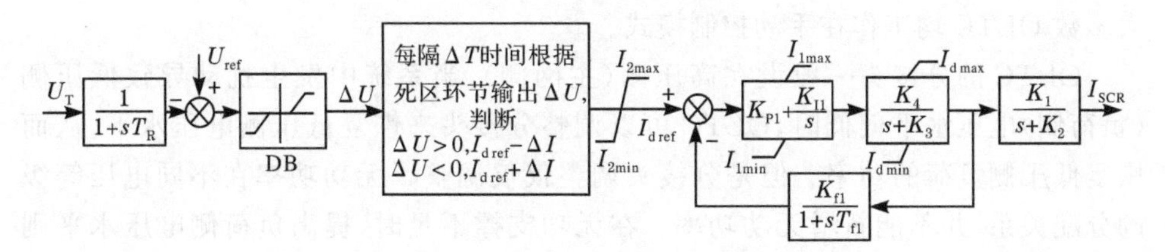

图 3.54　自动恒电压控制系统模型

3.3.9 同步调相机

同步调相机的主要优点是可以连续调节无功功率的数值，但由于它是一种旋转机械，有功功率损耗较大，其满负荷运行的损耗为1.5%左右，空载损耗为0.5%左右，运行维护复杂，投资费用大，通常只在需要大容量的无功功率补偿时才装设同步调相机。

从电机原理来讲，同步调相机是空载运行的同步电动机，它的转子也和同步电动机一样，都是做成凸极式的。同步调相机也是通过改变励磁电流的大小，实现从电网中吸收无功功率或者是输出无功功率。同步调相机在过励磁运行时，向系统供给感性无功功率，起无功电源的作用；在欠励磁运行时，从系统吸收感性无功功率，起无功负荷的作用，这种运行方式也称为“进相运行”。装有自动励磁装置的同步调相机能根据电压平滑地调节输入或输出的无功功率。

从技术上讲，在电压薄弱网络中应用同步调相机比 SVC 有一些优点。当网络电压下降时，同步调相机可以瞬间增加无功输出（和发电机无功输出一样），并可通过励磁控制来阻止调相机内电势或磁链的衰减（电枢反应），调相机和发电机都有数十秒的过载运行能力。如前所述，SVC 在极限点将呈现出电容器特性，无功输出与电压平方成比例，相对于 SVC 而言，调相机在极限点可以维持在额定电流。

为提高电力系统的电压稳定性，东京电力公司已经选择同步调相机，而不采用 SVC，原因之一就是同步调相机最大功率点对应的临界电压较低。作为解决电压稳定性问题的一种方法，一些电力系统中的发电机已经脱轴改成同步调相机运行。目前，大多数同步调相机的应用都和 HVDC 输电工程有关。

3.4 有载调压变压器

3.4.1 有载调压变压器特性

有载调压变压器（OLTC）是电力系统中广泛应用的电压和无功控制设备之一。这种变压器既可以手动控制，也可以自动控制。目前我国输电网中使用的绝大多数 OLTC 均工作在手动控制模式。

OLTC 的分接头一般设在高压侧（主网侧），当系统中发生扰动导致低压侧（负荷侧）电压水平偏低时，OLTC 可以调整分接头来恢复低压侧电压水平，从而恢复低压侧负荷的功率。但是分接头调整仅仅调整了无功功率在不同电压等级的分配关系，并不能新增无功功率。在无功支撑不足时，提高负荷侧电压水平则必然会降低主网侧电压水平，从而又影响到负荷侧电压，这一反馈过程最终可能导致电压崩溃。为了避免和阻止电压崩溃，当分接头的变化不利于系统电压稳定的情况下，处于自动控制模式下的 OLTC 需要闭锁变压器分接头，当电压恢复时再解除闭锁。其中一个简单的办法是当变压器电源侧(高压侧)的电压下降时，闭锁分接头调节，当电压恢复时，再恢复分接头调节。

OLTC 分接头调节时应逐级调压，同时监视分接位置及电压、电流的变化。分接头变换器完成一次挡位变化所需的时间为数秒钟，但为避免分接开关频繁动作调压，升降压动作应增设延时时间，一般 110kV 调压延时取 30～60s，35kV 调压延时取 60～120s。由这一延时时间的范围可知，OLTC 的动作主要影响中长期电压稳定性。

OLTC 的调节范围比较大，一般在 15%以上，分接头每一挡的范围通常为 0.5%～1.5%，我国 110kV 变压器为±3×2.5%，220kV 变压器为±4×2%、±8×1.25%、±8×1.5%等。

3.4.2　有载调压变压器模型

1. 模型框图

OLTC 模型的框图如图 3.55 所示。

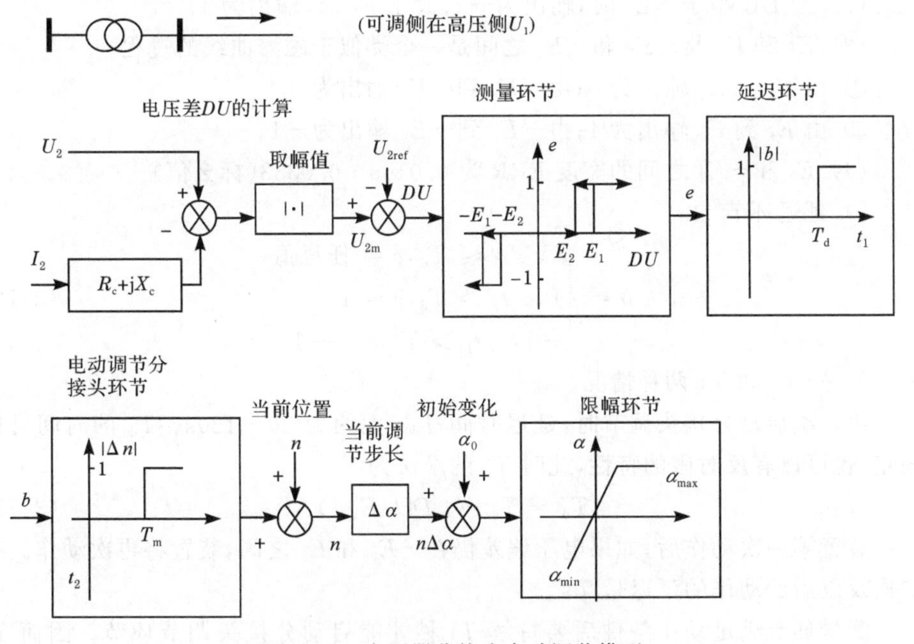

图 3.55　变压器分接头自动调节模型

2. 控制及动作过程

变压器分接头一般接在高压侧，通过测量计算得到低压侧负荷处的正序电压，当负荷电压低于整定值时，经过一定的延迟 T_d，启动分接头的执行机构来改变分接头位置，达到调节负荷侧电压的目的。执行机构由于是机械结构，动作延迟 T_m 较大，一般为 5～10s。延迟时间 T_d 主要是考虑到要避开故障时电压的瞬时降低，一般为 30～120s。第一次动作后，如果电压仍低于整定值，第二次及后续动作延迟 T_d，可设为 0 或等于第一次延迟。具体过程如下。

1）电压差 DU 的计算

负荷侧的近似电压：

$$U_{2m} = |(U_{2x} + jU_{2y}) - (I_{2x} + jI_{2y})(R_c + jX_c)| \tag{3-70}$$

$$DU = U_{2m} - U_{2ref} \tag{3-71}$$

以上电压和电流都是正序电流。

R_c 和 X_c 是补偿阻抗，与流过变压器的电流 I_2 的乘积代表线路上的压降。电流变化越大，造成的电压偏差 DU 就越大。

2）测量环节的动作过程

(1) 当 DU 在 $-E_2$ 和 E_2 之间时，输出为 0。

(2) 当 DU 小于 $-E_1$ 时，输出为 -1；大于 E_1 时，输出为 1。

(3) E_1 和 E_2 及 $-E_1$ 和 $-E_2$ 之间是一个类似于磁滞曲线的过程。

① 由 E_2 到 E_1 输出为 0；由 $-E_2$ 到 $-E_1$ 输出为 0。

② 由 E_1 到 E_2 输出为 1；由 $-E_1$ 到 $-E_2$ 输出为 -1。

(4) E_2 和 $-E_2$ 之间的宽度 ERR 为 0.0166～0.0333(标幺值)。

3）延迟环节

$$b = \begin{cases} 0, & t_1 \leqslant T_d, e = \text{任意值} \\ 1, & t_1 > T_d, e = 1 \\ -1, & t_1 > T_d, e = -1 \end{cases} \tag{3-72}$$

T_d 分 T_{d0} 和 T_{d1} 两种情况。

第一次启动分接头调节时，延迟时间 T_{d0}，大约为 30～120s。T_{d0} 的时间可以固定，也可以有反时限的特性，此时 T_d 的求法为

$$T_d = T_{d0}/(|DU/E_1|) \tag{3-73}$$

装置第一次动作后，如果电压偏差仍在 $-E_2$ 和 E_2 之间，装置将再次动作。第二次及以后的动作的延迟是 T_{d1}。

测量环节满足动作条件后要持续 T_d 秒才能启动分接头调节环节。因而 T_d 可减小短时间电压波动的影响和避免其他不必要的接头调整。

T_m 为调节装置的机械延迟，典型值为 5～10s。

每动作一次,调一挡分接头。

4）机械调节环节

$$\Delta n = \begin{cases} 0, & t_2 \leqslant T_m, b = \text{任意值} \\ 1, & t_2 > T_m, b = 1 \\ -1, & t_2 > T_m, b = -1 \end{cases} \tag{3-74}$$

$\alpha = \alpha_0 + n\Delta\alpha, \alpha_{min} \leqslant \alpha \leqslant \alpha_{max}$。

参数 Δn 为变压器每步变化的步距,一般约为±16 步。

变压器的变比变化 α 的最大值 α_{max} 和最小值 α_{min} 大约为±10%的额定电压。

有载变压器的闭锁和闭锁解除：

如果电压低于 U_Block,标志 Flag_Fault 赋值为 1,如果电压增加到超过 U_UnBlock(U_UnBlock>U_Block),那么 Flag_Fault 立刻等于 0。如果 Flag_Fault 等于 1 的持续时间等于 T_Fault 秒,那么装置将在 T_Fault_Del 秒后被闭锁。解除闭锁只能是手动解除。

3.5　高压直流输电系统

随着我国电力工业的迅速发展,超高压电网的逐步形成,电力系统的结构日益复杂,其最显著的特点就是超高压、远距离高压直流(high voltage direct current,HVDC)输电系统的并网运行,且大多是送往受端电网负荷中心。另外,资源、经济发展的不平衡,使得多回直流输电线路落点在同一个交流受端不可避免。我国将形成世界上落点最多、结构最复杂的交直流系统,高压直流输电传输容量在系统中所占的比例越来越大,相对地交流系统将变得较弱。因此,虽然多馈入交直流输电系统具有更大的输送容量和灵活性,但也给系统的稳定性带来了严峻考验。

3.5.1　换流器的无功特性

在直流馈入的系统中,无论是长距离直流输电还是背靠背直流输电,在考虑电力系统稳定性问题时,需要特别关注的问题就是电压稳定问题。这是由于直流输电系统在为受端交流系统提供有功功率的同时,还需消耗无功功率,约为直流传输功率的 40%～60%。若交流系统发生故障,直流系统仍需要从交流系统吸收无功功率,对于受端交流系统,直流系统表现为不利的“无功负荷特性”。

换流器吸收的无功功率可表示为

$$Q_{DC} = P\tan\varphi \tag{3-75}$$

$$\tan\varphi = \frac{(\pi/180)\mu - \sin\mu\cos(2\alpha + \mu)}{\sin\mu\sin(2\alpha + \mu)} \tag{3-76}$$

$$\mu = \cos^{-1}[U_d/U_{dio} - (X_c/\sqrt{2})(I_d/E_{11})] - \alpha \tag{3-77}$$

$$U_d/U_{dio} = \cos\alpha - (X_c/\sqrt{2})I_d/E_{11} \tag{3-78}$$

式中，U_{dio}为换流器理想空载直流电压，单位 kV，$U_{dio}=3\sqrt{2}E_{11}/\pi$；$P$ 为换流器直流侧功率，单位 MW；Q_{DC}为换流器无功消耗，单位 Mvar；φ 为功率因数角；X_c 为每相的换相电抗，单位 Ω；I_d 为直流运行电流，单位 kA；α 为整流器触发角；E_{11} 为换流变压器阀侧绕组空载电压有效值，单位 kV；U_d 为极直流电压，单位 kV。当换流器以逆变方式运行时，式中的 α 用 γ 代替，γ 为逆变侧关断角。

可以看出，换流器无功功率除受有功功率影响外，还与其他很多运行参数相关，其中最为灵敏的是触发角 α 和关断角 γ[6]。换流器可以运行在不同的控制方式下。不同的控制方式，换流器吸收的无功功率随换流功率变化的曲线不同。对于同一个有功功率运行点，换流器吸收的无功功率可以相差很大。

在实际系统运行中，对于正常的运行区域，尤其是换流功率接近额定直流功率的区域，需要采用各种可能的控制方式，使得换流器消耗的无功功率最小。对于逆变器，采用定关断角控制方式可以最容易达到这一目的。对于整流器，采用定直流电压，需要配合合理的换流变压器抽头控制，以保证正常运行时，逆变器关断角不超过一定的值。一般常用的控制是定电流控制，为了保证整流器不轻易失去定电流控制的能力，又尽可能地减少无功消耗，需配备换流变压器抽头控制，使整流器触发角尽可能小。

如果换流器运行的功率远小于额定功率时，为了滤波的要求，需要投入一定的滤波器，有可能使得换流站的无功功率过剩，因而需要换流器多吸收无功功率，这时可以通过增加换流器触发角的方式，从而达到换流站无功功率平衡的目的。但若长期运行在此条件下，将对系统设备的寿命有不利影响，所以，若换流变压器有较大的正向调压范围，应尽量调整高分接抽头，尽可能降低换流变压器阀侧电压。

如果换流变压器所连的交流系统特别弱，对于无功功率的要求特别严格，需要精确地控制换流站和交流系统的无功功率，此时换流器将参与无功功率的精确控制。例如，当无功功率不足时，应投入一组无功补偿设备，但投入补偿后，无功功率过剩，在这种情况下，在投入一组无功补偿时，强迫换流器多吸收无功。当有功功率增大到足够时(无功消耗也增大)，换流器退出强迫无功功率控制方式，返回最小无功功率方式。随着有功功率增大，系统不平衡的无功功率增加，适时投入另一组无功补偿设备。

在较弱的受端交流系统下，为了减小滤波器或电容器投切对交流系统电压的影响，避免由于投切引起逆变器换相失败或暂态电压变化越限，在直流无功功率控制中加入 γ-kick 功能[7]，即 γ 角跃变功能。在滤波器或并联电容器投入时，瞬

时增加 γ 整定值，以提高换流器无功功率消耗，进而限制交流系统电压阶跃；投入后，在很短的时间内，γ 整定值又回到投入前的角度。γ 角度上升应和交流系统电压控制的响应时间配合。

3.5.2 换流站的无功功率补偿特性

1. 交流系统的无功功率需求和无功功率支持能力

当换流站位于电厂或电厂群的附近，在直流系统大负荷运行时，可以利用交流系统部分无功电源，以达到少安装容性补偿设备的目的；在直流系统小负荷运行时，可以利用发电机的进相能力，吸收换流站的部分过补偿无功，以达到少安装感性无功补偿设备的目的。在直流系统突然停运时，可以降低甩负荷的过电压水平，相应降低换流站设备造价。因此，合理利用交流系统的无功功率调节能力是十分重要的。如果交流系统很强，除必备的交流滤波器所提供的无功功率外，其余均可由交流系统提供，较弱的系统则需要大量的无功补偿，特别是弱受端系统，补偿设备除了提供换流器消耗的无功功率，还要供给负荷消耗的无功功率[6]。

2. 换流站的无功补偿设备

换流站的无功补偿设备主要有三类[8]：第一类是机械投切的电容器和电抗器。其中电容器由于滤波要求是必需的，最小滤波电容容量约占换流容量的30%。第二类是SVC。当换流母线电压下降很多时，SVC在故障瞬间投入大量的电容，从而减弱系统强度，恶化HVDC恢复特性，有可能引起换相失败，从而导致直流输电的中断。由于这些缺点，使得SVC应用不是十分广泛[7,8]。目前，世界上只有英法海峡直流工程英国侧换流站和加拿大恰图卡背靠背直流工程中采用。第三类是调相机。从性能上说，调相机是逆变站最理想的无功补偿设备，除提供一定的无功功率外，还可以提高换流站的短路比，增加系统转动惯量，改善换流器换相条件，降低过电压，这在早期直流输电中有较普遍的应用。特别是远方电站向负荷中心的电网送电工程的受端，两个典型的例子是伊泰普直流工程受端换流站和纳尔逊河直流工程的受端。但是由于调相机投资大，占地多，运行可靠性低，维护工作量大，所以在常规换流站中，一般只采用机械投切的电容器和电抗器。如果可投切的无源元件不能满足系统性能要求而需要采用调相机时，需要进行更深入的研究。

换流站的无功补偿设备的投切控制方式通常有不平衡无功功率控制和交流电压控制两种。前者保证换流站和交流系统交换的无功在一定的范围内，后者保持换流站交流母线的电压变化在一定的范围内。一般的直流输电工程均采用无功功率控制方式。若与换流站连接的交流系统为弱系统，则用交流电压控制方式。

不平衡无功功率控制的原理是在直流换流站稳态过程中，实时求出系统的无功功率缺额，通过投切无功补偿设备以满足系统的需要。如果系统无功功率缺乏，则提早投入滤波器和其他无功补偿设备，提高 Q_{AC}。反之，若电压太高，将需要通过降低 Q_{AC}，晚投入或早切除容性补偿设备，这有可能会受到最少滤波器组的限制，甚至是绝对最少滤波器组的限制[7,8]。这时可以投入高压电抗器、低压电抗器，或者降低直流传输功率到系统可接受水平。

交流系统电压控制是利用换流站无功补偿设备对换流交流母线电压进行控制。在换流器解锁前或解锁过程中，投入最少滤波器组数，随着直流功率的增加，交流母线电压下降，相应投入无功补偿设备。同样随着直流功率的下降或其他运行参数改变，使得交流母线电压上升，相应切除无功补偿设备。这种控制也有可能遇到滤波器组的限制，其处理方法与不平衡无功功率一样。

3.5.3 故障时直流系统特性

直流输电系统的运行受直流线路、换流器或交流系统故障的影响。这些故障的影响通过换流器控制的作用来反映。换流器的控制在使直流输电系统对直流或交流系统故障作出满意的响应方面起着极为重要的作用。直流线路的故障对所连接的交流系统的影响不会像交流系统故障那样造成破坏性的影响。而换流器故障，会导致整个极停止输送功率。对交流系统的暂态扰动，直流系统的功率响应一般比交流系统的响应快得多，直流系统或减小功率，或停运，直到交流系统恢复足以使直流系统重新启动，并恢复功率。因此，这时的换相失败和故障恢复成为影响直流系统运行的重要问题。

1. 整流侧交流母线故障

当整流侧换流母线电压下降时，则整流器的换相电压下降，它将引起整流器的直流电压下降，同时直流电流也下降。这时定电流控制通过减小 α 角来增大电流，恢复电流值。而逆变侧在直流电压下降时，定熄弧角控制下会使直流电流增加，则增加了换相角，由于定熄弧角控制，需要增大触发角 β。如果 α 角达到最小的触发角限制，则在整流侧为恒最小触发角控制，逆变侧转为定电流控制，如果电压持续降低，低压限流环节（voltage dependent current order limiter，VDCOL）可能对电流和传输功率进行调整，或者换流变压器分接头控制动作以恢复电压和电流至正常值。若电压下降很多时，直流系统可以在 VDCOL 的控制下停运直至故障恢复。虽然直流功率可以在很低的整流器电压下传输，但要以增加大量无功消耗为代价，这对交流系统是很不利的。

2. 逆变侧交流母线故障

当交流系统发生故障时，换流站交流母线电压瞬时跌落，而换流变压器变比调整的时间常数较大，通常在10s左右。因此，换流变压器分接头控制来不及动作，μ瞬时增大。由于电压跌落是瞬时性的，直流输电系统控制器还来不及将β拉大，即β还运行在原来的初始值，从而导致γ瞬时跌落到超过换相失败的临界值。逆变器是否发生换相失败与故障前逆变侧换流母线电压水平有很大的关系。

换相失败期间，由于整流侧定电流控制器的作用，使得α增大很多，抑制了直流电流的峰值，由于逆变器定关断角的作用，β也瞬间拉大，这样可以使逆变器立刻脱离换相失败。

逆变侧交流系统故障时，在整流侧定电流控制、逆变侧定熄弧角控制下，系统的无功功率损耗增加，有可能致使交流电压进一步降低，甚至形成恶性循环，导致系统电压崩溃。特别是对于逆变端连接弱交流系统的情况。因而，除了定电流、定熄弧角控制外，还提出了定电流、定电压控制。整流侧的控制仍为定电流控制，而逆变侧则按直流线路末端电压保持一定的方式调节。这样，当逆变侧的换流母线电压下降时，在定电压的控制下，减小β，提高了逆变器的功率因数，减少消耗的无功功率，有利于防止交流电压的进一步下降。

3. 换相失败

逆变器换相失败是逆变器最常见的故障。当两个桥臂之间换相结束，刚退出导通的阀在反向电压作用的一段时间内，如果没有恢复阻断能力，或者在反向电压期间换相过程一直未能进行完毕，这两种情况在阀电压转变为正向时被换相的阀都将向原来预定退出导通的阀倒换相，即为换相失败。换相失败的原因有：交流电压下降、直流电流增大、交流系统不对称故障引起的线电压过零点相对移动、触发越前角β过小或整定的关断越前角γ过小。当γ小于逆变器需要的γ_{min}，则发生换相失败。

4. 直流闭锁

直流系统在连续换相失败时间较长时会闭锁，当闭锁时，由于有最小滤波器限制，所以此时的无功功率过剩，对交流系统造成无功冲击，导致电压波动。同时，整流侧交流系统由于有功功率过剩而频率升高，逆变侧交流系统由于有功功率不足而频率下降。因此当闭锁发生时，由于有功功率和无功功率的变化，对电网的频率和电压都会造成影响。

5. 直流功率的恢复(解锁)

故障后电压高于直流 VDCOL 的低门槛,并且上升的情况下,直流可从换相失败中恢复。当直流解锁开始输送功率时,控制系统即按最小交流滤波器需求投入相应交流滤波器,而此时换流器消耗无功功率远小于交流滤波器提供的无功功率,也将对交流系统产生无功功率冲击,导致电压波动。

3.5.4 直流输电系统模型

1. 直流输电线路数学模型

当采用准稳态模型时,换流站交、直流两侧的电压、电流与触发角、换相角和熄弧角之间的稳态关系方程式如式(3-79)所示。在方程式中,用 α、β、γ 和 δ 分别表示滞后触发角、超前触发角、换相角和熄弧角;下标“d”表示直流侧,“R”和“I”分别代表整流和逆变侧,“0”表示空载,“(1)”表示基波分量。

整流器的稳态方程为

$$\begin{cases} U_{dR} = U_{dR0}\cos\alpha - R_{cR}I_{dR} = U_{dR0}\dfrac{\cos\alpha + \cos(\alpha + \gamma_R)}{2} \\ U_{dR0} = \dfrac{U_R}{n_R}, n_R = \dfrac{\pi}{3\sqrt{2}}k_R \end{cases} \tag{3-79}$$

式中,U_{dR} 为整流侧交流母线线电压有效值;k_R 为整流变压器的变比;R_{cR} 为等值换流电阻,$R_{cR} = \dfrac{3}{\pi}x_R$,$x_R$ 为换相阻抗。

当不计换流器损耗时,交流侧功率、基波电流和功率因数分别为

$$\begin{cases} P_R = U_{dR0}I_{dR} = \sqrt{3}U_R I_{R(1)}\cos\varphi_{R(1)} \\ Q_R = \sqrt{3}U_R I_{R(1)}\sin\varphi_{R(1)} \\ I_{R(1)} = \dfrac{\sqrt{6}}{\pi}\dfrac{I_{dR}}{k_R} \\ \cos\varphi_{R(1)} \approx \dfrac{1}{2}[\cos\alpha + \cos(\alpha + \gamma_R)] \approx \dfrac{U_{dR}}{U_{dR0}} \end{cases} \tag{3-80}$$

与整流器相对应,逆变器稳态方程为

$$\begin{cases} U_{dI} = U_{dI0}\cos\delta - R_{cI}I_{dI} = U_{dI0}\dfrac{\cos\delta + \cos(\delta + \gamma_I)}{2} \\ U_{dI0} = \dfrac{U_I}{n_I}, n_I = \dfrac{\pi}{3\sqrt{2}}k_I \end{cases} \tag{3-81}$$

$$
\begin{cases}
P_{\mathrm{I}} = -U_{\mathrm{dI0}} I_{\mathrm{dI}} = -\sqrt{3} U_{\mathrm{I}} I_{\mathrm{I}(1)} \cos\varphi_{\mathrm{I}(1)} \\
Q_{\mathrm{I}} = -\sqrt{3} U_{\mathrm{I}} I_{\mathrm{I}(1)} \sin\varphi_{\mathrm{I}(1)} \\
I_{\mathrm{I}(1)} = \dfrac{\sqrt{6}}{\pi} I_{\mathrm{dI}} k_{\mathrm{I}} \\
\cos\varphi_{\mathrm{I}(1)} \approx \dfrac{1}{2}[\cos\delta + \cos(\delta + \gamma_{\mathrm{I}})] \approx \dfrac{U_{\mathrm{dI}}}{U_{\mathrm{dI0}}}
\end{cases}
\tag{3-82}
$$

2. 换流器数学模型

换流器调节系统的工作原理是对调节器输入不同的调节信号，其输出作用于相位控制电路，经过脉冲发生装置改变换流器触发脉冲的相位，从而实现调节作用。采用不同的调节信号将得出不同的调节特性，并使整个直流输电系统具有不同的运行特性。为了获得良好的运行特性，整流器的调节特性应与变压器的调节特性相配合。整流侧可能的控制方式有定电流 I_{dz}、定熄弧角 α_{N}、定最小燃弧角 $\alpha_{\min}$、定功率 P_{dz}、定整流侧变压器最大变比 $T_{\mathrm{R}}^{\max}$、定整流侧变压器最小变比 $T_{\mathrm{R}}^{\min}$，而常用的基本调节方式有定电流和定功率两种；逆变侧可能的控制方式有定最小熄弧角 $\gamma_{\min}$、定电压 U_{dN}、定电流 I_{dz}、定功率 P_{dz}、定逆变侧变压器最大变比 $T_{\mathrm{I}}^{\max}$、定逆变侧变压器最小变比 $T_{\mathrm{I}}^{\min}$，而常用的调节方式有定电压和定熄弧角两种。整流侧和逆变侧的基本调节方式将合成整个直流系统的四种调节方式。另外，在基本的调节方式下，常附加某些控制措施。例如，整流侧采用定电流调节方式时，常附加最小熄弧角限制，使触发角不小于某一最小安全限值；逆变侧采用定电压调节方式时，常附加最小熄弧角限制。有时为了利用直流输电系统的快速调节特性来改善整个交直流系统的运行性能，在换流器的调节器中引入某些附加输入信号（如交流系统某些线路的传输功率、发电机转速、系统的频率等），这种情况通常称为调制控制。下面仅就基本调节方式介绍它们常用的数学模型。

1）定电流调节方式

将直流互感器的输出电流 I_{d} 与参考电流 I_{ref} 进行比较，所得的误差信号经放大（或同时经过积分组成的 PI 调节）后，作用于移相控制电路来改变换流器的触发角，达到定电流调节作用，其传递函数框图如图 3.56 所示。

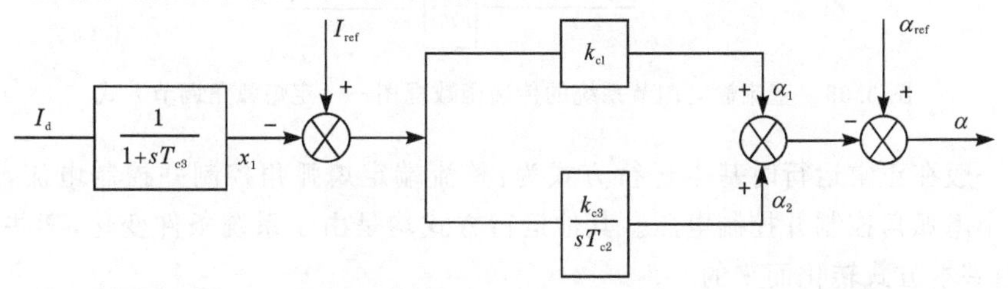

图 3.56　直流输电调节系统的传递函数框图——定电流调节方式

2）定功率调节方式

将测量所得的直流电流与电压相乘以后得出的直流功率 P_d（或取交流侧有功功率）与给定功率 P_{ref} 进行比较，所得误差信号经转换放大后作用于定电流调节器，实现定功率调节，其传递函数框图如图 3.57 所示。

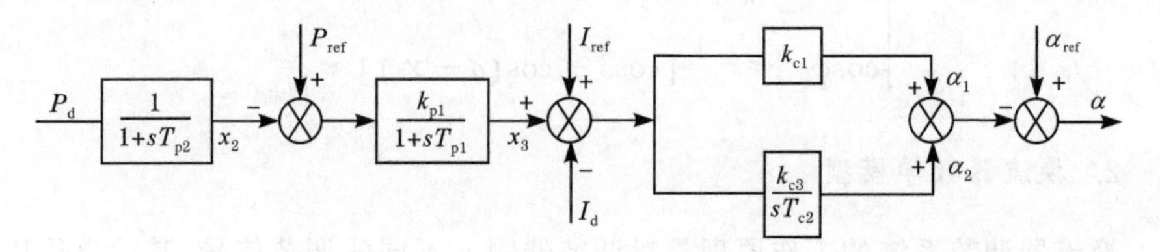

图 3.57　直流输电调节系统的传递函数框图——定功率调节方式

3）定电压调节方式

与定电流调节方式相似，将电压测量量 U_d 和给定值 U_{ref} 比较，所得误差信号经放大后进行移相控制，改变逆变器的超前触发角 β，其传递函数框图如图 3.58 所示。

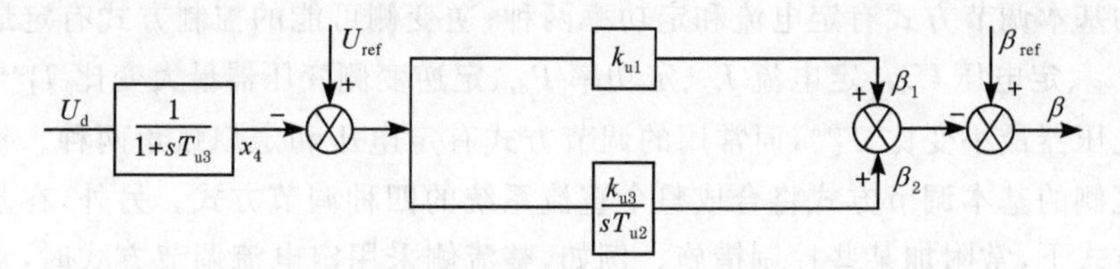

图 3.58　直流输电调节系统的传递函数框图——定电压调节方式

4）定熄弧角调节方式

将测量所得的熄弧角 δ 与给定值 δ_{ref} 比较，其误差信号经放大后进行移相控制，从而改变逆变器的超前触发角 β，其传递函数框图如图 3.59 所示。实际上，熄弧角无法直接测量，而是间接通过阀电压和阀电流过零点的间隔来获得。

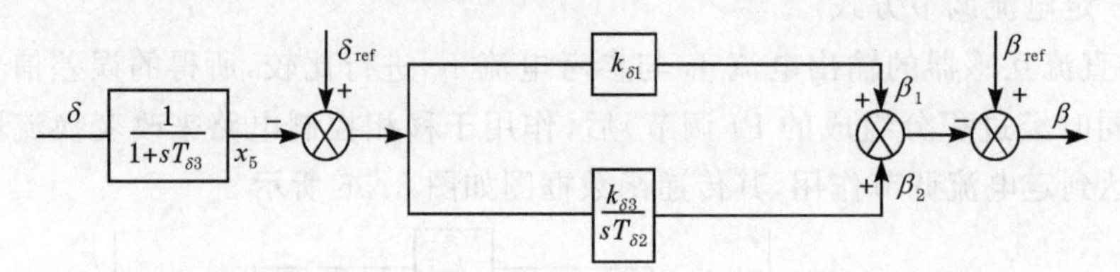

图 3.59　直流输电调节系统的传递函数框图——定熄弧角调节方式

一般在正常运行时基本运行方式为：整流端定熄弧角控制并控制电流，逆变端最小熄弧角控制并控制电压。其他运行方式均是由于系统条件变化，某些量越限，由基本方式转化而来的。

3.6 发电厂动力系统

3.6.1 火电厂动力系统模型

电力系统中长期动态过程仿真计算中主要关心的是动力系统对系统稳定性和频率的影响。火电厂动力系统的数学模型及其连接关系如图 3.60 所示。它由三个部分组成:锅炉模型、锅炉和汽轮机协调控制系统模型(CCS)、汽轮机及其调节系统模型。图中,负载设定值为机组功率的设定值;T_D为 CCS 输出的汽轮机阀位指令;B_D为 CCS 输出的锅炉燃烧指令;P_E为电功率输入;ω 为机组转速;C_V为汽轮机的汽门开度;P_{MEC}为机组机械功率输出;P_T为主蒸汽压力;S_F为蒸汽流量。

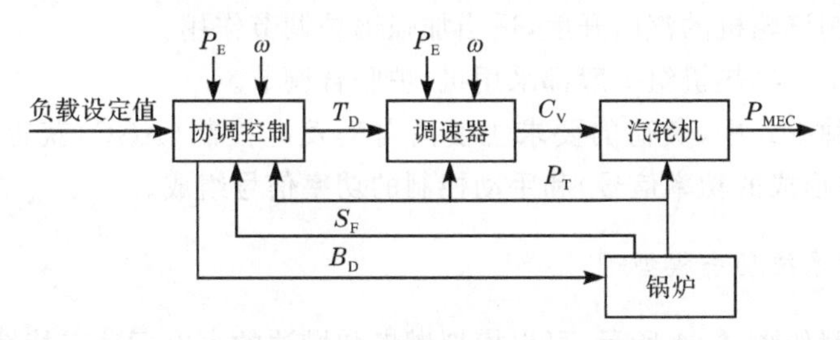

图 3.60 火电厂动力系统模型

通常的机电暂态计算,因计算过程只在几十秒的范围内,可以假设主蒸汽压力在暂态过程中保持不变,汽轮机输出功率仅由调速器控制的汽门开度控制。在中长期动态过程仿真中,时间的跨度比较大,汽轮机的压力在较长时间内会发生变化,再假设主蒸汽压力保持不变已不合适,所以必须考虑锅炉的动态特性。

火电厂中汽轮机/锅炉控制调节有三种基本方式。

1) 锅炉跟随汽轮机调节方式

当负荷要求改变时,改变汽轮机的汽门开度,因此改变汽轮机进气量,使得汽轮机适应负荷的要求。然后汽轮机的主蒸汽压力也随之改变,此压力信号送入压力控制器,经燃煤控制改变锅炉的给煤量及送风量等信号。在负荷变化时,汽轮机输出功率的迅速改变完全依靠于锅炉的蓄热能量。

这种调节方式可以较快速度改变汽轮机的机械功率输出,对系统稳定有利,但因为压力变化快,对锅炉系统有不利的影响。对于单元制大功率机组这种方式不能适用,因为锅炉储热能力有限,仅用此法必会引起锅炉出口压力剧烈波动而影响锅炉的稳定运行,而且会降低机组的一次调频能力。

2） 汽轮机跟随锅炉控制

负荷要求量的变化送给锅炉的燃烧控制，调节锅炉的燃煤量和给风量。当锅炉的蒸汽量开始改变后，锅炉的汽压也随之变化。根据锅炉主蒸汽压力信号，汽轮机改变汽门开度，从而改变汽轮机进气量，使得汽轮机的输出功率达到负荷要求。

这种方式适用于承担基荷的单元机组或者机组刚投入运行。采用这种方式可使汽压稳定，从而为机组的稳定运行创造有利条件，但汽轮机输出机械功率改变速度较慢。

3） 锅炉汽轮机协调控制

当负荷要求改变时，通过协调控制方式，对锅炉和汽轮机分别发出调节负荷信号，改变锅炉给煤量及送风量等信号和汽轮机的进气量。同时，根据汽压的变化相应地限制汽轮机的汽门开度，适当加强锅炉调节作用。

大功率中间再热机组一般都采用机、炉联合调节。

以上三种方式中，负荷的要求主要由自动发电控制（AGC）获得的功率信号（或频率偏差形成的功率信号）和手动控制的功率信号组成。

1. 锅炉系统动态模型[9]

锅炉模型如图 3.61 所示，可以模拟燃煤和燃油的火电厂动态特性。

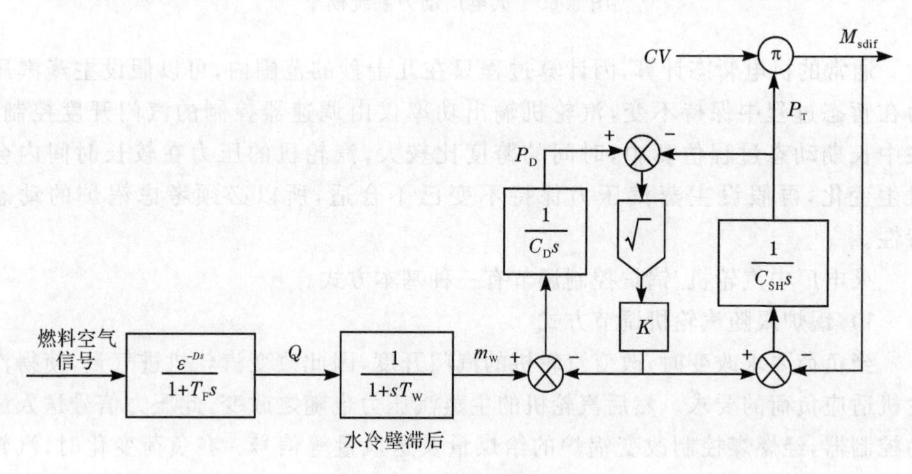

图 3.61 锅炉模型框图

图 3.61 中，Q 为发热量；T_W 为水冷壁滞后时间常数；m_W 为蒸汽量；C_D 为汽包蓄热容积时间常数；K 为过热器及主汽管道流量系数；C_{SH} 为过热器容积时间常数；P_D 为汽包压力；P_T 为主蒸汽压力；CV 为汽门开度；M_{sdif} 为蒸汽流量。

对于模型中燃烧回路，可以用惯性环节$\frac{1}{1+T_{F}s}$和延迟环节ε^{-Ds}表示燃煤动态特性。惯性时间常数T_F的选取对于不同类型的锅炉，其数值相差很大：对于中间仓储式粉煤系统，若需要增加或减少燃料时，只需要调节粉煤机转速，取值较小；而对于直吹式粉煤系统，由于调节燃料供给量需要从给煤机开始，经过粉煤机粉碎，再经过粗煤分离器，然后经过管道才能进入炉膛，所以时间常数要大得多。而燃油动态特性则用惯性环节$\frac{1}{1+T_{F}s}$来表示，延迟环节忽略不计。对于燃煤机组，T_F的典型值为 30s，延迟 D 典型值为 40s；对于燃油或燃气机组，T_F的典型值为 5s，延迟 D 典型值为 0s。

当调门发生变化时，调速汽门前的压力将发生变化，进而导致锅炉的输出输入能量不平衡而引起汽包压力发生变化，汽包压力是一个典型的积分过程。汽包积分时间常数C_D的选值取决于锅炉的容量及其类型，一般为 90～300s。

模型中其他参数的典型值为 T_W：5～7s；C_{SH}：5～15；K：3.5。

2. 汽轮机模型

该模型框图如图 3.62 和图 3.63 所示。模型主要环节与传统的汽轮机模型相同，所不同的是模型可以考虑高中压缸蒸汽流量差导致的功率变化，这在模型框图中表现为比传统模型多一个含 λ 的校正环节。

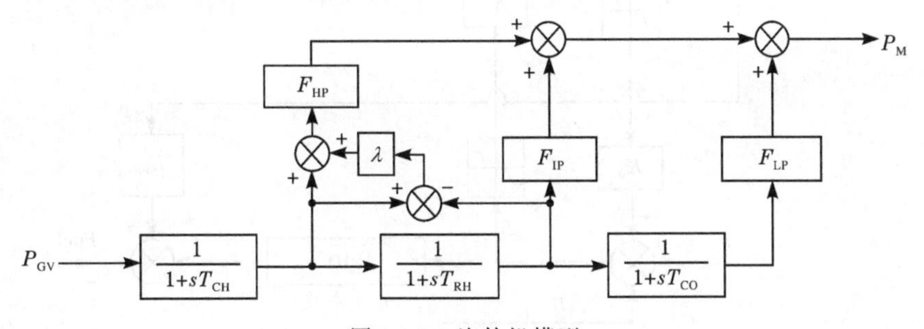

图 3.62　汽轮机模型

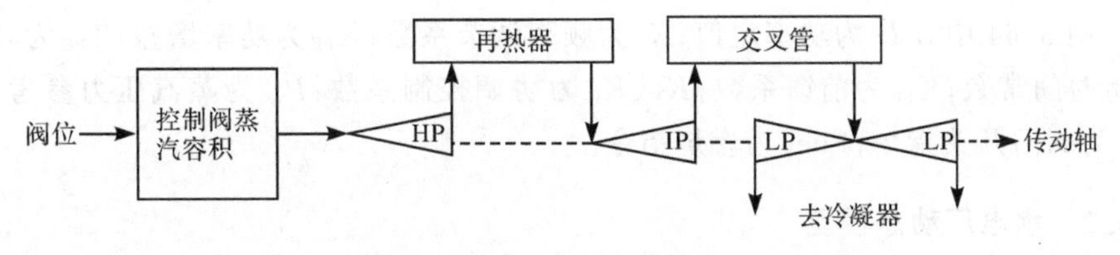

图 3.63　汽轮机模型对应的物理设备示意图

图 3.62 中，T_{CH}为蒸汽容积时间常数，单位 s；F_{HP}为高压缸功率比例；T_{RH}为再热器时间常数；F_{IP}为中压缸功率比例；T_{CO}为交叉管时间常数；F_{LP}为低压缸功率比例；λ 为高压缸功率自然过调系数；HP 为高压缸；IP 为中压缸；LP 为低压缸。

典型参数数据：

$F_{HP}=0.3, F_{IP}=0.4, F_{LP}=0.3$；

$T_{CH}=0.1\sim0.4\text{s}, T_{RH}=4\sim11\text{s}, T_{CO}=0.3\sim0.5\text{s}$；

$F_{HP}+F_{IP}+F_{LP}=1$。

3. 锅炉汽轮机协调控制模型(BCON)

BCON 型协调控制模型可以模拟锅炉跟随汽轮机方式、汽轮机跟随锅炉方式和协调控制三种方式。

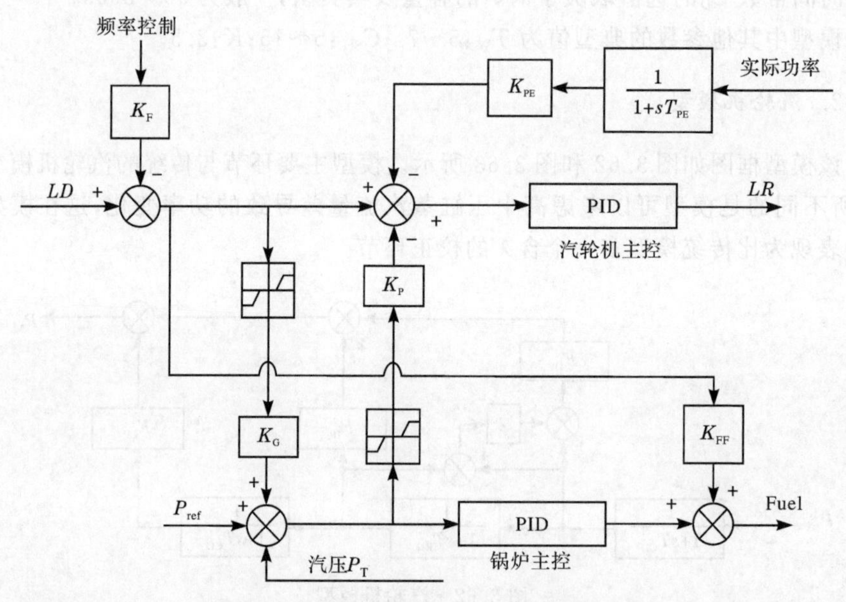

图 3.64 通用的锅炉汽轮机协调控制模型

图 3.64 中，LD 为功率定值；K_F为频率调节系数；K_{PE}为功率增益；T_{PE}为功率测量时间常数；K_{FF}为前馈系数；K_P、K_G为协调控制系数；P_{ref}为蒸汽压力参考值；LR 为阀门开关指令；Fuel 为燃烧指令。

3.6.2 水电厂动态模型

本节简要介绍 IEEE Committee 1992 年提出的水轮机及其控制系统模型[10]。

1. 水轮机及其控制系统动态模型的基本框图

水轮机及其控制系统动态模型如图 3.65 所示。

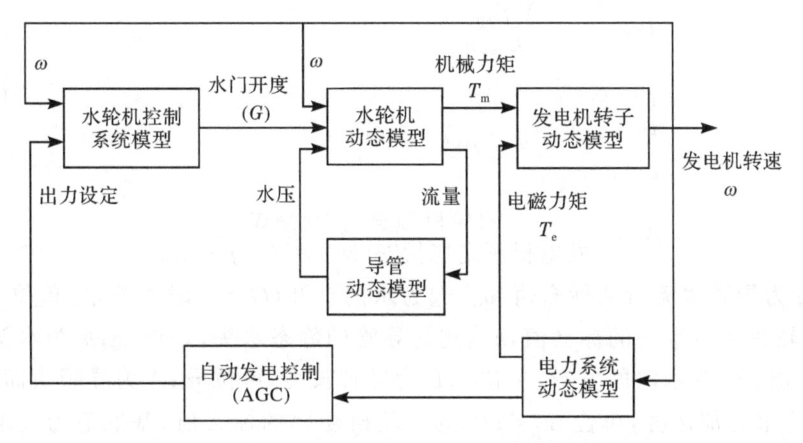

图 3.65　水轮机及其控制系统动态模型的基本结构框图

2. 水轮机导管的动态模型

1）单导管水轮机模型

作如下假设：

(1) 水为不可压缩的液体；

(2) 导管为刚体(不考虑弹性)。

单导管水轮机的模型如图 3.66 所示。

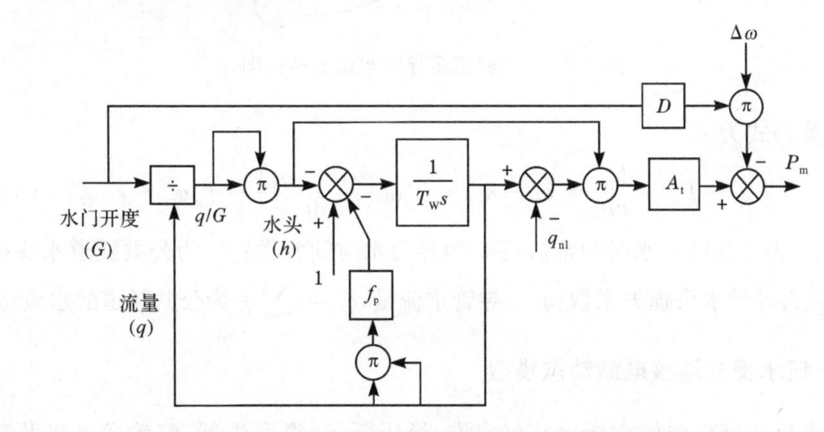

图 3.66　单导管的水轮机导管的动态模型框图

计算公式如下：

$$
\begin{aligned}
&\frac{\mathrm{d}q}{\mathrm{d}t} = \frac{1-h-h_1}{T_{\mathrm{W}}} \\
&T_{\mathrm{W}} = \left(\frac{L}{A}\right)\frac{q_{\mathrm{base}}}{h_{\mathrm{base}}g} \\
&q = G\sqrt{h} \\
&P_{\mathrm{m}} = A_{\mathrm{t}}h(q-q_{\mathrm{nl}}) - DG\Delta\omega \\
&h_1 = f_{\mathrm{p}}q^2 \\
&A_{\mathrm{t}} = \frac{\text{水轮机额定功率(MW)}}{\text{发电机额定兆伏安(MVA)}h_{\mathrm{r}}(q_{\mathrm{r}}-q_{\mathrm{nl}})}
\end{aligned}
\tag{3-83}
$$

式中，q 为导管水流量的标幺值，q_{base} 选为水门全开（$G=1$）时的流量，单位 $\mathrm{m^3/s}$；h 为水轮机入口水头的标幺值，h_{base} 选为导管的静态水头，单位 m；h_1 为水头损失的标幺值；T_{W} 为水时间常数，单位 s；L 为导管长度，单位 m；A 为导管截面，单位 $\mathrm{m^2}$；g 为重力加速度，单位 $\mathrm{m/s^2}$；P_{m} 为水轮机功率的标幺值，基准值为发电机的基准兆伏安；q_{nl} 为空载流量的标幺值；A_{t} 为比例系数，常数；h_{r} 为额定流量时水轮机入口的水头，标幺值；q_{r} 为额定负载时的流量，标幺值；f_{p} 为水头损失系数。

2）同隧道多导管水轮机模型

同隧道多导管水轮机结构如图 3.67 所示，其模型如图 3.68 所示。

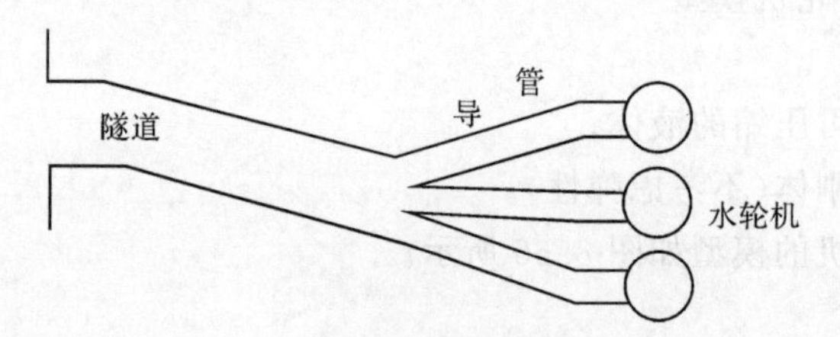

图 3.67　同隧道多导管水轮机结构图

计算公式为

$$
(T_{\mathrm{Wi}}+T_{\mathrm{WC}})\frac{\mathrm{d}q_{\mathrm{i}}}{\mathrm{d}t} = (1-h_{\mathrm{i}}) - T_{\mathrm{WC}}\frac{\mathrm{d}(q_{\mathrm{j}}+q_{\mathrm{k}})}{\mathrm{d}t} - f_{\mathrm{pi}}q_{\mathrm{i}}^2 - f_{\mathrm{pc}}q_{\mathrm{c}}^2 \tag{3-84}
$$

式中，T_{WC} 为公共隧道水时间常数；T_{Wi} 为导管水时间常数；f_{pc} 为公共隧道水头损失系数；f_{pi} 为导管水头损失系数；q_{i} 为导管水流量；$q_{\mathrm{c}} = \sum q_{\mathrm{i}}$ 为公共隧道的水流量。

3.6.3 压水反应堆核电站动态模型

压水反应堆核电站主要由核反应堆、稳压器、蒸汽发生器、汽轮发电机及其附属设备组成。核燃料在反应堆内裂变，放出核能，核能变成热能，由冷却剂带出，经过热线进入蒸汽发生器传递给工作介质，经过预热、蒸发后转为饱和蒸汽去驱

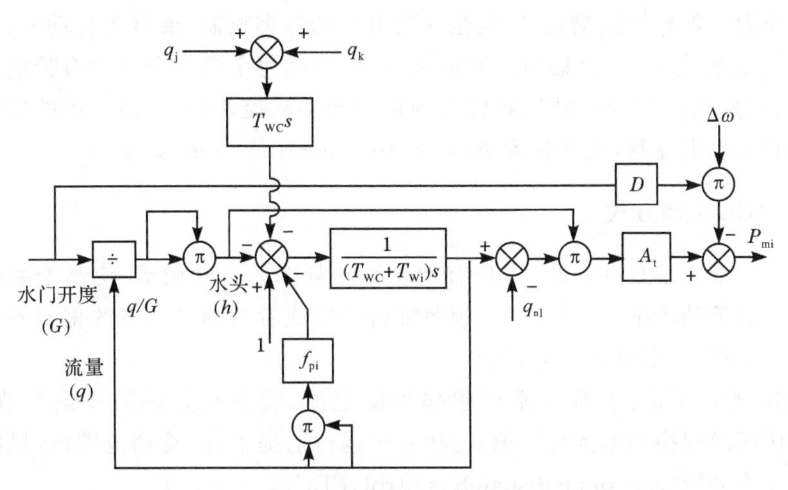

图 3.68　同隧道多导管水轮机模型

动汽轮发电机。

图 3.69 是压水反应堆核电站模型的基本结构框图[9]。

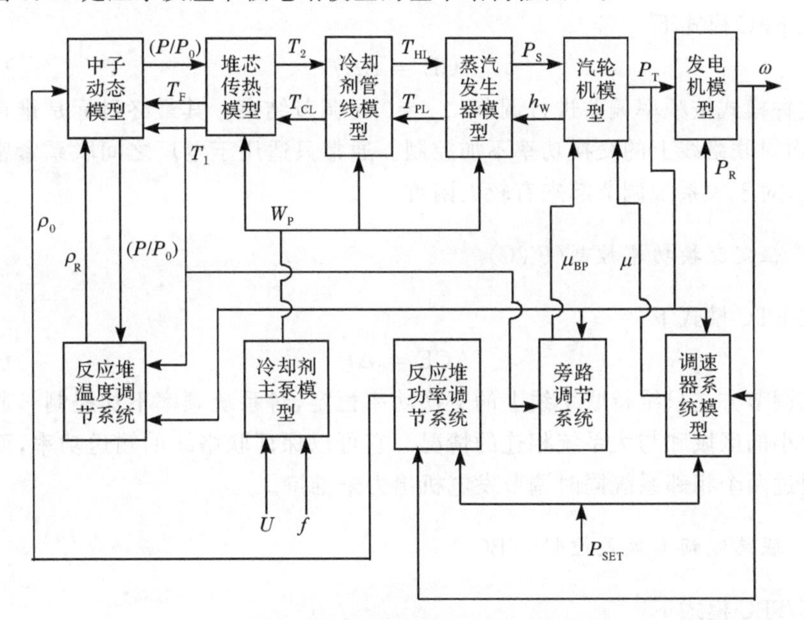

图 3.69　压水反应堆核电站基本框图

3.7　自动发电控制

电力系统中的各种控制措施包括就地控制和集中控制，其对电压稳定性的影响十分重要。就地控制措施,特别是在发电厂的各类控制,通常为自动方式,并且具有较快的响应速度;而集中控制措施,一般是在每个电力公司设有控制或调度中心,其向发电厂和变电站发布较慢的自动和手动控制命令,最基本的集中自动控制为自动发电控制,通常称为 AGC(auto generation control)。

3.7.1 AGC 控制方式

对于一个大型互联系统,实现有功功率和频率的自动调节,使整个系统的发电功率和负荷功率维持平衡,系统频率维持恒定或者与额定频率的偏离不超过允许范围的过程,就是自动发电控制。

AGC 的作用是:①维持系统频率为额定值,或者在允许频率偏差范围内;②控制区域净交换功率为计划值;③在安全运行前提下,所管辖范围内,机组间实现负荷经济分配(economic dispatch control,EDC)。

AGC 主要分为以下三种基本控制方式。

1. 恒定频率控制(FFC)

在 FFC 模式下

$$\mathrm{ACE} = B\Delta f \tag{3-85}$$

这种模式按频率偏差进行调节,$\Delta f=0$ 时调节结束。其最终目标是维持系统频率,而对联络线上的交换功率不加控制。通常只适用于电厂之间联系紧密的小型系统,对于大系统调节起来有较大困难。

2. 恒定交换功率控制(FTC)

在 FTC 模式下

$$\mathrm{ACE} = \Delta P \tag{3-86}$$

该调节方式只维持联络线上的交换功率恒定,对系统频率不加控制。通常适用于较小的区域和与大系统相连的情况。它可以保证联络线的输送功率,而频率则要通过两个相邻系统同时调节发电机出力来维持。

3. 联络线频率偏差控制(TBC)

在 TBC 模式下

$$\mathrm{ACE} = \Delta P + B(\Delta f) \tag{3-87}$$

式中,ΔP 为联络线上交换功率的实际值与计划值之差值;B 为频率偏差系数,通常将它整定为区域的频率响应特性系数值 β。

TBC 控制方式以联络线功率偏差加上频率偏差的线性组合,形成区域控制误差信号 ACE,通过 ACE 信号对区域进行控制,最终目标不仅消除频率偏差($\Delta f=$

0)，而且还要消除功率偏差($\Delta P=0$)。TBC 控制方式是一种较为理想的控制方式，现代大型互联系统多采用这种控制方式。

TBC 控制模式与 FFC、FTC 控制方式相比较，有以下特点：

(1) 在正常运行时，各区域均履行各自的控制任务。规定各区域内发生的负荷变化都由该区域调节发电功率来达到平衡，即各区域发电功率的变化是根据该区域负荷的变化来决定。这时，联络线传输的净交换功率维持在计划值，所有区域共同负担系统频率调节的任务，维持系统频率为正常值。

(2) 在事故状态或紧急状态下，如果系统中一个或几个区域不能履行它们的控制任务，只要整个系统仍处于同步状态，则正常区域可对事故区域进行紧急功率支援。这时，允许区域传输的净交换功率偏离计划值，频率可以允许偏离正常值，以保证通过联络线向事故区域提供足够有效的支援，以便尽快使整个系统恢复正常。

(3) B 系数通常设定为区域的自然频率响应特性 β 值。在 $\Delta f=0$ 条件下，全部区域相当于以 FTC 模式控制运行，如果联络线交换功率为设定值，则全部区域相当于以 FFC 模式控制运行。

3.7.2 AGC 模型

AGC 模型按变量来源可分为两部分：网络侧(图 3.70)和发电机侧(机组侧)(图 3.71)。它可以实现联络线频率控制和经济调度算法。

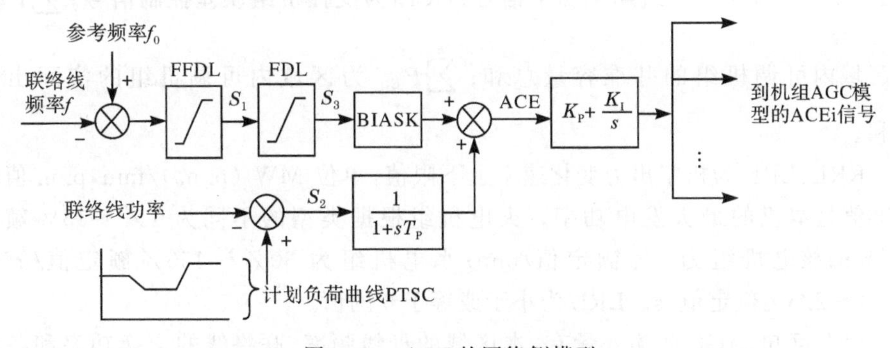

图 3.70 AGC 的网络侧模型

图 3.70 中变量和参数符号的说明如下：

f 为联络线频率；PTSC 为计划负荷曲线(可以手动输入，不输入情况取稳态初始值)；f_0 为频率参考值；ACE 为总的频率偏差信号；K_P 为比例增益；K_I 为积分增益；ACEi 为区域控制误差(area control error，单位 MW)。

图 3.71 中，典型参数及其计算说明为：

$K_{ACE,i}$ 为区域 ACE 的分配系数；ACE_{lim} 为 ACE 调节极限，按实际可调范围计

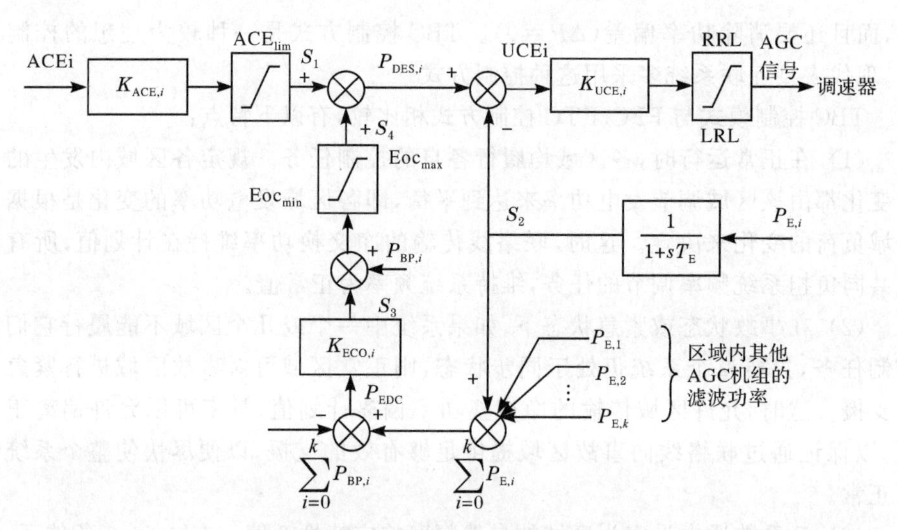

图 3.71　AGC 的发电机侧(机组侧)模型

算，$-ACE_{lim} \leqslant K_{ACE,i} \cdot ACEi \leqslant ACE_{lim}$。

发电机侧 AGC 模型变量与参数的说明，以下用到的标幺值都是相对于本机组的最大发电功率而言：

$P_{BP,i}$ 为机组基准功率，程序中取发电机的初始功率，即潮流计算中的发电功率 P_0；$P_{DES,i}$ 为受控机组期望功率信号；UCEi 为受控机组误差控制信号；$\sum_{i}^{k} P_{BP,i}$ 为区域内可调机组的基准容量总和；$\sum_{i}^{k} P_{E,i}$ 为区域内可调机组的实际出力总和。

RRL、LRL 为机组出力变化速率上下限值，单位 MW（p. u.）/min，p. u. 值的基准值是本机的最大发电功率。火电机组根据类型的不同为 1%～15%额定值/min；核电机组为 5%额定值/min；水电机组为 30%～150%额定值/min，0.5%～2.5%额定值/s。LRL 为小于或等于 0 的值。

由上可知，AGC 的输入量有：本区域的母线频率、联络线的交换功率和各调节机组的出力。联络线的功率偏差量与频率偏差量乘以偏差因子 BIASK 后的值相加得到该区域的功率误差控制信号 ACE。ACE 信号在控制过程中有以下两种功能：

(1) 由区域频率的增量及联络线的偏差量之和能判断功率增加或减少发生的区域，即功率不平衡发生的区域。

(2) 通过修改 ACE 控制信号，调节受控机组的出力，使发电量和负荷量重新恢复平衡，频率恢复到正常值，联络线功率恢复到初始设定值。

对于多个区域的互联，联络线的交换功率为该区域边界上所有联络线测量功率的总和。ACE 信号乘以分配因子 K_{ACE}，分配到各受控机组，其中各调节机组的调节范围受对称的调节限幅环节限制。

每台 AGC 受控机组按指定的基准功率 $P_{\mathrm{BP},i}$ 运行，$P_{\mathrm{BP},i}$ 的初始值为程序计算所得的发电机初始功率。区域内各台机组的基准功率之和与各台受控机组所测得的功率之和相比较，其差值称为经济误差(economic error)。该经济误差信号乘以经济分配因子 $K_{\mathrm{ECO},i}$ 后，再加上基准功率 $P_{\mathrm{BP},i}$，通过经济限幅环节与 ACE 信号相加得到受控机组的期望功率 $P_{\mathrm{DES},i}$。其中区域所有参与二次调节机组的经济分配因子之和应为 1。

各受控机组的最终功率要求信号实际上由三部分组成：$P_{\mathrm{AGC}}=P_{\mathrm{E},i}+K_{\mathrm{ACE},i}\cdot \mathrm{ACE}+P_{\mathrm{ECO}}$，即发电机实际功率 $P_{\mathrm{E},i}$、联络线频率控制信号 $K_{\mathrm{ACE},i}\cdot \mathrm{ACE}$，以及由区域分配的经济误差功率 P_{ECO}。最后将该信号送至各受控机组。

在仿真计算中，联络线的计划功率取决于联络线功率初始值。如需要修改计划功率则需要预先设定，设定方式如图 3.72 所示，联络线功率的变化率为 $(P_2-P_1)/(T_2-T_1)$，在时间 T_1-T_2 内，变化率保持不变。其中 P_1 增加到 P_2 是需要一段时间的。

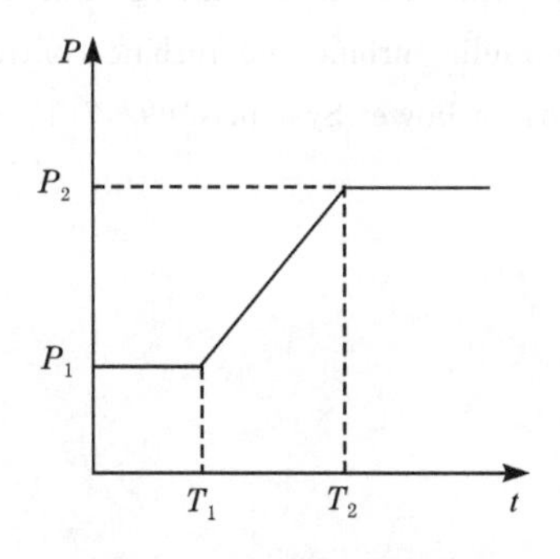

图 3.72　联络线功率设定

在实际的 AGC 控制中，基准功率 $P_{\mathrm{BP},i}$ 和经济分配系数 $K_{\mathrm{ECO},i}$ 都是每 4～10min 计算一次，因此，在全过程仿真计算中，$K_{\mathrm{ECO},i}$ 在原始数据输入后保持不变，而 $P_{\mathrm{BP},i}$ 则维持发电机初始功率不变。

另外，如机组不参与经济分配，可以通过设置 AGC 机组侧计算模式为零来实现(0：没有经济分配；1：经济分配)，即设置相应机组的经济分配因子 $K_{\mathrm{ECO},i}$ 为零，这样 ACE 信号直接送到各调节机组，它可以模拟调度中心不采用 EDC，直接控制 ACE 的方式。

参考文献

[1] 励磁系统数学模型专家组. 计算电力系统稳定用的励磁系统数学模型. 中国电机工程学报，

1991,5:65～75.

[2] IEEE Task Force on Excitation Limiters. Recommended models of overexcitation limiting devices. IEEE Transactions on Energy Conversion,1995,10(4):706～713.

[3] IEEE Task Force on Excitation Limiters. Underexcitation limiter models for power system stability studies. IEEE Transactions on Energy Conversion,1995,10(3):524～531.

[4] IEEE Task Force on Load Representation for Dynamic Performance. Standard load models for power flow and dynamic performance simulation. IEEE Transactions on Power Systems, 1995,10(3):1302～1313.

[5] 汤涌,张红斌,侯俊贤,等.考虑配电网络的综合负荷模型.电网技术,2007,31(5):33～38.

[6] Tang Y,Zhang H B,Zhang D X,et al. A synthesis load model with distribution network for power system simulation and its validation. Power Engineering Society General Meeting, Calgary,2009.

[7] 浙江大学发电教研组直流输电科研组.直流输电.北京:水利电力出版社,1982.

[8] 赵畹君.高压直流输电工程技术.北京:中国电力出版社,2004.

[9] IEEE Working Group on Prime Mover and Energy Supply Models for System Dynamic Performance Studies. Dynamic models for fossil fueled steam units in power system studies. IEEE Transactions on Power Systems,1991,6(2):753～761.

[10] IEEE Working Group on Prime Mover and Energy Supply Models for System Dynamic Performance Studies. Hydraulic turbine and turbine control models for system dynamic studies. IEEE Transactions on Power Systems,1992,7(1):167～179.

第4章 电压稳定性的静态分析

4.1 电压稳定的静态分析的基本原理

电压稳定性的静态分析方法是沿时间轨迹捕捉不同时间断面上的系统状态。通过假设断面上的系统状态变量的微分为零，从而将描述非线性动态电力系统的微分-差分-代数方程组简化为纯代数方程组。由于早期的电压失稳事故多表现为中长期电压失稳过程，其时间跨度较长，而且通常是由于负荷的缓慢增长或者系统输出功率转移而导致的，因此在较长的一段时期内，静态分析方法成为电压稳定研究的主流。

静态电压稳定性的研究经历了较长时间的积淀，取得了丰富的研究成果。由于这种分析方法在一定程度上能较好地反映系统的电压稳定水平，并能给出电压稳定性指标以及对状态变量、控制变量等的灵敏度信息，便于系统的监视和优化调整，能够较好地适应实际应用的要求。

在静态分析方法中，忽略了电力系统中动态元件的动力学特性，其所要求的系统元件模型相对简单，一般为稳态或准稳态模型。随着对电压稳定认识的深入，越来越多的静态分析模型中考虑了系统实际调节和限制特性[1,2]，使得静态分析方法更加符合电力系统实际。

在电力系统静态电压稳定分析中，发电机有功功率由发电机输出功率决定，另外由于励磁调节作用，使得发电机的母线电压幅值能够维持在一定范围内，所以对于发电机节点，有功功率 P、电压幅值 U 可以给定，而电压相角 θ、无功功率 Q 待求。因此，发电机通常以 PV 节点表示。但是在潮流计算过程中，有可能出现发电机节点为了维持给定的电压，无功出力可能超过容许范围，特别是当电力系统无功电源不太充裕时，往往出现 PV 节点无功功率越界的情况。因此，需对 PV 节点的无功功率加以监视，当无功功率超出给定范围时，通常的做法是将该节点的无功出力固定在限制值上，将该节点由 PV 节点转化为 PQ 节点。当然，若某些发电机的有功出力、无功出力给定，待求量为电压幅值和相角时，则将作为 PQ 节点处理。

另外，由于在潮流计算中通常需指定一个平衡节点，节点的电压幅值和相角为给定，待求量为有功功率和无功功率，也称为 $V\theta$ 节点。

负荷是电力系统的组成部分，负荷模型的选取是电压稳定研究的基础，在很大程度上影响电压稳定的分析结果。由于电力系统负荷由各种不同种类的负荷所组成，不仅组成情况随时发生变化，而且各节点的负荷构成也不尽相同，要准确获得各节点的负荷模型是很困难的。因此,往往根据研究内容和目的的不同,对负荷模型也作相应的简化。在潮流为基础的静态电压稳定分析中,通常只考虑负荷的静态特性模型。

电压稳定性的静态分析方法是建立在系统潮流方程(或扩展潮流方程)的基础上,其电压稳定的临界点,在物理上是系统达到最大传输功率的点,在数学上是系统潮流雅可比矩阵奇异的点。因此,从本质上来说,静态电压稳定分析是研究潮流方程是否存在可行解的问题。本章通过介绍电压稳定静态分析方法的模型、方法、判据、工程应用等方面的研究成果,综合构建电压稳定性的静态分析体系。

4.2 电力系统输电能力研究

随着电力系统的不断发展,迫切需要充分利用现有输电网络的输电能力,最大限度降低运行成本,提高系统运行的经济效益。但是随着传输功率的增大,电网对扰动的承受能力却在逐渐减小,这给系统带来了很大的安全隐患。因此,对于一个大型互联电力系统,如何准确地确定电力系统的输电能力,使系统在满足安全性及可靠性的约束条件下,最大限度地满足用电负荷需求,已成为现代电力系统亟待解决的研究课题。

4.2.1 *PV* 曲线

电力系统电压失稳往往发生在系统接近最大传输功率运行阶段。在临界状态下,如果负荷再增加相当小的数量,系统电压便会急剧下降,导致系统电压失稳。*PV* 曲线是一种基于电压稳定机理的基本的静态电压稳定分析的工具,其中,*P* 可表示为某区域的总负荷,也可表示传输断面或区域联络线上的传输功率,*U* 为关键母线电压。它通过建立负荷与节点电压间的关系,能够形象地、连续地显示随着负荷的增加,系统电压降低乃至崩溃的过程。同时,通过计算系统中各节点的 *PV* 曲线,能够得到关于系统电压稳定性的两个重要参量:负荷点的临界电压和极限功率,可用以指示系统的电压稳定裕度,表征各负荷节点维持电压稳定性能力的强弱。

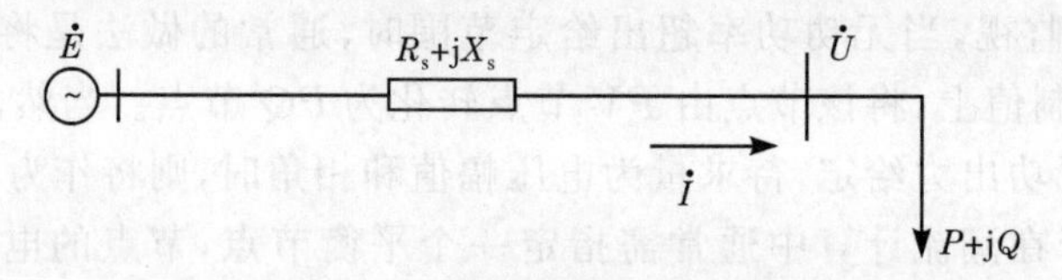

图 4.1 单机单负荷系统示意图

由图 4.1 可得

$$\dot{U} = \dot{E} - (R_s + jX_s)\dot{I} \tag{4-1}$$

负荷吸收的功率，可按下式计算(假设 $\dot{E}=E\angle 0^\circ$，$\dot{U}=U\angle\theta$)：

$$\dot{S}=\dot{U}\,\frac{\overset{*}{E}-\overset{*}{U}}{R_s-\mathrm{j}X_s}=(U\cos\theta+\mathrm{j}U\sin\theta)\left(\frac{E-U\cos\theta+\mathrm{j}U\sin\theta}{R_s-\mathrm{j}X_s}\right) \tag{4-2}$$

可分别得 P、Q

$$P=\frac{UE(R_s\cos\theta-X_s\sin\theta)-U^2R_s}{R_s^2+X_s^2} \tag{4-3}$$

$$Q=\frac{UE(R_s\sin\theta+X_s\sin\theta)-U^2R_s}{R_s^2+X_s^2} \tag{4-4}$$

通过移项

$$P+\frac{U^2R_s}{R_s^2+X_s^2}=\frac{UE(R_s\cos\theta-X_s\sin\theta)}{R_s^2+X_s^2} \tag{4-5}$$

$$Q+\frac{U^2X_s}{R_s^2+X_s^2}=\frac{UE(R_s\sin\theta+X_s\cos\theta)}{R_s^2+X_s^2} \tag{4-6}$$

由上两式消去 θ，可得

$$\left(P+\frac{U^2R_s}{R_s^2+X_s^2}\right)^2+\left(Q+\frac{U^2X_s}{R_s^2+X_s^2}\right)^2=\frac{U^2E^2}{R_s^2+X_s^2} \tag{4-7}$$

左右等式均乘以因子 $(R_s^2+X_s^2)^2$，即 Z_s^4 可得

$$(U^2)^2+(2PR_s+2QX_s-E^2)U^2+Z_s^2(P^2+Q^2)=0 \tag{4-8}$$

可求得电压解：

$$U=\sqrt{\frac{E^2}{2}-PR_s-QX_s\pm\sqrt{\left(PR_s+QX_s-\frac{E^2}{2}\right)^2-Z_s^2(P^2+Q^2)}} \tag{4-9}$$

为简便起见，忽略传输电阻 R_s，则有

$$U=\sqrt{\frac{E^2}{2}-QX_s\pm\sqrt{\frac{E^4}{4}-X_s^2P^2-X_sE^2Q}} \tag{4-10}$$

可在(P,Q,U)空间中，作如上关系曲面，如图 4.2 所示。其中，曲面的上半部分对应式(4-10)中电压的正号解，为高电压解；下半部分对应负号解，为低电压解。曲面的“腰线”，为电压的唯一解，同时满足负荷等值阻抗的模值等于系统等值阻抗的模值。

曲面中由实线所画的曲线与 $Q=P\tan\phi$ 相交。这些曲线在(P,U)平面上的投影即为著名的 PV 曲线，或称鼻型曲线，如图 4.3 所示，在电压稳定的分析中，具有重要地位。

PV 曲线的顶点($|Z|=|Z_s|$)，对应着系统的负荷能力极限状态，即电压稳定的临界点。PV 曲线的上半支是高电压解或可行解，是系统能够稳定运行的平衡点，下半支是低电压解或不可行解，是系统不稳定平衡点，当系统负荷逐渐增加将使得系统运行点从 PV 曲线上半支向下半支过渡，在拐点处系统将失去稳定，为电

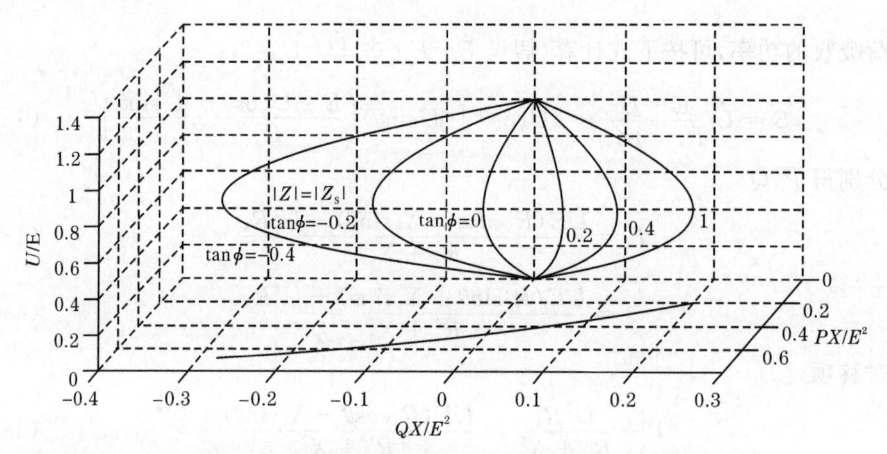

图 4.2 负荷有功功率、无功功率以及电压的关系

压稳定的临界点。

当系统运行在 PV 曲线的下半支时，电压将不可控，是不稳定的。如图 4.4 所示，曲线 1 和 2 均为系统的 PV 曲线，只是曲线 2 所对应的电源电势 E 比曲线 1 的大，其余条件均相同。设系统原来运行在曲线 1 下半支上的 A 点，如果电源电势突然上升到曲线 2 所对应的值，则根据负荷恒功率性质，系统运行点要过渡到曲线 2 下半支上的 B 点，由此得出在下半支运行时，电源电压上升反而导致负荷节点电压下降，电压控制失去因果性。

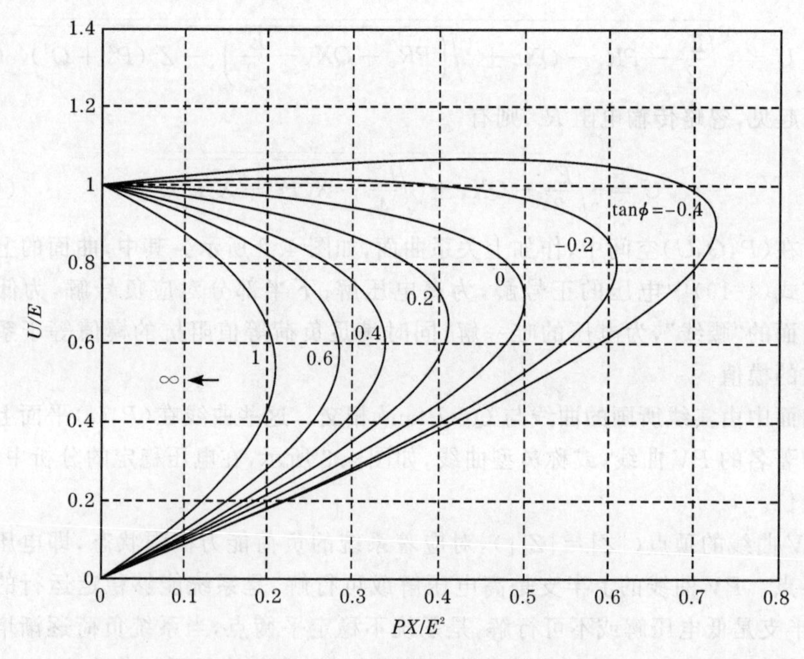

图 4.3 标准化的 PV 曲线

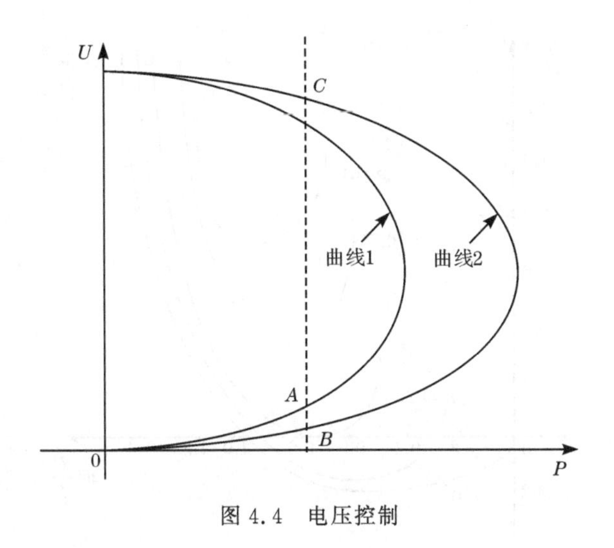

图 4.4　电压控制

4.2.2　*VQ* 曲线

将图 4.2 曲面投影在(U,Q)平面上，则可得到一簇 *VQ* 曲线，如图 4.5 所示。它是在单电源单负荷系统情况下，当 P 恒定时，U 和 Q 之间的对应关系。由图可以看出，高负荷水平下的临界电压值很高，因此无功裕度小，电压稳定性差。曲线的右侧$\frac{dQ}{dU}>0$，是电压稳定的，代表系统的正常运行区域，其斜率可以表示母线的电压稳定性的强弱；左侧$\frac{dQ}{dU}<0$，是电压不稳定的，代表系统的不稳定运行区域；曲线的底部$\frac{dQ}{dU}=0$，为电压稳定的临界点。

对于大型电力系统，*VQ* 曲线可以通过一系列潮流计算求得。它表示关键母线电压与该母线无功功率之间的关系。假设在潮流计算程序中，观测母线装有虚拟同步调相机，不受无功功率限制，为 *PV* 节点，通过设置不同端电压值，得到对应的无功功率输出值，然后将电压作为独立变量，为横坐标，无功功率作为纵坐标，且容性为正，感性为负，即可得到 *VQ* 曲线[3,4]。

VQ 曲线能够反映母线的无功裕度。如果曲线的最低点在 U 轴的上方，曲线与 U 轴无交点，则表示系统的无功不足，若没有无功注入，则无法运行，需要附加无功补偿避免电压崩溃，如图 4.5 中的 $p=0.75$ 和 $p=1.0$ 所示，其最低点与 U 轴的垂直距离代表一个负的无功裕度，表明系统运行中，至少需注入的无功功率；如果曲线的最低点在 U 轴的下方，则曲线将与 U 轴存在两个交点，如 $p=0$ 和 $p=0.25$ 所示，其最低点与 U 轴的垂直距离表示系统具有的无功裕度。

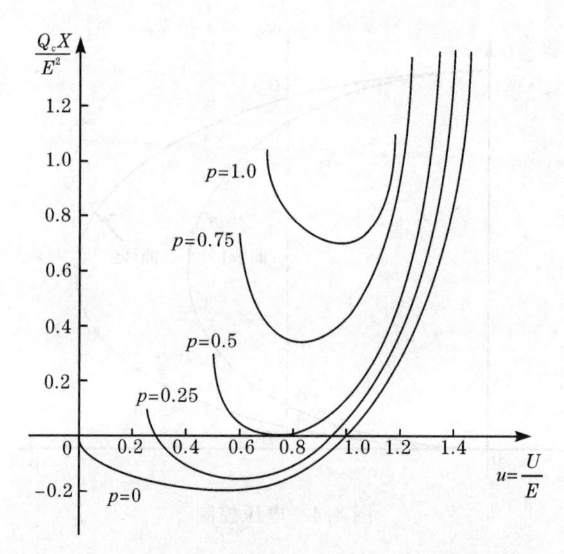

图 4.5　单电源单负荷系统的 VQ 曲线

通过 VQ 曲线，可以了解电压稳定特性和无功补偿要求，而且获得曲线的计算速度快，收敛性好，能够反映无功补偿的需求、无功裕度以及电压的稳定性。因此，VQ 曲线在电压稳定分析领域的应用相当广泛。但是 VQ 曲线也存在自身的局限性，当系统规模大时，如果需要对很多节点的每个功率水平和每个故障计算 VQ 曲线，计算量很大。除此以外 VQ 曲线只能给出局部补偿的需要，不能给出全局的最优补偿方案。

4.2.3　曲线的求解——连续潮流法[4~6]

由于 PV(VQ)曲线能够提供有功传输裕度、无功储备和电压稳定水平等安全信息，因此，准确求取 PV 曲线对电力系统静态电压稳定研究具有重要的意义。

由于在 PV 曲线的“鼻端”处附近雅可比矩阵接近奇异，常使得潮流方程病态，导致常规潮流计算难以收敛，而无法确定电压失稳临界点。连续潮流法(continue power flow，CPF)，是求取 PV 曲线的有力工具。它通过不断更新潮流方程，使得在所有可能的负荷状态下，无论在稳定平衡点还是在不稳定平衡点潮流方程都有解，克服了接近稳定极限运行状态时的潮流的收敛性差的问题。

1. 基本原理

连续潮流法包含预报和校正两个重要步骤。从初始稳定运行点开始，随着负荷的缓慢变化，沿已画出的 PV 曲线对下一运行点进行预估、校正，直至画出完整的 PV 曲线，如图 4.6 所示，具体步骤如下：

(1) 从已知解 A 开始,以一个切线方向来估计负荷增长方式的解 B,即为预报步;

(2) 利用常规潮流(系统负荷值不变)求解出准确解 C,即为校正步;

(3) 负荷进一步增长时,重复以上步骤。

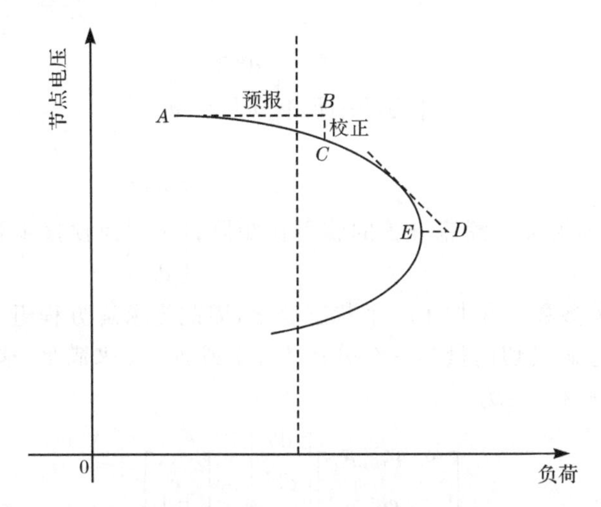

图 4.6　连续潮流法的预估-校正示意图

如果得到的负荷估计超出了准确解的最大负荷,则以负荷值固定的校正计算就会不收敛,如图 D 点所示,此时采用电压固定的校正计算方法来求准确解 E。因此,当接近电压稳定极限时,为了确定准确的最大功率,在连续预报期间,负荷增量应逐步减小。

2. 数学基础

与常规潮流相比,连续潮流将负荷的增加作为参数引入潮流方程,表示为

$$F(\theta,U) = \lambda K \tag{4-11}$$

式中,θ 为母线电压的相角;U 为母线电压的向量;λ 为负荷参数;K 为每条母线的负荷变化的向量。

求解式(4-11),需给定 λ 值,满足:

$$0 < \lambda < \lambda_{cr} \tag{4-12}$$

式中,$\lambda=0$ 表示基本负荷条件;λ_{cr}表示临界负荷。

则可重新写式(4-11):

$$F(\theta,U,\lambda) = 0 \tag{4-13}$$

1）预报步

通过线性近似来估计某一个状态变量(θ,U,λ)变化后的解。对式(4-13)取全微分：

$$F_\theta \mathrm{d}\theta + F_U \mathrm{d}U + F_\lambda \mathrm{d}\lambda = 0 \tag{4-14}$$

即

$$[F_\theta, F_U, F_\lambda]\begin{bmatrix}\mathrm{d}\theta \\ \mathrm{d}U \\ \mathrm{d}\lambda\end{bmatrix} = 0 \tag{4-15}$$

式中，$[F_\theta, F_U]$即为常规潮流方程的雅可比矩阵；$\begin{bmatrix}\mathrm{d}\theta \\ \mathrm{d}U \\ \mathrm{d}\lambda\end{bmatrix}$为预报步要求的切向量。

由于引入了负荷参数λ，增加了一个状态变量，因此为求解方程组，需多增加一个方程。这可通过假设切向量的一个分量为＋1或者－1来满足，这个分量被称为连续参数。式(4-15)变为

$$\begin{bmatrix}F_\theta, F_U, F_\lambda \\ e_k\end{bmatrix}\begin{bmatrix}\mathrm{d}\theta \\ \mathrm{d}U \\ \mathrm{d}\lambda\end{bmatrix} = \begin{bmatrix}0 \\ \pm 1\end{bmatrix} \tag{4-16}$$

式中，e_k为行向量，除了第k个元素等于1，其余元素为0。

选择负荷参数λ为连续参数，相应的切向量分量设定为＋1.0。在后继的预报步中，选择在给定解附近变化率最大的状态变量为连续参数，并且由斜率的符号决定相应切向量分量的符号。

一旦确定切向量，则可通过下式预报：

$$\begin{bmatrix}\theta \\ U \\ \lambda\end{bmatrix} = \begin{bmatrix}\theta_0 \\ U_0 \\ \lambda_0\end{bmatrix} + \sigma\begin{bmatrix}\mathrm{d}\theta \\ \mathrm{d}U \\ \mathrm{d}\lambda\end{bmatrix} \tag{4-17}$$

式中，下标“0”为预测步开始前的状态变量的解；σ为步长，应使下一点的预测值存在潮流解。如果在给定步长下，校正步不能获得潮流解，应使步长减小。

2）校正步

x_k为状态变量的第k个分量，η为x_k的预测值，选定x_k为预测值，从而增加一个方程，可得到扩展潮流方程：

$$\begin{bmatrix}F(\theta,U,\lambda) \\ x_k - \eta\end{bmatrix} = 0 \tag{4-18}$$

将预测值$[\theta',U',\lambda']$作为初值代入方程组(4-18)，方程组的求解可采用改进的牛顿-拉夫逊迭代求解。由于引入了附加方程，在临界点处雅可比矩阵非奇异，可以得到完整的PV曲线。

λ 的正切分量，即 $d\lambda$ 在 PV 曲线的上半支为正，下半支为负，在临界点处为 0，因此，可从 $d\lambda$ 判断系统是否到达电压稳定的临界点。

另外，在校正步中连续参数的选择对数值计算的收敛性至关重要，否则将引起解的发散。例如，选择负荷参数为连续参数，则在预估值超过最大负荷时，在临界点附近就不收敛，此时选择电压幅值为连续参数，解就有可能收敛。如果选定负荷的增加为连续参数，则校正步为 PV 平面上的垂直线；如果选定电压幅值为连续参数，则校正步为 PV 平面上的水平线。

连续潮流法具有较强的鲁棒性和灵活性，是解决临界点附近的收敛问题的理想方法。该方法自提出以来，在电力系统静态稳定性评估和系统最大可用传输能力计算等方面得到了广泛的应用。但是由于该方法计算量大，计算时间长，因此将常规潮流的计算方法与连续潮流法结合起来，以达到快速、准确的效果。具体方法是从基本工况开始，逐步增加负荷，采用常规潮流方法，如牛顿-拉夫逊法或者快速解耦法（PQ 分解法）等，计算潮流解，直至计算不收敛的点。从该点后再采用连续潮流法求解潮流。连续潮流法只有在求解接近临界点的准确解时才是必要的，通过这种方法大大提高了求解速度。文献[6]提出了改进的连续潮流法，使用 PQ 分解法求解潮流，预测过程使用拉格朗日二次插值技术，校正过程采用局部参数法求解修正方程。与传统的使用基于极坐标形式的牛顿-拉夫逊法的连续潮流法相比，计算速度快、占用内存少、准确度高。

3. 实例分析

以 IEEE 30 节点为例，系统的接线图如图 4.7 所示。发电机无功出力以及节点负荷初始参数见表 4.1 和表 4.2。

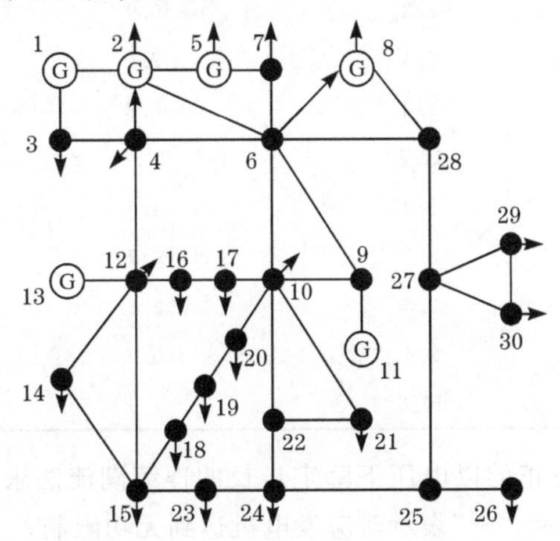

图 4.7　IEEE 30 节点系统接线图

表 4.1 IEEE 30 节点系统发电机无功出力参数

发电机节点编号	$Q_{\min}$	$Q_{\max}$
2	−20	60
5	−15	62.5
8	−15	50
11	−10	40
13	−15	45

表 4.2 IEEE 30 节点负荷初始参数

节点编号	P_d/MW	Q_d/Mvar	并联导纳
2	21.7	20.7	
3	2.4	1.2	
4	7.6	1.6	—
5	94.2	19	
7	22.8	10.9	
8	30	30	
10	25.8	2	19
12	11.2	7.5	
14	6.2	1.6	
15	8.2	2.5	
16	3.5	1.8	
17	9	5.8	—
18	3.2	0.9	
19	9.5	3.4	
20	2.2	0.7	
21	17.5	11.2	
23	3.2	1.6	
24	8.7	6.7	4
26	3.5	2.3	
29	2.4	0.9	—
30	10.6	1.9	

采用带预测和校正的以电压下降定步长的连续潮流法求解 PV 曲线，Bus 30 PV 曲线如图 4.8 所示，“+”表示对应发电机达到无功限制。

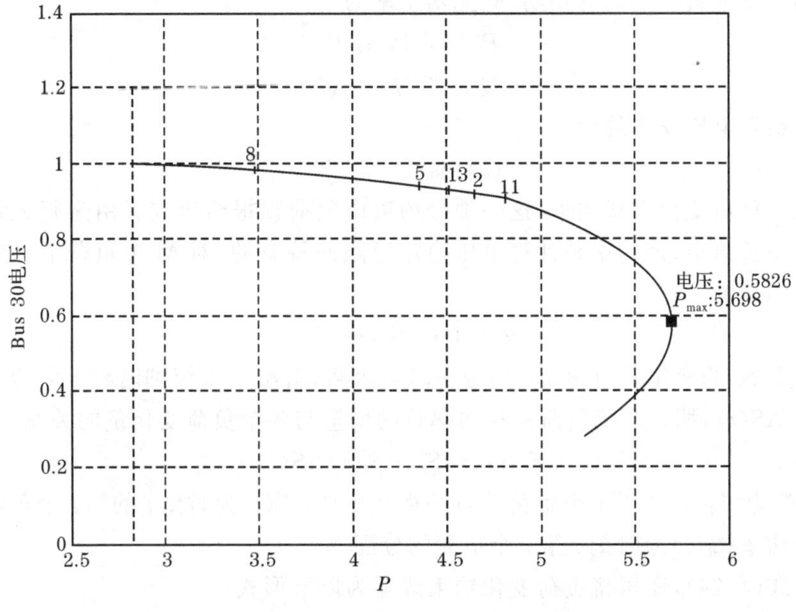

图 4.8　Bus 30 PV 曲线

4.3　电压稳定的静态分析方法

电力系统潮流方程是电压稳定的静态分析方法核心，其本质是研究潮流方程是否存在可行解的问题。静态分析方法研究以其简单易行、快速有效性，得到了很大的发展，已较为成熟。本节主要介绍常用的电压稳定的静态分析方法，主要包括非线性规划法、奇异值分解法、特征值分析法、灵敏度分析法、分岔分析法，并对这些分析方法的原理、应用及研究现状进行阐述和分析。

4.3.1　非线性规划法

具有非线性约束条件或目标函数的数学规划，是运筹学的一个重要分支。非线性规划是研究一个 n 元实函数在一组等式或不等式的约束条件下的极值问题，且目标函数和约束条件至少有一个是未知量的非线性函数。非线性规划法在电力系统中的应用相当广泛，也是求取静态电压稳定临界点的一种方法。它将临界点的计算转化为非线性目标函数的优化问题，以总负荷的最大视在功率或任意负荷节点的最大有功功率作为目标函数：

$$\max\left|S(t)\right| \tag{4-19}$$

可考虑约束包括以下几个方面。

(1) 发电机输出的有功功率、无功功率约束

$$P_i^{\min} \leqslant P_i \leqslant P_i^{\max} \tag{4-20}$$

$$Q_i^{\min} \leqslant Q_i \leqslant Q_i^{\max} \tag{4-21}$$

发电机机端电压安全约束

$$U_i^{\min} \leqslant U_i \leqslant U_i^{\max} \tag{4-22}$$

(2) 负荷变化方式约束:这一部分约束由负荷预报给出或者由运行人员安排的负荷增长给出,该约束是计算电压稳定极限而特有的,对 M 个负荷节点设其视在功率相量为

$$S = [S_1, S_2, \cdots, S_M] \tag{4-23}$$

定义 S_i 的变化系数为 $\beta_i(t)$,是一时间函数,若给定系统到时刻 t 负荷功率总增量为 $\Delta S(t)$,那么系统负荷视在功率总的增量与各个负荷变化量的关系是

$$S_i(t) = S_i^0 + \beta_i(t)\Delta S(t) \tag{4-24}$$

式中,S_i^0 为当前状态第 i 个负荷节点的视在功率;$S_i(t)$为时刻 t 的第 i 个负荷节点的视在功率;$\beta_i(t)$为时刻 t 第 i 个负荷的分配率。

由式(4-24),还可将负荷变化约束改写为以下形式:

$$\beta_i(t)\sum_{j\in J_{\mathrm{L}}} S_j(t) - S_i(t) = \beta_i(t)\sum_{j\in J_{\mathrm{L}}} S_j^0 - S_i^0 \tag{4-25}$$

令

$$C_i(t) = \beta_i(t)\sum_{j\in J_{\mathrm{L}}} S_j^0 - S_i^0 \tag{4-26}$$

则有

$$\beta_i(t)\sum_{j\in J_{\mathrm{L}}} S_j(t) - S_i(t) = C_i(t) \tag{4-27}$$

(3) 发电机参与约束:当负荷增加时,发电机输出的有功功率和无功功率必须增加以维持系统功率平衡,定义发电机有功输出参与因子相量为 γ,其第 i 个分量为 γ_i。γ 的确定可以考虑系统中发电机出力优化分配,但应同时考虑负荷增加时段上发电机调整速度的限制。

(4) 其他约束:在模型中还应考虑变压器分接头的调节和调节能力的限制、线路安全约束、联络线功率限制,以及线路断线安全约束都会影响电压稳定极限点的计算,因此,这些都应在模型中加以考虑。

如何处理大量的不等式约束条件是影响算法成败的关键。20 世纪 80 年代中后期,数学规划领域出现了内点法突破,这类算法的可靠性、超线性收敛性及对问题规模的不敏感性使它成为目前最优秀的线性和非线性规划算法[7~12]。文献[13]对直接求取电压崩溃临界点的零特征根法进行扩展,将临界点计算转化为非线性规划问题,并用预测校正原对偶内点法求解,该方法能够考虑各种不等式约束条件,因而具有较强的鲁棒性。文献[14]通过内点法对不等式约束进行处理,

能为事故的预防、控制以及调度的优化提供参考，算法具有较强的鲁棒性和实用价值，但由于修正方程的阶数较高，所需存储空间较大，计算速度慢。文献[15]在[14]基础上引入了参数化潮流方程，避免了临界点附近雅可比矩阵奇异带来的病态，能精确地确定电压稳定临界点，提出了一种基于内点理论的电压稳定临界点新算法，该算法采用了新的数据结构，使修正方程系数矩阵与节点导纳矩阵具有相同的结构，大大提高了计算速度。除此以外，内点法也可用于交直流系统的电压稳定评估[16,17]。

非线性规划法可有效避免临近电压稳定极限时潮流雅可比矩阵奇异及潮流不收敛的情形。但随着系统规模的扩大，约束方程数将急剧增加，计算量大，大大增加了非线性规划求解的难度，使得该方法的计算规模受到限制。

4.3.2　奇异值分解法

奇异值分解是有关矩阵问题的强有力的计算工具，已在众多领域中得到应用[18~25]。该方法由潮流雅可比矩阵的行列式符号决定所研究系统是稳定的或不稳定的，潮流雅可比矩阵的最小奇异值作为静态电压稳定性的指标，最小奇异值大小可表示运行点和静态电压稳定极限间的距离。奇异值分解法用于电力系统分析是基于以下定理和定义[18]。

定理 4.1　设 $A\in \mathbf{R}^{m\times n}$，则存在单位正交矩阵 U 和 V，使得

$$V^{\mathrm{T}}AU=\begin{bmatrix}\Sigma & 0\\ 0 & 0\end{bmatrix}\tag{4-28}$$

式中，$\Sigma=\mathrm{diag}(\delta_1,\delta_2,\cdots,\delta_r)$，且 $\delta_{\max}=\delta_1\geqslant\delta_2\geqslant\cdots\geqslant\delta_r=\delta_{\min}\geqslant 0$。

定义 4.1　设 $A\in \mathbf{R}^{m\times n}$，有奇异值分解式(4-28)，则称 $\delta_1,\delta_2,\cdots,\delta_n(\delta_{r+1}=\delta_{r+2}=\cdots=\delta_n=0)$为 A 的奇异值，称 U 的列向量为 A 的右奇异向量，V 的列向量为 A 的左奇异向量。

A 的右奇异值向量为 $A^{\mathrm{T}}A$ 的单位正交右特征向量，左奇异特征向量为 $A^{\mathrm{T}}A$ 的单位正交左特征向量。如果 A 有 n 个奇异值，则 A^{T} 也有 n 个奇异值，且 A 和 A^{T} 的非零奇异值是相同的，非零奇异值的个数为 A 的秩。

对矩阵 A 进行奇异值分解：

$$A=V\Sigma U^{\mathrm{T}}\tag{4-29}$$

其中，Σ 包含零奇异值，左右奇异向量间的关系如下：

$$Au_i=\delta_i v_i,\quad i=1,2,\cdots,\min\{m,n\}\tag{4-30}$$

$$Au_i=0,\quad i=\min\{m,n\}+1,\cdots,n\tag{4-31}$$

$$A^{\mathrm{T}}v_i=\delta_i u_i,\quad i=1,2,\cdots,\min\{m,n\}\tag{4-32}$$

$$A^{\mathrm{T}}v_i=0,\quad i=\min\{m,n\}+1,\cdots,m\tag{4-33}$$

因此，对于线性方程组 $AX=b$，$A\in\mathbf{R}^{n\times n}$，$A$ 是非奇异的，而 $b\in\mathbf{R}^n$。则对矩阵 A 进

行奇异值分解后，系统的解 X 可以写为

$$X = A^{-1}b(V\Sigma U^{\mathrm{T}})b = \sum_{i=1}^{n}\frac{U_i V_i^{\mathrm{T}}}{\delta_i}b \tag{4-34}$$

可以看出，如果奇异值 δ_i 足够小，则矩阵 A 或向量 b 的微小变化，会引起 X 的大的变化。

定理 4.2 设 $A \in \mathbf{R}^{m\times n}$，有奇异值 $\delta_{\max} = \delta_1 \geqslant \delta_2 \geqslant \cdots \geqslant \delta_n = \delta_{\min} \geqslant 0$，那么

$$\| A \|_{\mathrm{F}}^2 = \delta_1^2 + \delta_2^2 + \cdots + \delta_n^2 = \sum_{i=1}^{n}\delta_i^2 \tag{4-35}$$

令 $E_j = v_j u_j^{\mathrm{T}} (j=1,2,\cdots,r)$，则有 $A = \delta_1 E_1 + \delta_2 E_2 + \cdots + \delta_r E_r$。

若假设

$$A' = \delta_1 E_1 + \delta_2 E_2 + \cdots + \delta_{r-1} E_{r-1} \tag{4-36}$$

可以证明，就矩阵 A 的范数 F 而言，A' 是最接近 A 的秩为 $r-1$ 的矩阵，类似的，$A'' = \delta_1 E_1 + \delta_2 E_2 + \cdots + \delta_{r-2} E_{r-2}$ 是最接近 A 的秩为 $r-2$ 的矩阵，依次类推。

雅可比矩阵 $J \in \mathbf{R}^{m\times n}$ 是电力系统电压稳定静态分析方法中的重要矩阵，将上述奇异值分解理论应用于该矩阵，可得到，在正常情况下，雅可比矩阵非奇异，$\delta_{\min} > 0$；当系统达到静态稳定极限时，雅可比矩阵奇异，$\delta_{\min} = 0$。

在无穷多个能使雅可比矩阵降阶的矩阵中，按照式(4-36)构造的降阶矩阵 J' 是就范数而言最接近于原矩阵 J，且有

$$\| J - J' \|_{\mathrm{F}} = \delta_{\min} \tag{4-37}$$

可见，$\delta_{\min}$ 可以反映雅可比矩阵接近奇异的程度。

矩阵的奇异程度还可以用条件数来表示，满秩矩阵的条件数为

$$\mathrm{con}(A) = \frac{\delta_{\max}}{\delta_{\min}} \tag{4-38}$$

当矩阵 A 奇异时，则 $\delta_{\min} = 0$ 且 $\mathrm{con}(A)$ 为无穷大；若 $\mathrm{con}(A)$ 接近 1，则 A 远离奇异，如果 $\mathrm{con}(A)$ 越大，则更接近奇异。因此，若 $\mathrm{con}(A) > \mathrm{con}(B)$，则认为 A 比 B 更奇异。

1. 电力系统模型

假设一个电力系统，除平衡节点外，系统的节点总数为 n，m 是电压可调的节点数，则系统的潮流方程可描述为

$$\begin{cases} P(\theta, U) = 0 \\ Q(\theta, U) = 0 \end{cases} \tag{4-39}$$

式中，$P = [P_1, P_2, \cdots, P_n]$ 表示有功平衡；$Q = [Q_1, Q_2, \cdots, Q_n]$ 表示无功平衡；θ 和 U 表示节点电压的角度和幅值。将方程组线性化为

$$\begin{bmatrix} \Delta P \\ \Delta Q \end{bmatrix} = J \begin{bmatrix} \Delta\theta \\ \Delta U \end{bmatrix} = \begin{bmatrix} J_{P\theta} & J_{PU} \\ J_{Q\theta} & J_{QU} \end{bmatrix} \begin{bmatrix} \Delta\theta \\ \Delta U \end{bmatrix} \tag{4-40}$$

式中，矩阵 J 为完全雅可比矩阵；子矩阵 $J_{P\theta}$、J_{PU}、$J_{Q\theta}$、J_{QU} 为潮流方程偏微分形成的雅可比矩阵的子阵。

1）PQ 可解耦

即有功 P 和角度 θ 相关，与电压 U 无关；无功 Q 和电压 U 相关，与角度 θ 无关，则有

$$\begin{bmatrix}\Delta P\\ \Delta Q\end{bmatrix}=\begin{bmatrix}J_{P\theta} & 0\\ 0 & J_{QU}\end{bmatrix}\begin{bmatrix}\Delta\theta\\ \Delta U\end{bmatrix}\tag{4-41}$$

$$\Delta P = J_{P\theta}\Delta\theta\tag{4-42}$$

$$\Delta Q = J_{QU}\Delta U\tag{4-43}$$

在系统满足解耦条件下，式(4-42)可用于描述静态功角问题，如果 $J_{P\theta}$ 非奇异，则系统功角稳定；式(4-43)可用于描述节点电压对注入的无功功率的灵敏度，可作为衡量系统电压稳定性的一个指标。

2）PQ 不可解耦

当系统处于重载情况，则无功功率与角度之间的相互作用不可忽视，则 PQ 不可解耦。在这种情况下，可引入简化雅可比矩阵。假设式(4-41)中 $\Delta P=0$，可得到

$$\begin{bmatrix}0\\ \Delta Q\end{bmatrix}=\begin{bmatrix}J_{P\theta} & 0\\ 0 & J_{QU}\end{bmatrix}\begin{bmatrix}\Delta\theta\\ \Delta U\end{bmatrix}\tag{4-44}$$

可定义简化雅可比矩阵：

$$J_R = [J_{QU} - J_{Q\theta}J_{P\theta}^{-1}J_{PU}]\tag{4-45}$$

式(4-44)可以表示节点电压幅值与无功功率微增变化之间的线性关系。由分块矩阵理论(Schur 公式)，完全雅可比矩阵 J 的行列式值可用下式计算：

$$\det(J)=\det(J_{P\theta})\det(J_R)\tag{4-46}$$

可以看出，当矩阵 $J_{P\theta}$ 或矩阵 J_R 奇异时，完全雅可比矩阵 J 也奇异。由于 $J_{P\theta}$ 可反映系统静态功角稳定问题，当系统没有功角稳定问题时，$J_{P\theta}$ 非奇异，即 $J_{P\theta}\neq 0$，因此，只有当降阶雅可比矩阵 J_R 奇异时，完全雅可比矩阵 J 奇异，J_R 的奇异性可用来指示系统的电压稳定性。

若对矩阵 J 进行奇异值分析，可得

$$J = V\Sigma U^{\mathrm{T}} = \sum_{i=1}^{2n-m} V_i\delta_i U_i^{\mathrm{T}}\tag{4-47}$$

其中，奇异值向量 V_i 和 U_i 为规格化矩阵 V 和 U 的第 i 列，Σ 为正的实奇异值 δ_i 的对角矩阵，$\delta_1\geqslant\delta_2\geqslant\cdots\geqslant\delta_{2n-m}$。若其中一个奇异值接近 0，系统临近崩溃点，系统响应由最小奇异值 δ_{2n-m} 和它相应的奇异向量 V_{2n-m}、U_{2n-m} 所决定，可得

$$\begin{bmatrix}\Delta\theta\\ \Delta U\end{bmatrix}=\delta_{2n-m}^{-1}U_{2n-m}V_{2n-m}^{\mathrm{T}}\begin{bmatrix}\Delta P\\ \Delta Q\end{bmatrix}\tag{4-48}$$

其中，$U_{2n-m}=[\theta_1,\cdots,\theta_n,U_1,\cdots,U_{n-m}]^{\mathrm{T}}$，$V_{2n-m}=[P_1,\cdots,P_n,Q_1,\cdots,Q_{n-m}]^{\mathrm{T}}$，并满足规格化：

$$\sum_{i=1}^{n}\theta_i^2+\sum_{i=1}^{n-m}U_i^2=1 \tag{4-49}$$

$$\sum_{i=1}^{n}P_i^2+\sum_{i=1}^{n-m}Q_i^2=1 \tag{4-50}$$

令

$$\begin{bmatrix}\Delta P\\ \Delta Q\end{bmatrix}=V_{2n-m} \tag{4-51}$$

将式(4-49)和式(4-50)代入式(4-48)，可得

$$\begin{bmatrix}\Delta\theta\\ \Delta U\end{bmatrix}=\frac{U_{2n-m}}{\delta_{2n-m}} \tag{4-52}$$

由式(4-52)可以看出，当系统接近于电压崩溃点，最小奇异值非常小，因此，很小的功率波动将可能引起电压很大的变化。

2. 奇异值分解技术在电压稳定分析中的应用

如前所述，矩阵的奇异性可以通过条件数来度量。随着运行条件的变化，雅可比矩阵的最小奇异值是和条件数的变化相一致的。因此，完全雅可比矩阵和降阶雅可比矩阵的最小奇异值都可以作为电压稳定性的指标。有关左奇异值向量V_{2n-m}以及右奇异值向量U_{2n-m}在电压稳定分析中的应用说明如下：

(1) V_{2n-m}中最大的元素值相当于有功功率和无功功率注入变化最灵敏的方向，因此，左奇异值向量可以得到系统中最危险的负荷和发电量的变化模式；在式(4-51)中，V_{2n-m}提供了节点处功率注入变化的典型模式；左奇异值向量还可以提供区域断面潮流对电压稳定性的影响，以及可选择出系统的弱传输线。

(2) U_{2n-m}中最大的元素值对应最灵敏的节点电压，因此，右奇异值向量可用于识别系统中的弱节点以及临界区域，例如，可定义节点强弱程度指标$LC_j=\dfrac{U_j}{\delta_{2n-m}}(j\in\{1,2,\cdots,n-m\})$；在式(4-52)中，$U_{2n-m}$提供了节点电压和角度改变的典型模式。

3. 实例[19]

以IEEE 39节点标准系统为例。系统接线图如图4.9所示。

维持发电机和其他节点负荷不变，增加7号节点的负荷水平，负荷增长方式采用恒功率因数的负荷增长方式，LC_j指标的计算结果见表4.3。可以看出，随着负荷的加重，大多数PQ节点的LC指标都增大，其中，由5～8号节点所构成的区

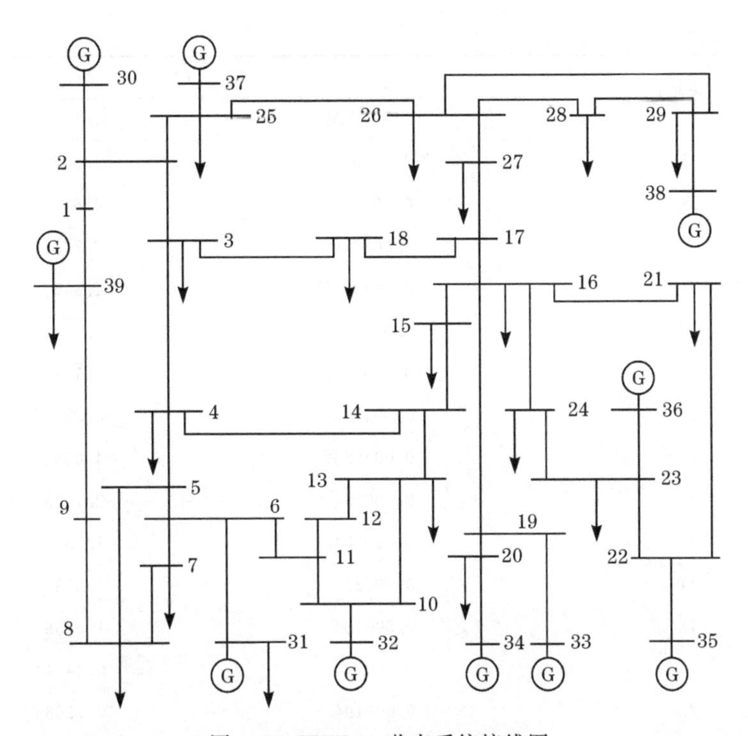

图 4.9　IEEE 39 节点系统接线图

域内的 *LC* 指标都超过了 7.5，而最弱节点 7 号节点的 *LC* 指标甚至超过了 9.5，7 号节点已经很接近电压临界点。从表 4.4 中也可以看出，弱区域内的实际电压水平已经降了很多。这说明随着负荷的增长，某些薄弱节点会构成一个薄弱区域，整个区域内的电压都会有不同程度的下降，从而对区域的稳定构成威胁。而用最小奇异值和指标可以很好地对薄弱节点和薄弱区域进行识别，从而有利于运行人员根据这些指标作出相应的操作以维持系统稳定运行。

表 4.3　IEEE 39 节点的 *LC* 指标的计算结果

节点编号	*LC* 指标	
	工况情况	临界状态
1	0.00126	0.33198
2	0.00149	0.80413
3	0.0000202	2.0357
4	0.00433	4.9085
5	0.0068166	7.5581
6	0.006891	7.7603

续表

节点编号	LC 指标	
	工况情况	临界状态
7	0.0070741	9.5921
8	0.0069098	8.6714
9	0.0030969	2.7685
10	0.0043845	4.3464
11	0.0050609	5.4041
12	0.0052357	5.1574
13	0.0045384	4.3309
14	0.0039257	4.0585
15	0.000694	2.1068
16	0.000384	1.284
17	0.00021	1.3831
18	0.000164	1.6358
19	0.00036	0.44744
20	0.000194	0.25665
21	0.000842	0.88988
22	0.000677	0.45963
23	0.00076	0.47835
24	0.000594	1.1578
25	0.0017933	0.59442
26	0.0001273	0.74632
27	0.0000349	1.0484
28	0.000336	0.38082
29	0.000356	0.2598

表 4.4　弱区域内节点的实际电压水平

U_5	U_6	U_7	U_8
0.7323	0.72954	0.66297	0.68969

4.3.3　特征值分析法

把特征值分解理论引入电压稳定的研究中，对潮流方程的雅可比矩阵 J 进行特征值分解：

$$J = \sum_{i=1}^{m} \sigma_i u_i v_i^{\mathrm{T}} \tag{4-53}$$

代入潮流的线性化形式，有

$$\begin{bmatrix} \Delta P \\ \Delta Q \end{bmatrix} = [U] \begin{bmatrix} \sigma_1 & & & \\ & \sigma_2 & & \\ & & \ddots & \\ & & & \sigma_m \end{bmatrix} [V]^{\mathrm{T}} \begin{bmatrix} \Delta\theta \\ \Delta U \end{bmatrix} \tag{4-54}$$

式中，m 为潮流方程雅可比矩阵的阶数；σ_i 为第 i 阶特征值；v_i 和 u_i 分别表示相应的左右特征向量。式(4-54)又可表示为

$$\begin{bmatrix} \Delta\theta \\ \Delta U \end{bmatrix} = \sum_{i=1}^{m} \sigma^{-1} u_i v_i^{\mathrm{T}} \begin{bmatrix} \Delta P \\ \Delta Q \end{bmatrix} \tag{4-55}$$

从式(4-55)可以看出，如果存在一个接近于零的特征值，则任意小的功率变化都会引起状态变量很大变化。

在特征值分析中，最小特征值 σ_m 所对应的右特征向量 u_m 反映了相对于最小模式有功和无功摄动最敏感的方向，当功率摄动的方向与 u_m 一致时，所引起的状态量的变化最大，可见，与最小模特征值对应的右特征向量在一定程度上反映了系统最容易发生不稳定的方向。

特征值分析可以帮助确定电压稳定的薄弱环节和区域[26~33]，在式(4-55)中，若取 $\Delta P=0, \Delta Q=e_k$，其中，e_k 为第 k 个元素为 1，其余元素为 0 的单位列向量。即假定系统的有功注入量保持不变，仅在第 k 个节点上注入单位无功，则所引起的系统状态量变化为

$$\begin{bmatrix} \Delta\theta \\ \Delta U \end{bmatrix} = \sum_{i=1}^{m} \frac{u_i}{\sigma_i} v_{n+k-1,i} \tag{4-56}$$

式中，$v_{n+k-1,i}$ 为左特征向量 v_i 的第 $n+k-1$ 个元素。所以第 k 个节点的电压灵敏度为

$$\frac{\mathrm{d}U_k}{\mathrm{d}Q_k} = \sum_{i=1}^{m} \frac{1}{\sigma_i} u_{n+k-1,i} v_{n+k-1,i} = \sum_{i=1}^{m} \frac{p_{n+k-1,i}}{\sigma_i} \tag{4-57}$$

式中，定义 $p_{ki}=u_{ki}v_{ki}$，称为第 k 个状态变量对第 i 个特征模式 σ_i 的参与因子。由式(4-57)可以看出：

(1) 参与因子 p_{ki} 反映了第 i 个特征模式对第 k 个节点电压灵敏度的相对贡献程度，p_{ki} 越大，说明第 k 个节点的电压灵敏度主要由模式 σ_i 决定。

(2) 比较同一模式 σ_i 对不同节点电压灵敏度的贡献，就可以找出与特征模式 σ_i 强相关的主要节点。假如系统以该模式失稳，则与强相关的节点即构成系统以该模式失稳时的失稳区。

(3) 如果最小模式 $\sigma_{\min}>0$，则与其强相关的节点即构成全系统稳定程度最差

或最易发生不稳定的区域。

可以看出，特征值分析方法实质上是对传统的灵敏度判据在雅可比矩阵中的扩展分析，由于上述模型中同时包含有功分量和电压相角量，所以与电压灵敏度指标相比，更能反映系统的实际，因为当系统接近临界点运行时，系统的解耦特性已经不复存在。

根据对节点电压灵敏度的贡献程度，可按照参与因子大小顺序找出与最小特征模式强相关的节点，定义为关键节点，关键节点构成系统稳定程度较差的区域，即为弱区域，往往也作为无功补偿的最佳位置。

模态分析可以确定系统的关键负荷母线、关键线路和关键机组。关键负荷母线可以为稳定计算人员确定出系统内的相对弱区域，提供采取措施和进一步进行稳定分析的依据，也可以在规划阶段帮助规划人员确定系统内无功补偿装置的地点。关键机组、关键线路可以提供给运行人员和方式计算人员稳定分析的重要信息。

4.3.4 灵敏度分析

灵敏度分析方法是建立在电力系统潮流方程的基础上，通过某些物理量之间的微分关系来研究系统的电压稳定性，这将有助于更加深入理解系统元件、控制方式、故障等对电压稳定性的影响[34~44]。

电力系统的潮流方程可表示为

$$f(x,u,\lambda)=0 \tag{4-58}$$

式中，x 为状态变量，如节点的电压幅值和角度；u 为控制变量，如电源的电压、有功发电量、无功补偿量等；λ 为参数，如负荷的有功、无功。

线性化方程可得到

$$\Delta f=\frac{\partial f}{\partial x}\Delta x+\frac{\partial f}{\partial u}\Delta u+\frac{\partial f}{\partial \lambda}\Delta\lambda \tag{4-59}$$

以此，Δx 可以写为

$$\Delta x=-\left[\frac{\partial f}{\partial x}\right]^{-1}\frac{\partial f}{\partial u}\Delta u-\left[\frac{\partial f}{\partial x}\right]^{-1}\frac{\partial f}{\partial \lambda}\Delta\lambda=S_{xu}\Delta u+S_{x\lambda}\Delta\lambda \tag{4-60}$$

式中，S_{xu} 定义为状态变量 x 对控制变量 u 的灵敏度；$S_{x\lambda}$ 定义为状态变量 x 对参数 λ 变化的灵敏度。

在电压稳定的灵敏度分析中，常用的灵敏度包括：无功和有功发电量对电压的灵敏度、无功发电量对有功负荷或无功负荷的灵敏度。

由于发电机无功发电量是状态变量 x、控制变量 u 以及参数 λ 的函数，因此可表示为

$$q=q(x,u,\lambda) \tag{4-61}$$

对式(4-61)线性化可得

$$\Delta q=\frac{\partial q}{\partial x}\Delta x+\frac{\partial q}{\partial u}\Delta u+\frac{\partial q}{\partial \lambda}\Delta\lambda \tag{4-62}$$

将(4-60)代入式(4-62),得

$$\Delta q=\left(-\frac{\partial q}{\partial x}\left[\frac{\partial f}{\partial x}\right]^{-1}\frac{\partial f}{\partial u}+\frac{\partial q}{\partial u}\right)\Delta u-\frac{\partial q}{\partial x}\left[\frac{\partial f}{\partial x}\right]^{-1}\frac{\partial f}{\partial \lambda}\Delta\lambda=S_{qu}\Delta u+S_{q\lambda}\Delta\lambda \tag{4-63}$$

同样,S_{qu} 定义为无功发电量 q 对控制变量 u 的灵敏度;$S_{q\lambda}$ 定义为无功发电量 q 对参数 λ 变化的灵敏度,包含 q 对有功负荷和无功负荷变化的灵敏度。由节点 i 负荷的变化引起发电机 j 的无功发电量的变化为

$$\Delta Q_{ji}=\frac{\partial Q_{ji}}{\partial Q_i}\Delta Q_i+\frac{\partial Q_{ji}}{\partial P_i}\Delta P_i=S_{qp}(j,i_q)\Delta Q_i+S_{qp}(j,i_p)\Delta P_i \tag{4-64}$$

因此,对应于节点 i 负荷的变化引起整个系统无功发电量的变化为

$$\begin{aligned}\Delta Q_{\mathrm{T}}&=\sum_{j=1}^{n_{\mathrm{G}}}\left[S_{qp}(j,i_q)\Delta Q_i+S_{qp}(j,i_p)\Delta P_i\right]\\&=S_{Qqi}\Delta Q_i+S_{Qpi}\Delta P_i\end{aligned} \tag{4-65}$$

式中,n_{G} 为系统中产生无功发电量的节点总数;S_{Qqi} 为总的无功发电量对节点 i 无功负荷变化的灵敏度;S_{Qpi} 为总的无功发电量对节点 i 的有功负荷变化的灵敏度。

节点 i 电压对同一节点无功注入的灵敏度 $S_{vq}(i)$ 代表 VQ 曲线的斜率,可以表示为

$$S_{vq}(i)=\frac{\partial U_i}{\partial Q_i}=-\left[\frac{\partial f}{\partial x}\right]_{U_i,Q_i}^{-1} \tag{4-66}$$

当系统发生电压不稳定,$S_{vq}(i)$将趋于无穷大。

相类似,节点电压对有功功率注入的灵敏度 $S_{vp}(i)$ 也具有相同的特性,可定义为

$$S_{vp}(i)=\frac{\partial U_i}{\partial P_i}=-\left[\frac{\partial f}{\partial x}\right]_{U_i,P_i}^{-1} \tag{4-67}$$

除此以外,还可以通过假设节点的有功功率不变,即 ΔP 不变,得到简化雅可比矩阵 J_R,进而得到节点电压幅值与无功功率微增变化之间的线性关系。J_R 中的第 i 个元素即为节点 i 的 VQ 灵敏度。正值表示稳定运行,值越小,系统越稳定,无穷大时为临界稳定;负值表示不稳定运行。

4.3.5　分岔分析法

描述电力系统微分动力学行为的方程可表示为:$\dot{x}=f(x,u)$,其中,x 为状态变量,u 为可变参数。稳态情况下,电力系统在平衡条件($\dot{x}=f(x,u)=0$)下运行。在小扰动范围内,有如下两个基本问题:

（1） 平衡点(x, u_0)是否稳定？

（2） 如负荷有功、负荷无功变化时，系统的稳定平衡点会发生怎样的变化？

前一个问题属于运动稳定性问题，通常可通过 Lyapunov 稳定性理论来判断；后者属于结构稳定性问题。结构稳定性问题是动力系统受到小扰动后拓扑结构保持不变的性质。分岔理论是分析结构稳定性问题的强有力工具[45~58]。

如果某个动力系统是结构不稳定的，则任意小的扰动都会使系统的拓扑结构发生突然的变化，这种变化就称为分岔（bifurcation）。分岔是系统状态的一种质的变化，如平衡的消失（鞍结点 SNB 分岔），或从平衡状态变化到振荡（霍普夫 Hopf 分岔）。电力系统实质上可以看成一个含参数非线性动态系统，系统中若某个参数连续变化，则可能达到一个临界点，系统呈现一个突然跳跃，从一个状态进入另一个状态，另一个状态可能在性能上、数值上不同于原来的状态。

静态稳定问题是动态系统在某一平衡点能否维持稳定运行的问题。静态失稳形式有振荡型和非周期型两种。静态分岔分为鞍结点分岔、叉型分岔和跨临界分岔等。已发生的大多数电压失稳事故录波表明，电力系统的电压失稳模式都是单调的，通常认为这种失稳模式与系统发生鞍结点分岔相关[50,51]，所以本节将主要论述鞍结点分岔。

鞍结点分岔是指平衡方程的特征值在随参数变化的过程中实部由负变正时出现的分岔。在鞍结点分岔处，系统有零特征值，对应雅可比矩阵奇异。零特征值对应的特征向量包含关于分岔性质、系统响应及控制的有效性等有价值的信息。其中，左特征向量表明哪个状态变量对零特征值有显著的影响，即为了修正系统的分岔特性，获得预期的动态行为，对哪些状态进行控制才能更有效，从而达到稳定电压的目的；右特征向量表明在状态空间中由于鞍结点分岔导致系统演变时其状态所沿的新方向，利用此向量的有关信息可以确定引起鞍结点分岔，造成系统电压失稳的最危险的扰动方式。求解鞍结分岔点的方法可分为直接法和延拓法[52]。

1. *直接法*

直接法的研究较为成熟，在实际中应用较多。它从当前的运行状态出发直接搜寻系统的静态分岔点，具有计算量小，同时还克服了雅可比矩阵病态问题等优点，缺点是所得的信息量少，难以满足运行人员较全面地了解系统由当前状态过渡到分岔情形系统维持电压水平的能力要求。直接法又可分为单参数直接法和多参数直接法。

1） 单参数直接法

1979 年，Seydel 提出通过引入两个非平凡向量 u 和 v，将求解平衡解流形上的静分岔点的问题转化为求解如下方程组问题[52]：

$$
\begin{cases}
f(x,\mu)=0 \\
f_x(x,\mu)v=0 \text{ 或 } u^{\mathrm{T}}f_x(x,\mu)=0 \\
f_x(x,\mu)v=1 \text{ 或 } u^{\mathrm{T}}f_\mu(x,\mu)=0
\end{cases}
\tag{4-68}
$$

式中，x 为状态变量，$x\in\mathbf{R}^n$；μ 为分岔参数，$\mu\in\mathbf{R}$；u、v 分别为雅可比矩阵零特征值对应的左、右特征向量，$u,v\in\mathbf{R}^n$。应用迭代法可求解方程组(4-68)得到静分岔点。

文献[53]～[55]从降低方程组维数、简化计算、改进潮流雅可比矩阵在分岔点处奇异而造成计算困难等方面进行了大量的研究分析，但这些方法在一定程度上对原方程组的稀疏性造成了破坏，因此，在实际应用时可综合考虑。

单参数直接法不能计及各种不等式约束条件，所得信息量少，不能进行分岔点类型判断及新分支方向的确定，因而计算结果仍有一定的局限性。

2）多参数直接法

1981 年，Jarjis 等提出了多参数直接法，其基本思想是通过定义如下向量函数，将分岔点的求取转化为非线性优化问题[56]。

设向量函数

$$
\varphi(x,v,\mu)=\begin{bmatrix} f(x,\mu) \\ f_x(x,\mu)v \\ \|v\|-1 \end{bmatrix}=0
\tag{4-69}
$$

求解下列优化问题：

$$
\begin{cases}
\min\|\mu\| \\
\text{s.t.}:\varphi(x,v,\mu)=0
\end{cases}
\tag{4-70}
$$

可构造拉格朗日函数

$$
L=\|\mu\|^2+\lambda^{\mathrm{T}}\varphi(x,v,\mu)
\tag{4-71}
$$

式中，λ 为拉格朗日乘子；μ 为分岔参数向量，$\mu\in\mathbf{R}^n(n\geqslant1)$，方向随机。

应用非线性优化技术即可求出距当前运行点最近的鞍结点分岔点，此时寻找出的分岔点应该在分岔超曲面上。这种情况更符合电力系统的实际情况，应用范围更广泛，但除了与单参数法有相似的局限性外，计算量要大得多。

2. 延拓法

20 世纪 30 年代延拓法被开始应用于非线性问题，直到 20 世纪 90 年代才开始被应用于电力系统电压稳定性分析，作为追踪平衡解流形的一种方法。目前大多数研究主要集中在单参数平衡解流形的追踪问题上，由于电力系统本身的复杂性，使多参数流形的追踪过于复杂，二维参数平衡解流形的追踪已有报道，但更高维数平衡解流形的追踪方法尚未见到，毫无疑问，多维参数平衡解流形的追踪将是今后值得深入研究的方向之一[57,58]。

1）单参数延拓法

单参数延拓法的基本思想是通过对常规潮流方程进行参数化处理得到扩展的潮流方程，然后假设潮流初始值(x_0, μ_0)已知，从该已知点出发，通过预测环节，在给定的步长控制策略下，利用切线法或插值法获得解曲线上下一点的近似值$(\tilde{x}_1, \tilde{\mu}_1)$，最后通过校正环节求得下一点的准确值$(x_1, \mu_1)$，如此循环直至求得分岔点。

扩展潮流方程如下：

$$\begin{cases} f(x,\mu) = g(x) - \mu b = 0 \\ P(x,\mu) = 0 \end{cases} \tag{4-72}$$

式中，$g(x)$为常规潮流方程；b为方向向量；μ为分岔参数。其中第二式为参数化方程，主要有弧长参数化和局部参数化两种方法。参数化方程的引入，使方程组(4-72)的雅可比矩阵在分岔点处不奇异，从而克服了常规潮流方程的雅可比矩阵在分岔点处奇异、在分岔点附近雅可比矩阵病态造成潮流计算不收敛的问题。

若采用弧长参数化，则式(4-72)可改写成

$$\begin{cases} f(x,\mu) = g(x) - \mu b = 0 \\ \sum_{i=1}^{n} \{[x_i - x_i(s)]^2\} + [\mu - \mu(s)]^2 - (\Delta s)^2 = 0 \end{cases} \tag{4-73}$$

式中，s为弧长参数；Δs为弧长变化量。

在应用延拓法求解过程中，预测的方法主要有切线法和割线法，这两种方法经常配合使用，在对第一点预测时采用切线法，以后各点用割线法；校正采用弧长法。对步长的控制采取如下措施：在校正过程中，如迭代经过预先指定的次数仍不收敛，则将步长减小为前次的一半，重新校正；如经过很少几次迭代就收敛，则下次迭代的步长取为本次的两倍；如在适当的次数下收敛，则下次迭代的步长保持不变。

2）多(两)参数延拓法

该方法的基本思想是首先应用延拓法来求取单个参数的静态分岔点(SNB)，然后从该分岔点出发，继续应用延拓法求解表示鞍结点分岔的非线性方程组，求解追踪出系统的二维分岔边界。延拓法的优点是能追踪出给定参数区间的平衡解流形，方便地计及各种不等式约束条件，得出的结果含有非常有用的工程信息，算法的鲁棒性好。

在求得单个参数的静态分岔点之后，继续求解下列非线性方程组，可追踪计算出系统的二维分岔边界：

$$\begin{cases} f(x,\mu) = 0 \\ Aq = 0 \\ \langle q,q \rangle - 1 = 0 \end{cases} \tag{4-74}$$

式中，A 为系统的增广矩阵；q 为包含零特征值对应的右特征向量的单位向量；μ 为分岔参数向量，$\mu \in \mathbf{R}^2$。

在二维分岔边界的基础上，可逐步得到更高维参数的分岔边界，不过边界的表示及计算方法将会更复杂。

多(两)参数延拓法的缺点是计算繁杂且量大，对预测、校正和步长控制等几个关键环节要求严格，且不易得出新的分支方向，不能准确确定分岔点的位置，因此还没有在线应用。

4.4　电压稳定的静态分析指标

迄今为止，研究人员从不同的角度提出了多种电压稳定性的静态分析指标，总体上可将这些指标分成两类：状态指标和裕度指标。这两类指标都能够给出系统当前运行点离电压崩溃点距离的某种度量。但状态指标只取用当前运行状态的信息，包括阻抗模指标、各类灵敏度指标、奇异值指标、特征值指标等。而裕度指标则涉及过渡过程的模拟和临界点的求取问题，它从系统给定的运行状态出发，按照某种模式，通过负荷增长或传输功率的增长逐步逼近电压崩溃点，以系统当前运行点到电压崩溃点的距离作为电压稳定程度的指标[59,60]，包括基于潮流解的 L 指标、基于潮流解对的 VIPI 指标等。相比状态指标，裕度指标蕴含的信息量大，可以比较方便地计及过渡过程中各种因素如约束条件、发电机有功分配、负荷增长方式等的影响。

4.4.1　灵敏度指标

灵敏度方法利用系统中某些量的变化关系来分析稳定问题。这类方法不仅能够给出电压稳定的指标，并能从其提供的有用信息中方便地识别系统中各节点的强弱，以及需要采取的相应对策，因此，灵敏度方法得到了广泛的应用和研究。但许多灵敏度方法未涉及负荷的静态、动态特性，发电机的无功功率约束，发电机间的负荷经济分配等约束，因此，计算的结果都带有许多修正和偏差。最常见的灵敏度判据有 $\mathrm{d}Q/\mathrm{d}U$、$\mathrm{d}p/\mathrm{d}U$ 等。在简单系统中，各类灵敏度判据是相互等价的，且能准确反映系统输送功率的极限能力，但是推广到复杂系统以后，由于受各种因素的共同制约则彼此不再保持一致，不一定能准确反映系统的极限输送能力，甚至可能出现与简单系统相悖的情况。

表示电力系统的数学模型的微分-代数方程如下：

$$\dot{X} = F(X, Y, P) \tag{4-75}$$

$$0 = G(X, Y, P) \tag{4-76}$$

式中，函数 F 表示系统的动态部分，包括发电机和励磁机等动态特性；函数 G 表示系统的静态部分,包括发电机定子、内部和外部的网络模型;X 为状态变量;Y 为代数变量;P 为参数。若在一个稳定运行点($X(P_0)$,$Y(P_0)$)附近,对参数 P 求偏导,并求出矩阵在该平衡点的值,则有

$$\frac{\partial F}{\partial X}\frac{\partial X}{\partial P}+\frac{\partial F}{\partial Y}\frac{\partial Y}{\partial P}+\frac{\partial F}{\partial P}=0 \tag{4-77}$$

$$\frac{\partial G}{\partial X}\frac{\partial X}{\partial P}+\frac{\partial G}{\partial Y}\frac{\partial Y}{\partial P}+\frac{\partial G}{\partial P}=0 \tag{4-78}$$

可得代数变量的参数灵敏度以及状态变量的灵敏度表达式:

$$\frac{\partial Y}{\partial P}=-\left[\frac{\partial G}{\partial Y}\right]^{-1}\left[\frac{\partial G}{\partial X}\frac{\partial X}{\partial P}+\frac{\partial G}{\partial P}\right] \tag{4-79}$$

$$\frac{\partial X}{\partial P}=A^{-1}\left[\frac{\partial F}{\partial Y}\left[\frac{\partial G}{\partial Y}\right]\frac{\partial G}{\partial P}-\frac{\partial F}{\partial P}\right] \tag{4-80}$$

式中

$$A=\left[\frac{\partial F}{\partial X}-\frac{\partial F}{\partial Y}\left[\frac{\partial G}{\partial Y}\right]^{-1}\frac{\partial G}{\partial X}\right] \tag{4-81}$$

将式(4-80)代入式(4-79),则可以得到代数变量的参数灵敏度。由上述式(4-79)~式(4-81)可以求得系统任何代数、状态变量对参数的灵敏度。

灵敏度指标的分类除了从数学角度将其分为状态变量灵敏度和代数变量灵敏度外,从物理意义上,还可以分为节点灵敏度、支路灵敏度以及发电机灵敏度等[4]。

通过灵敏度指标能够直接判断系统的电压稳定性,其本质是反映系统在传输功率极限时的临界状态。如 dU_L/dQ_L,当无功需求 Q_L 减小(或增加),该点电压 U_L 是上升(下降)的,则系统是电压稳定的;dQ_L/dQ_G,当无功负荷需求 Q_L 增加(或减小),引起发电机无功输出 Q_G 增加(或减小)时,则系统是电压稳定的。

除此以外,利用灵敏度指标,通过对灵敏度值的绝对值大小的排序,能够寻找系统电压稳定的薄弱节点或薄弱区域,确定系统安装无功补偿的位置。另外,通过灵敏度指标的综合判别式以及灵敏度的变化率来识别系统薄弱母线,也是目前常用的方法[34~44]。

4.4.2 奇异值/特征值指标

由前面的分析知,可通过潮流雅可比矩阵的行列式符号判断系统的静态稳定性,潮流雅可比矩阵的最小奇异值大小可作为静态电压稳定性的指标,最小奇异值大小可表示运行点和静态电压稳定极限间的距离;右奇异向量中的最大元素指示最灵敏的电压幅值,即指示系统的电压关键点,左奇异向量中的最大元素指示功率注入最灵敏的方向,即系统中的关键发电机[18~29]。

类似的,通过雅可比矩阵的最小特征值的大小度量系统工作点的静态电压稳

定裕度。与最小特征值相关的右特征向量的最大元素对应系统中的电压关键点，左特征向量的最大元素指示功率变化最灵敏的方向。

在实践中发现，随着系统的增大，特征值和奇异值变得更加类似。当方程维数增加后，矩阵的最小特征值和奇异值都要变小。如系统发电机达到无功限制而由 PV 节点转化为 PQ 节点后，特征值有一个跳变，线性不好。而且通常在临界点处，奇异值和特征值变化速率非常大，特别是在有多台发电机达到限制的时候。

通过一些快速算法，如利用潮流计算 LU 分解结果，再通过近似算法可以快速计算最小奇异值，对于特征值，只计算 m 个最小特征值，如果其中最大的特征值相应的模式被认为是电压稳定，则比 m 更大的特征值均不必计算，大大减少了计算量。

4.4.3　基于潮流解的指标

1. 基于一般潮流解的电压稳定性指标 L

Kessel 首次提出了 L 指标[59]，文献[60]和[61]在此基础上忽略了节点导纳矩阵的实部，对该指标进行了简化。L 指标是表征实际状态和稳定极限之间距离的量化指标，其值在 0 和 1 之间，用于描述电压解的存在性。应用于多节点系统时，该方法把所有节点划分为发电机节点的集合 G 和负荷节点的集合 L，其中，发电机节点为 PV 节点，其节点电压幅值恒定。可对系统中所有负荷节点 $j \in \mathrm{L}$，按下式计算 L 指标，其中，最大的 L 值与 1 的临近程度表示系统临近发散的程度。

$$L = \max_{j \in \mathrm{L}} L_i = \max\left\{1 - \frac{\sum\limits_{j \in \mathrm{L}} F_{ji} U_i}{U_j}\right\} \tag{4-82}$$

式中，F_{ji} 为负荷参与因子。矩阵 F 是对潮流计算中所用的节点导纳矩阵 Y 进行部分求逆所得的 H 矩阵的子矩阵：

$$\begin{bmatrix} U^{\mathrm{L}} \\ I^{\mathrm{G}} \end{bmatrix} = H \begin{bmatrix} I^{\mathrm{L}} \\ U^{\mathrm{G}} \end{bmatrix} = \begin{bmatrix} Z^{\mathrm{LL}} & F^{\mathrm{LG}} \\ K^{\mathrm{GL}} & Y^{\mathrm{GG}} \end{bmatrix} \begin{bmatrix} I^{\mathrm{L}} \\ U^{\mathrm{G}} \end{bmatrix} \tag{4-83}$$

式中，U^{L}、I^{L} 为负荷节点的电压向量和注入电流向量；U^{G}、I^{G} 为发电机节点的电压向量和注入电流向量。

以新英格兰 30 节点系统为例，说明 L 指标的应用。系统接线图如图 4.10 所示，计算结果如图 4.11 所示。其中，L_i 的计算是针对多节点进行的，把它作为无功需求的函数。结果表明，L_i 的计算中包含很多有价值的信息。例如，属于同一临界区域的全部节点的稳定性指示 L_i 的特性曲线相似，如果相邻的两个 L_i 指标相差过大，则说明线路过负荷；从大量计算经验表明，可以取 L_i 等于 0.2 为门槛值，如果某个节点的 L_i 超过 0.2，则环绕该节点的区域是临界区域[62]。

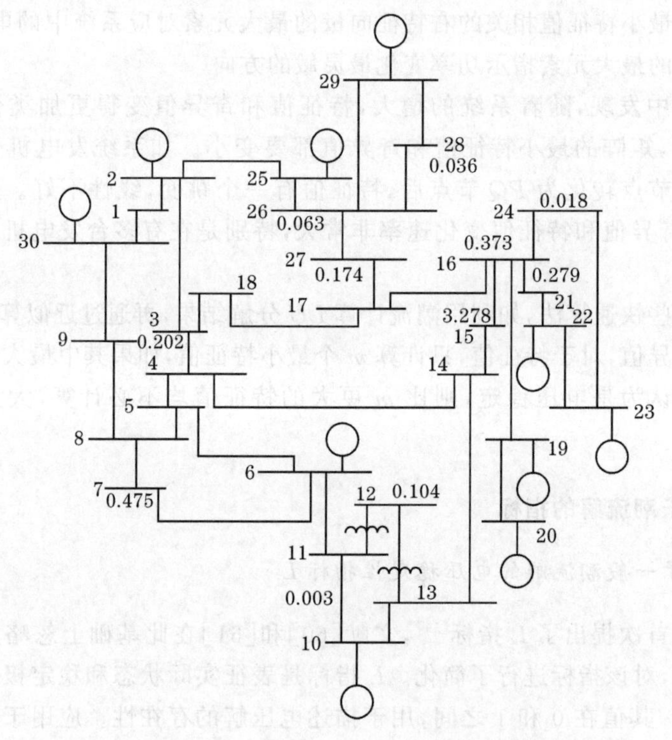

图 4.10　新英格兰 30 节点系统示意图

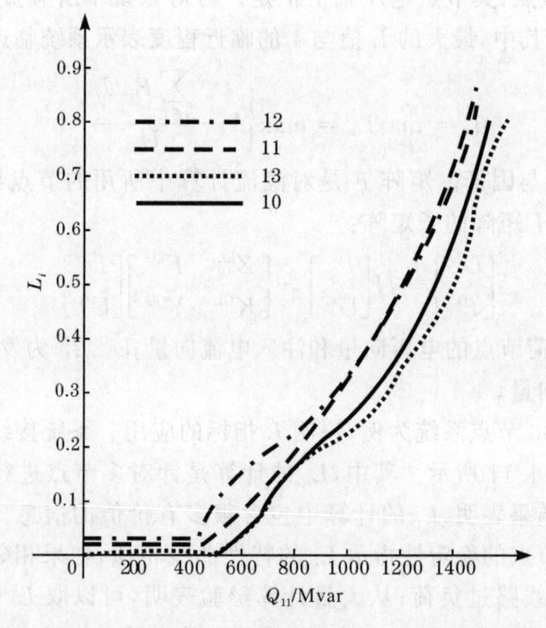

图 4.11　作为无功负荷 Q_{11} 函数的节点 10～13 的稳定性指标 L_i

L 指标结构简单，计算速度快，可用于在线电压稳定分析。但由于该指标基于传统潮流模型，不能提供任何关于支路及发电机参与信息，无法考虑负荷模型、发电机的无功限制等，仍具有很大的局限性。文献[63]考虑了负荷模型，提出一种改进的 L 指标。

2. 基于潮流解对的邻近电压崩溃的指示 VIPI[4,64]

潮流方程通常呈现多个解对，解对的数目随运行点接近崩溃点减少，在崩溃点附近仅为 1 对解，在崩溃点处 2 个解变为 1 个解。图 4.12 给出了新英格兰 30 节点系统中仅 Q_{11} 增加时，系统多潮流解数目的变化。

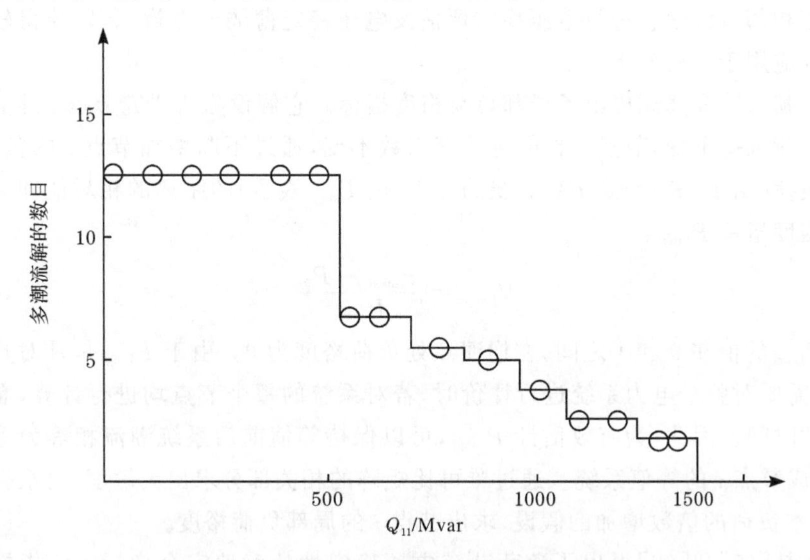

图 4.12　增加 Q_{11} 时系统潮流解数目的变化

电压稳定性接近指标(voltage instability proximity index，VIPI)是利用这种解对来预报电压不稳定的接近程度。该指标是根据如下直角坐标的潮流方程定义的：

$$y_s = y(x) = (Ax)x + Bx + C \tag{4-84}$$

式中，x 为以直角坐标表示的电压向量；y_s 表示节点注入向量；$y(x)$ 为 x 的二次函数；A 为三维 Hessian 阵；B 为常数方程；C 为常数向量。

设 x_1 和 x_2 分别指示高电压(可运行)解和低电压解，定义 a、b 两个向量：

$$a = (x_1 + x_2)/2 \tag{4-85}$$

$$b = (x_1 - x_2)/2 \tag{4-86}$$

在电压崩溃点时，有 $x_1 = x_2$，即 $b = 0$。

VIPI 定义为矢量 Y_s 和 $Y(a)$ 之间的夹角，以度为衡量，Y_s 为节点注入向量，

$Y(a)$为节点注入空间的奇异向量：

$$\text{VIPI} = \theta = \cos^{-1} \frac{\left| Y(a)^{\mathrm{T}} Y_{\mathrm{s}} \right|}{\left| Y(a) \right| \left| Y_{\mathrm{s}} \right|} (^{\circ}) \tag{4-87}$$

4.4.4　局部指标

随着电力系统的不断扩大，如果对系统中所有节点进行电压稳定分析，将付出很高的计算代价。而往往研究的重点只在于某节点或区域的负荷增长对系统电压稳定性的影响，因此，在精度允许的情况下，可以通过等效的方法进行局部电压稳定性分析，例如，针对单个母线或线路，目前主要基于被监测母线的本地信息和直接相邻母线信息进行电压稳定评估及电压稳定薄弱节点辨识，以获得较快的速度并应用于在线分析。

文献[65]和[66]提出了局部负荷裕度指标。它假设除所研究节点 i 外的所有节点负荷维持不变，节点 i 的负荷功率因数不变，通过不断增加节点 i 的负荷，从起始负荷(用 P_{0i} 表示)到 PV 曲线的鼻点(用 $P_{\mathrm{max}i}$ 表示)的距离的相对值即为局部负荷裕度指标 $P_{\mathrm{Lmg}i}$：

$$P_{\mathrm{Lmg}i} = \frac{P_{\mathrm{max}i} - P_{0i}}{P_{\mathrm{max}i}} \tag{4-88}$$

$P_{\mathrm{Lmg}i}$的值在 0 和 1 之间，在崩溃点处负荷裕度为 0。由于 $P_{\mathrm{Lmg}i}$是针对具体节点，当需要对整个电力系统进行评价时，若对系统的每个节点均进行计算，需耗费大量的时间。因此，为有效估计 $P_{\mathrm{Lmg}i}$，可以保持等值前后系统潮流相等为等值原则，形成节点 i 的等值系统。通过雅可比矩阵的相关部分求出灵敏度，再根据节点 i 按基本负荷的倍数增加的假设，求出节点 i 的局部负荷裕度。

文献[67]和[68]提出了负荷节点电压稳定性的就地安全指标。该指标只采用本地量，利用简化的两节点系统的潮流方程有解条件判断电压安全性，通过潮流方程的实部、虚部有解条件，构造出线路稳定因子；通过潮流方程的直角坐标形式，按潮流有解条件构造出利用电压实部的安全指标以及利用电压幅值的安全指标。

4.4.5　阻抗模指标

对于图 4.13 所示系统，由式(4-9)可得电压解：

$$U_{\mathrm{L}} = \sqrt{\frac{E^2}{2} - P_{\mathrm{L}} R_{\mathrm{s}} - Q_{\mathrm{L}} X_{\mathrm{s}} \pm \frac{1}{4} \sqrt{(2P_{\mathrm{L}} R_{\mathrm{s}} + 2Q_{\mathrm{L}} X_{\mathrm{s}} - E^2)^2 - 4Z_{\mathrm{s}}^2 (P_{\mathrm{L}}^2 + Q_{\mathrm{L}}^2)}} \tag{4-89}$$

因此，当满足

$$(2P_{\mathrm{L}} R_{\mathrm{s}} + 2Q_{\mathrm{L}} X_{\mathrm{s}} - E^2)^2 - 4Z_{\mathrm{s}}^2 (P_{\mathrm{L}}^2 + Q_{\mathrm{L}}^2) = 0 \tag{4-90}$$

时,电压有唯一解:

$$U_{\mathrm{L}} = \sqrt{\frac{E^2}{2} - P_{\mathrm{L}}R_{\mathrm{s}} - Q_{\mathrm{L}}X_{\mathrm{s}}} \tag{4-91}$$

此时负荷阻抗 Z_{L} 满足

$$Z_{\mathrm{L}}^2 = R_{\mathrm{L}}^2 + X_{\mathrm{L}}^2 = \frac{U_{\mathrm{L}}^4}{P_{\mathrm{L}}^2 + Q_{\mathrm{L}}^2} \tag{4-92}$$

将式(4-91)代入式(4-92),可得

$$Z_{\mathrm{L}}^2 = \frac{\left(\frac{E^2}{2} - P_{\mathrm{L}}R_{\mathrm{s}} - Q_{\mathrm{L}}X_{\mathrm{s}}\right)^2}{P_{\mathrm{L}}^2 + Q_{\mathrm{L}}^2} = \frac{Z_{\mathrm{s}}^2(P_{\mathrm{L}}^2 + Q_{\mathrm{L}}^2)}{P_{\mathrm{L}}^2 + Q_{\mathrm{L}}^2} = Z_{\mathrm{s}}^2 \tag{4-93}$$

即有

$$|Z_{\mathrm{L}}| = |Z_{\mathrm{s}}| \tag{4-94}$$

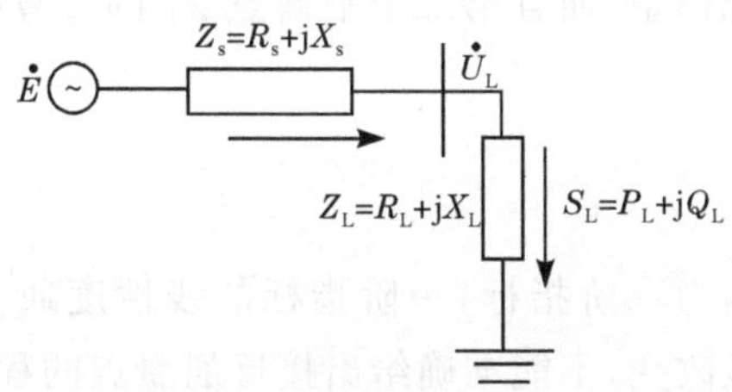

图 4.13　戴维南等值系统

通过潮流有解的条件,可以得到当负荷节点的等效阻抗等于该节点网络的等效阻抗(系统戴维南等值阻抗)时,该网络的输送功率达到极限。因此,可在负荷节点处监视负荷阻抗以及系统的戴维南等值阻抗。当负荷阻抗大于戴维南等值阻抗时,则系统电压稳定;当负荷阻抗小于戴维南等值阻抗时,则系统电压失稳;当二者相等时,则为电压稳定的临界点。该方法具有很好的线性,但如何准确获得系统的戴维南等值参数成为制约该方法发展的关键[69~71]。

4.4.6　能量函数指标

能量函数指标(TEF)是建立在 Lyapunov 稳定理论基础之上的。把它作为电压稳定性指标,是由于这个标量函数在某些假设条件下被证明是直接与鼻型曲线包围的区域有关的。对于一个平衡点,能量函数表示为

$$\begin{aligned}\mathrm{TEF} =& \frac{1}{2}\sum_{i=1}^{n}\sum_{j=1}^{n} B_{ij}U_i^0U_j^0\cos(\theta_i^0 - \theta_j^0) - \frac{1}{2}\sum_{i=1}^{n}\sum_{j=1}^{n} B_{ij}U_i^1U_j^1\cos(\theta_i^1 - \theta_j^1) \\ &- \sum_{i=1}^{n} P_i(P_0)\cos(\theta_i^1 - \theta_i^0) - \sum_{i=1}^{n}\int_{U_i^0}^{U_i^1}\frac{Q_i(U,P_0)}{U}\mathrm{d}U\end{aligned}$$

$$+\sum_{i=1}^{n}\sum_{j=1}^{n}G_{ij}U_i^0U_j^0\cos(\theta_i^0-\theta_j^0)(\theta_i^1-\theta_i^0)$$
$$+\sum_{i=1}^{n}\sum_{j=1}^{n}G_{ij}U_i^0U_j^0\cos(\theta_i^0-\theta_j^0)(U_i^1-U_i^0) \tag{4-95}$$

式中,G_{ij}、B_{ij}为节点导纳矩阵中第 ij 个元素的实部、虚部;$P_i(p)$和 $Q_i(p)$分别为在节点 k 注入的有功和无功功率;$U_i^0\angle\theta_i^0$、$U_j^0\angle\theta_j^0$ 为节点 i 和 j 在平衡点(Z_0,p_0)的节点电压矢量;$U_i^1\angle\theta_i^1$ 和 $U_j^1\angle\theta_j^1$ 表示对同一参数值 p_0 在另一平衡点 Z_1 时的电压矢量,它与“最接近”的不稳定平衡点有关。

TEF 的表达式提供两个平衡点之间的“能量距离”的量度。当系统达到崩溃点时,两个解 Z_0 和 Z_1 合成一个解,即 $Z_0=Z_1$。在崩溃点,TEF 值变为零。这个特性可用做系统接近电压崩溃时的预报。能量函数指标的一个不理想之处是不容易包括更复杂的系统模型,而且第二个平衡点 Z_1 的计算很不容易,特别是对于重负荷系统[4]。

4.4.7 二阶指标

前述的各种指标均为一阶指标,一阶指标的线性度通常较差,只有在系统接近崩溃点时才发生明显改变,不能准确给出接近崩溃点的程度。Berizzi 等[72]提出了二阶指标概念,通过利用一阶指标中的附加信息来克服线性不好的弱点。

二阶指标是基于“二次型”函数,该函数的特征在于对参数变化的比值是线性的,如函数

$$f(\lambda)=(a-b\lambda)^{-\frac{1}{c}} \tag{4-96}$$

则有

$$\frac{f(\lambda)}{\mathrm{d}f/\mathrm{d}\lambda}=ac/b-c\lambda \tag{4-97}$$

于是可定义二阶指标:

$$l=\frac{1}{l_0}\,\frac{f(\lambda)}{\mathrm{d}f/\mathrm{d}\lambda} \tag{4-98}$$

如果系统遇到发电机容量或其他限制时,$f(\lambda)$的变化会被 $\mathrm{d}f/\mathrm{d}\lambda$ 的高值抵消一部分,因此,二阶指标大大改善了一阶指标的线性。如果不考虑系统的限制,则二阶指标完全是线性的,只需要计算两个点,就可得到系统的临界点,这可作为一种近似的估计方法。

由于电力系统的非线性,要在一阶指标中直接寻找具有线性化较好的指标几乎是不可能的。因此,问题的关键在于寻找具有二次型条件的函数,构造二阶指标。目前为止,提出了以下几种二阶指标:试验函数、最小奇异值、降阶雅可比矩阵,以及网损灵敏度。这些“二次型”函数,严格来说也仅仅是接近“二次型”,但已

满足基本的分析要求。

1．试验函数

试验函数是建立在一簇标量 t_{lk} 基础上，定义为

$$t_{lk} = \left| e_l^{\mathrm{T}} J J_{lk}^{-1} e_l \right| \tag{4-99}$$

式中，J 对应于系统雅可比矩阵；e_l 是第 l 个单位矢量；J_{lk} 表示对雅可比矩阵 J 的一个运算，即移去 l 行，由 e_k^{T} 行代替，即

$$J_{lk} = (I - e_l e_l^{\mathrm{T}})J + e_l e_k^{\mathrm{T}} \tag{4-100}$$

其中，I 为单位矩阵。如果 $l=k=c$，c 为雅可比矩阵右特征向量中最大元素或临界元素，则此时试验函数为“临界”试验函数：

$$t_{cc} = \left| e_c^{\mathrm{T}} J J_{cc}^{-1} e_c \right| \tag{4-101}$$

当系统状态变量改变，临界试验函数 t_{cc} 表示为负荷裕度 $\Delta\lambda$ 的二次型，即

$$t_{cc} = m\Delta\lambda^{\frac{1}{c}} \tag{4-102}$$

式中，m 为标量常数；$c=2$ 或 4。通常只有在关键区域母线的试验函数才显示出这种二次型，而在其他节点，对参数的变化很不灵敏，不具备二次型特性。因此，采用试验函数时，关键一个问题在于如何确定关键节点。工程上通常采用以下几种方法：

(1) 通过网络结构、运行人员的经验以及仿真计算结果确定关键节点；

(2) 与特征值分析方法或奇异值分析方法相结合，通过雅可比矩阵最小特征值对应的右特征向量或者右奇异向量的最大元素来确定关键节点；

(3) 通过负荷增长，定义参与系数最大的节点；

(4) 与灵敏度方法相结合，以弱节点确定系统的关键节点。

2．最小奇异值

文献[73]和[74]证明，当负荷功率增长时，系统雅可比矩阵的最小奇异值呈较好的线性变化，如图 4.14 中虚线所示。因此，可在最小奇异值基础上构造线性度较好的二阶指标，如图 4.14 中实线所示。

对雅可比矩阵进行奇异值分解得

$$J = U\Sigma V^{\mathrm{T}} = \sum_{i=1}^{n} \sigma_i u_i v_i^{\mathrm{T}} \tag{4-103}$$

式中，U、V 分别为正交矩阵；u、v 为左、右奇异向量；Σ 为对角矩阵，其对角元素为雅可比矩阵奇异值 σ_i。当状态变量变化 Δx 时，新的雅可比矩阵为

$$[J]_{X+\Delta X} = [J]_X + [f_{XX}]_X \Delta X \tag{4-104}$$

式中，$[f_{XX}]$ 为潮流方程的 Hessian 矩阵。如果 Δp 为功率注入向量的变化量，则状态变化量为

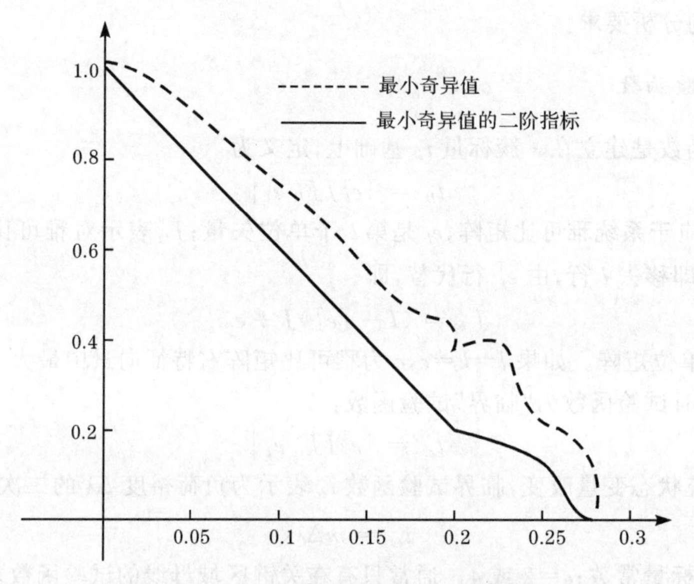

图 4.14　最小奇异值及其二阶指标

$$\Delta x = -J^{-1}\Delta p \tag{4-105}$$

将式(4-105)代入式(4-104)可得

$$[J]_{X+\Delta X} = (U+\Delta U)(\Sigma+\Delta\Sigma)(V+\Delta V)^{\mathrm{T}} \tag{4-106}$$

将式(4-103)～式(4-105)代入式(4-106)，并忽略扰动的二次和三次项，可以得到

$$U\Delta\Sigma V^{\mathrm{T}} + \Delta U\Sigma V^{\mathrm{T}} + U\Sigma\Delta V^{\mathrm{T}} = -f_{XX}J^{-1}\Delta p \tag{4-107}$$

由于扰动前后，左右奇异矩阵均为正交矩阵，因此有

$$(U+\Delta U)(U+\Delta U)^{\mathrm{T}} = I \tag{4-108}$$

$$(V+\Delta V)(V+\Delta V)^{\mathrm{T}} = I \tag{4-109}$$

同时假设 $M=U^{\mathrm{T}}\Delta U, N=V^{\mathrm{T}}\Delta V$，则有 $M=M^{\mathrm{T}}, N=N^{\mathrm{T}}$，且 M、N 对角线元素均为0。将式(4-107)展开，可以得到 J 的第 r 个奇异值变化为

$$\Delta\sigma_r = -\left|U^{\mathrm{T}}f_{XX}J^{-1}\Delta pV\right|_{rr} \tag{4-110}$$

对于最小奇异值，可以得到

$$\Delta\sigma_{\min} = c^{\mathrm{T}}\Delta p \tag{4-111}$$

式中，$c=-V_1^{\mathrm{T}}(U_1^{\mathrm{T}}f_{XX}J^{-1})$，$U_1$、$V_1$ 为最小奇异值的左右奇异向量。通过式(4-110)可以计算当功率发生变化时，最小奇异值的变化。同时参数 c 可以反映节点的电压灵敏度，在 c 中参数最大所指示的节点安装无功补偿装置，将比在其他节点装设获得更好的效果。

3. 降阶雅可比矩阵

在给定负荷节点，可得到以下简化方程：

$$\begin{bmatrix} \Delta P_1 \\ \Delta Q_1 \end{bmatrix} = D' \begin{bmatrix} \Delta\theta \\ \Delta U_1 \end{bmatrix} \tag{4-112}$$

式中，$D' = D - CA^{-1}B$，A、B、C、D 为雅可比矩阵相应的子矩阵。可以看出，矩阵 D'可以在所有运行点定义，由于只要在崩溃点雅可比矩阵的零特征值对应的右特征向量中有非零元素，在崩溃点矩阵 A 也是非奇异的。因此，$\det D' = \dfrac{\det J}{\det A}$仅仅在崩溃点变为零。

4. 网损灵敏度

电力系统电压运行水平与传输网络功率损耗关系密切，系统电压崩溃的一个典型特征是系统网损的突然增大。当系统随着负荷的加重，到达临界点时，网损灵敏度趋于无穷大，因此，网损灵敏度可作为电压崩溃的一个标志。

网络中的功率损耗应等于系统中所有节点注入功率之和：

$$\dot{S}_{\text{loss}} = \sum_{i=1}^{n}\sum_{j=1}^{n} \dot{U}_i \ (Y_{ij} \dot{U}_j)^* \tag{4-113}$$

将有功、无功分开描述，则有

$$\begin{cases} P_{\text{loss}} = f(\delta, U) \\ Q_{\text{loss}} = h(\delta, U) \end{cases} \tag{4-114}$$

可以得到

$$\begin{cases} \dfrac{\mathrm{d}P_{\text{loss}}}{\mathrm{d}P} = \dfrac{\partial P_{\text{loss}}}{\partial \delta}\dfrac{\partial \delta}{\partial P} + \dfrac{\partial P_{\text{loss}}}{\partial \theta}\dfrac{\partial \theta}{\partial P} \\ \dfrac{\mathrm{d}P_{\text{loss}}}{\mathrm{d}Q} = \dfrac{\partial P_{\text{loss}}}{\partial \delta}\dfrac{\partial \delta}{\partial Q} + \dfrac{\partial P_{\text{loss}}}{\partial \theta}\dfrac{\partial \theta}{\partial Q} \end{cases} \tag{4-115}$$

表示为矩阵形式，则有

$$\begin{bmatrix} \dfrac{\mathrm{d}P_{\text{loss}}}{\mathrm{d}P} \\ \dfrac{\mathrm{d}P_{\text{loss}}}{\mathrm{d}Q} \end{bmatrix} = -\begin{bmatrix} \dfrac{\partial \delta}{\partial P} & \dfrac{\partial U}{\partial P}\dfrac{1}{U} \\ \dfrac{\partial \delta}{\partial Q} & \dfrac{\partial U}{\partial Q}\dfrac{1}{U} \end{bmatrix} \begin{bmatrix} \dfrac{\partial P_{\text{loss}}}{\partial P} \\ \dfrac{\partial P_{\text{loss}}}{\partial U} \end{bmatrix} = -[J^{\mathrm{T}}]^{-1} \begin{bmatrix} \dfrac{\partial P_{\text{loss}}}{\partial P} \\ \dfrac{\partial P_{\text{loss}}}{\partial U} \end{bmatrix} \tag{4-116}$$

式中

$$\begin{cases} \dfrac{\partial P_{\text{loss}}}{\partial \delta_i} = 2\sum_{i=1}^{n} U_i G_{ij} U_j \sin\delta_{ij} \\ \dfrac{\partial P_{\text{loss}}}{\partial U_j} U_j = 2\sum_{i=1}^{n} U_i G_{ij} U_j \cos\delta_{ij} \end{cases} \tag{4-117}$$

通过式(4-116)可求得网损灵敏度$\dfrac{\mathrm{d}P_{\text{loss}}}{\mathrm{d}P}$和$\dfrac{\mathrm{d}P_{\text{loss}}}{\mathrm{d}Q}$，类似可求得无功网损灵敏度$\dfrac{\mathrm{d}Q_{\text{loss}}}{\mathrm{d}P}$和$\dfrac{\mathrm{d}Q_{\text{loss}}}{\mathrm{d}Q}$。由式可以看出，网损灵敏度指标与雅可比矩阵密切相关。当系统

临近电压稳定崩溃时，雅可比矩阵的行列式趋于0，则网损灵敏度趋于无穷大，因此，可利用网损灵敏度判断系统的电压稳定性，但该指标的线性很差。为克服网损灵敏度指标线性特性差的缺点，研究发现，通过利用网损灵敏度的二阶导数构成的二阶指标具有很好的线性。网损灵敏度的二阶导数可以通过有限微分求得：

$$\frac{\mathrm{d}^2 P_{\mathrm{loss}}}{\mathrm{d}P^2} = \frac{\frac{\mathrm{d}P_{\mathrm{loss}}}{\mathrm{d}\lambda}(\lambda+\Delta\lambda) - \frac{\mathrm{d}P_{\mathrm{loss}}}{\mathrm{d}\lambda}(\lambda)}{\Delta\lambda} \tag{4-118}$$

式中，$\Delta\lambda$ 通常为5倍潮流误差。

4.5 工程应用

4.5.1 我国工程指标

目前，我国电网电压、无功方面可依据的导则和标准主要包括：

《电力系统安全稳定导则》(DL 755—2001)；

《电力系统电压和无功电力技术导则》(SD 325—1989)；

《电力系统电压和无功电力管理条例》(能源电[1988] 18号)；

《国家电网公司电力系统无功补偿配置技术原则》(国家电网生[2004] 435号)等。

这些导则和标准对静态电压稳定评价方面涉及较少，仅在2001年修订的《电力系统安全稳定导则》中提出，可以采用 PV、VQ 曲线方法仿真变化过程缓慢的长期电压失稳问题，求取电压稳定裕度，确定系统的关键母线、关键线路和关键机组，确定系统内的电压稳定相对薄弱区域，为运行和规划人员进一步分析提供依据。

静态电压稳定计算分析可采用逐渐增加负荷（根据情况可按照保持恒定功率因数、恒定功率或恒定电流的方法按比例增加负荷）的方法求解电压失稳的临界点（由$\frac{\mathrm{d}P}{\mathrm{d}U}=0$ 或$\frac{\mathrm{d}Q}{\mathrm{d}U}=0$ 表示），从而估计当前运行点的电压稳定裕度。

静稳定判据为

$$\frac{\mathrm{d}P}{\mathrm{d}U} > 0 \tag{4-119}$$

或

$$\frac{\mathrm{d}Q}{\mathrm{d}U} > 0 \tag{4-120}$$

式中，$P=f(U)$为系统的供电有功功率电压静特性，有功负荷的电压静特性按恒定功率考虑；$Q=f(U)$为系统的供电无功功率电压静特性，无功负荷的电压静特性按恒定功率考虑。

静态电压稳定储备系数为

$$K_V=\frac{U_Z-U_C}{U_C}\times 100\% \tag{4-121}$$

式中，U_Z、U_C分别为母线的正常电压和临界电压。

静态电压稳定储备标准为：

(1) 在正常运行方式下，对不同的电力系统，静态电压稳定储备系数(K_V)为10%～15%；

(2) 在事故后运行方式和特殊运行方式下，K_V不得小于8%。

1. 指标的选择

静态电压稳定性分析方法一般通过计算各种电压稳定安全指标来对系统的电压稳定性作出全面的评价，并可以确定系统的相对薄弱环节。在工程应用中比较实用的静态电压稳定安全指标应满足以下要求：

(1) 物理意义明确，同一运行方式不同负荷母线和不同运行方式之间的可比性强，便于比较分析和综合评价；

(2) 静态电压稳定性指标的变化应具有较好的线性度，以便直观地反映出运行点和临界点之间的裕度；

(3) 静态电压稳定的临界点在理论上有确切的含义；

(4) 根据静态电压稳定性指标，能够确定出系统的相对薄弱母线和薄弱区域，便于采取控制和加强措施；

(5) 从工程应用的角度，计算速度要快，保证在一定准确度的基础上允许有一定的计算误差。

电压稳定的状态指标只取用当前运行状态的信息，计算比较简单，但一般来说存在非线性。裕度指标的计算涉及过渡过程的模拟和临界点的求取问题，信息量较大，能够考虑到各种限制的发生，但是需要实现设定过渡过程。两类指标各有优缺点，在电力系统实际分析中可依据实际情况使用。

电压幅值、临界电压、有功裕度和无功裕度指标是物理意义比较明确的静态电压稳定安全指标，也是系统规划和运行人员在工程实际中比较关心的物理量，因此广泛应用于实际系统的电压稳定性评价。但电力系统是个大规模的非线性系统，状态变量在各种扰动变量和控制变量的作用下呈现很强的非线性变化，各种静态电压稳定性评价指标只是从不同的侧面反映系统的电压稳定水平，在对实际系统的电压稳定性评价中有着各自的局限性。

1) 电压幅值和临界电压指标

电压幅值指标通常用于衡量电压稳定水平和电压质量。对电压失稳现象的认识，是从对电压水平的大幅度下降特性的分析开始的。在实际系统运行中，运行人员往往主要关注中枢点母线电压。当系统的动态无功备用充足时，运行人员可通过常规的电压控制手段控制中枢点电压在合理的范围内。常规的电压调整手段主要包括发电机端电压调压、并联无功补偿设备调压、变压器分接头调整等。只要系统有足够的无功备用和灵活的调整手段，总能把电压控制在合理的运行范围内；反之，在重潮流方式下，如果无功备用不足，随负荷水平的加重，中枢点电压将不能再保持时，电压幅值指标能够反映出系统电压稳定水平的降低。电压从可控状态进入不可控状态，是电压稳定性变差的重要特征。但是由于电压变化的非线性特性，电压幅值并不能反映出系统的静态电压稳定水平和无功支持能力。

临界电压是指系统处于临界状态时的电压。对一个正常运行点而言，母线的临界电压是指系统按照某种负荷增长方式过渡到临界状态时的母线电压。实际系统中负荷的增长方式是不确定的，对于单负荷母线功率增长的情况，临界电压随增长负荷功率因数的变化而变化。一般情况下，增长负荷的功率因数越高，临界电压也越高，增长负荷的功率因数越低，临界电压也越低。临界电压还与母线电压的灵敏度有关，离电源越近的母线，电压灵敏度较小，临界电压往往较高；而末端或远离电源中心的负荷母线，临界电压往往偏低。由于临界电压的不确定性和电压的非线性，临界电压的高低并不能反映出系统电压稳定裕度的大小。因此，相同计算条件下求得的临界电压虽然在一定程度上反映了所研究母线的电压支持能力，但数值本身并不能说明实际问题。

因此，在对实际系统的评价中，用电压幅值指标和临界电压指标来评价系统的电压稳定性有很大的局限性。合理的电压分布是电压稳定水平高的必要条件，而非充要条件。

2）有功裕度和无功裕度指标

有功裕度是随负荷的不同增长方式和有功出力的不同调整原则而变化的，由此该指标计算具有不确定性。不同的负荷增长方式和有功出力调整原则有着不同的物理意义，因此需要结合实际系统的运行情况进行评价。

当负荷增长限于单负荷母线时，求得的有功裕度为单负荷母线有功裕度。实际系统中，即使在很小的时间段内，负荷的增长也不可能限于单一母线增长方式。当负荷的增长限于一个区域内时，求得的有功裕度指标为区域功率裕度。区域功率裕度指标是基于负荷同步增长的假设求得的。但是，在实际系统的运行过程中，负荷增长方式、有功出力调整并不一定按照计算所假定的方式变化。尽管如此，有功裕度作为静态电压稳定指标，能够给出系统目前运行状态下稳定储备的量化评价，为运行和规划人员提供了重要的参考依据。

求解无功裕度时，发电机有功出力随无功负荷的增长稍有变化，主要是由于无功增长引起的有功损耗的变化。因此，无功裕度求解有一定的确定性。但无功裕度并不是运行人员所关心的物理量，系统的输电能力、负荷水平和有功储备系数是运行人员最关心的。实际上有功功率的输送能力与系统无功支持能力是密切相关的，有功裕度和无功裕度从不同的侧面反映一个实际系统的电压稳定水平。在系统从正常运行状态向电压崩溃的临界状态过渡时，两者的变化趋势基本一致。无功裕度的大小也会影响到系统的有功输电能力，两者具有一致性。在实际系统电压稳定评价中，可以把无功裕度的确定性和有功裕度的直观性结合起来。

在电压稳定的研究过程中，应注意到研究系统的无功备用对于系统电压稳定水平有决定性影响。对于电气联系较为紧密的网络，无功备用的大小与研究区域电压稳定性的相关性较强，但对于弱联系的电网结构，无功备用并不能直接反映研究区域的电压稳定水平。同一区域的母线，靠近电源的母线和远端负荷母线的稳定裕度相差较大。

评价系统静态电压稳定水平的指标有很多，但在实际系统中通常选择有功裕度和无功裕度指标，这是因为功率裕度指标的计算过程模拟了运行点向临界点的过渡过程，并考虑实际系统在负荷加重过程中各种非线性因素的影响，物理意义明确，能够反映系统当前运行状态的稳定储备裕度。在实际应用中，由于运行人员比较关心负荷母线或区域有功负荷增长的百分比对电压稳定性的影响，所以在计算分析中，除了计算有功裕度和无功裕度指标外，还经常用功率裕度系数（有功裕度系数或有功储备系数）来表示电压稳定水平的强弱，功率裕度系数 K_P 定义为

$$K_P = \frac{P_{max} - P}{P} \times 100\% \tag{4-122}$$

功率裕度系数是建立在 PV 曲线所决定的 P_{max} 基础上，不同的负荷功率增长方式对应不同的 P_{max}，因此有不同的功率裕度系数 K_P。

调度运行人员最为关注的静态电压稳定性指标通常为区域功率储备系数。区域有功储备系数的计算公式为

$$\text{区域有功储备系数} = \frac{\text{极限功率} - \text{初始功率}}{\text{初始功率}} \times 100\% \tag{4-123}$$

该指标描述了在指定区域内所有负荷同步增长条件下，系统当前运行点离电压崩溃点的距离，以百分数的形式使运行人员对系统当前运行状况有较直观的认识。

单负荷母线有功储备系数的计算公式与式(4-123)相同，不同的是它描述了单个母线的负荷（仿真数据中通常将 110kV 及以下电压等级电网等值为一个负荷，此处的单母线负荷即低压电网等值后的负荷）按照一定模式增长条件下，当前运行点离电压崩溃点的距离，通过对不同母线负荷该指标的大小对比，可判断电网最先出现电压崩溃的母线，即是电网电压稳定的薄弱地区。

3）灵敏度指标

灵敏度分析的目的是确定运行点的各种状态指标，状态指标主要与当前运行点的状态量或状态量与扰动变量之间的变化关系有关，它实际上也可以作为反映电压稳定裕度的指标，只不过临界点的量已经确定，如 dU/dQ 灵敏度指标在临界点处为零、最小奇异值或特征值指标在临界点处为零等。

由于状态指标的求解过程不反映实际系统从运行点向临界点的过渡过程，不考虑各种限制性因素的影响，物理意义不很明确，作为独立的电压稳定性评价指标有很大局限性，但状态安全指标的求解比较简单、快捷，同一运行状态下不同母线上的灵敏度指标有可比性，可以作为辅助分析指标，帮助运行人员确定系统的相对弱负荷母线和弱区域，便于及时采取措施和进行有效监控。

结合各种评价指标的优缺点，目前工程中常用有功裕度指标和无功裕度指标相结合的方法来评价系统的静态电压稳定水平。

2. K_V和 K_P指标的对比

按照2001年颁布的《电力系统安全稳定导则》，按无功电压判据计算的静态稳定储备系数 K_V为10％～15％；在事故后运行方式和特殊方式下，K_V不得低于8％。本节对比 K_V和 K_P 指标之间的关系。为方便比较，功率裕度指标方法简称为 K_P方法，电压裕度指标方法简称为 K_V方法。

1）负荷功率因数为0.90

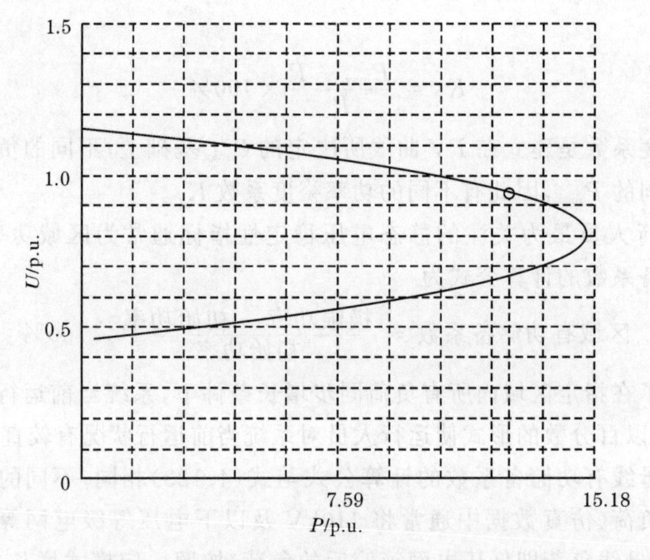

图4.15　负荷功率因数为0.90时的 PV 曲线

以负荷的初始有功功率为功率基准值，额定电压为电压基准值，以恒定负荷功率因数 0.9 增长负荷，得到的 PV 曲线如图 4.15 所示，图中标注的点为初始负荷点。K_V 与 K_P 方法的对比结果见表 4.5，此时，区域功率储备系数为 18%。表 4.5 将 $K_V=10\%$、15% 指标转化为相应的 K_P 指标，以 $K_V=10\%$ 为例说明转化过程。通过负荷点 PV 曲线可知临界功率为 1.18p.u.，临界电压为 0.80p.u.，则 $K_V=10\%$ 的运行点对应的电压值为 0.89p.u.，该运行点的功率值为 1.11p.u.，因此，该运行点的 $K_P=(1.18-1.11)/1.11\times100\%=6.3\%$。相应地可以求出 $K_V=15\%$ 运行点对应的 $K_P=18\%$。因此，现有《电力系统安全稳定导则》要求的静态稳定储备系数 $K_V=10\%\sim15\%$ 可以转化为 $K_P=6.3\%\sim18\%$，即电网的静态电压稳定最低运行点为 $K_P=6.3\%$。

表 4.5　负荷功率因数为 0.90 时 K_V 与 K_P 的对比情况表

方案对比	初始功率/p.u.	临界功率/p.u.	对应的 K_P/%	初始电压/p.u.	临界电压/p.u.
$K_P=18\%$	1.00	1.18	18	0.94	0.80
$K_P=8\%$	1.09	1.18	8	0.90	0.80
$K_V=10\%$	1.11	1.18	6.3	0.89	0.80
$K_V=15\%$	1.00	1.18	18	0.94	0.80

2）负荷功率因数为 0.95

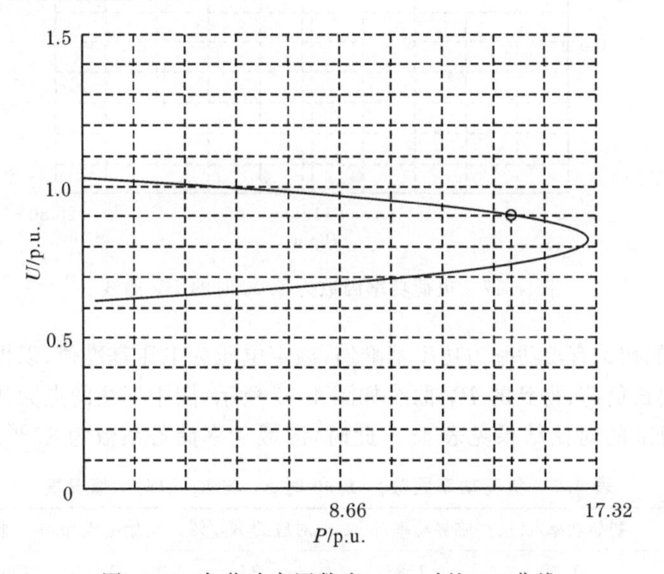

图 4.16　负荷功率因数为 0.95 时的 PV 曲线

以负荷的初始有功功率为功率基准值，额定电压为电压基准值，以恒定负荷功率因数 0.95 增长负荷，得到的 PV 曲线如图 4.16 所示，图中标注的点为初始负荷点。

K_V 与 K_P 的对比结果见表 4.6，此时，区域功率储备系数为 35%。此方式下静

态稳定储备系数 $K_V=10\%\sim15\%$ 可以转化为 $K_P=19.5\%\sim57\%$，即电网的静态电压稳定最低运行点为 $K_P=19.5\%$。

表 4.6　负荷功率因数为 0.95 时 K_V 与 K_P 的对比情况表

方案对比	初始功率/p. u.	临界功率/p. u.	对应的 K_P/%	初始电压/p. u.	临界电压/p. u.
$K_P=35\%$	1.00	1.35	35	0.99	0.87
$K_P=8\%$	1.25	1.35	8	0.94	0.87
$K_V=10\%$	1.13	1.35	19.5	0.97	0.87
$K_V=15\%$	0.86	1.35	57	1.02	0.87

3）负荷功率因数为 1.00

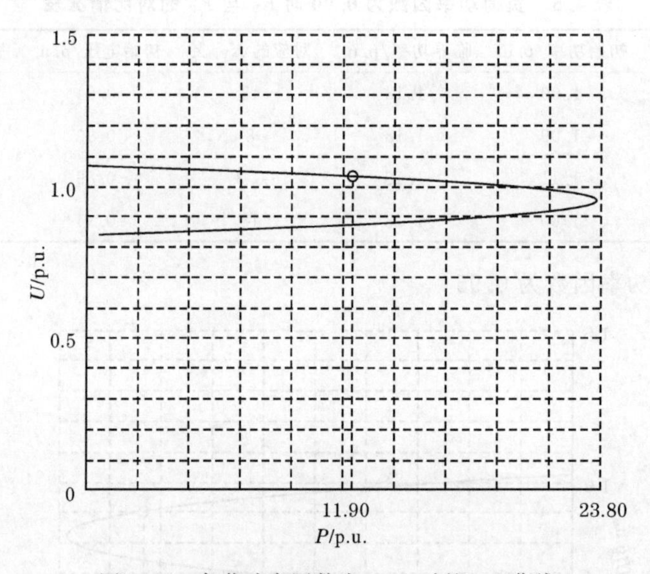

图 4.17　负荷功率因数为 1.00 时的 PV 曲线

以负荷的初始有功功率为功率基准值，额定电压为电压基准值，以恒定负荷功率因数 1.00 增长负荷，得到的 PV 曲线如图 4.17 所示，图中标注的点为初始负荷点。

K_V 与 K_P 的对比结果见表 4.7，此时，区域功率储备系数为 87%。

表 4.7　负荷功率因数为 1.00 时 K_V 与 K_P 的对比情况表

方案对比	初始功率/p. u.	临界功率/p. u.	对应的 K_P/%	初始电压/p. u.	临界电压/p. u.
$K_P=87\%$	1.00	1.87	87	1.04	0.95
$K_P=8\%$	1.73	1.87	8	0.99	0.95
$K_V=10\%$	0.76	1.87	146	1.05	0.95
$K_V=15\%$	—	1.87	—	1.12	0.95

通过对上述不同负荷功率因数(0.90、0.95、1.00)下 $K_P=8\%$、$K_V=10\%$、$K_V=15\%$三个运行点位置的对比可以看出：

(1) 当负荷功率因数为 0.90 时，$K_V=10\%$、15%运行点对应的 K_P 值分别为 6.3%、18%；当负荷功率因数为 0.95 时，$K_V=10\%$、15%运行点对应的 K_P 值分别为 19.5%、57%；当负荷功率因数为 1.00 时，$K_V=10\%$运行点对应的 K_P 值为 146%，$K_V=15\%$运行点其电压初值已超过 PV 曲线上负荷为 0 点的电压值，因此其 K_P 值无解。

(2) 当负荷功率因数较低时，PV 曲线上半段较为弯曲，也就是说，随着负荷增长电压下降速度较快，$K_V=10\%\sim15\%$对应的 K_P 值范围包括 $K_P=8\%$的运行点；但是当负荷功率因数较高时，PV 曲线上半段较为平直，随负荷增长电压下降速度较慢，$K_V=10\%\sim15\%$对应的 K_P 值范围大于 $K_P=8\%$的运行点，特别是当负荷功率因数趋于 1.00 时，$K_V=15\%$运行点的电压初值已超过 PV 曲线上负荷为 0 点的电压值，即 $K_V=15\%$的运行点不存在。

因此，K_V 方法得到的静态电压稳定指标较 K_P 指标更为保守，在负荷功率因数较低情况下 K_V 方法和 K_P 方法得到的稳定运行范围相差不大，但是在负荷功率因数较高情况下，K_V 方法得到的静态稳定运行范围较 K_P 指标大大缩小，未能充分利用系统的输电能力。

3. 影响静态电压稳定评价的主要因素

系统的功率裕度是静态分析方法评价系统电压稳定性的主要指标，对实际系统的电压稳定性评价并非是纯粹的数学问题，要充分考虑实际系统中影响电压稳定计算的各种因素，避免把实际问题完全数学化，既要抓住事物的主要特征，又要有合理的标准。静态临界点位置的确定对于大多数算法来说在数学上是严格的，这并非电压稳定计算解决的主要问题。在对实际系统的电压稳定计算中，计算条件要求的标准不同，与实际系统接近的程度也就不同，要充分考虑到实际系统中影响静态电压稳定水平的各种因素，尽量使仿真计算符合电网实际情况。影响静态电压稳定评价的主要因素包括以下几个方面。

1) 负荷模型

在静态电压稳定分析计算中，负荷通常用恒功率模型来模拟，这样在负荷增长过程中，负荷的有功、无功需求不受母线电压变化的影响，得到的功率裕度指标相对比较保守。实际系统的负荷往往包括恒功率、恒阻抗、恒电流模型以及感应电动机模型，在负荷增长过程中，随着母线电压的逐步降低，负荷的有功、无功需求均有所降低，实际的功率裕度较全部采用恒功率负荷模型情况下得到的计算指标高。但在目前电网实际计算中，为确保安全性，大多采用恒功率负荷模型，给电网预留了一定的静态电压稳定裕度。

2）负荷增长模式

在实际计算分析中，一般负荷均等值在35kV、110kV或220kV侧，配电网中无功补偿装置的容量均包含在负荷当中，此等值负荷的功率因数不能准确体现实际负荷的功率因数。因此，在模拟负荷缓慢增长过程中，常用的恒功率因数增长模式不能准确反映系统真实的静态电压稳定裕度。

3）发电机有功出力分配

随负荷的增长，发电机有功出力要同步增长以满足负荷增长的需求，不同的有功出力调整原则得到不同临界点位置，这也是有功功率裕度求解不确定性的原因之一。在仿真计算时，应根据被研究区域接受外来电力流向和容量，合理分配满足负荷增长需求的发电机出力，尽量使仿真计算符合电网实际情况。

在系统的运行状态远离任何临界性电压崩溃状态时，不同的有功出力调整原则求得的功率裕度可能会有较大的差别，但当系统内的无功备用不足，使得负荷中心母线的无功裕度较低，系统运行状态接近临界运行状态时，无论负荷增长方式和发电机有功出力调整原则如何选取，计算结果将趋于相同。

4）发电机无功容量限制

影响发电机无功功率出力的主要限制因素通常是转子和定子绕组的温升，发电机组最大无功出力限制也是影响电压稳定裕度的重要因素。在潮流数据中，发电机组的最大无功出力限制一般按照发电机额定无功功率给定，但发电机的实际无功出力限制是随发电机组的有功出力和机端电压而变化的，因此，更加精确的方法应该根据发电机组的无功限制曲线来模拟，这需要根据发电机的铭牌标称数据、温升试验数据以及所有可能的限制因素绘制而成。

5）研究区域的合理划分

在求取区域功率裕度的时候，需要模拟该地区所有负荷同步增长情况下系统的功率裕度指标，区域划分的标准将影响其裕度指标。从仿真计算经验来看，研究的区域越大，在模拟该区域所有负荷同步增长情况下，越容易发生电压失稳事故，即区域功率裕度越低；根据负荷的同调性合理细分研究区域范围，仿真得到的区域功率裕度指标明显提高。

在实际计算中，目前多计算省级电网分区或地区电网分区，以省级电网为研究区域计算的电压稳定指标普遍偏小，甚至某些省网在正常运行方式下区域功率储备系数指标不满足要求，但实际上该省级电网并不存在电压稳定问题；相对而言，以地区电网为研究区域计算得到的电压稳定指标相对比较合理。以某省级电网为例，按供电区域划分省级电网共分为12个分区，区域功率储备系数从低到高分别为11.1％、16.9％、18.0％、19.3％、31.2％、36.0％、36.2％、39.2％、40.6％、40.6％、47.3％、58.2％；但若将该省看成一个供电区域，则计算得到的区域功率储备系数仅为3.8％。这是因为采用第一种分区方法，在模拟研究供电区域负荷增长时其他供电区域负荷未同步增长，而采用第二种分区方式时，全省 12 个分区的负荷都在同步增长，系统运行状态迅速恶化，很快逼近临界点。

6）校核的故障形式

参考国外的静态电压稳定评价标准，不仅要求在正常运行方式下满足一定的功率裕度指标，在 $N-1$、$N-2$ 故障方式下也应满足一定的功率裕度指标。但是，对所有的 $N-1$、$N-2$ 故障形式均进行静态电压稳定裕度计算是非常繁琐的，同时也是不必要的。因此，合理选择对电压稳定影响相对严重的故障形式进行静态电压稳定裕度计算是必要的，应避免选择过轻的故障形式，导致对系统静态电压稳定水平的误判。电压稳定问题多发生在受端电网，对其静态电压稳定裕度影响较大的故障形式一般包括：

（1）可能引发大量潮流转移的线路故障；

（2）受端电网重要机组停机故障；

（3）受端电网重要降压变压器故障等。

4.5.2　其他国家的工程指标

1. 美国西部电力协调委员会

美国西部电力协调委员会（WECC）由 81 个子系统及 23 个会员组成，管辖的电力系统包括美国西部 14 个州、加拿大的 2 个省及墨西哥的 1 个州的一部分。1996 年两次大停电之后，WECC 对其可靠性准则进行了修改并制订了新的标准。

该委员会的电压稳定标准是根据有功和无功裕度制定的。所有的成员系统必须在考虑不确定性因素的基础上给出最小的指定裕度。该裕度在 $N-0$ 的基本情况下必须大于性能等级 A（性能等级将在下面介绍）的裕度标准，在正常情况下不启动矫正措施时，允许无法预料的负荷增加或联络潮流。每一个成员系统必须根据标准检查相应的条款。

表 4.8 是 WECC 电压稳定标准[75]。表中系统元件包括任何设备，如发电机、输电线、变压器、无功源等。为了达到电压稳定分析的目的，在预设事故研究中应考虑开断对裕度影响最大的元件后，系统能够到达另一可接受的稳态运行点；同时，还应当计算系统在最恶劣的运行条件下，所有临界母线的裕度指标。其中，最恶劣的情况指的是在最大发电条件下的最大负荷、最小发电条件下的低负荷，以及最坏负载条件下的最大联络潮流。

无功备用工作组（Reactive Power Reserve Work Group，RRWG）建议服务区域每两年不少于 1 次的电压稳定概率负荷预测。研究区域和相邻区域的发电模式、负荷等级、负载特性、发电机无功能力、变压器分接头调节和联络潮流是电压稳定研究的重要因素。

对于内部系统应用的这个标准包括：对于性能水平 A 的事故采取低压减负荷来达到表 4.8 指定的裕度；如果负载区域是放射状的或局部网络，并且预先估计的事故不会导致系统崩溃超出该局部区域，就不必执行表 4.8 中的裕度指标。

表 4.8 WECC 电压稳定标准

性能水平	扰动(1)(2)(3)(4) 由什么引起： 故障或非故障 直流扰动	有功裕度/MW (*PV* 曲线法) (5)(6)(7)	无功裕度/Mvar (*VQ* 曲线法) (6)(7)
A	任何元件如： 一台发电机 一条线路 一个变压器 一个无功源 直流单极	≥5%	最恶劣的情况(8)
B	母线	≥2.5%	最恶劣的情况(9)
C	下列任何元件的组合： 一条线路和一台发电机 一条线路和一个无功源 两台发电机 两条线路 两个变压器 两个无功源 直流双极	≥2.5%	最恶劣的情况(9)
D	下列任何三个或更多元素的组合： 一排三个或更多线路 全部变电站 包括开关场在内的整个发电厂	>0	>0

(1) 表 4.8 应用于所有元件投运的系统、一个元件退出运行的系统以及重新调节的系统。

(2) 对于应用该标准的成员系统，允许在性能水平 A 时采用低压减负荷。

(3) 每一个性能水平的元件故障列表不是一定不同于 WECC 可靠性标准的扰动性能。

(4) 对于 $N-0$ 的基本情况，裕度指标必须大于性能水平 A 的裕度指标。

(5) 对于每一个性能水平，P 轴上的最大运行点的有功裕度必须大于或等于 PV 曲线的测量的鼻点。

(6) 暂态后的分析技术应当应用该标准。

(7) 每个成员系统应当适当考虑本系统的不确定性因素。

(8) 无功最缺乏的母线应当拥有足够的无功裕度，当出现最坏的单一故障时可以满足以下条件：①超过最大预测负荷的 5%；②超过最大允许联络线潮流的 5%。最坏的单一故障是使无功裕度下降最大。

(9) 无功最缺乏的母线应当拥有足够的无功裕度，当出现最坏的单一故障时可以满足以下条件：①超过最大预测负荷的 2.5%；②超过最大允许联络线潮流的 2.5%。最坏的单一故障是使无功裕度下降最大。

性能水平：性能水平定义了需要的最小有功和无功裕度。

性能水平 A：本系统中发生任何单一扰动时，外部系统不受到如失负荷或设备负荷超出紧急事故范围之类的不利影响。

性能水平 B：本系统中失去任一母线时，本系统和外部系统不受影响而出现电压崩溃。

性能水平 C：在没有系统调节的情况下，本系统失去任意两个系统元件的组合。

性能水平 D：在没有系统调节的情况下，本系统失去任意三个系统元件的组合。

2. 俄罗斯电力系统

电压裕度参数(K_V)属于负荷点参数，按以下公式计算：

$$K_V = \frac{U - U_{KP}}{U} \tag{4-124}$$

式中，U 为所研究运行方式下负荷点电压；U_{KP} 为该点极限电压。当电压低于此极限值时，会引起电动机的静态失稳。

对于 110kV 以及更高电压等级的线路，负荷点的极限电压应不低于 $0.7U_{HOM}$ 和 $0.7U_{HOPM}$。其中，U_{HOM} 为所考察负荷点的额定电压；U_{HOPM} 为所考察负荷点在正常运行方式下的电压。在实际工程中为了校核负荷点电压标准裕度的执行情况，可以参照电力系统中任一节点的电压。所参照的节点电压值可以通过潮流计算来确定。

稳定裕度值不应低于表 4.9 中所示数值。

表 4.9 稳定裕度值表

断面潮流	电压最小裕度(K_V)
正常潮流	0.15
加重潮流	0.15
强制潮流	0.10

在以上所提的规范化扰动下，故障后运行方式应满足电压裕度不小于 0.1。

参考文献

[1] 张元鹏，周双喜，王利锋，等. 静态电压稳定分析中动态元件模型及其实现. 中国电机工程学

报,2000,20(3):66～70.
[2] Kundur P. 电力系统稳定与控制. 北京:中国电力出版社,2002.
[3] Taylor C W. 电力系统电压稳定. 王伟胜译. 北京:中国电力出版社,2002.
[4] 周双喜,朱凌志,郭锡玖,等,电力系统电压稳定性及其控制. 北京:中国电力出版社,2004.
[5] Ajjrapu V,Christy C. The continuation power flow:A tool for steady state voltage stability analysis. IEEE Transations on Power Systems,1992,7(1):416～423.
[6] 陈浩忠,陈章潮. 潮流方程在静态电压稳定研究中的应用. 上海交通大学学报,1996,30(9):69～74.
[7] 李尹,张伯明,孙宏斌. 基于非线性内点法的安全约束最优潮流(一)理论分析. 电力系统自动化,2007,31(19):7～13.
[8] Karmarkar N K. A new polynomial time algorithm for linear programming. Combinatorica,1984,4(4):373～395.
[9] Granville S ,Mello J C O,Melo A C G. Application of interior point methods to power flow unsolvability. IEEE Transactions on Power Systems,1996,11(2):1096～1103.
[10] Wei H,Sasaki H,Kubokawa J,et al. An interior point nonlinear programming for optimal power flow problems with a noval data structure. IEEE Transactions on Power Systems,1998,13(3):870～877.
[11] El-Bakry A S,Tapia R A,Tsuchiya T,et al. On the formulation and theory of the Newton interior point method for nonlinear programming. Journal of Optimization Theory and Applications,1996,89(3):507～541.
[12] Forsgren A,Gill P E,Wright M H. Interior methods for nonlinear optimization. SIAM Review,2002,44(4):525～597.
[13] 郭瑞鹏,韩祯祥,王勤. 电压崩溃临界点的非线性规划模型及算法. 中国电机工程学报,1999,19(4):14～17.
[14] Irisarri G D,Wang X,Tong J,et al. Maximum loadability of power systems using interior point non-linear optimization method. IEEE Transactions on Power Systems,1997,12(1):162～172.
[15] 韦化,丁晓莺. 基于现代内点理论的电压稳定临界点算法. 中国电机工程学报,2002,22(3):27～31.
[16] 王秀婕,李华强,李波. 基于内点法的交直流系统电压稳定性评估. 电力系统及其自动化学报,2007,19(6):72～77.
[17] 张梅. 交直流混合系统电压稳定性分析的研究[硕士学位论文]. 成都:四川大学. 2006.
[18] 冯治鸿,刘取,倪以信,等. 多机电力系统电压静态稳定性分析——奇异值分解法. 中国电机工程学报,1992,12(3):10～19.
[19] 吴华坚,李兴源,贺洋,等. 考虑负荷静特性的基于奇异值分解法静态电压稳定分析. 四川电力技术,2009,32(3):5～8.
[20] 李兴源,王秀英. 基于静态等值和奇异值分解的快速电压稳定性分析方法. 中国电机工程学报,2003,23(4):1～5.

[21] 刘锋,姚小寅.用奇异值分解法对二级电压控制效果的分析.电力系统自动化,1999,23(18):1～4,8.

[22] 陈敏,张步涵,段献忠.基于最小奇异值灵敏度的电压稳定薄弱节点研究.电网技术,2006,30(24):36～39,55.

[23] 徐志友,栾兆文.衡量节点电压稳定的奇异值和稳定指标.电力系统自动化,1997,21(8):42～44.

[24] Gao B, Morison G K, Kundur P. Voltage stability evaluation using modal analysis. IEEE Transactions on Power Systems, 1992, 7(4): 1529～1542.

[25] Lof P A, Smed T, Andersson G. et al. Fast calculation of a voltage stability index. IEEE Transactions on Power Systems, 1992, 7(1): 54～64.

[26] Verghese G C, Perez-Arriaga I J, Schweppe F C. Selective modal analysis with applications to electric power systems. IEEE Transactions on Power Apparatus and Systems, 1982, 101(9): 3117～3125.

[27] 刘涛,宋新立,汤涌,等.特征值灵敏度方法及其在电力系统小干扰稳定分析中的应用.电网技术,2010,34(4):82～87.

[28] 席永健,郭永基.一种基于特征结构分析的电压稳定算法.清华大学学报(自然科学版),1998,38(3):1～5.

[29] 张国华,杨京燕,张建华.改进的静态电压稳定性特征结构分析方法.电网技术,2007,31(16):77～82.

[30] 谈定中.电力系统电压稳定的一种实用计算分析方法——线性系统特征值分析方法简介.电网技术,1996,20(6):61～62.

[31] 武志刚,张尧.电力系统特征值与状态变量对应关系分析.电力系统自动化,2001,25(10):23～26.

[32] 吴杰康,张飚,陈国通.运用特征值法确定交直流系统电压失稳区.继电器,2006,34(7):27～31.

[33] Nam H K, Kim Y K, Shim K S, et al. A new eigen sensitivity theory of augmented matrix and its applications to power system stability analysis. IEEE Transactions on Power Systems, 2000, 15(1): 363～369.

[34] 袁骏,段献忠,何仰赞,等.电力系统电压稳定灵敏度分析方法综述.电网技术,1997,21(9):7～10.

[35] 段献忠,张德泉.电力系统电压稳定灵敏度分析方法.电力系统自动化,1997,21(4):9～12.

[36] 余贻鑫,曾沅,贾宏杰.静态电压稳定灵敏度判据及对 dQ_L/dV_L 和 dP_L/dV_L 判据的评析.电力系统及其自动化学报,2000,12(3):1～4,13.

[37] 骆君,吴政球,连欣乐,等.电压稳定裕度对线路功率灵敏度求解的新方法.电力系统及其自动化学报,2010,4:94～99.

[38] 龙军,周琳,付康.装设 UPFC 的电力系统电压稳定灵敏度分析.广西大学学报:自然科学版,2009,34(2):251～255.

[39] 张剑云,孙元章.基于脆弱割集选择紧急控制地点的灵敏度分析方法.电网技术,2007,31(11):21～26.

[40] 蔡广林,张勇军,余涛,等.基于统一灵敏度法的静态电压稳定预防控制.高电压技术,2008,34(4):748～752.

[41] 江伟,王成山,余贻鑫.电压稳定裕度对参数灵敏度求解的新方法.中国电机工程学报,2006,26(2):13～18.

[42] 王景亮,张焰,王承民.基于灵敏度分析与最优潮流的电网无功/电压考核方法.电网技术,2005,29(10):65～69.

[43] 赵洪山,赵莹莹.基于灵敏度技术的电网脆弱域评估.电网技术,2008,32(14):54～58.

[44] 马平,蔡兴国.估计支路型事故后系统电压稳定边界的灵敏度算法.中国电机工程学报,2008,28(1):18～22.

[45] Dobson I,Lu L. New methods for computing a closest saddle node bifurcation and worst cast load power margin for voltage collapse. IEEE Transactions. on Power Systems,1993,8(3):905～913.

[46] Canizares C A,Alvarado F L. Point of collapse and continuation methods for large AC/DC systems. IEEE Transactions on Power Systems,1993,8(1):1～8.

[47] Lu J,Liu C W,Thorp J S. New methods for computing a saddle-node bifurcation point for voltage stability analysis. IEEE Transactions on Power Systems,1995,10(2):978～989.

[48] Dobson I. Observations on the geometry of saddle node bifurcation and voltage collapse in electrical power systems. IEEE Transactions on Circuits and Systems I:Fundamental Theory and Applications,1992,39(3):240～243.

[49] Alvarado F,Dobson I,Hu Y. Computation of closest bifurcations in power system. IEEE Transactions on Power System,1994,9(2):918～928.

[50] 赵兴勇,张秀彬,苏小林.电力系统电压稳定性研究与分岔理论.电工技术学报,2008,23(2):87～95.

[51] Chiang H D,Jumeau R J. A more efficient formulation for computation of the maximum loading in electric power system. IEEE Transactions on Power Systems,1995,10(2):635～646.

[52] Seydel R. Numerical computation of branch points in nonlinear equations. Numerische Mathematik,1979,33(3):339～352.

[53] 刘永强,严正,倪以信,等.基于辅助变量的潮流方程二次转折分岔点的直接算法.中国电机工程学报,2003,23(5):9～13.

[54] 曾江,韩祯祥.电压稳定临界点的直接计算法.清华大学学报(自然科学版),1997,37(SI):91～94.

[55] Ajjarapu V. Application of bifurcation and continuation methods for the analysis of power system dynamics. Proceedings of 4th IEEE Conference on Control Applications,Albany,1995:52～56.

[56] Jarjis J,Galiana F D. Quantitative analysis of steady state stability in power networks. IEEE Transactions on Power Apparatus and Systems,1981,100(1):318～326.

[57] CIGRE Task Force 38. 02. 11. CIGRE technical brochure：Indices predicting voltage collapse including dynamic phenomenon. Electra，1995，159：135～147.

[58] 周双喜，姜勇，朱凌志. 电力系统电压静态稳定性指标述评. 电网技术，2001，25(1)：1～7.

[59] Kessel P，Glavitseh H. Estimating the voltage stability of power system. IEEE Transactions on Power Delivery，1986，PWRD-1(3)：346～354.

[60] Tuan T Q，Fandlno J，Adjsaid N，et al. Emergency load shedding to avoid risk of voltage instability using indicators. IEEE Transactions on Power Systems，1994，9(1)：341～351.

[61] 余贻鑫，贾宏杰，严雪飞. 可准确跟踪鞍节点分岔的改进局部电压稳定指标 L_i. 电网技术，1999，23(5)：19～23.

[62] 余贻鑫，王成山. 电力系统稳定性理论与方法. 北京：科学出版社，1999.

[63] Canizares C. Voltage Stability Assessment，Procedure and Guides. IEEE/PES Power System Stability Subcommittee Special Publication，1998.

[64] Nagao T，Tanaka K，Takenaka K. Development of static and simulation programs for voltage stability studies of bulk power system. IEEE Transaction on Power System，1997，12(1)：273～281.

[65] Mohamed A，Jasmon G B. A new clustering technique for power system voltage stability analysis. Electric Machines and Power System，1995，23(4)：389～403.

[66] 孙晓钟，段献忠，何仰赞. 负荷节点电压稳定性就地安全指标研究. 电力系统自动化，1998，22(9)：61.

[67] Tiranuchit A，Thomas R J. A posturing strategy against voltage instability in electric power systems. IEEE Transactions on Power Systems，1988，3(1)：87～93.

[68] 徐志友，栾兆文，樊涛，等. 衡量节点电压稳定的奇异值和稳定指标. 电力系统自动化，1997，8：42～44.

[69] 汤涌，孙华东，易俊，等. 基于全微分的戴维南等值参数跟踪算法. 中国电机工程学报，2009，29(13)：48～53.

[70] 汤涌，林伟芳，孙华东，等. 考虑负荷变化特性的电压稳定判据分析. 中国电机工程学报，2010，30(16)：12～18.

[71] 汤涌，贺仁睦，鞠平，等. 电力受端系统的动态特性及安全性评价. 北京：清华大学出版社，2010.

[72] Berizzi A，Zeng Y G，Marannino P，et al. A second order method for contingency severity assessment with respect to voltage collapse. IEEE Transactions on Power System，200，15(1)：81～89.

[73] 张尧，张建设，袁世强. 求取静态电压稳定极限的改进连续潮流法. 电力系统及其自动化学报，2005，17(2)：21～25.

[74] 赵晋泉，张伯明. 改进连续潮流计算鲁棒性的策略研究. 中国电机工程学报，2005，25(22)：7～11.

[75] Western Electricity Coordinating Council. Summary of WECC Voltage Stability Assessment Methodology. 2001.

第5章 暂态(短期)电压稳定性

5.1 暂态电压稳定分析方法

电力系统的动态行为可以归结为一个非线性微分-差分-代数方程组(DDAE)。微分方程组部分体现电力系统中动态元件的动力学行为,差分方程组部分反映系统中元件的离散动作,代数方程组部分反映电力系统中动态元件之间的相互作用及网络的拓扑约束。这样,无论来自动态元件部分的扰动还是来自网络部分的扰动所破坏的平衡均是动态元件的物理平衡。电力系统的动力学行为仅受其动态元件的动力学行为及相互关系的制约。电力系统电压稳定问题的研究就是从电力系统的实际抽象出反映这种客观现象的数学模型,再从其数学模型反映的数学特征回到实际问题并加以解释。

电力系统遭受线路短路故障和其他类型的大扰动冲击,或在静态稳定的边缘时的负荷波动,都可能使系统失去稳定。这时电力系统动态行为的数学描述必须保留其非线性特征,才能真正揭示电力系统电压稳定问题的机理和大扰动下的动态特征。暂态电压稳定分析方法目前主要有时域仿真法、能量函数法和非线性动力学方法。

5.1.1 时域仿真法

时域仿真法是从电力系统的微分-代数方程出发,在保留系统的非线性特征及考虑元件的动态作用下,采用数值积分方法,求取电压及其他电气量随时间变化的一种方法,是分析大扰动下系统动态过程的基本方法。时域仿真法对电力系统模型有很强的适应性,可以适应不同的元件模型和系统故障及操作,具有数学模型详尽、算法原理简单、能提供系统状态变量时间响应等优点,该方法是迄今为止稳定性问题研究的最有效方法,目前主要用于电力系统受扰动后的动态过程分析,给出预防和校正的控制措施等。

电力系统是一个复杂的大规模非线性系统,含有大量不同时间常数的变量,有些变量具有快变特征而有些变量具有慢变特征。因此,电力系统是一个多时间尺度系统,从机电暂态过程的角度来看,它可以分为快变(电磁暂态)、正常速率(机电暂态)及慢变(中长期动态)三组变量,因而电力系统至少是三时间尺度动态系统。

由于电力系统的复杂性和多时间尺度特性,在进行电力系统仿真建模时,为提高计算效率,在机电暂态仿真中,通常忽略电磁暂态过程的快动态和中长期过程的慢动态。即在机电暂态仿真中,认为电磁暂态过程已经结束,电磁暂态变量已衰减完毕,而中长期过程还没有开始变化,即中长期动态变量保持恒定。

根据仿真的目的,电力系统仿真软件所采用的数学模型可以是线性或非线性、定常或时变、连续或离散、集中参数或分布参数、确定性的或随机性的等,建立数学模型时往往忽略一些次要的因素,因而模型常常是一个简化的模型。

常用的电力系统仿真软件,对不同的动态过程,采用不同的仿真方法。主要有电磁暂态过程仿真、机电暂态过程仿真和中长期动态过程仿真三种,最新的研究开发成果是多时间尺度全过程动态仿真,可以实现电磁暂态-机电暂态混合仿真和机电暂态-中长期动态统一仿真[1,2]。

1. 电磁暂态过程仿真

电磁暂态过程数字仿真是用数值计算方法对电力系统中从微秒至数秒之间的电磁暂态过程进行仿真模拟。电磁暂态过程仿真一般应考虑输电线路分布参数特性和参数的频率特性、发电机的电磁和机电暂态过程,以及一系列元件(避雷器、变压器、电抗器等)的非线性特性。因此,电磁暂态仿真的数学模型必须建立这些元件和系统的代数或微分、偏微分方程。一般采用的数值积分方法为隐式积分法。

电磁暂态过程仿真程序主要对:①由系统外部引起的暂态过程,如雷电过电压等;②由故障及操作引起的暂态,如操作过电压、工频过电压等;③谐振暂态,如次同步谐振、铁磁谐振等;④控制暂态,如一次与二次系统的相互作用等;⑤电力电子装置及灵活交流输电系统(FACTS)、高压直流输电(HVDC)中的快速暂态和非正弦的准稳态过程等进行数字仿真。

由于电磁暂态仿真不仅要求对电力系统的动态元件采用详细的非线性模型,还要计及网络的暂态过程,也需采用微分方程描述,使得电磁暂态仿真程序的仿真规模受到了限制。一般对大规模电力系统进行电磁暂态仿真时,都要对电力系统进行等值化简。

电磁暂态仿真程序目前普遍采用的是电磁暂态程序(electromagnetic transients program,EMTP),其特点是能够计算具有集中参数元件与分布参数元件的任意网络中的电磁暂态过程。程序中采用的模型及计算方法均与现场试验的结果校核比较,求解速度快,精确度能满足工程计算的要求。1987 年以来,EMTP 的版本更新工作在多国合作的基础上继续发展。具有与 EMTP 相似功能的程序还有中国电力科学研究院在 EMTP 基础上开发的 EMTPE、加拿大 Manitoba 直流研究中心的 EMTDC(PSCAD)、加拿大 BC 省哥伦比亚大学(UBC)的 MicroTran、德国西门子的 NETOMAC 等。

2. 机电暂态过程仿真

机电暂态过程的仿真,主要研究电力系统受到大扰动后的暂态稳定和受到小扰动后的静态稳定性能。它是研究电力系统受到诸如短路故障,切除或投入线路、发电机、负荷,发电机失去励磁,冲击性负荷等大扰动作用下,电力系统的动态行为和保持同步稳定运行的能力,校验和分析运行中电力系统的稳定性能和稳定破坏事故,掌握电力系统动态稳定特性,制定防止稳定破坏的措施的基本方法。

电力系统机电暂态过程仿真的数学模型可写为

$$\begin{cases} \dfrac{dx}{dt} = f(x, y, t) \\ 0 = g(x, y) \end{cases} \tag{5-1}$$

式中,x 表示元件的状态变量,由机电暂态仿真应考虑的各种动态元件决定;y 表示电力系统运行变量。微分方程表示电力系统动态元件特性,是系统的状态方程;代数方程表示电力系统静态元件特性,是系统的网络方程。

电力系统机电暂态仿真的算法就是联立求解该微分方程组和代数方程组,以获得物理量的时域解。微分方程组的求解方法主要有隐式梯形积分法、改进尤拉法、龙格-库塔法等,其中,隐式梯形积分法由于数值稳定性好而得到越来越多的应用。代数方程组的求解方法主要有适用于求解线性代数方程组的高斯消去法和适用于求解非线性代数方程组的牛顿法。按照微分方程和代数方程的求解顺序可分为交替解法和联立解法。

目前,国内常用的机电暂态仿真程序是 PSD-BPA 电力系统分析程序和电力系统分析综合程序(PSASP)。国际上常用的有美国 PTI 公司的 PSS/E、美国 EPRI 的 ETMSP,以及国际电气产业公司开发的程序,如 ABB 的 SIMPOW 程序、GE 的 PSLF 程序、SIEMENS 的 NETOMAC 也有机电暂态仿真功能。

3. 中长期动态过程仿真

电力系统中长期动态过程仿真是电力系统受到扰动后较长过程动态仿真,即通常的电力系统长过程动态稳定计算,要计入在一般暂态稳定过程仿真中不考虑的电力系统长过程和慢速的动态特性,包括继电保护系统、自动控制系统、发电厂热力系统和水力系统以及核反应系统的动态响应等。长过程动态稳定计算的时间范围可从几十秒到几十分钟,甚至数小时。

电力系统长过程动态稳定计算主要用来分析电力系统长时间(几十秒到几十

分钟,甚至数小时)的动态过程,其仿真和研究的范围主要为:

(1) 复杂和严重事故的事后分析,以了解事故发生的本质原因,研究正确的反事故措施;

(2) 电压稳定性分析,研究电力系统电压稳定性的机理和防止电压崩溃的有效措施;

(3) 在规划设计阶段,考核系统承受极端严重故障的能力,即超出正常设计标准的严重故障,以研究减少这类严重故障发生的频率和防止发生恶性事故的措施;

(4) 研究事故的发展过程和训练运行人员紧急处理能力;

(5) 研究和安排负荷减载策略;

(6) 研究紧急无功支援的有效性;

(7) 研究旋转备用的安排和旋转备用机组的分布;

(8) 研究自动发电控制(AGC)策略;

(9) 锅炉控制系统(包括反应堆)和发电厂辅助设备在大扰动后的响应对发电厂运行特性的影响,协调发电厂的控制与保护系统。

和电力系统机电暂态仿真计算一样,电力系统长过程动态仿真计算也是联立求解描述系统动态元件对的微分方程组和描述系统网络特性的代数方程组,以获得电力系统长期动态过程的时域解。但是,电力系统长过程动态响应的时间常数从几十毫秒到 100 秒以上,是典型的刚性系统,需要采用刚性微分方程的数值解法,另外,为避免计算时间过长,还需采用自动变步长计算技术。

目前国际上长过程动态稳定计算程序主要有:ABB 公司的 SIMPOW 程序、法国电力公司等开发的 EUROSTAG 程序、美国电力科学研究院的 LTSP 程序、美国通用电气公司和日本东京电力公司共同开发的 EXTAB 程序,另外,美国 PTI 的 PSS/E 程序、捷克电力公司的 MODES 程序等也具有长过程动态稳定计算功能。国内中国电力科学研究院于 1998 年开始进行全过程动态仿真程序的研究,已经开发出 PSD-FDS 全过程动态仿真程序。

4. 电力系统多时间尺度全过程仿真

随着直流输电和 FACTS 等电力电子装置和其他非线性元件广泛应用于电力系统,这些元件引起的波形畸变及其快速暂态过程对系统机电暂态过程的影响越来越大,相互独立的电力系统电磁暂态仿真程序和机电暂态仿真程序,已难以适应现代电力系统对仿真的要求。因此,很有必要开发能进行电磁暂态过程和机电暂态过程混合仿真的电力系统仿真技术和软件。

随着电力系统远距离输电容量的不断增加,输电网络重载问题日益突出,电力系统在暂态稳定之后的中长期动态稳定性(包括电压稳定性问题)将逐步成为电力系统安全稳定运行的重要问题之一，威胁着电力系统的安全稳定运行。分析电力系统的长过程动态稳定性问题，避免发生大面积停电事故，以及研究防止事故扩大的有效措施(即电力系统安全稳定第三道防线)，必将成为电力系统计算分析的一项重要内容。因此，很有必要开发能够统一仿真机电暂态和中长期动态过程的电力系统全过程仿真技术和软件。

1) 电磁暂态与机电暂态混合仿真

电磁暂态过程仿真是用数值计算方法对电力系统中从微秒至数秒之间的电磁暂态过程进行仿真模拟。电磁暂态过程仿真可以考虑输电线路分布参数特性和参数的频率特性、发电机的电磁和机电暂态过程，以及一系列元件(避雷器、变压器、电抗器等)的非线性特性、直流输电和 FACTS 装置的暂态过程。由于电磁暂态仿真不仅要求对电力系统的动态元件采用详细的非线性模型，还要计及网络的暂态过程，这使得电磁暂态仿真程序的仿真规模受到了限制。一般进行电磁暂态仿真时，都要对电力系统进行等值化简。

机电暂态过程仿真是基于基波、单相和相量模拟技术，对 HVDC 系统和 FACTS 装置的模拟采用准稳态模型，对于 HVDC 和 FACTS 等电力电子装置的快速暂态特性和 MOV 等非线性元件引起的波形畸变特性，还不能较精确地模拟。在交流系统不对称条件下，采用准稳态模型仿真 HVDC 系统和 FACTS 装置也是不精确的。

电磁暂态与机电暂态混合仿真的主要思路是把大规模电力系统分为需要进行电磁暂态仿真的子系统和仅进行机电暂态仿真的子系统，分别进行电磁暂态仿真和机电暂态仿真，在各子系统的交界处进行电磁暂态仿真和机电暂态仿真的交接，以提高机电暂态程序的仿真精度。

2) 全过程动态(机电暂态与中长期动态)仿真

电力系统的动态过程(从机电暂态过程到中长期动态过程)是一个连续的过程，并不是截然分开的。暂态过程对中长期过程有影响，中长期过程对后续新的暂态过程也有作用，它们之间往往是密不可分的。电力系统全过程动态仿真就是把电力系统的机电暂态过程、中期动态过程和长期动态过程有机地统一起来进行仿真。

电力系统全过程动态仿真时间从几秒到数十分钟，甚至若干个小时，时间跨度大。因此，需要采用自动变步长积分方法，在系统的快变阶段(机电暂态)使用小步长计算，而在慢变阶段(中长期动态)使用大步长。现有全过程动态仿真程序的数值积分方法大多采用 Gear 类变步刚性积分方法，这种方法的优点是暂态过程及中长期动态过程可以采用统一的模型和数值积分方法，在中长期动态过程中可以使用大步长进行仿真。

电力系统全过程动态仿真除了用于常规暂态稳定程序能进行的分析计算工

作外,还可以进行复杂和严重事故的事后分析,研究扰动后较长时间的事故重演,以了解事故发生的本质原因,研究正确的反事故措施等。因此,研究全过程动态仿真技术,开发和完善全过程动态仿真程序,不仅能够提高我国在该领域研究和软件开发水平,而且给电网的安全运行分析和决策提供强有力的仿真工具。

时域仿真法具有以下优点:详细计及元件的动态特性,模拟精度较高;较好地反映了电压失稳的全过程,为分析电压崩溃的机理提供可靠信息;同时可以得到防止电压失稳的预防及校正措施等。虽然时域仿真法在分析电力系统大扰动电压稳定性和揭示电压失稳机制方面功不可没,但是电力系统自身的若干特性也给时域仿真方法造成了困难,这主要表现在以下两个方面:

(1) 电力系统是一个高维强非线性系统,包含具有不同时间常数、不同动态特性的多种元件,电力系统模型的 DAE 方程组具有刚性,考虑到分步积分数值稳定性、迭代收敛性和累计误差等因素,其积分步长不能太大,因此,计算量大、耗时多等因素限制了时域仿真法的进一步应用。

(2) 电力系统的运行状态以及假想故障数目众多,如果网络结构、控制参数或者故障设置发生变化,则需要对整个系统重新积分。而且时域仿真只能给出系统稳定还是不稳定的结论,而不能给出任何关于系统稳定程度的信息,如稳定裕度等。从而使得时域仿真法难以实现电力系统实时在线稳定评估及控制。

以上缺点限制了时域仿真法在电压稳定分析中的应用,目前该方法主要用于分析动态元件对电压稳定的影响、了解电压崩溃现象的特征及检验稳定判据的正确性等。

5.1.2　能量函数法

能量函数法的理论基础是动力系统的 Lyapunov 稳定性理论,该方法不是从时域的角度去看稳定问题,而是从系统能量的角度去看稳定问题,故而它可以避免求解非线性微分方程组,通过对系统能量函数的分析直接判断系统稳定性,因此,它在电力系统稳定性分析与工程应用中具有重要的意义。

能量函数法是基于一个古典力学概念发展而来的,文献[3]用一个简单的例子对能量函数法的原理进行了说明。

图 5.1 所示的滚球系统在无扰动时,球位于稳定平衡点(stable equilibrium point,SEP),受扰动后,小球在扰动结束时位于高度为 h 处,并具有速度 v。该小球质量为 m,总能量 V 由动能 $\frac{1}{2}mv^2$ 及势能 mgh(g 为重力加速度)的和组成,即 $V=\frac{1}{2}mv^2+mgh>0$。若小球与壁有摩擦力,则受扰动后能量在摩擦力的作用下逐渐减少;设小球所在容器的壁高为 H,当小球位于壁沿上且速度为零时,相应的

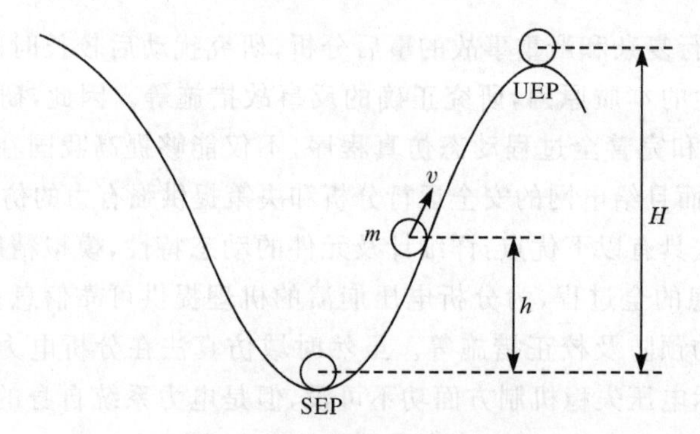

图 5.1　滚球系统稳定原理

势能为 mgH，称此位置为不稳定平衡点（unstable equilibrium point，UEP），相应的势能为系统临界能量 V_{cr}，即 $V_{cr}=mgH$。

根据运动学原理，若忽略壁摩擦，在扰动结束时小球总能量 V 大于临界能量 V_{cr}时，则小球最终将滚出容器，失去稳定性；反之，若小球总能量 V 小于临界能量 V_{cr}时，则小球将在摩擦力作用下能量逐渐减少，最终静止于 SEP；当 $V=V_{cr}$时为系统的临界状态。显然可以根据 $V_{cr}-V$ 来判别稳定裕度。

能量函数法的核心任务就是估计故障后系统稳定平衡点的稳定域，在实际应用中可分为两步：首先，寻找满足 Lyapunov 准则的能量函数，它的大小应能正确地反映系统失去稳定的严重性；其次，依据所构造的能量函数，基于临界能量计算或稳定域边界刻画，最终得到失稳判据，从而可通过对扰动结束时暂态能量函数值和临界能量值的比较来判别稳定性或确定稳定域。

对于 n 机系统，设发电机采用经典二阶模型，忽略励磁系统动态，忽略原动机及调速器动态，网络线性，负荷线性（恒定阻抗），设负荷阻抗已归入节点导纳阵，发电机 X'_d 也归入节点导纳阵，且系统节点导纳阵消去负荷节点和网络节点，只剩发电机内节点，描述系统第 i 台发电机的微分方程为

$$\begin{cases} M_i \dfrac{\mathrm{d}\omega_i}{\mathrm{d}t} = P_{mi} - P_{ei} \\ \dfrac{\mathrm{d}\delta_i}{\mathrm{d}t} = \omega_i \end{cases}, \quad i = 1,2,\cdots,n \tag{5-2}$$

式中，ω 为转子角速度和同步速的偏差；δ 为转子角；$P_m=\text{const.}$，为机械功率；P_e 为电磁功率，且

$$\begin{aligned} P_{ei} &= \mathrm{Re}(\dot{E}_i \overset{*}{I}_i) = \mathrm{Re}\left(\dot{E}_i \sum_{j=1}^{n} \overset{*}{Y}_{ij} \overset{*}{E}_j\right) \\ &= E_i^2 G_{ii} + \sum_{\substack{j=1 \\ j\neq i}}^{n} (E_i E_j B_{ij} \sin\delta_{ij} + E_i E_j B_{ij} \cos\delta_{ij}) \end{aligned} \tag{5-3}$$

其中,$\dot{E}_i = E_i \angle \delta_i$,$\dot{E}_j = E_j \angle \delta_j$,$\delta_{ij} = \delta_i - \delta_j$,$Y_{ij} = G_{ij} + \mathrm{j}B_{ij}$ 为导纳阵元素。

若定义 $E_iE_jB_{ij} = C_{ij}$,$E_iE_jG_{ij} = D_{ij}$,则式(5-3)中的 P_{ei} 为

$$P_{ei} = E_i^2 G_{ii} + \sum_{\substack{j=1 \\ j \neq i}}^{n} (C_{ij} \sin\delta_{ij} + D_{ij} \cos\delta_{ij}) \tag{5-4}$$

式(5-2)与式(5-4)即为系统完整的动态模型。

定义多机系统的动能为

$$V_{\mathrm{k}} = \sum_{i=1}^{n} \frac{1}{2} M_i \omega_i^2 \tag{5-5}$$

稳态时 $\omega_i = 0$,$V_{\mathrm{k}} = 0$。故障切除(扰动结束)时系统动能为

$$V_{\mathrm{k}}\big|_{\mathrm{c}} = \sum_{i=1}^{n} \frac{1}{2} M_i \omega_{\mathrm{c}i}^2 = \sum_{i=1}^{n} \int_{\delta_{0i}}^{\delta_{\mathrm{c}i}} M_i \frac{\mathrm{d}\omega_i}{\mathrm{d}t} \mathrm{d}\delta_i = \sum_{i=1}^{n} \int_{\delta_{0i}}^{\delta_{\mathrm{c}i}} (P_{\mathrm{m}i} - P_{\mathrm{e}i}^{(2)}) \mathrm{d}\delta_i \tag{5-6}$$

式中,$P_{\mathrm{e}i}^{(2)}$ 与故障时系统节点导纳阵相对应,计算公式见式(5-4)。

同时,定义多机系统的势能为

$$V_{\mathrm{p}} = \sum_{i=1}^{n} \int_{\delta_{\mathrm{s}i}}^{\delta_{\mathrm{c}i}} (P_{\mathrm{e}i}^{(3)} - P_{\mathrm{m}i}) \mathrm{d}\delta_i \tag{5-7}$$

式中,δ_{s} 为故障后稳定平衡点,作势能参考点;$P_{\mathrm{e}i}^{(3)}$ 与故障切除(扰动结束)后的系统节点导纳阵相对应,计算公式见式(5-4)。这样,故障切除时的系统势能为

$$\begin{aligned} V_{\mathrm{p}} &= \sum_{i=1}^{n} \int_{\delta_{\mathrm{s}i}}^{\delta_{\mathrm{c}i}} (P_{\mathrm{e}i}^{(3)} - P_{\mathrm{m}i}) \mathrm{d}\delta_i \\ &= \sum_{i=1}^{n} \int_{\delta_{\mathrm{s}i}}^{\delta_{\mathrm{c}i}} (E_i^2 G_{ii} - P_{\mathrm{m}i}) \mathrm{d}\delta_i + \sum_{i=1}^{n} \int_{\delta_{\mathrm{s}i}}^{\delta_{\mathrm{c}i}} \sum_{\substack{j=1 \\ j \neq i}}^{n} C_{ij} \sin\delta_{ij} \mathrm{d}\delta_i \\ &\quad + \sum_{i=1}^{n} \int_{\delta_{\mathrm{s}i}}^{\delta_{\mathrm{c}i}} \sum_{\substack{j=1 \\ j \neq i}}^{n} D_{ij} \cos\delta_{ij} \mathrm{d}\delta_i \\ &\stackrel{\mathrm{def}}{=} V_{\mathrm{pos}}\big|_{\mathrm{c}} + V_{\mathrm{mag}}\big|_{\mathrm{c}} + V_{\mathrm{diss}}\big|_{\mathrm{c}} \end{aligned} \tag{5-8}$$

式中,右边第一项称为转子位置势能 V_{pos};第二项称为磁性势能 V_{mag};第三项称为耗散势能 V_{diss}。

系统总能量 $V = V_{\mathrm{k}} + V_{\mathrm{p}}$,故障切除时为 $V|_{\mathrm{c}} = V_{\mathrm{k}}|_{\mathrm{c}} + V_{\mathrm{p}}|_{\mathrm{c}}$,可由式(5-6)及式(5-8)分别计算。实际计算时,先用逐步积分法,在时域中计算 ω_{c} 和 δ_{c},再计算 $V_{\mathrm{k}}|_{\mathrm{c}}$ 即 $\sum\limits_{i=1}^{n} \frac{1}{2} M_i \omega_{\mathrm{c}i}^2$,然后根据式(5-8)计算势能 $V_{\mathrm{p}}|_{\mathrm{c}}$(需要用牛顿-拉夫逊法求解 δ_{s}——可根据 $P_{\mathrm{e}i}^{(3)} = P_{\mathrm{m}i}$ 功率平衡方程求解)。

系统临界能量可近似取为系统不稳定平衡点(δ_{u})处的势能,即

$$V_{\mathrm{cr}} \approx V_{\mathrm{p}}\big|_{\mathrm{u}} = V_{\mathrm{poss}}\big|_{\mathrm{u}} + V_{\mathrm{mag}}\big|_{\mathrm{u}} + V_{\mathrm{diss}}\big|_{\mathrm{u}} \tag{5-9}$$

计算式与 $V_{\mathrm{p}}|_{\mathrm{c}}$ 相似,只要把 δ_{c} 改为 δ_{u} 即可,但问题是如何求 δ_{u}。

目前计算临界能量的方法主要包括相关不稳定平衡点法(relevant unstable equilibrium point,RUEP)、势能界面法(potential energy boundary surface, PEBS)、扩展等面积法(extended equal area criteria,EEAC)[4~6]等。一旦V_c和V_{cr}均得到,即可根据规格化的稳定度对系统进行稳定裕度计算及暂态稳定性分析。

$$\Delta V=\frac{V_{cr}-V_c}{V_k\big|_c} \tag{5-10}$$

用同步坐标下的能量函数及临界能量来进行暂态稳定分析,往往精度较差。研究表明,这主要是观察坐标系不合理造成的。因此,实际分析通常采用惯量中心(center of inertia,COI)坐标。

系统惯量中心(COI)的等值转子角δ_{COI}定义为各转子角的加权平均值,权系数为M_i,即各发电机的惯性时间常数,从而

$$\delta_{COI}=\frac{1}{M_T}\sum_{i=1}^{n}M_i\delta_i \tag{5-11}$$

式中,$M_T=\sum_{i=1}^{n}M_i$。

同样的,惯量中心等值速度ω_{COI}为

$$\omega_{COI}=\frac{1}{M_T}\sum_{i=1}^{n}M_i\omega_i \tag{5-12}$$

式中,ω_i为与同步速的偏差。

显然

$$\frac{d\delta_{COI}}{dt}=\omega_{COI} \tag{5-13}$$

然后定义COI坐标下,各发电机的转子角及转子角速度为

$$\begin{cases}\theta_i=\delta_i-\delta_{COI}\\ \tilde{\omega}_i=\omega_i-\omega_{COI}\end{cases} \tag{5-14}$$

则惯量中心运动方程为

$$\begin{cases}M_T\dfrac{d\omega_{COI}}{dt}=\sum_{i=1}^{n}(P_{mi}-P_{ei})\overset{\text{def}}{=}P_{COI}\\ \dfrac{d\delta_{COI}}{dt}=\omega_{COI}\end{cases} \tag{5-15}$$

式中,P_{COI}为COI的加速功率。

COI坐标下的暂态能量定义与同步坐标相似,为

$$\begin{aligned}V&=V_k+V_p\\&=\sum_{i=1}^{n}\frac{1}{2}M_i\tilde{\omega}_i^2+\sum_{i=1}^{n}\int_{\theta_{si}}^{\theta_{ci}}-\left(P_{mi}-P_{ei}-\frac{M_i}{M_T}P_{COI}\right)d\theta_i\end{aligned} \tag{5-16}$$

故障切除时,设 $\theta_s \rightarrow \theta_c$ 为线性路径,则

$$\begin{aligned} V_c &= V_k|_c + V_p|_c \\ &= \sum_{i=1}^{n} \frac{1}{2} M_i \tilde{\omega}_i^2|_c + \sum_{i=1}^{n} (-P_i)(\theta_{ci} - \theta_{si}) - \sum_{i=1}^{n-1}\sum_{j=i+1}^{n} C_{ij}(\cos\theta_{ij}^{(c)} - \cos\theta_{ij}^{(s)}) \\ &\quad + \sum_{i=1}^{n-1}\sum_{j=i+1}^{n} D_{ij} \frac{a}{b}(\sin\theta_{ij}^{(c)} - \sin\theta_{ij}^{(s)}) \end{aligned} \tag{5-17}$$

式中,$P_i = P_{mi} - E_i^2 G_{ii}$;$\dfrac{a}{b} = \dfrac{(\theta_{ci} + \theta_{cj}) - (\theta_{si} + \theta_{sj})}{\theta_{ij}^{(c)} - \theta_{ij}^{(s)}}$;$C_{ij}$、$D_{ij}$ 定义同式(5-4),均用故障切除后导纳阵参数。式(5-17)中右侧第一项为动能,第二项为位置势能,第三项为磁性势能,第四项为耗散势能。

以上是经典的网络化简能量函数法,实际能量函数法应用于电压稳定研究中时,一般都采用结构保持能量函数法的形式,在这类方法中,电力网络结构得以保持,负荷可以计及静态特性和动态特性,发电机可以计入凸极效应、磁链衰减以及励磁控制作用,发电机采用一轴模型或双轴模型,也可采用 Park 方程模型[1,7]。

能量函数法用于电力系统暂态稳定分析的研究已有几十年的历史,随着计算机的广泛应用,这方面研究取得了重大进展,能量函数法是目前可以用来研究稳定平衡点吸引域问题的为数不多的几种方法之一。经过近些年的发展,该方法取得了一系列较重要的进展,虽然在分析精度上与仿真方法相比仍有一定差距,但该方法在理论上有助于理解系统稳定问题的本质。能量函数法的优点包括:①能计及非线性,适用于大系统;②计算速度快,不必逐步积分求功角摇摆曲线,而是通过能量判据来判别稳定性;③能给出稳定裕度。但能量函数法也有两个较大的缺点:①模型较简单;②分析结果容易偏于保守。显然,能量函数法还不能替代时域仿真法,二者之间具有相辅相成的关系。

5.1.3　非线性动力学方法

电力系统是一个非线性动力学系统,临界点附近系统的微小变化将导致系统状态的剧烈变化;同时,传统的分析方法很难描述系统越过稳定极限时其状态将如何变化这一问题。为了确保电力系统的安全性,人们寻找能够分析并控制非线性作用的新方法,如中心流形理论、分岔理论和混沌理论,其中研究最多的是分岔理论。

分岔是非线性系统的一种现象,如果某个动力系统是结构不稳定的,则任意小的适当的扰动都会使系统的拓扑结构发生突然的变化,这种变化被称为分岔。分岔分析主要研究当一组微分方程所描述的解的动态特性与方程所含参数的取值相关,并随着参数取值的改变而发生变化,分岔方法是近二十年来发展起来的研究系统结构稳定性的一种方法。结构稳定性指的是系统平衡点在小参数准静

态变化下保持拓扑不变的性质,近似地说,结构稳定性就是稳定平衡点在系统参数缓慢变化后仍能保持稳定的性质。分岔理论建立了系统分岔与系统稳定性之间的关系,并且发展起一整套直接针对系统微分-代数方程模型的理论和数值方法。

分岔理论主要包括静态和动态两个方面:静态分岔研究静态方程

$$f(x,\mu)=0,\quad x\in U\subseteq \mathbf{R}^n,\mu\in J\subseteq \mathbf{R}^m \tag{5-18}$$

的解的数目随参数 μ 的变动而发生的突然变化;动态分岔研究动态方程

$$\dot{x}=f(x,\mu),\quad x\in U\subseteq \mathbf{R}^n,\mu\in J\subseteq \mathbf{R}^m \tag{5-19}$$

解的拓扑结构随参数 μ 变动而发生的突然变化。

由于方程(5-18)的解是方程(5-19)的平衡点,因此,静态分岔主要研究的是平衡点的分岔问题,而动态分岔不仅要研究平衡点的分岔,还要研究其他分岔问题,动态分岔问题实际上包含了静态分岔问题。

非线性系统在参数变化下可能具有多种分岔形式,一般认为,电力系统电压稳定性主要受到三类分岔现象的影响,这三类分岔界面的闭包构成了电力系统的稳定域[8~10]:

(1) 鞍结点分岔(saddle node bifurcation,SNB),属于静态分岔,最早由Kwatny提出,这种分岔与电力系统的单调失稳相关。

(2) 霍普夫分岔(hopf bifurcation,HB),属于动态分岔,最早由 Abed 提出,这种分岔与电力系统的振荡型失稳相关。

(3) 奇异诱导分岔(singularity induced bifurcation,SIB),属于动态分岔,最早由 Zaborszky 提出,Venkatasubramanian、Beardmore 等进行了进一步的讨论,文献[11]~[13]把中心流行理论应用到微分-代数方程组对应的奇异扰动常微分方程组上完成了这一证明。最近的一些研究结果表明这种分岔同样与电力系统的单调失稳相关。

1. 鞍结点分岔

考虑常微分方程的一个单参数簇

$$\dot{x}=f(x,\mu) \tag{5-20}$$

满足以下平衡条件:

$$f(x^*,\mu)=0 \tag{5-21}$$

一个鞍结点分岔是平衡点的两个分支相遇的一个点,在这个分岔上,平衡点变成了一个鞍结点,所以,以此命名这个分岔。在这个点上,状态雅可比矩阵 f_x 必须是奇异的,所以,一个鞍结点分岔的必要条件由平衡方程式(5-21)和奇异条件

$$\det f_x(x^*,\mu)=0 \tag{5-22}$$

共同给出。

并不是满足这个必要条件的所有点都是鞍结点分岔点。为了说明充分条件的性质,我们考虑一个标量系统,对于这样一个系统,鞍结点分岔的充分条件是

$$f(x^*,\mu)=0 \tag{5-23a}$$

$$\frac{\partial f}{\partial x}=0 \tag{5-23b}$$

$$\frac{\partial f}{\partial \mu}\neq 0 \tag{5-23c}$$

$$\frac{\partial^2 f}{\partial x^2}\neq 0 \tag{5-23d}$$

式(5-23c)和式(5-23d)通常称为横截条件。前一个横截条件(5-23c)保证了在分岔点(μ_0,x_0^*)上存在一个光滑局部函数 $\mu=h(x)$。用几何术语来说,平衡流形(5-23a)与直线 $x=x_0^*$ 横向相交。后一个横截条件(5-23d)暗示,这个平衡流形局部地保持在直线 $\mu=\mu_0$ 的一边。

在多变量系统中,在一个鞍结点分岔,两个平衡点结合并且消失(或同时出现)。一个平衡点具有正的特征值,另一个平衡点具有负的特征值,在分岔点,它们都变为零。

2. 霍普夫分岔

众所周知,当参数变化使得一对复特征值跨过复平面上的虚轴后,稳定平衡点就会变得不稳定。在非线性系统中,这类振荡不稳定性与霍普夫分岔联系在一起。

在一个鞍结点分岔中,由于一个接近的不稳定平衡点,使得一个稳定平衡点的吸引域收缩,并且当两个平衡点结合且消失时,稳定性也最终消失。在一个霍普夫分岔中,由于一个平衡点与一个极限环的相互作用,使得这个平衡点的稳定性消失。依据这个相互作用的特性,有以下两类霍普夫分岔。

(1) 亚临界霍普夫分岔:一个不稳定极限环,先于这个分岔存在,收缩且最终消失,当这个不稳定极限环在这个分岔点与一个稳定平衡点结合,分岔以后,稳定平衡点变得不稳定,导致产生一个逐渐增大的振荡。

(2) 超临界霍普夫分岔:在分岔点产生一个稳定极限环,一个稳定平衡点随着逐渐增大振幅的振荡变得不稳定,这个振荡最终被一个稳定极限环吸收。

一个霍普夫分岔的必要条件是存在一个具有纯虚数特征值的平衡点。这个条件并不像零特征值条件那样容易建立。零特征值条件非常简单,只要系统矩阵的行列式为零即可。大多数具有纯虚数特征值的平衡点都是霍普夫分岔点,但是,类似于鞍结点分岔情况,也可能出现例外,如果经过零以后,这个临界特征值对的实部并不改变符号,这些点就不是霍普夫分岔点。

3. 奇异诱导分岔

电力系统稳定性问题的数学模型通常用非线性微分-代数方程组(DAE)表示：

$$\begin{cases}\dot{x}=f(x,y)\\0=g(x,y)\end{cases}\tag{5-24}$$

式中，f 代表发电机及其励磁系统、负荷、HVDC、SVC 等的动态特性；g 代表网络的潮流模型；x 为系统状态变量(如发电机功角和角速度)；y 为系统代数变量(如节点的电压和相角)。

系统的平衡点 E 为满足如下条件的点：

$$E=\{(x,y)\mid f(x,y)=0,g(x,y)=0\}\tag{5-25}$$

系统的奇异面为

$$S=\{(x,y)\mid f(x,y)=0,\det g_y(x,y)=0\}\tag{5-26}$$

式中，$g_y(x,y)=\partial g(x,y)/\partial y$。$S$ 中的点称为奇异点，当系统动态状态运动到该点时称为发生奇异诱导分岔。大体而言，各种文献对 g_y 奇异这个判据是一致认同的，主要不同点来源于采用的模型不同以及一些奇异点的定义不同。

考虑式(5-24)在平衡点处的小扰动线性化方程：

$$\begin{cases}\Delta\dot{x}=f_x\Delta x+f_y\Delta y\\0=g_x\Delta x+g_y\Delta y\end{cases}\tag{5-27}$$

式中，$f_x=\partial f/\partial x, f_y=\partial f/\partial y, g_x=\partial g/\partial x, g_y=\partial g/\partial y$，均在当前运行点处取值。

在 g_y 不奇异时，从式(5-27)中消去 Δy 变量，得简化后的小扰动线性化方程：

$$\Delta\dot{x}=[f_x-f_y\,(g_y)^{-1}g_x]\Delta x=A_g\Delta x\tag{5-28}$$

式中，$A_g=f_x-f_y\,(g_y)^{-1}g_x$，通常称为系统状态矩阵，它是电力系统小扰动稳定性分析的核心，式(5-28)解的存在性也奠定了电力系统暂态稳定仿真的基础。这些方法通常都隐含了 g_y 不奇异的假设。

但如果排除 g_y 不奇异的假设，由式(5-27)可知，当 g_y 接近奇异时，Δx 的微小变化将导致 Δy 某些分量的无穷大变化，或者 Δx 的有限速度变化将导致 Δy 某些分量的无穷大速度变化。从几何上观察会更加清楚，如图 5.2 所示。

图 5.2 中曲线表示系统代数方程，系统运行必须时刻满足代数方程的约束，微分方程可形象地看成是对状态变量 x 的一个“拉力”。在正常点处，该拉力和代数约束的共同作用下，x 和 y 的运动方向将和代数约束面相切；随着当前点趋于奇异诱导分岔点，约束面的切平面趋于水平，在相同的 x 移动量下，y 要移动更多才能满足代数约束；当前点处于奇异诱导分岔点时，x 的拉动方向和代数约束面垂直，此时无论 Δx 怎么取值，Δy 始终为 0，从而变量 x 和 y 都无法移动，微分-代数方程无解，所以奇异诱导分岔点有时也称为僵死点(impasse point)。由于DAE模

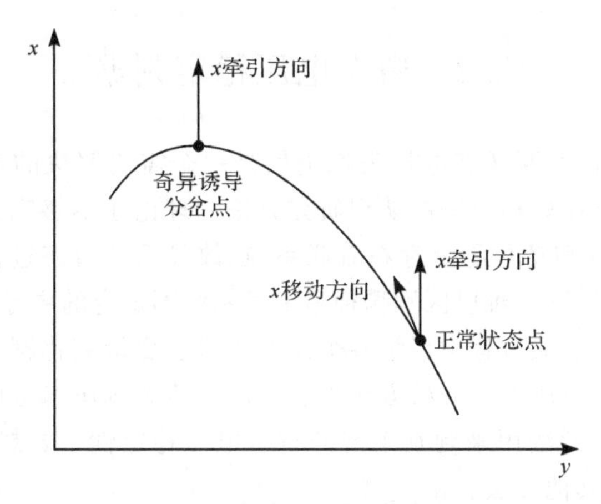

图 5.2　奇异诱导分岔示意图

型描述的系统在奇异点上病态,模型无法描述系统在到达奇异点以后的时间行为,这与"任何物理系统必有一个时间解"相矛盾,所以这时 DAE 模型已不再适合描述实际电力系统了,这是因为用 DAE 模型描述电力系统的前提条件是忽略系统的快动态过程且快动态稳定。电力系统是一个复杂的大规模非线性系统,含有大量的具有不同时间常数的快动态过程,认为快动态会很快收敛到平衡态,也就是 DAE 中代数方程决定的约束流形,所以将表述该动态的微分方程简化为稳态的代数方程。但是系统运行轨迹接近奇异点时,这时快动态过程起主导作用,所以 DAE 模型失效,需要改变模型。此时可通过引入一个很小的正常数 ε,利用奇异扰动方法处理代数方程,得到奇异扰动形式的微分方程模型:

$$\begin{cases}\dot{x} = f(x,y) \\ \varepsilon\dot{y} = g(x,y)\end{cases} \tag{5-29}$$

显然,原 DAE 的奇异点将消失,但由于常数 ε 很小,扰动系统状态变量的微小变化在原奇异点附近仍将导致较大的 y 变化。

虽然采用奇异扰动模型等以微分方程描述元件动态的模型是更加合理的电力系统模型,但该模型分析起来较为困难。DAE 方程(5-24)是电力系统暂态稳定研究的常用模型,在没有奇异性的情况下,可较好地描述物理系统的动态特性,具有分析相对容易的特点。故而较实际的处理方法是,分析时仍采用方程(5-24),检测到系统状态迫近奇异点后再考虑被忽略的动态,以克服奇异性。

当前,应用非线性动力学对电压稳定的研究取得了相当的进展,尤其对分岔理论进行了较多的分析。然而,非线性动力学在电压稳定方面的研究还不成熟,与前两类方法的研究相比,基本理论框架尚未确定,有待于进一步研究。因此,深入研究非线性动力学的理论与现象,对进一步了解电压失稳机理,准确计算电力系统稳定域,有重要意义。

5.2　暂态电压稳定判据

目前,如何准确判断暂态电压失稳仍然是一个需要解决的难题,其原因一方面是由于对暂态电压失稳机理的认识研究方法和理论还不够完善,另一方面也是由于暂态电压稳定和功角稳定存在着联系,在故障后的暂态过程中,电压崩溃和功角失稳常常同时发生,难以区别哪种是引发系统不稳定的主导因素。

由于暂态电压崩溃过程中系统各个元件的状态变量变化剧烈,因而不考虑元件动态过程的静态电压稳定分析方法无法适用于暂态电压稳定的判别,对应的静态电压稳定指标也无法用来判别系统的暂态电压稳定性。要想准确判别暂态电压稳定,必须采用其他方法。

5.2.1　工程经验判据

在已提出的各类暂态电压稳定判据中,国内外目前广泛采用的还是工程经验判据,即系统发生扰动后,暂态过程中某些(某一)母线电压低于某个电压水平持续超过某个时间即被认为是电压失稳,如图 5.3 所示。我国及北美、巴西等国家或区域电力系统采用的电压失稳判据都是该类型的工程经验判据。

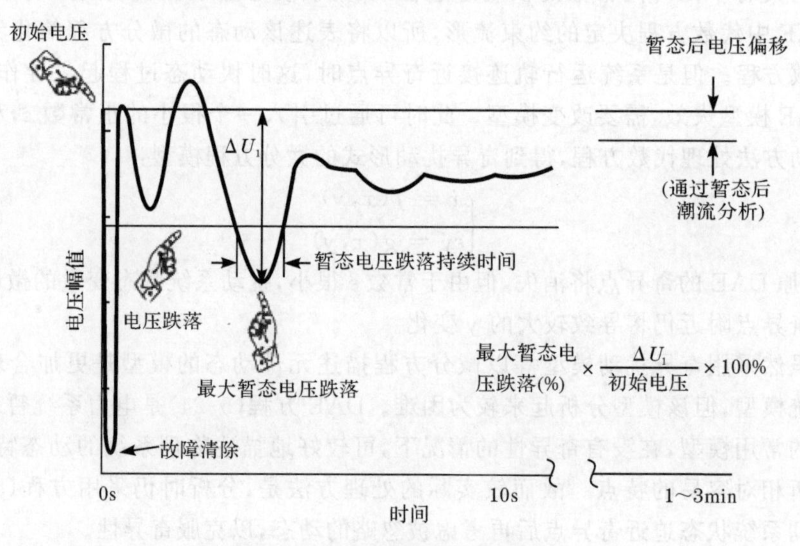

图 5.3　暂态电压稳定工程判据

以前,我国常用的一种电压失稳的经验判据是根据电压中枢点母线电压下降幅度和持续时间进行判别,即动态过程中系统电压中枢点母线电压下降持续(一般为 1s)低于限定值(一般为 0.75p. u.),就认为系统或负荷电压不稳定。

2003年4月发布的北美电力可靠性协会/西部电力协调委员会(NERC/WECC)“执行标准”文件中规定:对于如下四类扰动情况(具体分法参照北美电力可靠性协会1997年颁布的《NERC规划标准》中的4级分类),即(A)无突发事件;(B)单一故障导致单一元件的损失;(C)单一或多重故障导致两个或更多(成倍)的元件损失;(D)极端故障导致两个或更多(成倍)的元件损失或相继的设备退出。针对不同扰动,对电压的波动有如下要求。

(1) 对于B类扰动:负荷母线处电压下降不超过25%或者非负荷母线处电压下降不超过30%。负荷母线处电压下降超过20%的时间不超过20周波。

(2) 对于C类扰动:任何母线处电压下降均不超过30%。负荷母线处电压下降超过20%的时间不超过40周波。

(3) 对于D类扰动:没有明确的电压跌落/骤降标准。

巴西电压稳定标准由巴西电力系统全国运营公司(ONS)制定,具体内容如下:故障后第一个振荡周期电压不得低于额定值的60%,在后续的振荡过程中电压必须保持在80%以上。该标准适用于相同仿真条件下的任何一次事件或投切情况。

从理论上来说,工程经验法无法准确判别电压失稳。这类判据的提出主要是由于当时还没有准确判别暂态电压失稳的方法,那么从避免损失负荷的角度,确定负荷所能承受的低电压水平及持续时间为暂态电压失稳的判断标准。此外,从经验上判断,可以认为只要电压低于某个值(设为U_c)超过一定的时间(设为T_c),而无法再凭借系统自身的动态特性回到正常或较高的电压水平(从而导致负荷的损失),因此将电压值U_c和持续时间T_c定为暂态电压失稳的判断标准。

实际应用时,如何确定U_c和T_c的具体数值是这类判据的一个难点,因为从大量的仿真计算中可以发现,暂态过程中各个母线的电压跌落情况、恢复情况、最低电压、低电压持续时间等与系统的开机方式、潮流水平、电压水平、负荷类型等因素都密切相关。在某些情况下,系统可以在承受较长时间的低电压过程后最终恢复到正常或较高的电压水平;在另一些情况下,系统承受低电压的能力会弱一些。同样,某些类型的负荷可以承受较长时间的低电压水平,而另一些类型的负荷则不能。总之,工程经验法是在没有准确的电压稳定判别方法时采用的一种权宜之计,很大程度上基于以往的计算及运行经验,很难通过理论推导或仿真来确定判据采用的门槛值。

5.2.2 理论判据

除了工程经验判据外,目前还有许多方法及相应的理论判据正在研究发展过程中。以下介绍作者的最新研究成果。

1. 电压稳定判据的理论推导

由电压稳定的定义可知，电压稳定是由负荷的功率需求及系统向负荷提供功率的能力决定的，其中负荷的动态特性起着关键作用。利用如图 5.4 所示的戴维南等值系统可以简单地对此进行说明[14]。

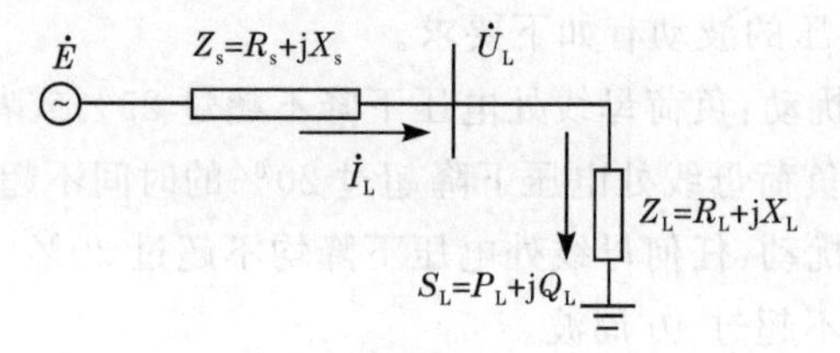

图 5.4　戴维南等值系统

图 5.4 中，$\dot{E}$、$\dot{Z}_s$ 为系统侧的戴维南等值电势和阻抗，$\dot{U}_L$ 为负荷节点电压（设 U_L、θ 分别为负荷电压幅值和相角），$\dot{I}$、Z_L、P_L、Q_L 分别为电流、负荷阻抗、负荷有功和无功功率。

1）负荷按恒功率因数变化

假设系统侧的戴维南等值电势和阻抗不变，负荷阻抗的功率因数为 $\cos\phi$，则负荷阻抗有如下形式：

$$Z_L = R_L + jX_L = R_L + jR_L\tan\phi \tag{5-30}$$

负荷消耗的有功功率为

$$P_L = R_L I_L^2 = \frac{R_L E^2}{(R_s + R_L)^2 + (X_s + R_L\tan\phi)^2} \tag{5-31}$$

求 P_L 在 R_L 变化下的极值

$$\frac{dP_L}{dR_L} = \frac{E^2(R_s^2 + X_s^2 - R_L^2 - R_L^2\tan^2\phi)}{[(R_s + R_L)^2 + (X_s + R_L\tan\phi)^2]^2} = 0 \tag{5-32}$$

可以得到

$$R_L^2 + R_L^2\tan^2\phi = R_s^2 + X_s^2 \tag{5-33}$$

即

$$|Z_L| = |Z_s| \tag{5-34}$$

由 P_L 的单调性，可证明当满足 $|Z_L| = |Z_s|$ 时，在负荷恒定功率因数变化的条件下，负荷有功功率达到最大值。

对于图 5.4 所示的系统，假设 $E=1$p. u.，$R_s=0.01$p. u.，$X_s=0.5$p. u.，$\tan\phi=0.3$。随着 R_L 变化，负荷有功功率 P_L 的变化规律如图 5.4 所示。由 $|Z_L|=|Z_s|$ 可得 $R_L=0.479$p. u.，也对应图 5.5 中负荷有功功率的最大值。因此，在该负荷模型下，$|Z_L|=|Z_s|$ 对应电压稳定的临界点。

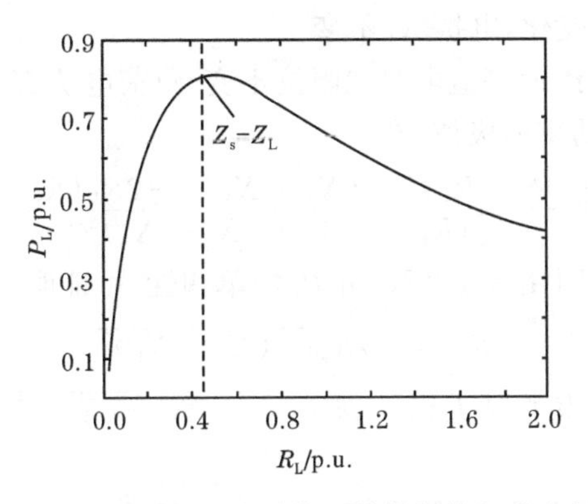

图 5.5　负荷按恒定功率因数变化的有功功率

2）负荷电阻 R_L 不变，电抗 X_L 变化

假设系统侧的戴维南等值电势和阻抗不变，负荷电阻 R_L 不变，仅负荷电抗 X_L 变化，求负荷有功功率变化的极值，有

$$\frac{dP_L}{dX_L}=\frac{-2R_LE^2(X_s+X_L)}{[(R_s+R_L)^2+(X_s+X_L)^2]^2}=0 \tag{5-35}$$

极值条件下的负荷电抗用 X_{LC} 表示，满足

$$X_{LC}=-X_s \tag{5-36}$$

由 P_L 的单调性，可证明在满足式(5-36)时，P_L 达到最大值。即 $X_{LC}=-X_s$ 为电压稳定的临界点。

对于图 5.4 所示的系统，假设 $E=1$p. u.，$R_L=0.2$p. u.，$R_s=0.01$p. u.，$X_s=0.5$p. u.。随着负荷电抗 X_L 的变化，负荷有功功率 P_L 的变化规律如图 5.6 所示。当 $X_{LC}=-0.5$p. u.，对应系统最大有功功率传输极限为 4.5351p. u.。

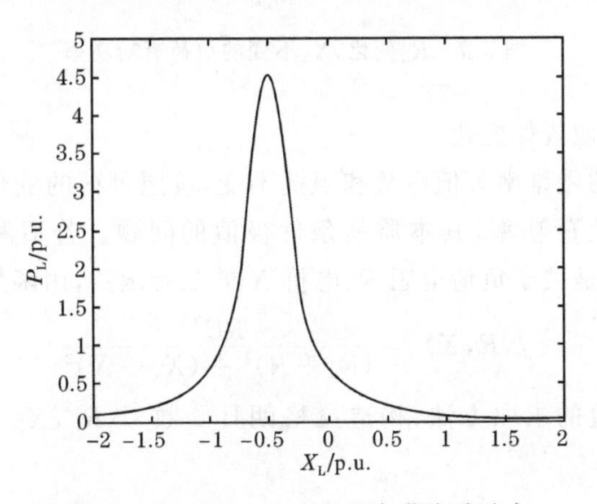

图 5.6　R_L 不变，X_L 变化的负荷有功功率

3）负荷电阻 R_L变化，电抗 X_L不变

假设系统侧的戴维南等值电势和阻抗不变，负荷电抗 X_L不变，仅负荷电阻 R_L变化，求取负荷有功功率的极值，有

$$\frac{dP_L}{dR_L}=\frac{E^2[(R_s+R_L)^2+(X_s+X_L)^2-2R_L(R_s+R_L)]}{[(R_s+R_L)^2+(X_s+X_L)^2]^2}=0 \quad (5\text{-}37)$$

极值条件下的负荷电阻用 R_{LC}表示，由 P_L的单调性，可证明当满足

$$R_{LC}=\sqrt{R_s^2+(X_s+X_L)^2} \quad (5\text{-}38)$$

时，对应负荷有功功率的最大值。即 $R_{LC}=\sqrt{R_s^2+(X_s+X_L)^2}$ 为电压稳定的临界点。

对于图 5.4 所示的系统，假设 $E=1\text{p. u.}$，$X_L=0.15\text{p. u.}$，$R_s=0.01\text{p. u.}$，$X_s=0.2\text{p. u.}$。随着负荷电阻 R_L的变化，负荷有功功率 P_L的变化规律如图 5.7 所示，当 $R_{LC}=0.35\text{p. u.}$，系统能供给的有功功率极限为 1.3883p. u.。

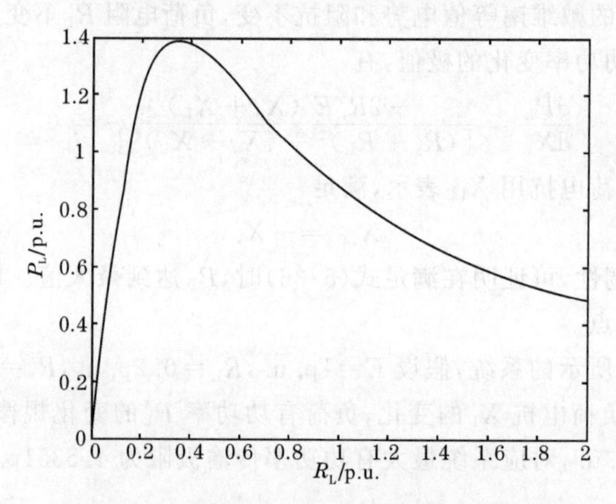

图 5.7　R_L变化，X_L不变的负荷有功功率

4）负荷按其他规律变化

假设系统侧的戴维南等值电势和阻抗不变，按照负荷的变化规律确定戴维南等值电路的最大负荷功率，其本质是条件极值的问题。若不考虑系统条件的变化，负荷有功功率是关于负荷电阻 R、电抗 X 的二元函数，用函数 $f(R,X)$表示为

$$f(R,X)=\frac{RE^2}{(R_s+R)^2+(X_s+X)^2} \quad (5\text{-}39)$$

根据条件极值的求取方法，构造拉格朗日函数 $L(R_L,X_L)$，λ 为拉格朗日乘子，即

$$L(R,X)=f(R,X)+\lambda\varphi(R,X) \quad (5\text{-}40)$$

式中，$\varphi(R,X)$为不同的负荷变化规律对应的约束条件。例如，负荷按恒定功率因

数变化时，假定 $\tan\phi$ 为恒定功率因数，定义 $\varphi(R,X)$ 为

$$\varphi(R,X)=\frac{X}{R}-\tan\phi \tag{5-41}$$

负荷变化规律为 X 不变、R 变化时，假定 X_0 为恒定的负荷电抗，定义 $\varphi(R,X)$ 为

$$\varphi(R,X)=X-X_0 \tag{5-42}$$

负荷变化规律为 R 不变、X 变化时，假定 R_0 为恒定的负荷电阻，定义 $\varphi(R,X)$ 为

$$\varphi(R,X)=R-R_0 \tag{5-43}$$

负荷变化规律为负荷阻抗按固定方向角 α 变化时，假定 R_{t0}、X_{t0} 为上一时刻的负荷电阻与电抗，定义 $\varphi(R,X)$ 为

$$\varphi(R,X)=\frac{X-X_{t0}}{R-R_{t0}}-\tan\alpha \tag{5-44}$$

求解以下方程组：

$$\begin{cases}f_R(R,X)+\lambda\varphi_R(R,X)=0\\ f_X(R,X)+\lambda\varphi_X(R,X)=0\\ \varphi(R,X)=0\end{cases} \tag{5-45}$$

求得的 R、X 代入 $f\,(R,X)$ 即为该负荷变化规律 $\varphi(R,X)=0$ 下的最大负荷功率，也是相应系统的最大传输功率。

通过上述方法，可求得负荷在任意变化规律下的系统的最大传输功率，该功率对应的点即为电压稳定的临界点。

2. 等阻抗判据

1）理论推导

对于如图 5.4 所示的简单系统可以得到，当满足 $|Z_L|=|Z_s|$ 时，系统存在电压唯一解(具体推导过程可参见 4.3.5 节)。这一点对应图 4.2 中的“腰线”位置。暂态过程中，当负荷阻抗模值由大变小，最终等于并小于系统戴维南等值阻抗时，该负荷的运行点将由图 4.2 中的上半球面运行到下半球面，该负荷母线电压处于不稳定状态。由此可得如下暂态电压失稳的判据：若暂态过程中负荷阻抗模值 $|Z_L|$ 不断减少并最终小于系统戴维南等值阻抗模值 $|Z_s|$，则可认为出现暂态电压失稳(注：由第 1 小节的结论可知，$|Z_L|$ 等于并小于 $|Z_s|$ 并非暂态电压失稳的必要条件，仅为充分条件，即 $|Z_L|$ 大于 $|Z_s|$ 时，也可能出现电压失稳，具体取决于负荷的变化趋势)。

2）戴维南等值参数跟踪求解

等阻抗法应用的前提是能够获得系统在暂态过程中的戴维南等值阻抗变化轨迹，相关的方法包括两点法、基于时域仿真的戴维南等值参数跟踪算法、基于全微分的戴维南等值参数跟踪算法等。

(1) 两点法。

① 数学描述。

两点法通过求解两个系统运行点的潮流方程组计算得到系统的戴维南等值参数。该方法利用负荷母线电压幅值U_k和负荷功率$\dot{S}_k=P_k+\mathrm{j}Q_k$作为已知量，求解戴维南等值参数$\dot{E}_k$和$Z_k$。该算法求解过程如下。

由已知量$\dot{U}_k$和$\dot{S}_k=P_k+\mathrm{j}Q_k$，不失一般性，令$\dot{U}_k=U_k\angle 0°$，$k$时刻的电流相量可表示为

$$\dot{I}_k=\frac{P_k-\mathrm{j}Q_k}{U_k} \tag{5-46}$$

将戴维南等值参数$\dot{E}_k=E_k^{\mathrm{r}}+\mathrm{j}E_k^{\mathrm{i}}$和$Z_k=R_k+\mathrm{j}X_k$代入式(5-46)，写为直角坐标形式为

$$(U_k+\mathrm{j}0)=(E_k^{\mathrm{r}}+\mathrm{j}E_k^{\mathrm{i}})-(R_k+\mathrm{j}X_k)\frac{P_k-\mathrm{j}Q_k}{U_k} \tag{5-47}$$

将式(5-47)的实部与虚部分开表示为

$$\begin{cases}U_kE_k^{\mathrm{r}}-P_kR_k-Q_kX_k=U_k^2\\ U_kE_k^{\mathrm{i}}-Q_kR_k-P_kX_k=0\end{cases} \tag{5-48}$$

方程组(5-48)中含有4个未知数，即戴维南等值参数E_k^{r}、E_k^{i}、R_k和X_k，要求解方程还需要另一个运行点所对应的U_{k-1}和$\dot{S}_{k-1}=P_{k-1}+\mathrm{j}Q_{k-1}$，列出类似的方程式，联立得到两个运行点的方程组：

$$\begin{bmatrix}U_{k-1} & 0 & -P_{k-1} & -Q_{k-1}\\ 0 & U_{k-1} & Q_{k-1} & -P_{k-1}\\ U_k & 0 & -P_k & -Q_k\\ 0 & U_k & Q_k & -P_k\end{bmatrix}\begin{bmatrix}E_k^{\mathrm{r}}\\ E_k^{\mathrm{i}}\\ R_k\\ X_k\end{bmatrix}=\begin{bmatrix}U_{k-1}^2\\ 0\\ U_k^2\\ 0\end{bmatrix} \tag{5-49}$$

求解方程组(5-49)即得到从负荷母线向系统看过去的系统戴维南等值参数。

② 准确性分析。

两点法有一个基本假设，即待求未知量在运行点$k-1$和运行点k时，有

$$\begin{cases}E_{k-1}^{\mathrm{r}}=E_k^{\mathrm{r}}\\ E_{k-1}^{\mathrm{i}}=E_k^{\mathrm{i}}\\ R_{k-1}=R_k\\ X_{k-1}=X_k\end{cases} \tag{5-50}$$

因此，该方法对于两个运行点戴维南等值系统内部不变、仅负荷母线侧的负荷变化的情况，可较准确地求取戴维南等值系统参数；但对于等值系统内部变化的情况，因其基本假设与实际情况不符，得到的戴维南等值两节点系统的参数与实际值可能会有较大误差。

下面分三种情况对两点法的计算精度进行分析。

情况 1:仅负荷参数变化,系统内部参数不变,即假设(5-50)成立,利用式(5-49)即可求得较精确的戴维南等值参数。

情况 2:负荷参数不变,系统内部参数变化。此时,因假设(5-50)不再成立,利用式(5-49)所求结果误差非常大,有时结果是明显不合理的。

情况 3:负荷参数变化,同时系统内部参数也发生变化的情况,因假设(5-50)不再成立,利用式(5-49)求得的结果误差很大,有时结果是明显不合理的。

(2) 基于时域仿真的戴维南等值参数跟踪算法[15]。

① 数学描述。

基于时域仿真的戴维南等值参数跟踪计算方法可以被用来求取电力系统暂态过程中任意母线处的系统戴维南等值参数,该方法利用暂态稳定计算程序每一个计算步中生成的网络代数方程,使用补偿法来求解任意一个母线处的系统戴维南等值参数。

在电力系统的时域仿真过程中,在任一时刻 t,必须求解如下网络方程,以获得节点电压向量 $\dot{U}_t$:

$$\begin{bmatrix} Y_{11} & \cdots & Y_{1i} & \cdots & Y_{1n} \\ \vdots & & \vdots & & \vdots \\ Y_{i1} & \cdots & Y_{ii} & \cdots & Y_{in} \\ \vdots & & \vdots & & \vdots \\ Y_{n1} & \cdots & Y_{in} & \cdots & Y_{nn} \end{bmatrix} \begin{bmatrix} \dot{U}_{t,1} \\ \vdots \\ \dot{U}_{t,i} \\ \vdots \\ \dot{U}_{t,n} \end{bmatrix} = \begin{bmatrix} \dot{I}_{t,1} \\ \vdots \\ \dot{I}_{t,i} \\ \vdots \\ \dot{I}_{t,n} \end{bmatrix} \tag{5-51}$$

式中,$Y=\begin{bmatrix} Y_{11} & \cdots & Y_{1i} & \cdots & Y_{1n} \\ \vdots & & \vdots & & \vdots \\ Y_{i1} & \cdots & Y_{ii} & \cdots & Y_{in} \\ \vdots & & \vdots & & \vdots \\ Y_{n1} & \cdots & Y_{in} & \cdots & Y_{nn} \end{bmatrix}$ 为系统导纳矩阵;$\widetilde{I}_t=\begin{bmatrix} \dot{I}_{t,1} \\ \vdots \\ \dot{I}_{t,i} \\ \vdots \\ \dot{I}_{t,n} \end{bmatrix}$ 为 t 时刻系统各个节点的注入电流向量;$\widetilde{U}_t=\begin{bmatrix} \dot{U}_{t,1} \\ \vdots \\ \dot{U}_{t,i} \\ \vdots \\ \dot{U}_{t,n} \end{bmatrix}$ 为 t 时刻系统各个节点的电压向量。

在节点 i 处单独注入单位电流,而所有其余节点的注入电流都等于 0 时,求解如下方程:

$$\begin{bmatrix} Y_{11} & \cdots & Y_{1i} & \cdots & Y_{1n} \\ \vdots & & \vdots & & \vdots \\ Y_{i1} & \cdots & Y_{ii} & \cdots & Y_{in} \\ \vdots & & \vdots & & \vdots \\ Y_{n1} & \cdots & Y_{in} & \cdots & Y_{nn} \end{bmatrix} \begin{bmatrix} \dot{U}_{t,1_0} \\ \vdots \\ \dot{U}_{t,i_0} \\ \vdots \\ \dot{U}_{t,n_0} \end{bmatrix} = \begin{bmatrix} 0 \\ \vdots \\ 1 \\ \vdots \\ 0 \end{bmatrix} \tag{5-52}$$

可以得到等值节点 i 处的综合阻抗矩阵 $Z_{i\mathrm{T}}$：

$$Z_{i\mathrm{T}} = [\dot{U}_{t,i_0}] \tag{5-53}$$

该过程仅在网络结构发生变化时才会进行计算，因此，在整个计算过程中需要计算的次数不多。

t 时刻，节点 i 处的系统戴维南等值电路如图 5.8 所示。

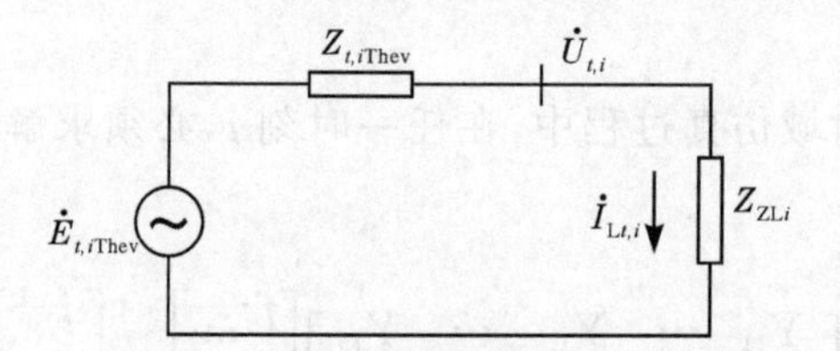

图 5.8 节点 i 处的系统戴维南等值参数计算电路

图 5.8 中，$\dot{E}_{t,i\,\mathrm{Thev}}$、$Z_{t,i\,\mathrm{Thev}}$ 分别为 t 时刻，从节点 i 看进去的系统戴维南等值电势和阻抗；$\dot{U}_{t,i}$ 为 t 时刻暂态稳定计算得到的节点 i 处的电压；$Z_{\mathrm{ZL}i}$ 为节点 i 处负荷的阻抗部分；$\dot{I}_{\mathrm{L}t,i}$ 为节点 i 处的负荷电流，$\dot{I}_{\mathrm{L}t,i}=\dot{U}_{t,i}/Z_{\mathrm{ZL}i}$。

采用补偿法计算开路电压 $\dot{U}_{\mathrm{oc},i}$，即节点 i 开路时，相当于流经节点 i 处的负荷电流为 0，可以在节点 i 处补偿一个注入电流量 $\Delta\dot{I}_{t,i}$ 来求取系统节点电压的变化量，如图 5.9 所示。

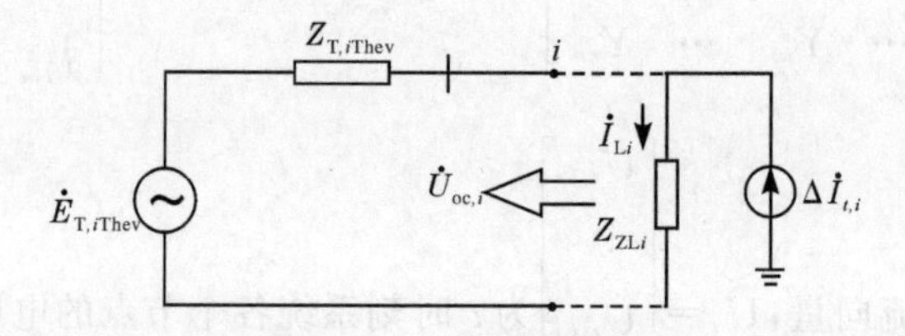

图 5.9 补偿法求节点 i 处开路电压时的戴维南等值电路图

显然，$\Delta\dot{I}_{t,i}=-\dfrac{\dot{U}_{\mathrm{oc},i}}{Z_{\mathrm{ZL}i}}$，此时，流经阻抗的电流相当于 $\dot{I}_{\mathrm{L}i}=-\Delta\dot{I}_{t,i}$，则

$$\dot{U}_{\text{oc},i} = -Z_{\text{ZL}i}\Delta\dot{I}_{t,i} \tag{5-54}$$

同时,基于前面所求得的综合阻抗矩阵 $Z_{i\text{T}}$,可以知道,节点 i 处的电压变化量为

$$\Delta\dot{U}_{t,i} = Z_{i\text{T}}\Delta\dot{I}_{t,i} \tag{5-55}$$

根据叠加原理,节点 i 处的开路电压为

$$\dot{U}_{\text{oc},i} = \dot{U}_{t,i} + \Delta\dot{U}_{t,i} = \dot{U}_{t,i} + Z_{i\text{T}}\Delta\dot{I}_{t,i} \tag{5-56}$$

式中,$\dot{U}_{t,i}$为 t 时刻暂态稳定计算得到的节点 i 处的电压。

联立求解式(5-52)和式(5-56),求得

$$\begin{cases} \Delta\dot{I}_{t,i} = \dfrac{\dot{U}_{t,i}}{Z_{\text{ZL}i} - Z_{i\text{T}}} \\ \dot{U}_{\text{oc},i} = \dfrac{Z_{\text{ZL}i}}{Z_{\text{ZL}i} - Z_{i\text{T}}}\dot{U}_{t,i} \end{cases} \tag{5-57}$$

此时,求得的 $\dot{U}_{\text{oc},i}$即为节点 i 处的系统戴维南等值电势 $\dot{E}_{t,i\text{Thev}}$,有

$$\dot{E}_{t,i\text{Thev}} = \dot{U}_{\text{oc},i} = \frac{Z_{\text{ZL}i}}{Z_{\text{ZL}i} - Z_{i\text{T}}}\dot{U}_{t,i} \tag{5-58}$$

同样根据补偿法原理来求取短路电流 $\dot{I}_{\text{sc},i}$,节点 i 处短路时的戴维南等值电路如图 5.10 所示。

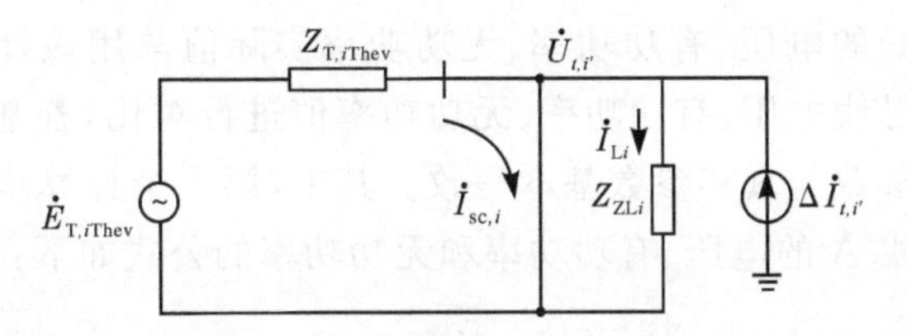

图 5.10　补偿法求节点 i 处短路电流时的戴维南等值电路图

节点 i 处短路时,相当于在原有网络的基础上,在节点 i 处叠加一个注入电流量 $\Delta\dot{I}_{t,i'}$,根据叠加原理,此时节点 i 处的电压为

$$\dot{U}_{t,i'} = \dot{U}_{t,i} + Z_{i\text{T}}\Delta I_{t,i'} \tag{5-59}$$

式中,$\dot{U}_{t,i'}$为短路后节点 i 处的电压。而节点 i 处短路时,$\dot{U}_{t,i'}=0$,即可求得

$$\Delta\dot{I}_{t,i'} = -Z_{i\text{T}}^{-1}\dot{U}_{t,i} \tag{5-60}$$

根据叠加原理,可以求得节点 i 处的短路电流为

$$\dot{I}_{\text{sc},i} = \frac{\dot{U}_{t,i}}{Z_{\text{ZL}i}} - \Delta\dot{I}_{t,i'} = \frac{\dot{U}_{t,i}}{Z_{\text{ZL}i}} + Z_{i\text{T}}^{-1}\dot{U}_{t,i} \tag{5-61}$$

这样,基于上面计算得到的开路电压 $\dot{U}_{\text{oc},i}$和短路电流 $\dot{I}_{\text{sc},i}$,通过求解两者的比值,即可得到 t 时刻,节点 i 处的系统戴维南等值阻抗 $Z_{t,i\text{Thev}}$如下所示:

$$Z_{t,i\text{Thev}} = \frac{\dot{U}_{\text{oc},i}}{\dot{I}_{\text{sc},i}} \tag{5-62}$$

同理,在故障发生后任意时刻,针对不同的负荷节点,重复上述步骤,可以计算得到任意一个负荷母线处随时间变化的系统戴维南等值电势 $\dot{E}_{\text{Thev}}$ 和戴维南等值阻抗 Z_{Thev}。

上述基于时域仿真的戴维南等值算法可以利用暂态稳定计算过程中形成的电网导纳矩阵快速准确地求取戴维南等值参数,具有较好的可操作性,适用于戴维南等值系统内部发生大扰动的情形,计算得到的戴维南等值参数精度非常高。

然而,上述方法求出的戴维南等值参数中,在没有开关动作时,戴维南等值阻抗是不变的(因为在网络结构没有发生变化时,暂态稳定程序生成的系统导纳矩阵是不变的),系统的所有变化均反映在戴维南等值电势的变化上。这一点与物理系统是不一致的,可能会不利于计算得到的戴维南等值参数的进一步应用。因此,在实际应用时,可以采用如下方法对每一个计算时刻暂态稳定程序生成的系统导纳阵进行修正后再进行上述计算:除等值节点 i 以外,其余所有负荷均看为阻抗,归并到系统导纳矩阵 Y 中。

② 准确性分析。

分析方法如下:用暂态稳定仿真程序计算得到的故障后任意一个计算步某条母线(设为母线 A)的电压、有功功率、无功功率实际值与用该计算步的戴维南等值参数计算得到母线电压、有功功率、无功功率值进行对比,若基本一致则计算得到的戴维南等值参数与真实参数基本一致。其中,第 k 个计算步用戴维南等值参数计算故障后母线 A 的电压、有功功率和无功功率的公式如下:

$$\begin{cases} U_k = \dfrac{E_{\text{Thev}}}{Z_{\text{Thev}} + Z_{\text{L}}} Z_{\text{L}} \\ P_k = \left(\dfrac{E_{\text{Thev}}}{Z_{\text{Thev}} + Z_{\text{L}}}\right)^2 R_{\text{L}} \\ Q_k = \left(\dfrac{E_{\text{Thev}}}{Z_{\text{Thev}} + Z_{\text{L}}}\right)^2 X_{\text{L}} \end{cases} \tag{5-63}$$

式中,U_k、P_k、Q_k 分别为用第 k 个计算步的戴维南等值参数计算得到母线 A 的电压、有功功率、无功功率值;E_{Thev}、Z_{Thev} 分别为第 k 个计算步的戴维南等值参数;R_{L}、X_{L} 分别为第 k 个计算步的母线负荷电阻、电抗。

以 3 机 10 节点系统为例,系统拓扑结构如图 5.11 所示,等值系统简介:500kV 母线(Bus 6)向负荷区域的两个负荷供电,其中,工业负荷(Bus 7)通过 OLTC 变压器与 500kV 负荷母线连接,而居民负荷与商业负荷(Bus 10)则通过两台 OLTC 变压器和一段代表次级输电系统的阻抗接在 500kV 负荷母线。负荷地区采用了大量的并联补偿装置,并有一台 1600MVA 的等值发电机(Bus 3)。两台远方的发电机通过 5 条 500kV 线路向负荷区域输送的功率为 5000MW。仿真所采用的主要模型:Bus 7 处负荷为 100%恒阻抗,Bus 10 处负荷为 100%电动机。

选择从 Bus 10 处对系统进行戴维南等值。扰动为 Bus 5 与 Bus 6 之间的第 5 回线路在 Bus 6 侧三永 $N-1$ 故障,故障开始时刻 1.0s,线路切除时刻 1.0056s。

计算结果如图 5.12～图 5.14 所示,其中,图 5.12 为母线电压曲线,图 5.13 为线路有功功率曲线,图 5.14 为线路无功功率曲线。各图中,曲线 1 为暂态稳定仿真得到的真实曲线,曲线 2 为用戴维南等值系统算得的曲线。由图 5.12～图 5.14可见,基于时域仿真的戴维南等值参数计算方法的计算精度非常高。

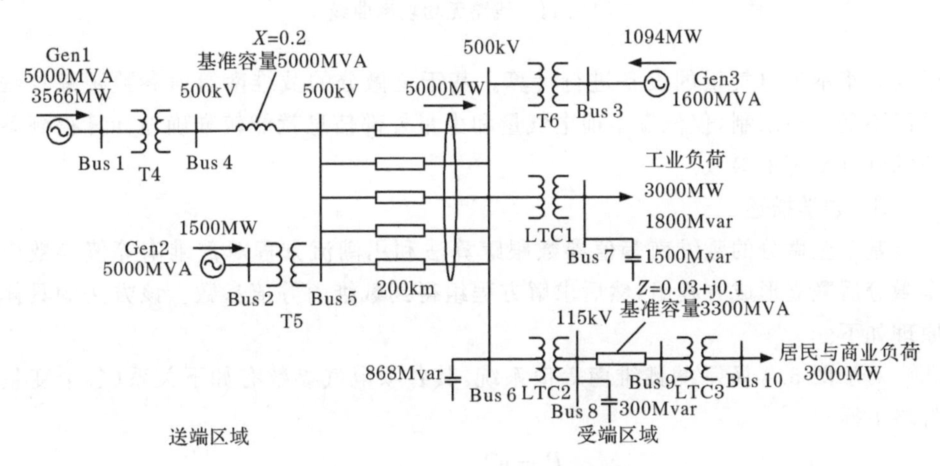

图 5.11　3 机 10 节点系统接线图

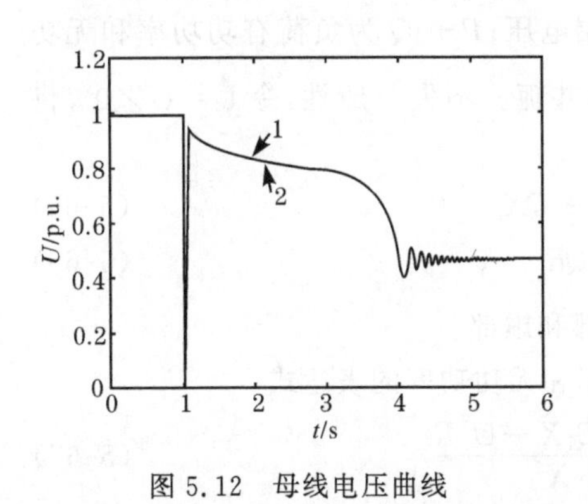

图 5.12　母线电压曲线

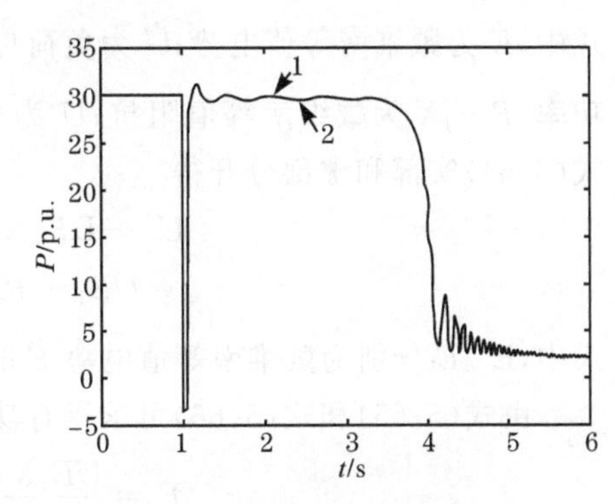

图 5.13　线路有功功率曲线

(3) 基于全微分的戴维南等值参数跟踪算法。

基于时域仿真的戴维南等值参数跟踪计算方法虽然可以计算得到精确的系统戴维南等值参数,但这种方法的局限在于计算前必须知道全网的参数,不适用

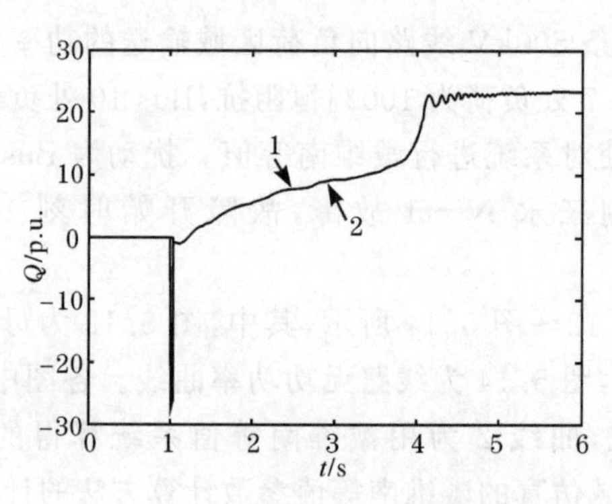

图 5.14　线路无功功率曲线

于仅采集本地电气量的设备进行计算。基于全微分的戴维南等值参数跟踪算法可以不受上述限制,仅依靠本地电气量和少量外部信息就能较准确地计算得到系统的戴维南等值参数。

① 数学描述。

基于全微分的戴维南等值参数跟踪算法利用潮流方程对戴维南等值参数取全微分后联立形成方程组,然后求解方程组得到戴维南等值参数。该方法的具体原理如下。

对于图 5.4 所示的戴维南等值系统,其各项电气参数有如下关系(各个变量省略下标):

$$\dot{E} = \frac{P - \mathrm{j}Q}{\overset{*}{U}}(R + \mathrm{j}X) + \dot{U} \tag{5-64}$$

式中,$\dot{E}$ 为戴维南等值电势;$\dot{U}$ 为负荷母线端电压;$P+\mathrm{j}Q$ 为负荷有功功率和无功功率;$P+\mathrm{j}X$ 为戴维南等值阻抗;$\overset{*}{U}$ 为 $\dot{U}$ 的共轭。不失一般性,令 $\dot{U}=U\angle 0°$,将式(5-64)实部和虚部分开得

$$U^2 - UE_\mathrm{r} + PR + QX = 0 \tag{5-65}$$

$$UE_\mathrm{i} - PX + QR = 0 \tag{5-66}$$

式中,E_r、E_i分别为戴维南等值电势 $\dot{E}$ 的实部和虚部。

由式(5-65)和式(5-66)可求得有功功率和无功功率的表达式:

$$P = \frac{UE_\mathrm{r}R + UE_\mathrm{i}X - U^2R}{R^2 + X^2} \tag{5-67}$$

$$Q = \frac{UE_\mathrm{r}X - UE_\mathrm{i}R - U^2X}{R^2 + X^2} \tag{5-68}$$

将式中的 P、Q 分别对戴维南等值参数及负荷母线电压幅值(E_r、E_i、R、X 和 U)求全微分,得

$$\begin{aligned}\mathrm{d}P&=\frac{\partial P}{\partial E_{\mathrm{r}}}\mathrm{d}E_{\mathrm{r}}+\frac{\partial P}{\partial E_{\mathrm{i}}}\mathrm{d}E_{\mathrm{i}}+\frac{\partial P}{\partial U}\mathrm{d}U+\frac{\partial P}{\partial R}\mathrm{d}R+\frac{\partial P}{\partial X}\mathrm{d}X\\&=\frac{UR}{R^2+X^2}\mathrm{d}E_{\mathrm{r}}+\frac{UX}{R^2+X^2}\mathrm{d}E_{\mathrm{i}}+\frac{E_{\mathrm{r}}R+E_{\mathrm{i}}X-2RU}{R^2+X^2}\mathrm{d}U\\&\quad+\frac{(UE_{\mathrm{r}}-U^2)(R^2+X^2)-2R(UE_{\mathrm{r}}R+UE_{\mathrm{i}}X-U^2R)}{(R^2+X^2)^2}\mathrm{d}R\\&\quad+\frac{UE_{\mathrm{i}}(R^2+X^2)-2X(UE_{\mathrm{r}}R+UE_{\mathrm{i}}X-U^2R)}{(R^2+X^2)^2}\mathrm{d}X\end{aligned}\tag{5-69}$$

$$\begin{aligned}\mathrm{d}Q&=\frac{\partial Q}{\partial E_{\mathrm{r}}}\mathrm{d}E_{\mathrm{r}}+\frac{\partial Q}{\partial E_{\mathrm{i}}}\mathrm{d}E_{\mathrm{i}}+\frac{\partial Q}{\partial U}\mathrm{d}U+\frac{\partial Q}{\partial R}\mathrm{d}R+\frac{\partial Q}{\partial X}\mathrm{d}X\\&=\frac{UX}{R^2+X^2}\mathrm{d}E_{\mathrm{r}}-\frac{UR}{R^2+X^2}\mathrm{d}E_{\mathrm{i}}+\frac{E_{\mathrm{r}}X-E_{\mathrm{i}}R-2XU}{R^2+X^2}\mathrm{d}U\\&\quad+\frac{(-UE_{\mathrm{i}})(R^2+X^2)-2R(UE_{\mathrm{r}}X-UE_{\mathrm{i}}R-U^2X)}{(R^2+X^2)^2}\mathrm{d}R\\&\quad+\frac{(UE_{\mathrm{r}}-U^2)(R^2+X^2)-2X(UE_{\mathrm{r}}X-UE_{\mathrm{i}}R-U^2X)}{(R^2+X^2)^2}\mathrm{d}X\end{aligned}\tag{5-70}$$

用差分方程替代微分方程,式(5-69)和式(5-70)可写为

$$\begin{aligned}P_{k+1}-P_k&=\frac{U_kR_k}{R_k^2+X_k^2}(E_{\mathrm{r}}^{k+1}-E_{\mathrm{r}}^k)+\frac{U_kX_k}{R_k^2+X_k^2}(E_{\mathrm{i}}^{k+1}-E_{\mathrm{i}}^k)\\&\quad+\frac{E_{\mathrm{r}}^kR_k+E_{\mathrm{i}}^kX_k-2R_kU_k}{R_k^2+X_k^2}(U_{k+1}-U_k)\\&\quad+\frac{(U_kE_{\mathrm{r}}^k-U_k^2)(R_k^2+X_k^2)-2R_k(U_kE_{\mathrm{r}}^kR_k+U_kE_{\mathrm{i}}^kX_k-U_k^2R_k)}{(R_k^2+X_k^2)^2}(R_{k+1}-R_k)\\&\quad+\frac{U_kE_{\mathrm{i}}^k(R_k^2+X_k^2)-2X_k(U_kE_{\mathrm{r}}^kR_k+U_kE_{\mathrm{i}}^kX_k-U_k^2R_k)}{(R_k^2+X_k^2)^2}(X_{k+1}-X_k)\\&=f_p(U_k,U_{k+1},R_k,X_k,R_{k+1},X_{k+1},E_{\mathrm{r}}^k,E_{\mathrm{i}}^k,E_{\mathrm{r}}^{k+1},E_{\mathrm{i}}^{k+1})\end{aligned}\tag{5-71}$$

$$\begin{aligned}Q_{k+1}-Q_k&=\frac{U_kX_k}{R_k^2+X_k^2}(E_{\mathrm{r}}^{k+1}-E_{\mathrm{r}}^k)-\frac{U_kR_k}{R_k^2+X_k^2}(E_{\mathrm{i}}^{k+1}-E_{\mathrm{i}}^k)\\&\quad+\frac{E_{\mathrm{r}}^kX_k-E_{\mathrm{i}}^kR_k-2X_kU_k}{R_k^2+X_k^2}(U_{k+1}-U_k)\\&\quad+\frac{(-U_kE_{\mathrm{i}}^k)(R_k^2+X_k^2)-2R_k(U_kE_{\mathrm{r}}^kX_k-U_kE_{\mathrm{i}}^kR_k-U_k^2X_k)}{(R_k^2+X_k^2)^2}(R_{k+1}-R_k)\\&\quad+\frac{(U_kE_{\mathrm{r}}^k-U_k^2)(R_k^2+X_k^2)-2X_k(U_kE_{\mathrm{r}}^kX_k-U_kE_{\mathrm{i}}^kR_k-U_k^2X_k)}{(R_k^2+X_k^2)^2}(X_{k+1}-X_k)\\&=f_q(U_k,U_{k+1},R_k,X_k,R_{k+1},X_{k+1},E_{\mathrm{r}}^k,E_{\mathrm{i}}^k,E_{\mathrm{r}}^{k+1},E_{\mathrm{i}}^{k+1})\end{aligned}\tag{5-72}$$

于是,由式(5-65)、式(5-66)、式(5-71)和式(5-72)可得到如下包含 6 个方程的方程组:

$$\begin{cases} U_k^2 - U_k E_r^k + P_k R_k + Q_k X_k = 0 \\ U_k E_i^k - P_k X_k + Q_k R_k = 0 \\ U_{k+1}^2 - U_{k+1} E_r^{k+1} + P_{k+1} R_{k+1} + Q_{k+1} X_{k+1} = 0 \\ U_{k+1} E_i^{k+1} - P_{k+1} X_{k+1} + Q_{k+1} R_{k+1} = 0 \\ P_{k+1} - P_k = f_p(U_k, U_{k+1}, R_k, X_k, R_{k+1}, X_{k+1}, E_r^k, E_i^k, E_r^{k+1}, E_i^{k+1}) \\ Q_{k+1} - Q_k = f_q(U_k, U_{k+1}, R_k, X_k, R_{k+1}, X_{k+1}, E_r^k, E_i^k, E_r^{k+1}, E_i^{k+1}) \end{cases} \tag{5-73}$$

方程组(5-73)中,共有 8 个未知数:R_k、R_{k+1}、X_k、X_{k+1}、E_r^k、E_i^k、E_r^{k+1}、E_i^{k+1},因此,必须首先给定其中任意 2 个未知数的值,或者再给出 2 个方程,才能得到所有未知数的解。实际应用时,可先通过通信设施将拥有全网信息的调度中心计算机计算得到的系统戴维南等值阻抗初值 R_0+jX_0 发给本地设备,或采用现有戴维南等值方法,如前文所述,在系统等值电势和阻抗不变情况下通过等值点的负荷扰动,利用式(5-49)求解系统戴维南等值阻抗的初值 R_0+jX_0。然后通过式(5-73)求得下一个时刻的系统戴维南等值参数,然后再根据下一个时刻的戴维南等值阻抗求得下下个时刻的戴维南等值参数,依次类推,最后得到一系列戴维南等值参数。

② 准确性分析。

仍以 3 机 10 节点系统为例分析。选择从 Bus 10 处对系统进行戴维南等值。在 Bus 7 处施加幅值为 100MW、频率为 0.5Hz 的正弦功率波动的扰动,即戴维南等值系统内电势及阻抗均发生变化的情况。

基于全微分的戴维南等值参数跟踪计算方法需要先给定任意 2 个未知数的初值,本次计算给定的是戴维南等值阻抗的初始值 R_0+jX_0,该值由本节前面所述的基于时域仿真的戴维南等值参数跟踪计算方法求得。

在基于全微分的戴维南等值参数跟踪计算过程中,Bus 10 处每隔 1 个计算时间间隔的电压、有功功率、无功功率用暂态稳定仿真程序计算得到,计算的时间间隔为 0.01s。利用戴维南等值阻抗初始值 R_0+jX_0 及在 Bus 10 处采集到的第 1 个时刻的电压幅值、有功功率和无功功率值,通过式(5-73)计算得到第 1 个时刻的戴维南等值参数。利用第 1 个时刻的戴维南等值阻抗初始值,再通过式(5-73)计算求取第 2 个时刻的戴维南等值参数。依次类推计算得到随时间变化的一系列戴维南等值参数。

计算结果如图 5.15~图 5.17 所示。图中同时给出了利用两点法求得的等值参数。其中,图 5.15 为戴维南等值电势幅值 E_{eq},图 5.16 为戴维南等值电阻 R_{eq},图 5.17 为戴维南等值电抗 X_{eq}。各图中,曲线 1 是基于时域仿真的戴维南等值参数跟踪计算方法的计算结果,曲线 2 是基于全微分的戴维南等值参数跟踪计算方法的计算结果,曲线 3 是两点法的计算结果。由结果可见,基于全微分的戴维南等值参数跟踪计算方法的计算结果与真实的戴维南等值参数很接近，而两点法求取的等值参数与实际值相差非常大。

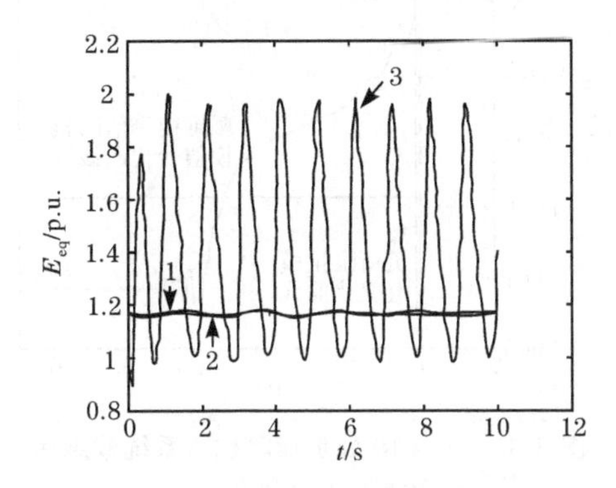

图 5.15　戴维南等值电势幅值对比

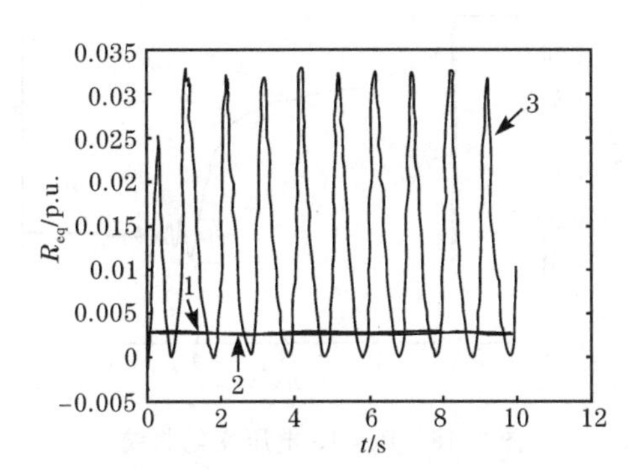

图 5.16　戴维南等值电阻对比

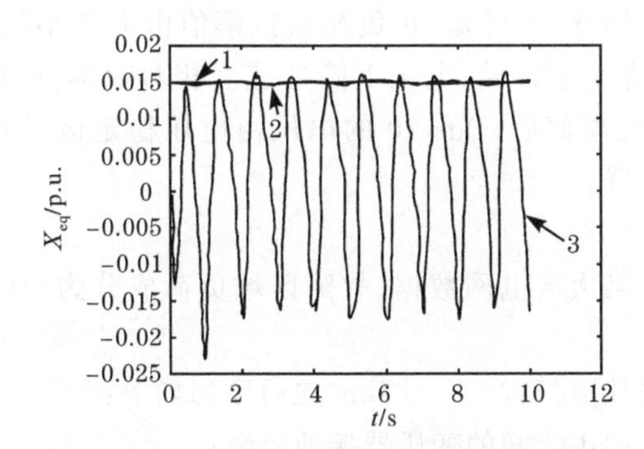

图 5.17　戴维南等值电抗对比

相对于两点法，基于全微分的戴维南等值算法的计算精度要高很多，因而其实用性也要强很多。但是，该方法的计算误差会随着扰动的增大而变大，同时，如果系统中有开关动作，该方法必须重新开始计算，因此，该方法更适合于中长期电压稳定性的判别。

3）算例仿真

下面通过两个仿真算例对等阻抗法的有效性进行分析。

(1) 算例一。

数据说明：3 机 10 节点系统数据，其中，Bus 7 处为 100％恒阻抗负荷，Bus 10 处为 100％电动机负荷。

故障形式：Bus 5 与 Bus 6 之间的第 5 回线路在 Bus 6 侧三永 $N-1$ 故障。

故障开始时刻：1.0s。

线路切除时刻：1.0056s。

计算结果如图 5.18 和图 5.19 所示。

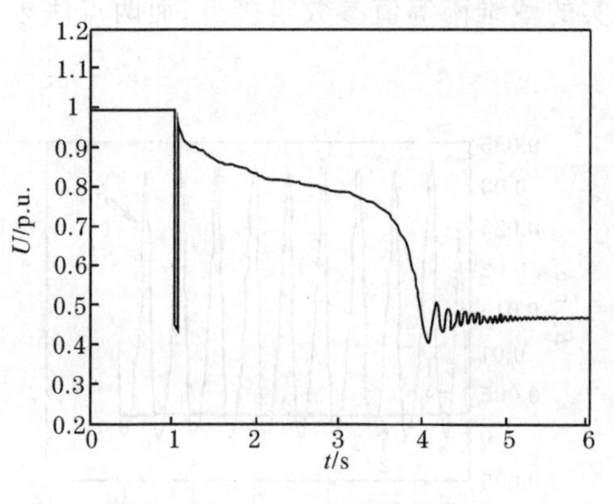

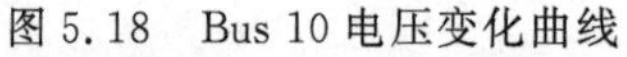
图 5.18　Bus 10 电压变化曲线

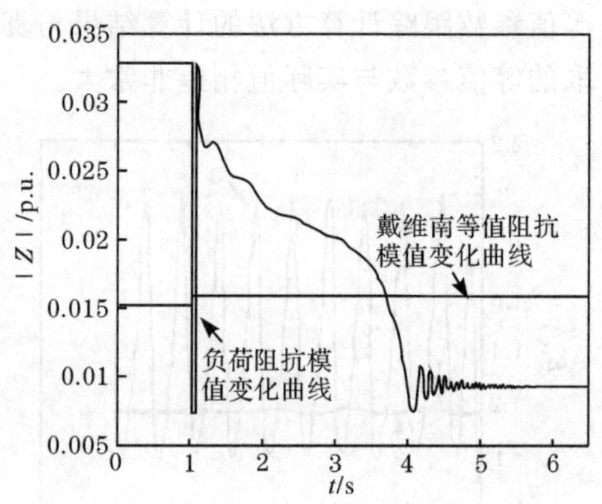

图 5.19　Bus 10 处负荷阻抗与系统戴维南等值阻抗变化曲线

对比图 5.18 和图 5.19 可知，在负荷阻抗模值由大变小的过程中，Bus 10 的母线电压一直在下降。刚开始，电压下降的速度相对较缓慢，但当负荷阻抗模值等于戴维南等值阻抗模值后，Bus 10 的电压由电压稳定区域进入电压不稳定区域，母线电压急剧下降。

(2) 算例二。

数据说明：我国某大区电网数据(故障区域负荷成分为 40%电动机+60%恒阻抗)。

故障形式：连锁故障模式一。故障的先后序列如下：

① 0 时刻 B22—B1 之间的变压器接地故障；

② 0.1s 切除 B22—B1 之间的＃1 变压器；

③ 1.1s 切除 B22—B1 之间的＃2 变压器；

④ 1.1s 切除 B1—B8 220kV 单回；

⑤ 1.1s 切除 B1—B24 220kV 双回；

⑥ 2.1s 切除 B10—B11 220kV 单回；

⑦ 3.1s 切除 F2 电厂＃1 机；

⑧ 6.1s 切除 F1 电厂＃1 机。

故障区域的网架结构及故障元件如图 5.20 所示。

选择 B6 220kV 母线作为等值点，即将包括 B4、B6、B26 等变电站在内的整个区域看为一个单一的负荷。

计算结果如图 5.21 和图 5.22 所示。

对比图 5.21 和图 5.22 可知，当负荷阻抗由大变小的过程中，B6 220kV 母线的电压一直在下降。刚开始，电压下降的速度相对较缓慢且在某些时间段有所回升，但当负荷阻抗模值等于或小于戴维南等值阻抗模值后，B6 220kV 母线进入电压不稳定区域,母线电压急剧下降。

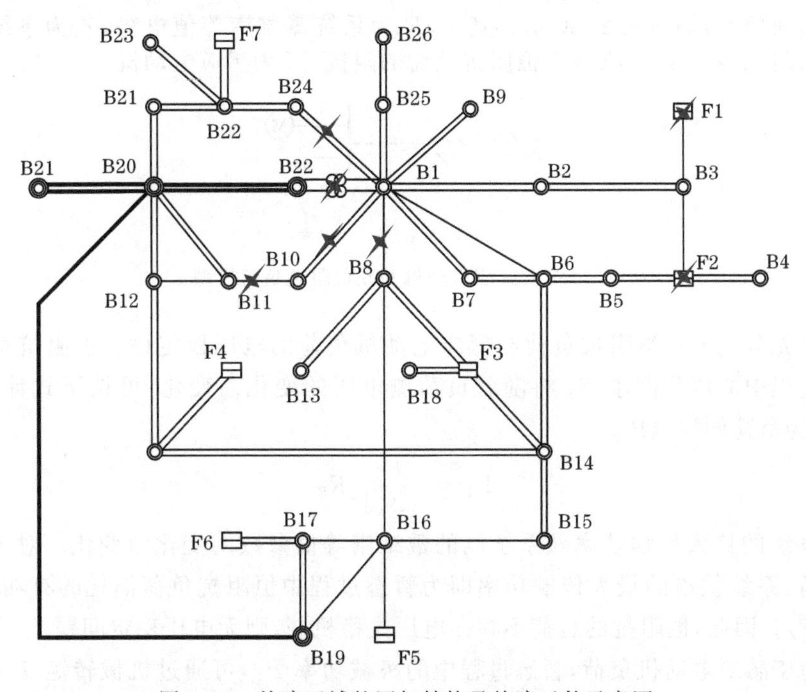

图 5.20　故障区域的网架结构及故障元件示意图

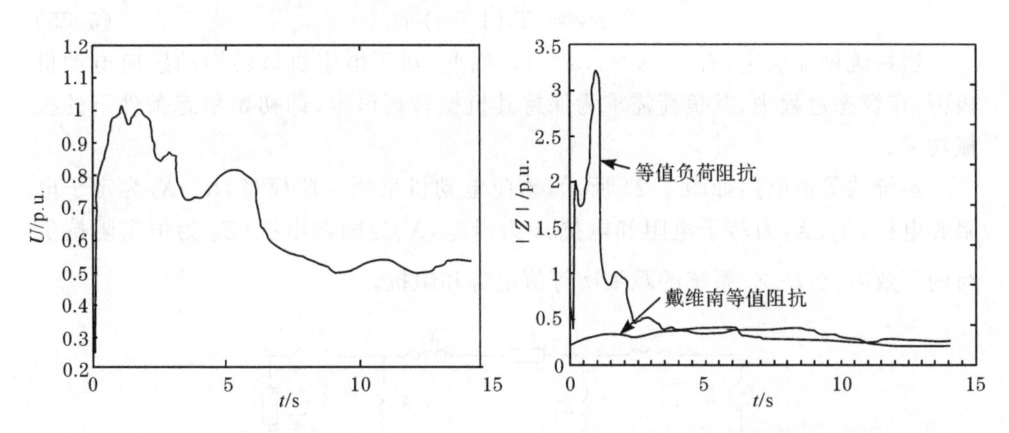

图 5.21　B6 220kV 母线电压变化曲线

图 5.22　B6 220kV 母线处的等值负荷阻抗与系统戴维南等值阻抗变化曲线

3. **最大电磁功率判据**

1) 理论基础

感应电动机是负荷的最重要组成部分之一,也是影响暂态电压稳定的重要元件。目前电力系统时域仿真分析中常使用的动态负荷模型是感应电动机并联恒阻抗负荷模型，如图 5.23 所示。其中，$\dot{E}$ 为系统戴维南等值电势，Z_s 为系统戴维南等值阻抗，$Z_R(R_R+jX_R)$ 为恒阻抗负荷的阻抗，M 为感应电动机。

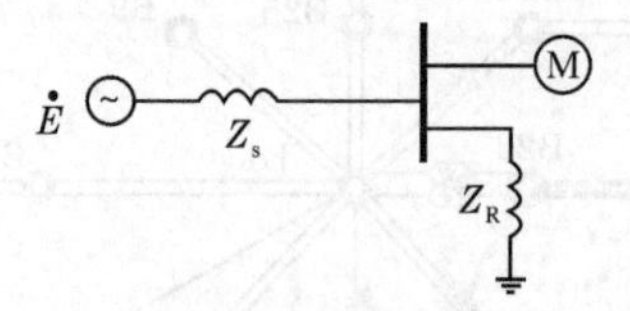

图 5.23 感应电动机并联恒阻抗负荷模型

首先分别分析恒阻抗负荷与感应电动机负荷的电压稳定性。恒阻抗负荷在暂态过程中的负荷需求 P_Z 将随着负荷侧电压的变化而变化，可按下式计算，其中，U 为负荷侧端电压。

$$P_Z = \frac{U^2}{|Z_R|^2}R_R \tag{5-74}$$

系统的最大传输功率随系统侧的戴维南等值参数的变化而变化。对于恒阻抗负荷，系统供给的最大传输功率即为暂态过程中恒阻抗负荷消耗的有功功率，等于 P_Z。因此，恒阻抗的负荷不存在电压失稳机制，则无电压稳定问题。

对于感应电动机负荷，暂态过程中的机械功率 P_T，可通过机械转矩 T_t 求解，其中，s 为感应电动机滑差，ω 为同步角速度，均以标幺值计算。

$$P_T = T_t(1-s)\omega \tag{5-75}$$

当系统恢复稳定，有 $1-s\approx1$，$\omega\approx1$。因此，对于恒定机械转矩的感应电动机负荷，在暂态过程中，其负荷需求为保持其机械转矩恒定，即初始稳态条件下的机械功率。

系统的等值电路如图 5.24 所示，感应电动机采用一阶模型，R_1、X_1 为定子电阻和电抗，R_2、X_2 为转子电阻和电抗，s 为滑差，X_μ 为励磁电抗，Z_R 为恒定阻抗负荷的等效阻抗，$\dot{E}$、Z_s 系统的戴维南等值电势和阻抗。

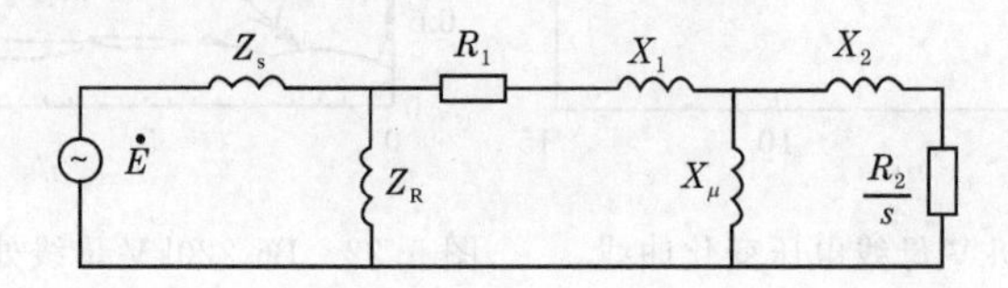

图 5.24 等值电路

对图 5.24 的等值电路进一步化简后，可得到图 5.25 所示的等值电路。图 5.25 中

$$U_e = \frac{j\dot{E}Z_R X_\mu}{(Z_s+Z_R)(R_1+jX_1+jX_\mu+Z_s//Z_R)} \tag{5-76}$$

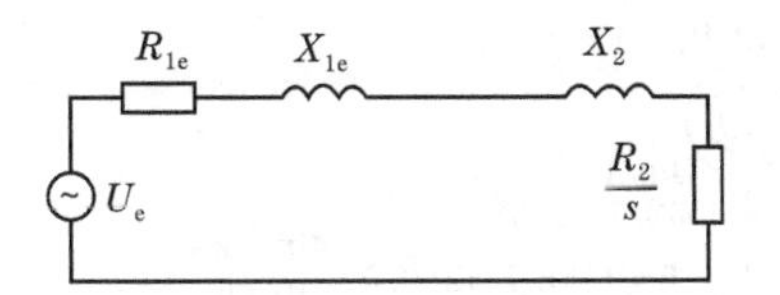

图 5.25　进一步等值电路

$$R_{1e} = \mathrm{Re}[(Z_s//Z_L + R_1 + \mathrm{j}X_1)//\mathrm{j}X_\mu] \tag{5-77}$$

$$X_{1e} = \mathrm{Im}[(Z_s//Z_L + R_1 + \mathrm{j}X_1)//\mathrm{j}X_\mu] \tag{5-78}$$

系统供给感应电动机的电磁功率可通过下式计算：

$$P_m = \frac{R_2 U_e^2}{s\left(R_{1e} + \frac{R_2}{s}\right)^2 + (X_{1e} + X_2)^2} \tag{5-79}$$

当滑差 s 变化时，最大电磁功率可通过式(5-80)计算。可以看出，系统能供给感应电动机的最大负荷功率(即最大电磁功率)将随着暂态过程中系统戴维南等值参数的变化而变化。

$$P_{m\max} = \frac{U_e^2 \sqrt{R_{1e}^2 + (X_{1e} + X_2)^2}}{\left(R_{1e} + \sqrt{R_{1e}^2 + (X_{1e} + X_2)^2}\right)^2 + (X_{1e} + X_2)^2} \tag{5-80}$$

综合以上可以确定暂态及中长期电压稳定判据(称为最大电磁功率法)：在恒定机械转矩的感应电动机并联恒阻抗的负荷模型中，电压稳定性可由暂态及中长期过程中系统能供给的最大电磁功率与感应电动机在初始稳态下的机械功率的关系进行判断。当稳态时电动机的机械功率大于系统能供给的最大电磁功率，则系统电压失稳。

如果系统能供给的最大电磁功率大于感应电动机的稳态机械功率，而感应电动机仍然堵转，则是感应电动机本身失稳问题，系统依然是电压稳定的。

2) 算例仿真

(1) 算例一。

3 机 10 节点系统的潮流如图 5.26 所示，假定 Bus 7 为恒阻抗负荷，Bus 10 为 80%感应电动机+20%恒阻抗负荷。感应电动机参数为：定子电阻 R_1=0.5p.u.，定子电抗 X_1=0.02p.u.，转子电阻 R_2=0.02p.u.，转子电抗 X_2=0.145p.u.，以及励磁电抗 X_μ=3.3p.u.。0s 时无故障跳开 1 回 Bus 5 与 Bus 6 之间的联络线。故障后系统功角、电压曲线如图 5.27 和图 5.28 所示。由仿真结果可知，故障后系统功角稳定，电压失稳，感应电动机在 2.8s 时发生堵转。为验证最大电磁功率法电压稳定判据的正确性，作故障后暂态过程中戴维南等值参数曲线以及感应电动机堵转之前的最大电磁功率与稳态初始条件下的机械功率曲线，如图 5.29～图 5.31所示。

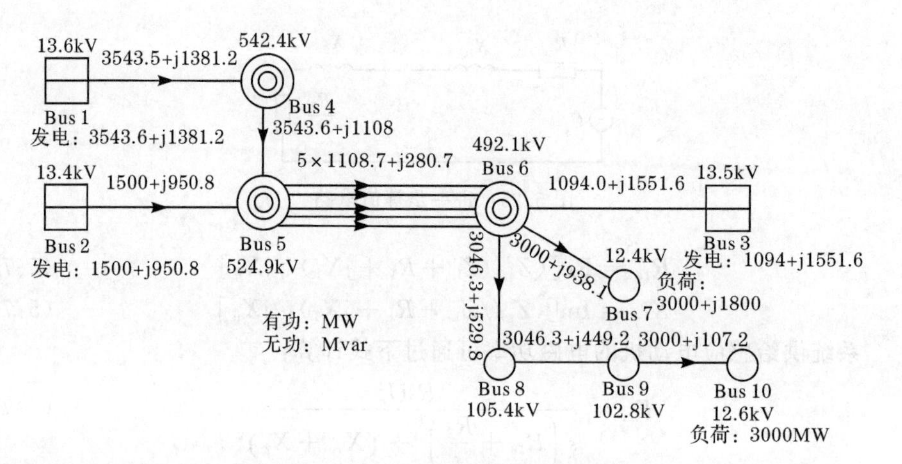

图 5.26　3 机 10 节点的稳态潮流一

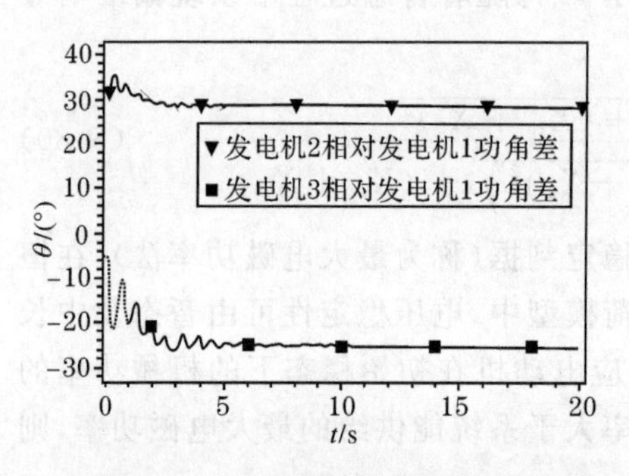

图 5.27　故障后系统功角曲线

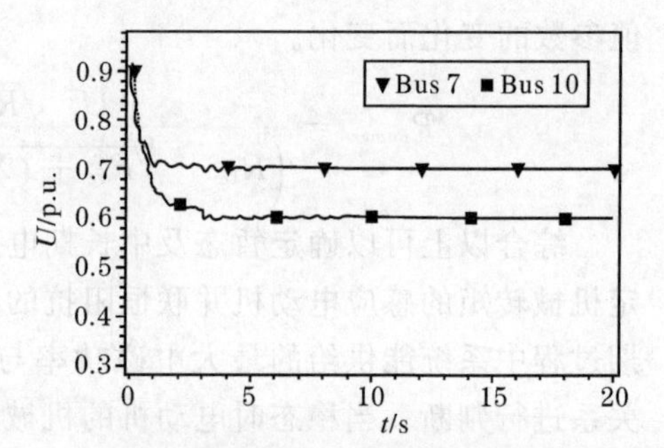

图 5.28　故障后系统电压曲线

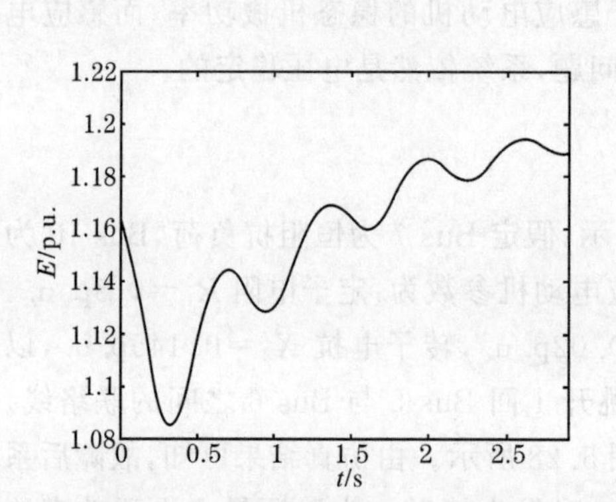

图 5.29　故障后戴维南等值电势

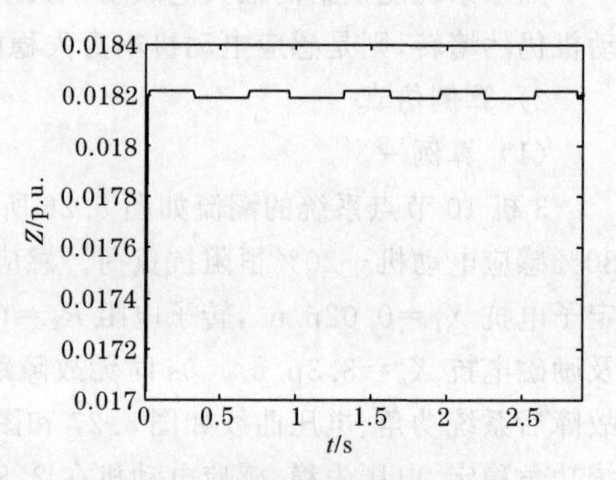

图 5.30　故障后戴维南等值阻抗

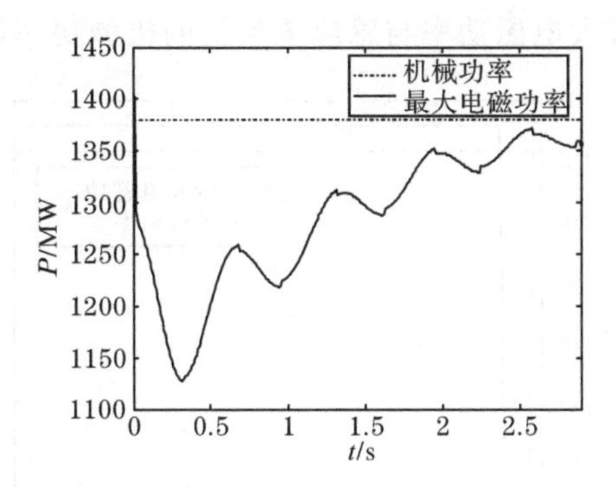

图 5.31　稳态初始条件下的机械功率与暂态过程中的最大电磁功率曲线

根据最大电磁功率法判据，图 5.31 中故障后感应电动机堵转之前，系统机械功率大于最大电磁功率，因此可判断系统发生电压失稳。

(2) 算例二。

以单机单负荷系统为例。单机单负荷系统的潮流图如图 5.32 所示。发电机为无穷大发电机，保持 E' 恒定。

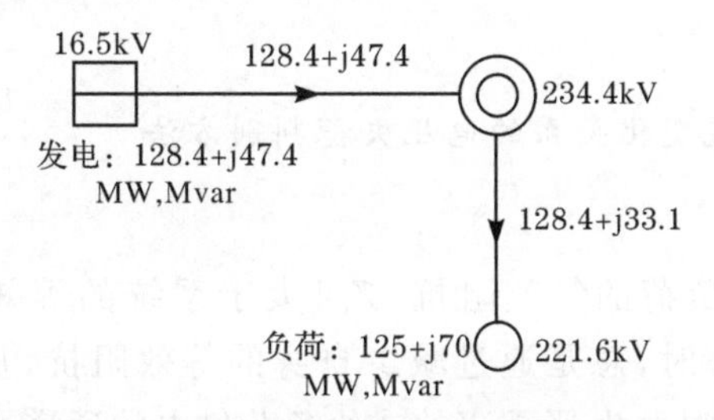

图 5.32　单机单负荷系统

0s 时，在负荷母线处发生三相短路故障，0.1s 后故障清除。故障后负荷母线电压大幅跌落，感应电动机滑差不断增加，至 1.84s 时堵转，如图 5.33 和图 5.34 所示。

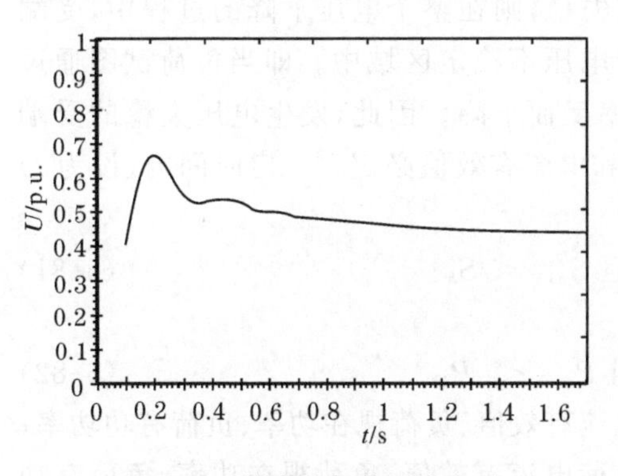

图 5.33　故障后负荷母线电压

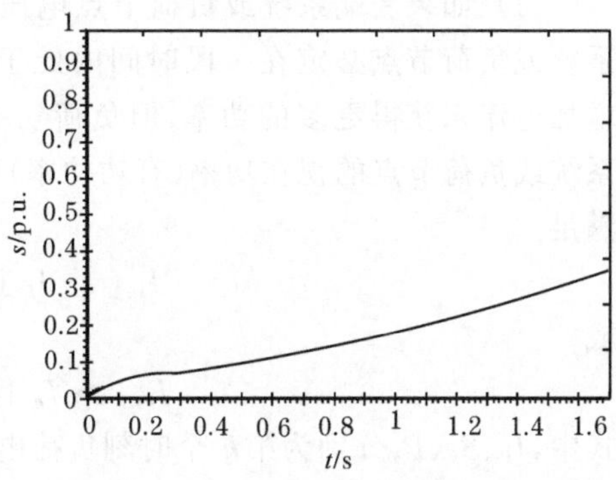

图 5.34　故障后感应电动机滑差

故障后，系统的最大电磁功率与感应电动机的机械功率如图 5.35 所示。

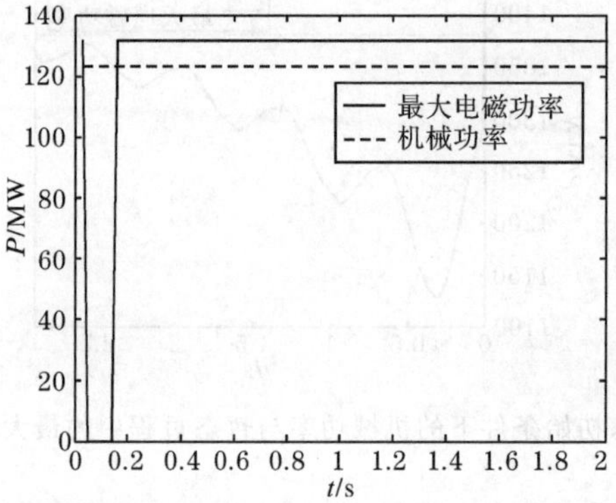

图 5.35　故障后感应电动机最大电磁功率与机械功率

从图 5.35 可以看出，故障清除后，感应电动机的最大电磁功率大于机械功率，系统电压稳定。但是，感应电动机自身失稳，导致系统滑差不断增加，直至堵转。由前文的叙述可知，这种情况应该和电压失稳引起的感应电动机堵转相区别。

4. 基于功率电流变化关系的电压失稳判别方法

1）理论基础

在稳定状态下，负荷的等效阻抗 $|Z_L|$ 大于系统的等效阻抗 $|Z_s|$。当负荷希望获得更多的功率时，总是通过减少自身的等效阻抗，从而增加电流来达到目的。然而，当系统中发生严重事故或给负荷供电的通道严重重载时，受端系统或负荷节点有可能进入电压不稳定状态，此时若负荷持续通过增加电流来试图获得更多的功率，则系统电压将迅速下降。基于这种机理，可以得到如下电压失稳判据。

(1) 如果受端系统或负荷节点电压失稳，则在整个电压下降的过程中，受端系统或负荷节点必定在一段时间内处于电压不稳定区域中。即当负荷试图通过增加电流来获得更多的功率，但负荷功率反而下降。因此，发生电压失稳的受端系统或负荷节点的视在功率(有功功率)和电流有效值必定在一定时间内(设为 t)满足

$$I_{k+1} > I_k \text{ 且 } S_{k+1} < S_k \tag{5-81}$$

或

$$I_{k+1} > I_k \text{ 且 } P_{k+1} < P_k \tag{5-82}$$

式中，I_k、S_k、P_k 分别为第 k 个时刻负荷电流有效值、负荷视在功率、负荷有功功率；I_{k+1}、S_{k+1}、P_{k+1} 分别为第 $k+1$ 个时刻负荷电流有效值、负荷视在功率、负荷有功

功率。

(2) 当受端系统或负荷节点由电压稳定区域进入电压不稳定区域时，负荷电压将下降。但是，这一过程不一定会引发不可控的电压持续降低，即负荷有可能重新由电压不稳定区域进入电压稳定区域(与负荷及系统的动态特性有关)，此时电压会保持在一定水平上或有所回升(本节后面的算例中对这种现象有详细描述)。因此，必须在式(5-81)和式(5-82)的判据中加入一个电压门槛值(如0.75p.u.)，当负荷由电压稳定区域进入电压不稳定区域且在不稳定区域中电压持续下降到低于该门槛值时，认为电压失稳发生。即完整的电压失稳判据应当由"判断进入不稳定区域"+"进入不稳定区域的后果"组成。

由此总结出如下 2 个电压失稳判据。

(1) 判据一：

① $I_{k+1}-I_k>\varepsilon$ & $S_k-S_{k+1}>\varepsilon$，持续时间大于或等于 0.05s；

② 由①确定的电压持续降低过程结束后电压低于 0.75p.u.。

其中，变量 ε 为一个非常小的正数，可以取 0.00001，下同。

(2) 判据二：

① $I_{k+1}-I_k>\varepsilon$ & $P_k-P_{k+1}>\varepsilon$，持续时间大于或等于 0.05s；

② 由①确定的电压持续降低过程结束后电压低于 0.75p.u.。

在判据一、二中设置持续时间大于或等于 0.05s 可以滤去可能存在的干扰点(可能由开关动作或数据采集错误引起)；$I_{k+1}-I_k>\varepsilon$ & $S_k-S_{k+1}>\varepsilon$ 和 $I_{k+1}-I_k>\varepsilon$ & $P_k-P_{k+1}>\varepsilon$ 可避免计算误差带来的误判。此外，使用判据一、二时应避开故障持续期间。

判据一、二既适用于单负荷母线的电压稳定判断，也适用于送受端系统间有单条或多条线路相连的情况下受端系统的电压稳定判断。

2) 算例仿真

(1) 算例一。

数据说明：采用 2008 年我国某大区电网丰大方式数据(故障区域负荷成分为40%电动机+60%恒阻抗)。

故障形式：连锁故障模式一。故障的先后序列如下：

① 0 时刻 B22—B1 之间的变压器接地故障；

② 0.1s 切除 B22—B1 之间的＃1 变压器；

③ 1.1s 切除 B22—B1 之间的＃2 变压器；

④ 1.1s 切除 B1—B8 220kV 单回；

⑤ 1.1s 切除 B1—B24 220kV 双回；

⑥ 2.1s 切除 B10—B11 220kV 单回；

⑦ 3.1s 切除 F2 电厂＃1 机；

⑧ 6.1s 切除 F1 电厂＃1 机。

故障区域的网架结构及故障元件如图 5.36 所示。

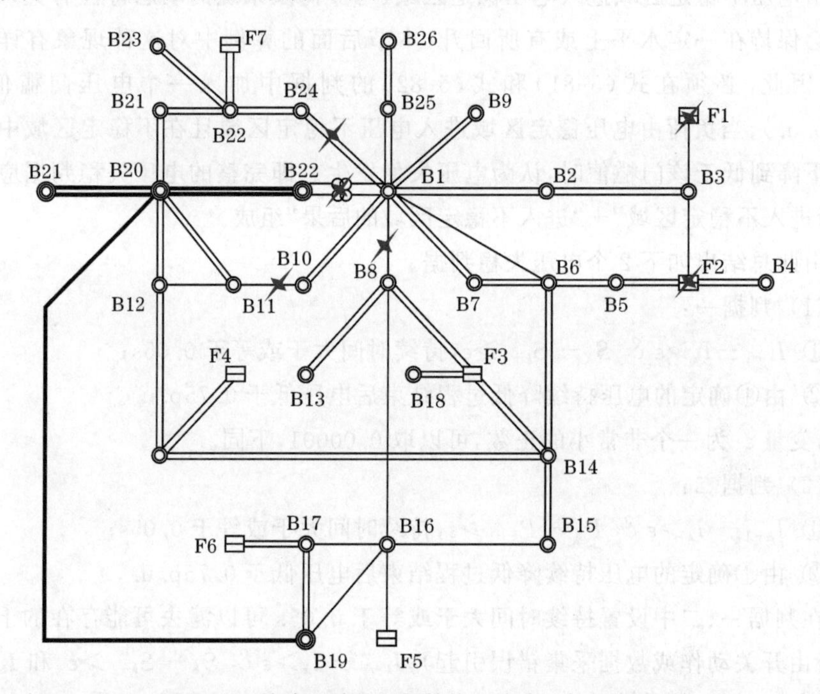

图 5.36　故障区域的网架结构及故障元件示意图

选择 B6 220kV 母线作为监测点，即将包括 B4、B6、B26 等变电站在内的整个区域看为一个单一的负荷。

计算结果如下：

① 若仅采用判据一或判据二的①部分判断电压失稳，则可以找出 2.26s、3.1s、6.1s 这三个时间点(注：6.1s 以后的时间范围内还可以找出若干时间点，但那些时间点对应的电压已经非常低，故不再考虑)。这是因为负荷(指包括 B4、B6、B26 在内的整个受端，下同)在 2.26s 及 3.1s 进入电压不稳定区域后，电压大幅降低，但很短的时间后，负荷和系统的共同作用又使得负荷很快由电压不稳定区域重新回到稳定区域，于是电压不再继续下降且略有回升。图 5.37～图 5.39 给出了 B6 220kV 母线各个电气量变化曲线及 B4、B5 110kV 母线上感应电动机负荷的功率变化曲线，其中，电流 I、视在功率 S、有功功率 P 是指 B6—B14 双回线路 B6 侧的电流有效值、视在功率、有功功率。

② 若采用完整的判据(5-81)或(5-82)，则直接找到 6.1s 这个电压崩溃点。

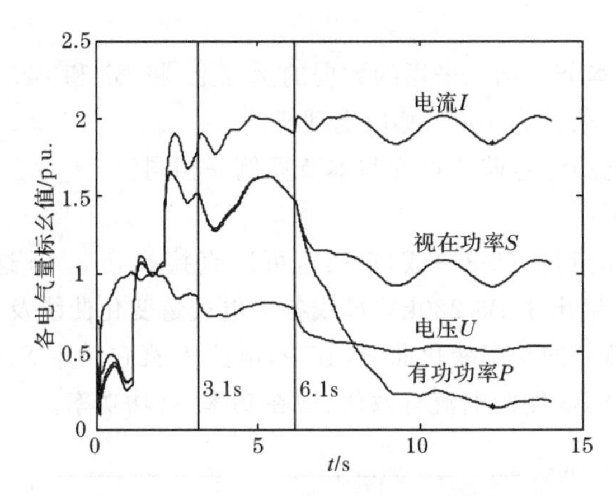

图 5.37　B6 220kV 处电气量变化曲线

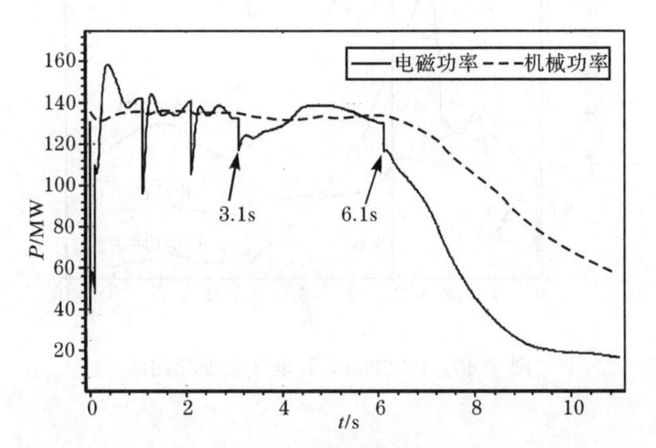

图 5.38　B4 110kV 母线上感应电动机负荷的功率变化曲线

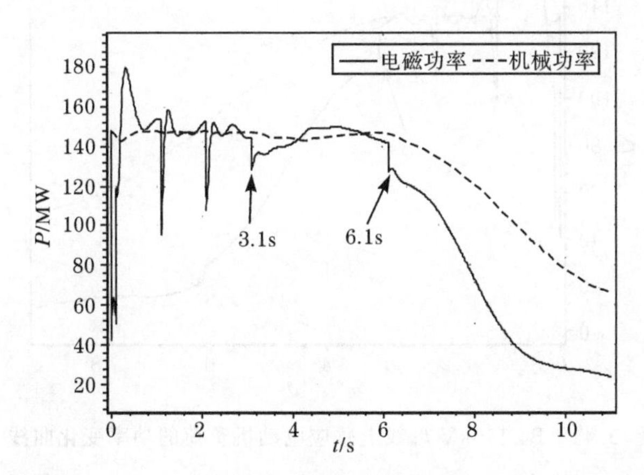

图 5.39　B5 110kV 母线上感应电动机负荷的功率变化曲线

(2) 算例二。

数据说明:在本节算例一采用的数据的基础上,将 B7 和 B25 这两个变电站的 110kV 母线上的负荷改为 100%感应电动机。

故障形式及电压稳定监测点均与本节算例一相同。

计算结果如下:

① 采用完整的判据(5-81)或(5-82),可以直接找到 3.1s 这个电压崩溃点。图 5.40~图 5.42 给出了 B6 220kV 母线各个电气量变化曲线及 B4、B5 110kV 母线上感应电动机负荷的功率变化曲线,其中,电流 I、视在功率 S、有功功率 P 是指 B6—B14 双回线路 B6 侧的电流有效值、视在功率、有功功率。

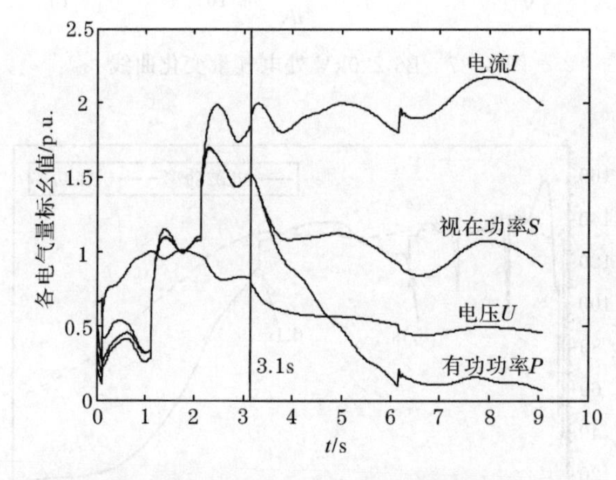

图 5.40　B6 220kV 处电气量变化曲线

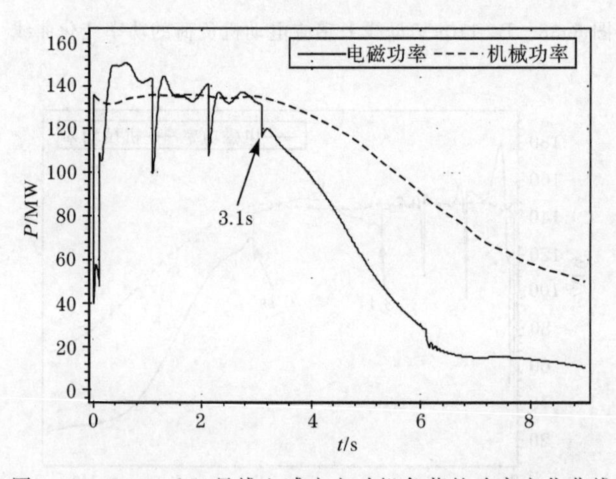

图 5.41　B4 110kV 母线上感应电动机负荷的功率变化曲线

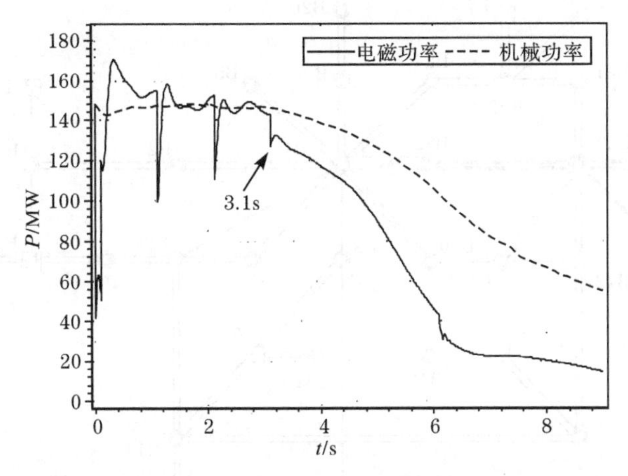

图 5.42　B5 110kV 母线上感应电动机负荷的功率变化曲线

② 对比本节算例一和算例二可知,负荷特性是决定负荷在进入电压不稳定区域后是否能重新回到电压稳定区域的关键因素。

(3) 算例三。

数据说明:采用 2008 年我国某大区电网丰大方式数据(故障区域负荷成分为40%感应电动机+60%恒阻抗)。

故障形式:连锁故障模式二。故障的先后序列如下:

① 0 时刻 B1—B2 220kV 第一回线接地故障;

② 0.12s 切除 B1—B2 220kV 第一回线;

③ 2.12s 切除 B1—B6 220kV 单回;

④ 3.12s 切除 B1—B2 220kV 第二回线;

⑤ 4.12s 切除 B1—B7 220kV 第一回线;

⑥ 5.12s 切除 B1—B7 220kV 第二回线;

⑦ 6.12s 切除 F2 电厂#1 机;

⑧ 7.12s 切除 F2 电厂#2 机;

⑨ 8.12s 切除 F1 电厂#1 机。

故障区域的网架结构及故障元件如图 5.43 所示。

选择 B6 220kV 母线作为监测点,即将包括 B4、B5、B6 等变电站在内的整个区域看为一个单一的负荷。

计算结果表明:采用完整的判据(5-81)或(5-82),可以直接找到 8.12s 这个电压崩溃点。图 5.44~图 5.46 给出了 B6 220kV 母线各个电气量变化曲线及 B4、B5 110kV 母线上感应电动机负荷的功率变化曲线,其中,电流 I、视在功率 S、有功功率 P 是指 B6—B14 双回线路 B6 侧的电流有效值、视在功率、有功功率。

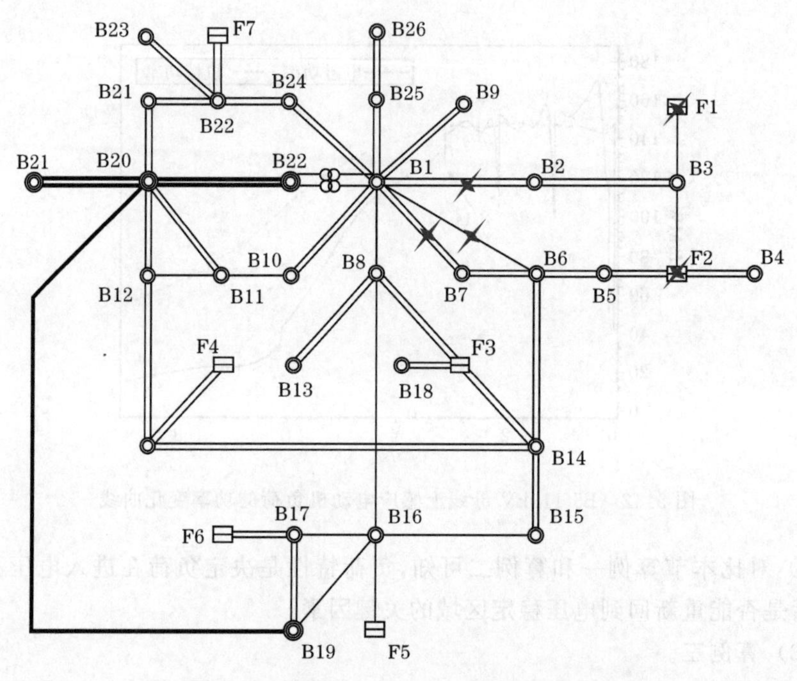

图 5.43　故障区域的网架结构及故障元件示意图

(4) 算例四。

数据说明:采用 2008 年我国某大区电网丰大方式数据(故障区域负荷成分为 40%感应电动机+60%恒阻抗)。

故障形式:连锁故障模式三。故障的先后序列如下:

① 0 时刻 B22—B1 之间的变压器接地故障;

② 0.1s 切除 B22—B1 之间的#1 变压器;

③ 1.1s 切除 B22—B1 之间的#2 变压器;

④ 2.1s 切除 B10—B11 220kV 单回;

⑤ 3.1s 切除 F2 电厂#1 机;

⑥ 4.1s 切除 F2 电厂#2 机;

⑦ 5.1s 切除 B6—B14 220kV 线路第一回;

⑧ 6.1s 切除 F1 电厂#1 机。

注:连锁故障模式三的最后一个故障发生后,送(主网)受(B2、B5、B6 等)端仍然有多条线路相连。

故障区域的网架结构及故障元件如图 5.47 所示。

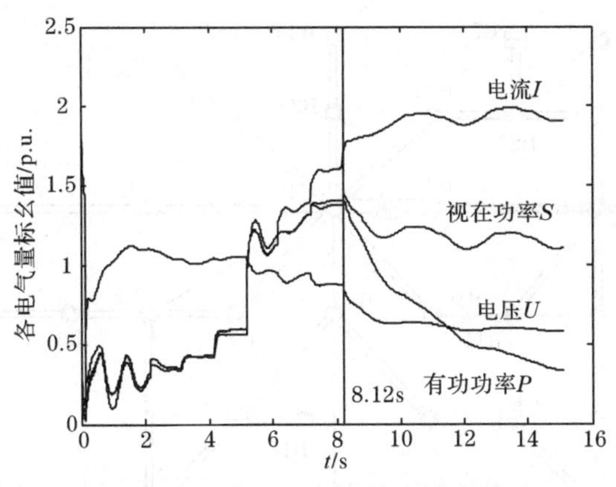

图 5.44　B6 220kV 处电气量变化曲线

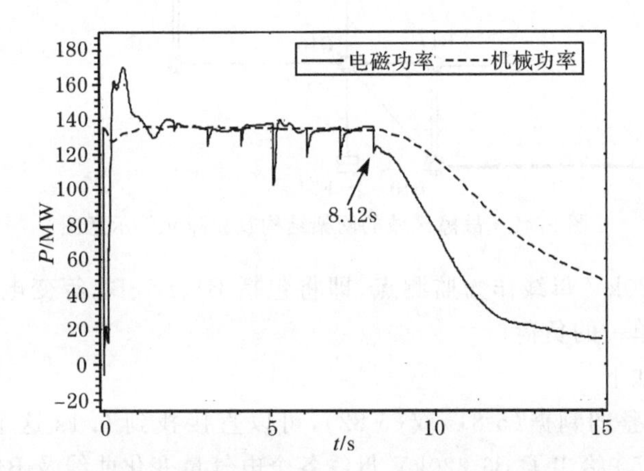

图 5.45　B4 110kV 母线上感应电动机负荷的功率变化曲线

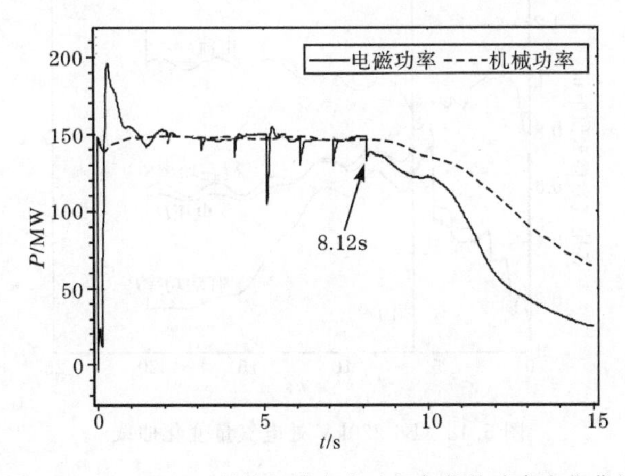

图 5.46　B5 110kV 母线上感应电动机负荷的功率变化曲线

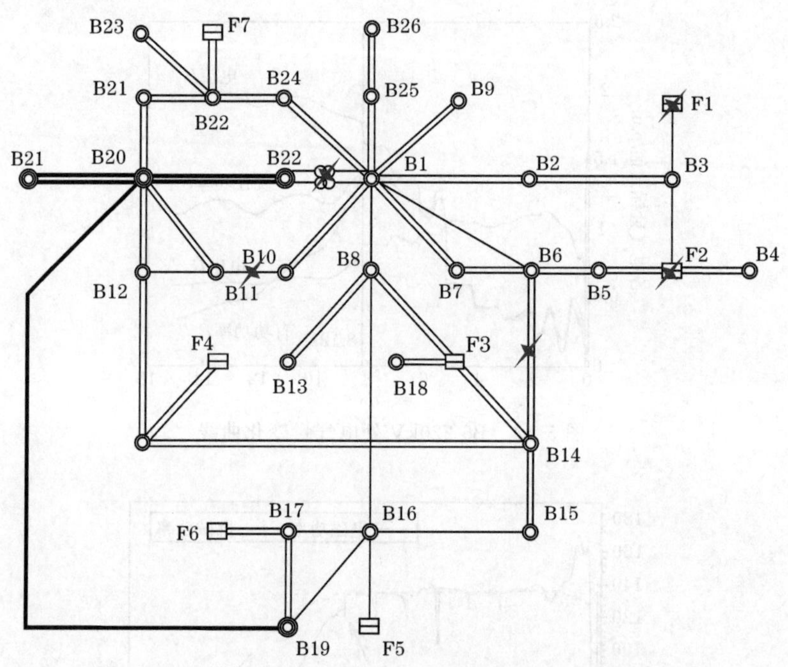

图 5.47　故障区域的网架结构及故障元件示意图

选择 B6 220kV 母线作为监测点，即将包括 B4、B5、B6 等变电站在内的整个区域看为一个单一的负荷。

计算结果如下：

① 采用完整的判据(5-81)或(5-82)，可以直接找到 6.1s 这个电压崩溃点。图 5.48～图 5.50 给出了 B6 220kV 母线各个电气量变化曲线及 B4、B5 110kV 母

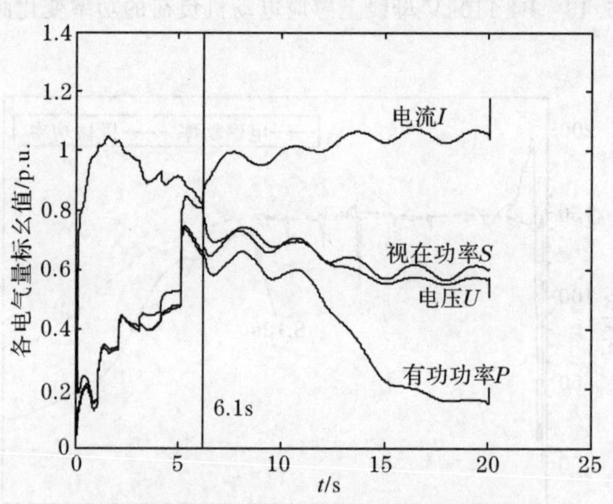

图 5.48　B6 220kV 处电气量变化曲线

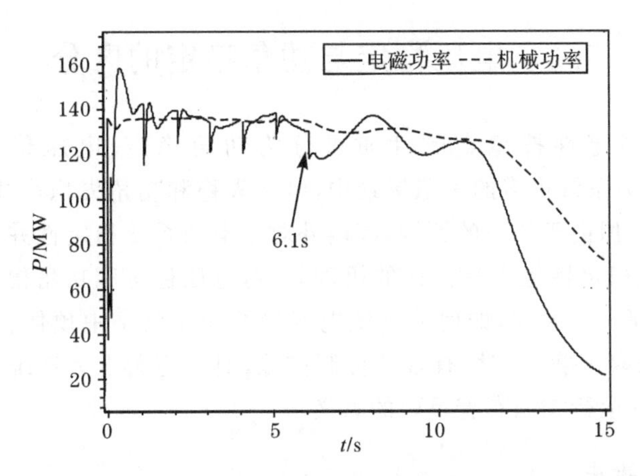

图 5.49 B4 110kV 母线上感应电动机负荷的功率变化曲线

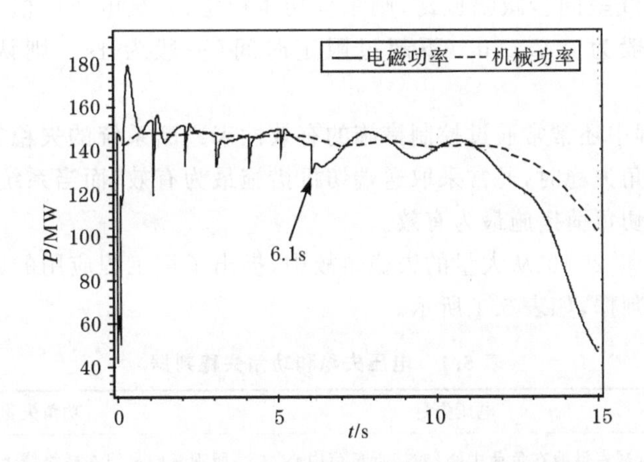

图 5.50 B5 110kV 母线上感应电动机负荷的功率变化曲线

线上感应电动机负荷的功率变化曲线,其中,电流 I、视在功率 S、有功功率 P 是指 B6—B14 第二回线路 B6 侧的电流有效值、视在功率、有功功率。

② 和前面的算例不同,本算例中的电压在 6.1s 以后,先下降一段时间,又上升一段时间,但每次下降的幅度总比上升的幅度大,几次后电压降到非常低的水平。在此过程中感应电动机的转速一会儿增加,一会儿减小,但每次减速的时间比加速的时间长。

5.3 电压稳定与功角稳定的区分

电力系统稳定性按稳定的性质可分为功角稳定、电压稳定、频率稳定等[16~18]。在电力系统很多的失稳场景中,电压失稳和功角失稳往往交织在一起,不易进行区分。但由于历史的原因,国内外对于电力系统稳定性并没有统一的分类标准,对电压稳定性也没有公认的机理等,对电压稳定和功角稳定之间的区分研究更是不够深入。因此,如何从系统电气量的变化信息中预估、判断系统的失稳模式,从而采取正确、及时、有效的控制措施,对于完善电力系统稳定理论以及提高电力系统的运行控制有着重要的意义。

5.3.1 工程经验法

目前工程应用中,采用以下判据:认为系统故障后系统中的任意两台机组相对角度摇摆曲线呈同步减幅振荡,则系统功角稳定;系统电压中枢点母线电压低于限定值(一般为 0.75p.u.)不超过限定时间(一般为 1s),则认为系统电压稳定[16]。

另外,工程中还常常通过控制措施的有效性来判断系统的失稳模式。该判据基于当系统功角失稳时,通常采取送端切机措施最为有效,而当系统电压失稳时,通常采取受端切负荷措施最为有效。

文献[19]和[20]也从大量的失稳事故中,提出了可工程应用的区分电压失稳和功角失稳的判据,如表 5.1 所示。

表 5.1 电压失稳和功角失稳判据

母线电压特征	电压失稳	功角失稳
1	所观察母线在负荷中心,或接近负荷中心	所观察的母线在联络线上
2	电压是单调地下降	电压与联络线功率反相位地周期性变化,即先下降再上升(如果联络线没有切除的话)
3	电压下降过程的时间较长,以致使 OLTC 动作,例如,十几秒到数分钟	电压下降过程的时间较短,不能使 OLTC 动作,例如,1～2s

显然上述基于工程经验的区分失稳模式的判据缺乏必要的、完善的理论基础,但具有直观、可操作性强等优点,在目前工程应用的理论判据尚无推广的情况下,工程经验判据仍是系统分析人员的主要判断依据。

5.3.2 小扰动分析法

小扰动分析方法主要通过雅可比矩阵导出与功角失稳以及电压失稳模式相关的矩阵或者特征值,从而判断系统的失稳模式[21~24]。文献[21]对雅可比矩阵$|J|=0$时进行了研究,结果表明此时系统有可能发生功角失稳,也有可能是电压失稳。文献[22]分别通过扩展雅可比矩阵、降阶雅可比矩阵导出与功角失稳、电压失稳相关的矩阵,利用矩阵的奇异性判断系统的失稳模式。定义扩展潮流雅可比矩阵:

$$J_{\mathrm{E}}=\begin{bmatrix} A_{11} & A_{12} \\ A_{21} & A_{22} \end{bmatrix} \tag{5-83}$$

对矩阵J_{E}有如下性质:

(1) 当A_{22}非奇异时,J_{E}的奇异性与$A_{11}-A_{12}A_{22}^{-1}A_{21}$的奇异性等价;

(2) 当A_{11}非奇异时,J_{E}的奇异性与$A_{22}-A_{12}A_{11}^{-1}A_{21}$的奇异性等价。

可证明如下:

$$\mathrm{rank}(J_{\mathrm{E}})=\mathrm{rank}\begin{bmatrix} A_{11} & A_{12} \\ A_{21} & A_{22} \end{bmatrix}=\mathrm{rank}\begin{bmatrix} A_{11}-A_{12}A_{22}^{-1}A_{21} & 0 \\ A_{21} & A_{22} \end{bmatrix} \tag{5-84}$$

故J_{E}奇异的充要条件是$A_{11}-A_{12}A_{22}^{-1}A_{21}$奇异。性质(1)得证。同理可证明性质(2)。令$A_{\mathrm{g}}=A_{11}-A_{12}A_{22}^{-1}A_{21}$,称为发电机矩阵,$A_{\mathrm{r}}=A_{21}-A_{12}A_{11}^{-1}A_{12}$,称为负荷矩阵。$A_{\mathrm{g}}$特征根的正负表征了系统功角的稳定性,$A_{\mathrm{r}}$则表征了系统电压的稳定性。若发电机矩阵$A_{\mathrm{g}}$和负荷矩阵$A_{\mathrm{r}}$在给定的运行方式下同时趋向奇异,则电力系统同时发生电压失稳和功角失稳。

发电机矩阵的本质在于通过保留发电机功角变量,消去网络变量,仅把网络对发电机的影响作为修正计及,从而使之变为一个纯粹的功角矩阵。同理,负荷矩阵只保留了负荷节点的电压和相角,计及了发电机对网络的影响[22]。

文献[23]和[24]通过对电压和功角解耦,分别得到简化的电压、功角雅可比矩阵。

1) 电压雅可比矩阵

潮流雅可比矩阵为

$$\begin{bmatrix} \Delta P \\ \Delta Q \end{bmatrix}=\begin{bmatrix} J'_1 & J'_2 \\ J'_3 & J'_4 \end{bmatrix}\begin{bmatrix} \Delta\delta \\ \Delta U \end{bmatrix}=J\begin{bmatrix} \Delta\delta \\ \Delta U \end{bmatrix} \tag{5-85}$$

假设系统的有功功率不变,即$\Delta P=0$代入式(5-85)可得

$$\Delta Q=(J'_4-J'_3J_1'^{-1}J'_2)\Delta U \tag{5-86}$$

令$J_{RQ}=J'_4-J'_3J_1'^{-1}J'_2$,则$J_{RQ}$矩阵为简化的电压雅可比矩阵。

2）功角雅可比矩阵

假设系统只是有功功率发生变化时，令 $\Delta Q=0$，代入式(5-85)可得

$$\Delta P = (J'_1 - J'_2 J'^{-1}_4 J'_3)\Delta\delta \tag{5-87}$$

$$J_{RP} = J'_1 - J'_2 J'^{-1}_4 J'_3 \tag{5-88}$$

类似地定义 J_{RP} 矩阵为简化的功角雅可比矩阵。

分别求解两个矩阵的最小特征值 $\lambda_{Q\min}$、$\lambda_{P\min}$，通过比较最小特征值进而区分小扰动情况下系统的失稳模式。若 $|\lambda_{Q\min}| \gg |\lambda_{P\min}|$，则系统最先达到功角稳定极限；若 $|\lambda_{P\min}| \gg |\lambda_{Q\min}|$，则系统最先达到电压稳定极限。

文献[25]在小扰动分析的基础上，利用向量场正规形理论，得到系统响应的高阶解析解。通过高阶解析解中的二阶参与因子分析各稳定模式的相互影响程度。向量场正规形理论是通过分析系统内部模式间的非线性相关作用来认识和理解强非线性系统动态特性的理论，可以深化线性化分析的结果。高阶解析解包含更多的电力系统动态信息，便于分析、理解系统的动态本质。而且，通过分析高阶解析解中的二阶参与因子，还可以了解电力系统中各种稳定模式间的相互影响程度，从而深入认识系统动态特性的本质，而这是传统小扰动法无法揭示的。

5.3.3 分岔分析法

文献[26]利用分岔理论，分别推导了电力系统发生电压分岔失稳及功角分岔失稳的临界条件。

电力系统的微分-代数方程组可以表示为

$$x = f(x,y,\mu) \tag{5-89}$$

$$0 = g(x,y,\mu) \tag{5-90}$$

式中，f 定义为发电机、励磁机、负荷动态特性；g 代表网络的潮流模型，可表示为 $g=(g_1,g_2)^{\mathrm{T}}$，g_1 为有功功率模型，g_2 为无功功率模型。

不失一般性，选取系统微分状态变量 $x=(\delta)$，代数状态变量 $y=(\theta,v)$，系统控制参数 $\mu=(P_{\mathrm{L}},Q_{\mathrm{L}})$，其中，$\delta$ 为发电机功角，θ、v 为 PV、PQ 节点的电压相角和幅值，P_{L}、Q_{L} 为负荷有功功率和无功功率。

由式(5-89)和式(5-90)描述的平衡点，可由下式确定：

$$F(\delta,\theta,v,\mu) = \begin{bmatrix} f(\delta,\theta,v,\mu) \\ g(\delta,\theta,v,\mu) \end{bmatrix} = 0 \tag{5-91}$$

将式(5-91)在平衡点附近展开：

$$\begin{pmatrix} D_\delta f & D_\theta f & D_v f \\ D_\delta g_1 & D_\theta g_1 & D_v g_1 \\ D_\delta g_2 & D_\theta g_2 & D_v g_2 \end{pmatrix} \begin{bmatrix} \mathrm{d}\delta \\ \mathrm{d}\theta \\ \mathrm{d}v \end{bmatrix} + \begin{bmatrix} D_\mu f \\ D_\mu g_1 \\ D_\mu g_2 \end{bmatrix} \mathrm{d}\mu = 0 \tag{5-92}$$

令

$$J_1=\begin{bmatrix} D_\delta f & D_\theta f \\ D_\delta g_1 & D_\theta g_1 \end{bmatrix},\quad J_2=\begin{bmatrix} D_v f \\ D_v g_1 \end{bmatrix},\quad J_3=[D_\delta g_2, D_\theta g_2]$$

$$J_4=[D_v g_2],\quad J_5=\begin{bmatrix} D_\mu f \\ D_\mu g_1 \end{bmatrix},\quad J_6=[D_\mu g_2]$$

$$J'_1=[D_g f],\quad J'_2=[D_\theta f, D_\theta f],\quad J'_3=\begin{bmatrix} D_\delta g_1 \\ D_\delta g_2 \end{bmatrix}$$

$$J'_4=\begin{bmatrix} D_\theta g_1 & D_v g_1 \\ D_\theta g_2 & D_v g_2 \end{bmatrix},\quad J'_5=[D_\mu f],\quad J'_6=\begin{bmatrix} D_\mu g_1 \\ D_\mu g_2 \end{bmatrix}$$

根据式(5-92)可以得到

$$[J_4 - J_3 J_1^{-1} J_2][\mathrm{d}v] = [J_3 J_1^{-1} J_5 - J_6]\mathrm{d}\mu \tag{5-93}$$

可以证明以下结论。

(1) 系统在平衡点处发生电压静分岔失稳的条件：$\det[J_1]\neq 0$，且 $\det[J_4 - J_3 J_1^{-1} J_2]=0$；

(2) 系统在平衡点处发生同步静分岔失稳的条件：$\det[J'_4]\neq 0$，且 $\det[J'_1 - J'_2 J'^{-1}_4 J'_3]=0$。

文献[26]和[27]基于分岔分析方法，研究了系统负荷的位置、负荷功率因数、负荷侧发电机出力、发电机电抗，以及网络中功率分布情况与电压失稳和功角失稳间的关联。

5.3.4　能量函数法

根据能量函数法的经典理论，稳定平衡点位于势能阱的最低点，各相关不稳定平衡点在势能阱的阱壁上，其中，Ⅰ类不稳定平衡点(UEP)对应于阱壁上最小势能点，临界稳定时，系统将在Ⅰ类 UEP 附近逸出势能阱。因此，在把握了平衡点的类型和分布后，就可以大致了解系统的可能失稳模式。

文献[28]和[29]提出电压稳定和功角稳定关系研究的统一能量函数框架，在一个采用恒功率负荷模型下的 2 机 3 节点系统中，发现Ⅰ类 UEP 可能具有大功角、高电压的特点，也可能具有小功角、低电压的特点，并将这两种不同特点的Ⅰ类 UEP 分别与功角稳定和电压稳定联系起来，同时指出系统的暂态失稳随系统条件的不同，可通过功角失稳或暂态电压失稳表现出来。

文献[30]在此基础上，详细考察了负荷大小、发电机出力、负荷模型三种因素对系统平衡点的影响。研究结果表明，在能量函数法的思想下，功角稳定问题和电压稳定问题本质上都可视为一种 UEP 的模式，由 UEP 模式的不同而区分出两者。在不同的功率分布和功率变化方式下，两者可能同时出现，可能单独出现，也可能相互转化。

从平衡点分布变化的角度来分析电力系统稳定性，不仅能表明系统静态失稳的方式，也为定性评估系统暂态稳定情况提供了一个基础。即通过系统正常运行点参与的分岔，可了解系统的静态失稳方式；而在非临界点处，通过 UEP 的数目、类型和分布，可了解系统可能具有的暂态失稳方式、失稳时系统变量变化的特点等。

同一系统在相同功率分布下，不同的负荷模型具有不同的 UEP 数目和分布。如果遵循经典的能量函数法基本理论，认为系统失稳临界点在主导 UEP 附近，则不同的负荷模型会导致不同的系统暂态失稳方式，从而，在某种负荷模型（如恒阻抗负荷模型）下会突出功角稳定问题，而在另一种负荷模型（如恒功率负荷模型）下会突出电压稳定问题。

5.3.5 戴维南等值参数跟踪法

电压失稳和功角失稳在机理、稳定措施等方面有着本质的不同，但当系统失稳时，功角失稳有可能引起电压崩溃，电压崩溃也有可能引起功角失稳。暂态功角稳定和暂态电压问题往往交织在一起，只从功角、电压的表现形式上不易区分故障后系统的失稳模式。然而，系统失稳必然由一种失稳模式为主导，不同的失稳模式可能由于系统条件的变化相继出现[31~36]。

1. 理论基础

1）功角失稳

以图 5.51 所示的双机单负荷系统为例说明戴维南等值参数与功角失稳的关系。其中，$\dot{E}_1$、Z_1 和 $\dot{E}_2$、Z_2 分别为电源 1 侧和 2 侧的电势和阻抗，P、Q 分别为负荷的有功功率和无功功率。

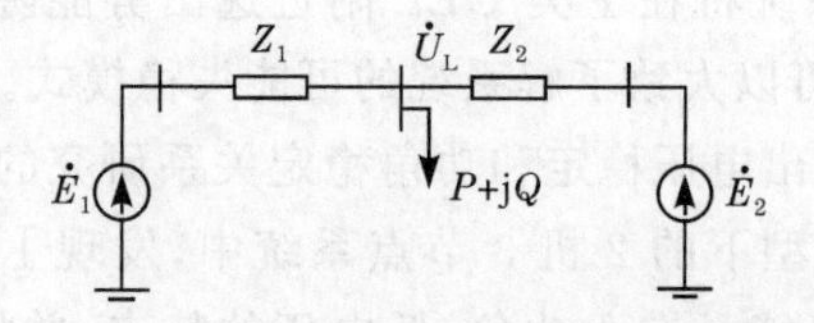

图 5.51 双机单负荷系统模型

图 5.51 中的负荷点的戴维南等值参数可由下式计算，其中，$\dot{E}_{\mathrm{Thev}}$ 为戴维南等值电势，Z_{Thev} 为戴维南等值阻抗。

$$\dot{E}_{\mathrm{Thev}} = \dot{E}_1 - \frac{\dot{E}_1 - \dot{E}_2}{Z_1 + Z_2} Z_1 = \frac{Z_2 \dot{E}_1 + Z_1 \dot{E}_2}{Z_1 + Z_2} \tag{5-94}$$

$$Z_{\text{Thev}} = \frac{Z_1 Z_2}{Z_1 + Z_2} \tag{5-95}$$

由于发电机的励磁系统及自动电压控制装置，故障前后，电源侧电势 E_1、E_2 可保持不变，因此，可假设 $E_1 = E_2 = E$。以负荷点在两侧电源间的电气中点，即 $Z_1 = Z_2 = Z$ 为例，可得

$$\dot{E}_{\text{Thev}} = \frac{\dot{E}_1 + \dot{E}_2}{2} = \frac{E\angle\delta_1 + E\angle\delta_2}{2} \tag{5-96}$$

$$Z_{\text{Thev}} = \frac{Z}{2} \tag{5-97}$$

图 5.52 给出了在上述假设条件下，戴维南等值电势与功角差的关系。可以看出，当功角差为 0 时，$E_{\text{Thev}} = E$；当功角差达到 90°时，$E_{\text{Thev}} = \frac{\sqrt{2}}{2}E$；当功角差达到 180°时，$E_{\text{Thev}} = 0$。

因此，如果负荷点的电压崩溃是由于功角失稳而导致，则负荷点的电压和戴维南电势将随着功角差的增大而下降。

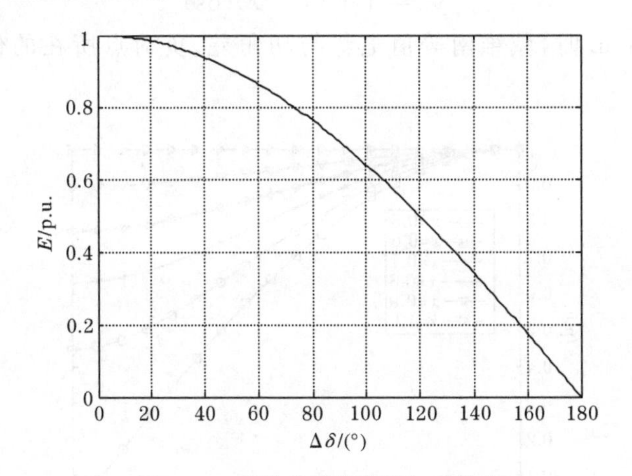

图 5.52　戴维南等值电势与功角差

2) 电压失稳

由基于戴维南等值跟踪参数判别电压稳定性的基本原理，可以得到当等值点的负荷等值阻抗等于戴维南等值阻抗，即当系统满足 $|Z_{\text{L}}| = |Z_{\text{s}}|$ 时，系统存在电压唯一解，对应电压失稳的充分条件。

综上所述，通过在暂态过程中跟踪戴维南等值参数的变化，可以在当负荷点电压崩溃时，区分系统的主导失稳模式是电压失稳还是功角失稳。

2. 简单电力系统的失稳模式判别

仍以图 5.51 所示的两机单负荷简单系统为例。假设两侧电源的电压在忽略内阻的情况下，分别等于 $E_1\angle 0°$、$E_2\angle\delta$，且 $E_1=E_2=E$，则有

$$\left|\frac{E_{\text{Thev}}}{E}\right|^2=\frac{Z_1^2+Z_2^2+2Z_1Z_2\cos\delta}{(Z_1+Z_2)^2} \tag{5-98}$$

令 $Z_1^2+Z_2^2=A$，$2Z_1Z_2=B$，可以得到

$$\frac{Z_1^2+Z_2^2}{Z_1^2+Z_2^2+2Z_1Z_2}=\frac{A}{A+B} \tag{5-99}$$

假设 $\frac{A}{A+B}=x$，由式(5-99)可得

$$\frac{1}{2}\leqslant x\leqslant 1 \tag{5-100}$$

令 $\left|\frac{E_{\text{Thev}}}{E}\right|=y$，由式(5-98)可得

$$y^2=x+(1-x)\cos\delta \tag{5-101}$$

当 $E=1$p. u. 时，戴维南等值电势与功角差、负荷点所在的位置的关系如图 5.53所示。

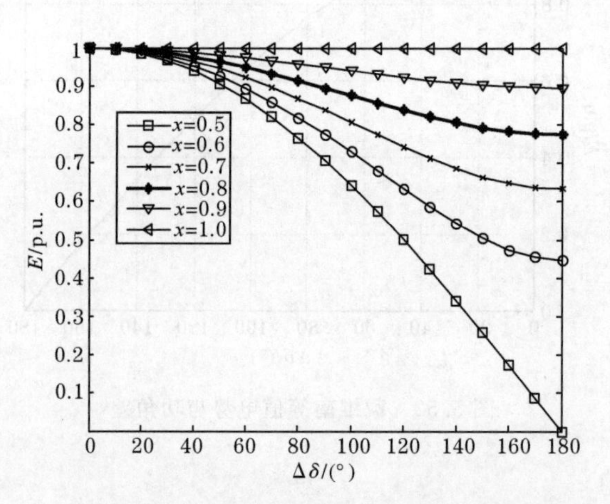

图 5.53　不同戴维南等值点的戴维南等值电势与功角差的关系

由图 5.53 可以看出，在功角增大的过程中，系统不同位置的负荷点的戴维南等值电势幅值均呈单调下降。当负荷点恰好在系统功角失稳的振荡中心时，戴维南等值电势最小，即图 5.52 所示曲线。

通过上述分析，在两机单负荷的简单系统中，当负荷点电压崩溃时，区分功角失稳和电压失稳的判据如下：

(1) 失稳过程中,若负荷点的戴维南等值电势持续下降,则系统发生功角失稳;

(2) 失稳过程中,若负荷点的负荷阻抗模值小于戴维南等值阻抗模值,则系统发生电压失稳。

3. 复杂电力系统失稳模式判别

无论电力系统如何复杂,从系统的某一负荷点向系统看,在任意瞬间都可以将系统等值为一个电势源经等值阻抗向该节点负荷供电的一个单机系统,即戴维南等值。因此,当负荷点电压崩溃时,仍可以利用前述方法判断功角失稳和电压失稳。

当功角失稳时,振荡中心附近的节点电压将大幅下降,其戴维南等值电势也大幅下降,且负荷点的负荷等值阻抗模值大于戴维南等值阻抗模值,利用前述方法可以判定为功角失稳。

当负荷节点电压崩溃时,节点电压大幅下降,其戴维南等值电势变化不大,且负荷点的负荷等值阻抗模值小于戴维南等值阻抗模值,利用前述方法可以判定为电压失稳。

当局部受端系统电压崩溃时,多个负荷节点电压都大幅度下降,受附近节点电压下降的影响,某些负荷节点的戴维南等值电势也会下降,这时就难以通过一个节点的戴维南等值参数的变化来判别失稳模式。但在电压崩溃的系统中,仍可以找到负荷等值阻抗小于戴维南等值阻抗的点,从而也能够判断电压失稳。

对于通过单条线路与送端系统相连的受端系统,在戴维南等值时,可以将整个受端系统按单一负荷考虑,再由上述方法进行失稳模式的判别。

对于通过多条线路与送端电网相连的受端电网或环网,由于无法对送端电网进行单端口戴维南等值,因而难以利用前述方法判别失稳性质,还需进一步的深入研究。

5.3.6 奇异诱导分岔与能量函数法结合

1. 算法流程

由于时域仿真法与暂态能量函数法[37~42]各有优缺点,加上考虑到奇异诱导分岔是导致暂态电压失稳的一种机理。因此,本节在时域仿真法的基础上,将暂态能量函数法和奇异诱导分岔理论相结合提出了一种暂态稳定分析方法,该方法所需的计算时间与时域仿真法相同,优点是能够提供稳定裕度,对不稳定情况的判别准确可靠，并且能够对暂态功角稳定问题和暂态电压稳定问题进行有效区分。

暂态功角稳定问题的机理比较清楚，而暂态电压稳定问题的机理一直还在探索之中，但负荷模型对暂态电压稳定有重要影响是一致公认的事实。现有的负荷模型一般可以采用ZIP加感应电动机的模型来表示：采用恒阻抗模型时，系统不存在电压稳定问题；采用恒电流与恒功率模型时，时域仿真中可能遇到奇异面，此时系统将会发生电压崩溃；采用感应电动机模型时，微分-代数方程中的奇异诱导分岔现象将消失，时域仿真在整个仿真时间段中可以顺利进行，但感应电动机失稳仍有可能造成局部电压失稳或电压崩溃，此时对感应电动机模型可以作近似处理，该方法如下所述。

假设正常数 ε 是一个很小的数，负荷模型采用感应电动机模型的系统可以用类似于奇异扰动模型表示：

$$\begin{cases} \dot{x} = f(x,y) \\ \varepsilon\dot{y} = g(x,y) \end{cases} \tag{5-102}$$

显然，在奇异扰动形式下，系统在任何状态下均良态可解，但由于常数 ε 很小，当 g_y 接近奇异时，x 很小的变化将导致 y 很大的变化，这正好对应着物理上功角变化不大而电压跌落的情况。

实际仿真计算时，当系统的最低电压低于某个门槛值（例如，低于0.8p.u.）时，在正常仿真计算的同时，启动构造一个将感应电动机负荷模型换成恒功率负荷模型的伴随矩阵，并在随后仿真的每一步对伴随矩阵进行计算，如果计算不收敛，则表示系统轨迹碰到奇异面，此时系统电压崩溃；如果计算收敛，则表示系统轨迹没有碰到奇异面，继续下一步计算，直到系统轨迹碰到奇异面，或者达到仿真设定的时间。可见，如负荷节点电压属于被忽略暂态过程的代数变量 y，则易知扰动系统在DAE奇异点附近具有典型的暂态电压崩溃特征，故将奇异性与暂态电压稳定联系。该方法的示意图如图5.54所示。

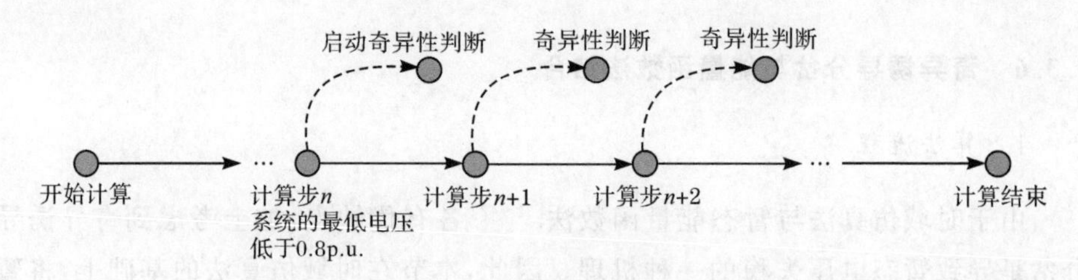

图5.54　计算方法示意图

电力系统的暂态稳定域可视为由不稳定平衡点的稳定流形和奇异面所构成，在时域仿真过程中除了监视系统代数方程的奇异性外，还需要核查系统状态是否过势能峰值。如果系统暂态轨迹与奇异面相交，则发生暂态电压失稳，并以系统在失稳点处的能量为临界能量，从而可以定义暂态电压稳定的能量裕度；如果系统暂态轨迹的势能超过临界能量，则发生暂态功角失稳，并以系统在失稳点处的能量为临界能量，从而可以定义暂态功角稳定的能量裕度；如果系统暂态轨迹不与奇异面相交并且其势能没有超过临界能量，则系统暂态稳定。

该方法的计算步骤如下：

(1) 输入原始数据，进行潮流计算。

(2) 进行暂态稳定仿真。

(3) 基于 PEBS 法由持续故障轨迹 $x_F(t)$ 决定近似主导不稳定平衡点 $\hat{x}$，临界能量 V_{cr} 是能量函数 $V(\cdot)$ 在主导不稳定平衡点的值，即 $V_{cr}=V(\hat{x})$。

(4) 计算在故障清除时刻 t_{cl} 的能量函数值 $V(\cdot)$，即 $V_{cl}=V(x_F(t_{cl}))$。

(5) 若 $V_{cl}<V_{cr}$，则故障后系统暂态功角稳定，此时需要进行故障清除后稳定时域仿真，判断系统运行轨迹是否碰到奇异面，如果碰到奇异面则发生暂态电压失稳，否则系统暂态稳定。

(6) 若 $V_{cl}\geqslant V_{cr}$，此时需要进行故障清除后稳定时域仿真，同时计算每一时步的暂态能量，判断系统运行轨迹是否碰到奇异面或临界能量，如果系统暂态轨迹与奇异面相交，则系统发生暂态电压失稳；如果系统暂态轨迹与临界能量相交，则系统发生暂态功角失稳。

对应的算法流程图如图 5.55 所示。

2. 算例分析

仿真研究选取 WSCC 4 机 11 节点系统，系统接线图及参数如图 5.56 和表 5.2～表 5.4 所示。Bus 4 设定为无穷大母线，其他发电机采用经典二阶模型，发电机阻尼系数均取为 1s/rad，系统频率为 50Hz，忽略支路阻抗。故障均为在 Bus 5－Bus 6 之间的一回线 Bus 6 侧发生三相接地短路故障，故障发生一段时间后切除故障线路。由于负荷模型对系统暂态电压稳定性有很大影响，因此，本算例针对不同的负荷模型构造了 2 个场景(见表 5.5)分别进行了仿真。

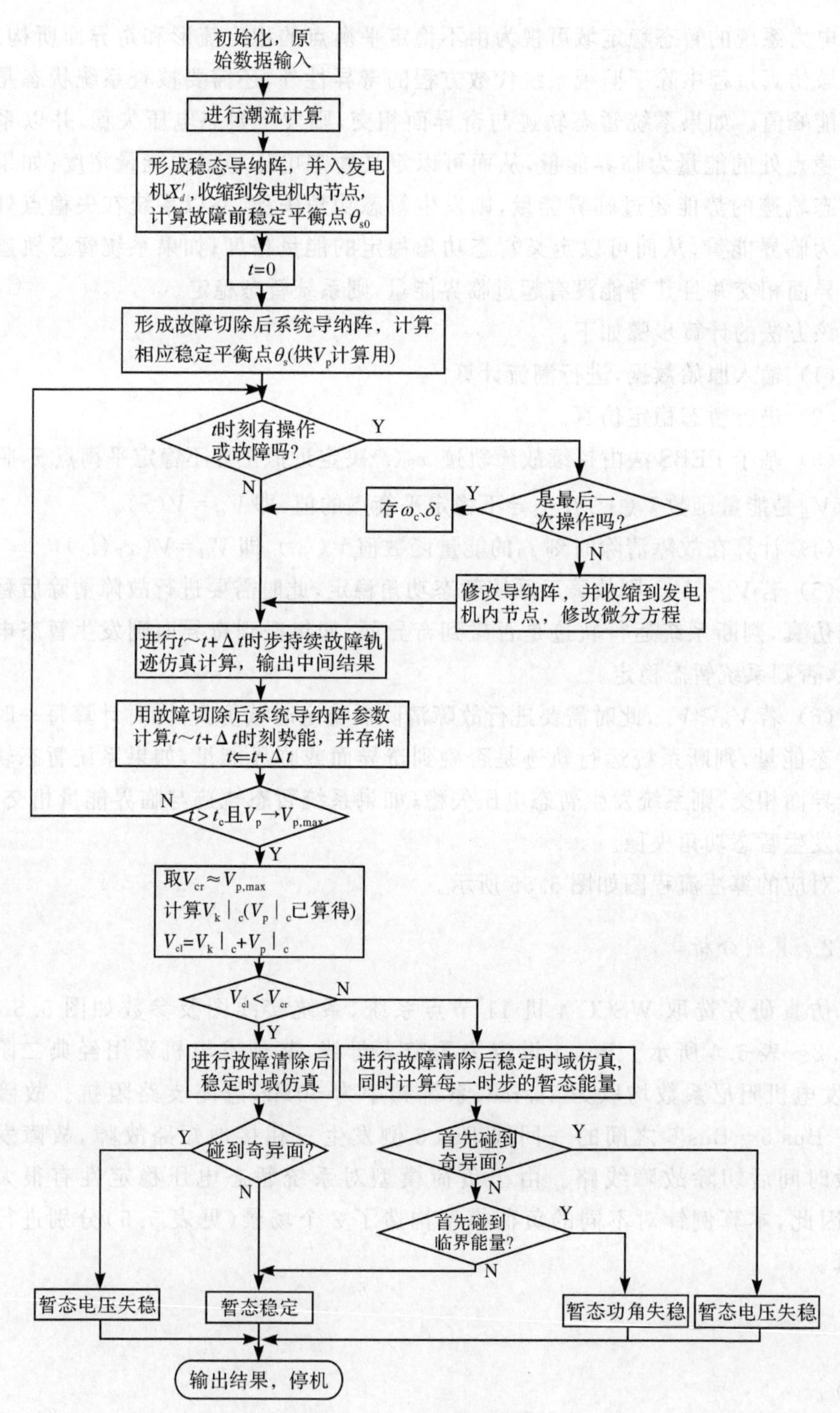
初始化，原始数据输入
进行潮流计算
形成稳态导纳阵，并入发电机X'_d，收缩到发电机内节点，计算故障前稳定平衡点θ_{s0}
t=0
形成故障切除后系统导纳阵，计算相应稳定平衡点θ_s(供V_p计算用)
t时刻有操作或故障吗?
Y
N
是最后一次操作吗?
Y
存ω_c,δ_c
N
修改导纳阵，并收缩到发电机内节点，修改微分方程
进行$t\sim t+\Delta t$时步持续故障轨迹仿真计算，输出中间结果
用故障切除后系统导纳阵参数计算$t\sim t+\Delta t$时刻势能，并存储
$t \Leftarrow t+\Delta t$
$t>t_c$且$V_p \to V_{p,max}$
N
Y
取$V_{cr} \approx V_{p,max}$
计算$V_k|_c$($V_p|_c$已算得)
$V_{cl}=V_k|_c+V_p|_c$
$V_{cl}<V_{cr}$
N
Y
进行故障清除后稳定时域仿真
进行故障清除后稳定时域仿真，同时计算每一时步的暂态能量
碰到奇异面?
Y
N
首先碰到奇异面?
Y
N
首先碰到临界能量?
Y
N
暂态电压失稳
暂态稳定
暂态功角失稳
暂态电压失稳
输出结果，停机

图 5.55　算法流程图

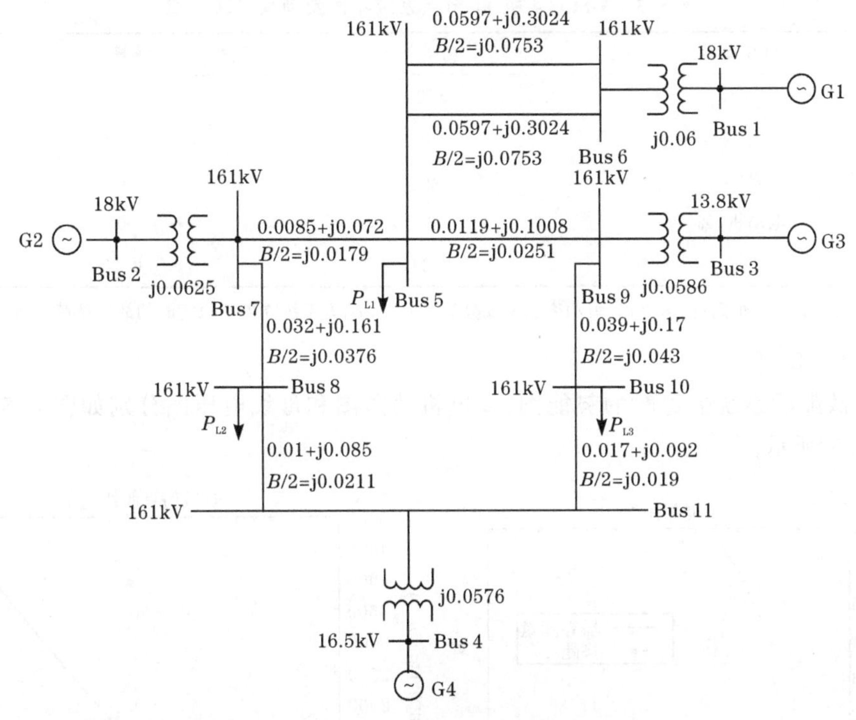

图 5.56　WSCC 4 机 11 节点系统接线图

表 5.2　WSCC 4 机 11 节点系统发电机参数

发电机号	G1	G2	G3	G4
X'_d	0.1198	0.1196	0.1813	0.0608
$H(s)$	6.40	6.40	3.01	23.64

表 5.3　WSCC 4 机 11 节点系统负荷参数

Bus 1		Bus 2		Bus 3		Bus 4		Bus 5		Bus 8		Bus 10	
P	U	P	U	P	U	U	θ	P_L	Q_L	P_L	Q_L	P_L	Q_L
1.4	1.03	1.4	1.04	0.8	1.04	1.03	0	2.0	0.6	1.8	0.4	1.8	0.4

表 5.4　感应电动机参数

母线号	5	8	10
$s_0/(\mathrm{rad\cdot s^{-1}})$	4.3982	4.7124	5.6549
$M/(\mathrm{s^2\cdot rad^{-1}})$	0.0048	0.0057	0.0064

表 5.5　WSCC 4 机 11 节点系统不同负荷模型算例表

负荷模型	场景一	场景二
Z/%	100	0
I/%	0	100
P/%	0	0
电动机/%	0	0
T_{cl}/s	0.24	0.22

注：Z、I、P 为恒阻抗、恒电流、恒功率负荷成分的百分数；T_{cl}为系统临界不稳定时的故障持续时间。

1）算例一

故障后系统失稳时的势能图、发电机功角图和母线电压图分别如图 5.57～图 5.59所示。

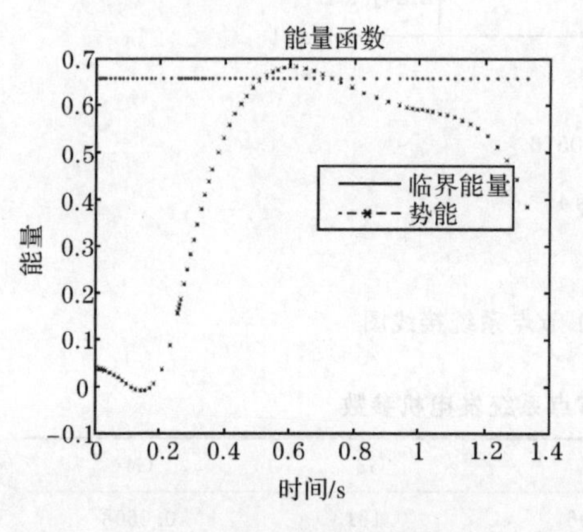

图 5.57　系统失稳时势能图

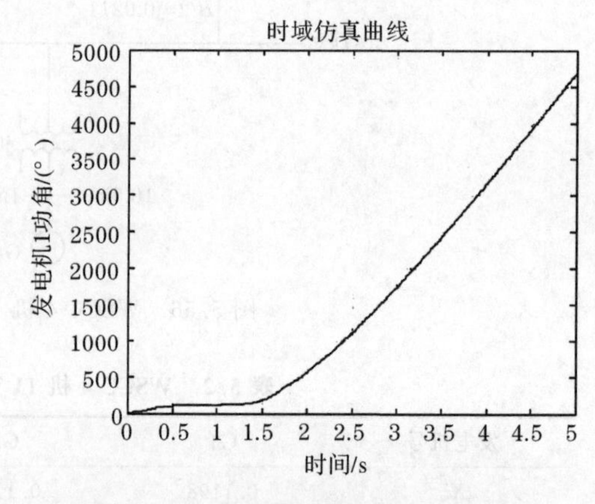

图 5.58　系统失稳时发电机功角图

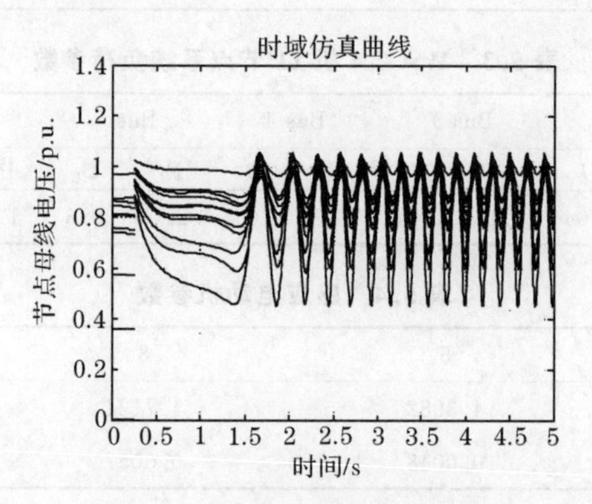

图 5.59　系统失稳时母线电压图

算例一的仿真结果表明:系统采用恒阻抗负荷模型时,并不存在奇异诱导分岔问题,微分-代数方程中的奇异诱导分岔现象将消失,时域仿真在整个仿真时间段中可以顺利进行,仿真中运行轨迹的势能首先超过了临界能量,通过对失稳曲线的进一步分析,可以判断其失稳形式是暂态功角失稳。

2) 算例二

故障后系统失稳时的势能图、发电机功角图和母线电压图分别如图 5.60～图 5.62所示。

能量函数
能量
时间/s
临界能量
势能
0.35
0.3
0.25
0.2
0.15
0.1
0.05
0
0 0.1 0.2 0.3 0.4 0.5 0.6 0.7

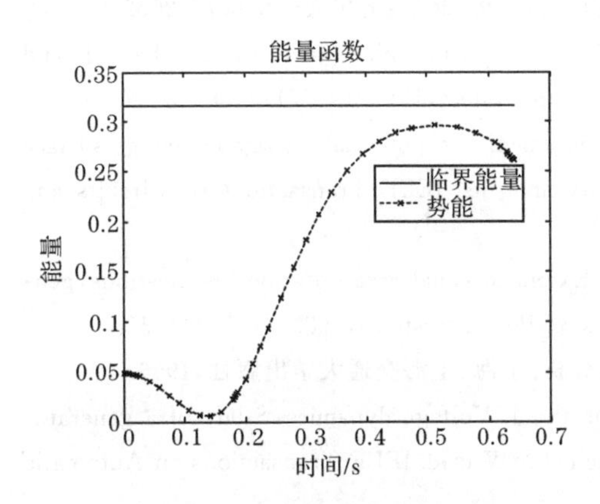

图 5.60　系统失稳时势能图

时域仿真曲线
发电机1功角/(°)
时间/s
90
80
70
60
50
40
30
20
10
0 0.1 0.2 0.3 0.4 0.5 0.6 0.7

图 5.61　系统失稳时发电机功角图

时域仿真曲线
节点母线电压/p.u.
时间/s
1.4
1.2
1
0.8
0.6
0.4
0.2
0
0 0.1 0.2 0.3 0.4 0.5 0.6 0.7

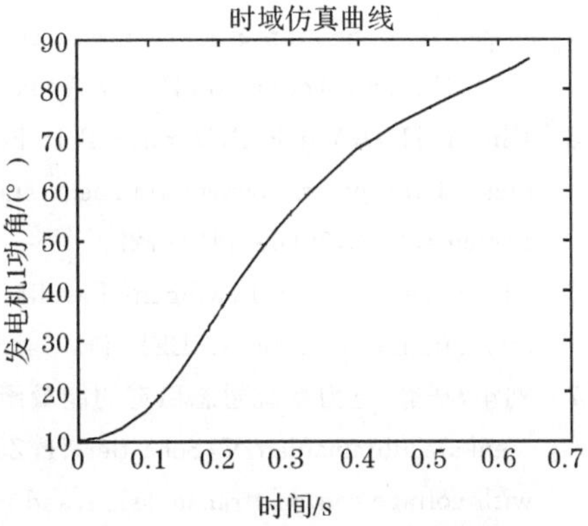

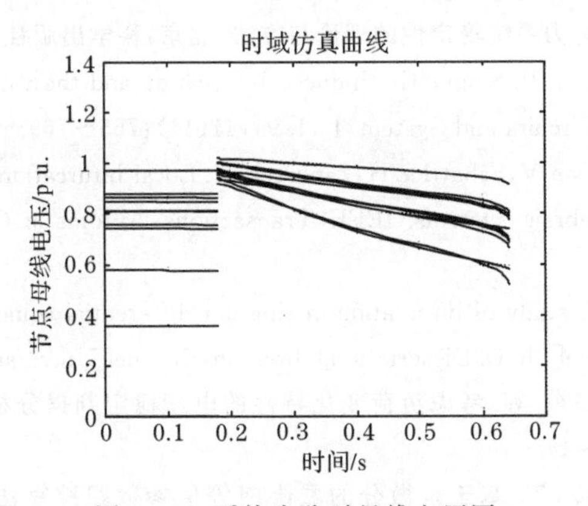

图 5.62　系统失稳时母线电压图

算例二的仿真结果表明:系统采用恒功率负荷模型时,其运行轨迹首先碰到的是奇异面,失稳形式是暂态电压失稳。从该算例可见,在多机系统中,恒功率负荷模型容易导致奇异诱导分岔。因为在多机系统中,负荷节点周围常常没有电源,当负荷及其周围节点电压很低时,可能会出现负荷需要的功率不能为系统所满足的情况,从而描述系统的方程中的代数方程不满足,由于静态负荷没有状态变量，所以这种情况只能是发电机状态变量变化引起的，即发电机功角变化引起了奇异诱导分岔。

参考文献

[1] 汤涌.交直流电力系统多时间尺度全过程仿真和建模研究新进展.电网技术，2009，33(16)：1～8.

[2] 汤涌.电力系统数字仿真技术的现状与发展.电力系统自动化，2002，26(17)：66～70.

[3] 倪以信，陈寿孙，张宝霖.动态电力系统的理论和分析.北京：清华大学出版社，2002.

[4] Fouad A A，Stanton S E. Transient stability of a multimachine power system. Part Ⅰ and Ⅱ. IEEE Transactions on Power Apparatus and System，1981，100(7)：3408～3424.

[5] Chiang H D，Wu F F，Varaiya P P. Foundation of the potential energy boundary surface method for power system transient stability analysis. IEEE Transactions on Circuits and Systems，1988，35(6)：712～728.

[6] Xue Y，van Custem T，Ribbens-Pavella M. Extended equal area criterion justifications，generalizations，applications. IEEE Transactions on Power Systems，1989，4(1)：44～52.

[7] 刘笙，汪静.电力系统暂态稳定的能量函数分析.上海：上海交通大学出版社，1996.

[8] Venkatasubramanian V，Schattler H，Zaborszky J. Voltage dynamics：Study of a generator with voltage control，transmission，and matched MW load. IEEE Transactions on Automatic Control，1992，37(11)：1717～1733.

[9] 余贻鑫.电压稳定研究述评.电力系统自动化，1999，23(21)：1～8.

[10] 余贻鑫.王成山.电力系统稳定性的理论与方法.北京：科学出版社，1999.

[11] Venkatasubramanian V. Singularity induced bifurcation and the van de pol oscillator. IEEE Transactions on Circuits and System Ⅰ，1994，41(11)：765～769.

[12] Venkatasubramanian V，Schattler H，Zaborszky J. Local bifurcations and feasibility regions in differential-algebraic systems. IEEE Transactions Automatic Control，1995，40(12)：1992～2013.

[13] Beardmore R E. A study of bifurcation in singular differential equations motivated by electrical power system[Ph. D. Dissertation]. London：Brunnel University，1999.

[14] 汤涌，林伟芳，孙华东，等.考虑负荷变化特性的电压稳定判据分析.中国电机工程学报，2010，30(16)：12～18.

[15] 汤涌，孙华东，易俊，等.基于全微分的戴维南等值参数跟踪算法.中国电机工程学报，2009，29(13)：48～53.

[16] 中华人民共和国电力行业标准.电力系统安全稳定导则(DL 755—2001).北京：中国电力出版社，2001.

[17] IEEE/CIGRE Joint Task Force on Stability Terms and Definitions. Definition and Classification of Power System Stability. IEEE Transactions on Power Systems，2004，19(2)：1387～1401.

[18] 孙华东，汤涌，马世英.电力系统稳定的定义与分类述评.电网技术，2006，30(17)：31～35.

[19] Liu C Q. A discussion of July 2,1996 outage in WSCC. Power Engineering Review,1998, 18(10):60～61.

[20] 刘取. 电力系统稳定性及发电机励磁控制. 北京:中国电力出版社,2007.

[21] 冯治鸿. 电力系统电压稳定性研究[博士学位论文]. 北京:清华大学,1990.

[22] 韩文,韩祯祥. 一种判别电力系统电压稳定和功角稳定的新方法. 中国电机工程学报, 1997,17(6):367～368.

[23] Srivastava S C, Varma R K, Tyagi A K. Singularity of reduced Jacobian matrixs for identifying voltage and angle instability. Proceedings of the 4th International Conference Advances in Power System Control, Operation and Management, Hong Kong, 1997, 2: 493～498.

[24] 高卓伟,李国庆. 电力系统失稳模式判别的新方法. 华北电力技术,2004,(8):6～9.

[25] Padiyar K R,Rao S S. Dynamic analysis of small signal voltage instability decoupled from angle instability. Electrical Power & Energy Systems,1996,18(7):445～452.

[26] 彭志炜,胡国根,韩帧祥. 电力系统电压稳定与同步稳定分析. 电力系统及其自动化学报, 2000,12(1):1～5.

[27] 韩文,韩帧祥. 电压崩溃与功角不稳的关系. 电力系统自动化,1996,20(12):16～19.

[28] Overby T J,Pai M A,Sauer P W. Some aspects of the energy function approach to angle and voltage stability in power system. Proceedings of the 31st Conference on Decision and Control,Tucson,1992:2941～2946.

[29] Overbye T J,Pai M A,Sauer P W. A composite framework for synchronous and voltage stability in power systems. International Symposium on Circuits and Systems,San Diego, 1992,5:2541～2544.

[30] 张靖,文劲宇. 电力系统电压稳定性的平衡点分析方法. 电网技术,2006,30(10):13～17.

[31] 安天瑜,周苏荃. 一种电压薄弱负荷节点群的戴维南等值参数跟踪方法研究. 继电器, 2007,35(24):21～25.

[32] 王芝茗,王漪,徐敬友,等. 关键负荷节点集合电网侧戴维南参数预估. 中国电机工程学报, 2002,22(2):16～20.

[33] 段俊东,郭志忠. 一种可在线确定电压稳定运行范围的方法. 中国电机工程学报,2006, 26(4):113～117.

[34] 廖国栋,王晓茹. 电力系统戴维南等值参数辨识的不确定模型. 中国电机工程学报,2008, 28(28):74～79.

[35] 李来福,于继来,柳焯. 戴维南等值跟踪的参数漂移问题研究. 中国电机工程学报,2005, 25(20):1～5.

[36] 汤涌,林伟芳,孙华东,等. 基于戴维南等值跟踪的电压失稳和功角失稳的判别方法. 中国电机工程学报,2009,25(12):1～6.

[37] Moon Y H,Cho B H,Lee Y H,et al. Energy conservation law and its application for the direct energy method of power system stability//IEEE Power Engineering Society 1999 Winter Meeting. New Jersey:IEEE Press,1999,1:695～700.

[38] 闵勇，陈磊. 包含感应电动机模型的电力系统暂态能量函数. 中国科学 E 辑：科学技术，2007，37(9)：1117～1125.

[39] Chiang H D，Tong J Z，Miu K N. Predicting unstable modes in power systems：Theory and computations. IEEE Transactions on PWRS，1993，8(4)：1429～1437.

[40] Praprost K L，Loparo K A. An energy function method for determining voltage collapse during a power system transient. IEEE Transactions on CAS，Part Ⅰ. Fundamental Theory and Applications，1994，41(10)：635～651.

[41] 仲悟之，汤涌. 电力系统微分代数方程模型的暂态电压稳定性分析. 中国电机工程学报，2010，30(25)：10～16.

[42] 仲悟之. 受端系统暂态电压稳定机理研究[博士学位论文]. 北京：中国电力科学研究院，2008.

第6章　中长期电压稳定性

中长期电压稳定是在暂态稳定得以保证后，电力系统在慢动态元件（如 OEL、OLTC 动作、负荷的功率恢复特性等）的作用下和电力系统慢变过程（如 AGC、负荷增长、运行方式调整等）的影响下的稳定性问题。中长期电压稳定性分析的对象是暂态时间框架之后的电压现象，时间范围可从几十秒到几十分钟，甚至数小时，研究的是系统在扰动后到达一个可接受运行平衡点状态的能力。

随着电力系统远距离输电容量的不断增加，输电网络重载问题日益突出，电力系统在暂态稳定之后的中长期电压稳定性将逐步成为电力系统安全稳定运行的重要问题之一，威胁着电力系统的安全稳定运行。分析电力系统的长过程电压稳定性问题，避免发生电压崩溃导致的大面积停电事故，以及研究防止事故扩大的有效措施，必将成为电力系统计算分析的一项重要内容。

6.1　电力系统多时间尺度全过程动态仿真

6.1.1　研究范围

电力系统全过程动态过程仿真是电力系统受到扰动后较长过程动态仿真，即通常的电力系统长过程动态稳定计算，要计入在一般暂态稳定过程仿真中不考虑的电力系统长过程和慢速的动态特性，包括继电保护系统、自动控制系统、发电厂热力系统和水力系统以及核反应系统的动态响应等。

电力系统全过程动态稳定计算主要用来分析电力系统受扰动后从机电暂态（几十秒）到中长期过程（几分钟到几十分钟，甚至数小时）的动态过程，其仿真和研究的范围主要为：

(1) 中长期电压稳定性分析，研究电力系统电压稳定性的机理和防止电压崩溃的有效措施；

(2) 复杂、严重和连锁事故的仿真研究，以了解事故发生的动态过程和本质原因，研究正确的反事故措施；

(3) 研究事故的发展过程和训练运行人员紧急处理能力；

(4) 研究和安排负荷减载策略；

(5) 研究紧急无功支援的有效性；

(6) 研究旋转备用的安排和旋转备用机组的分布；

(7) 研究自动发电控制(AGC)策略；

(8) 锅炉控制系统(包括反应堆)和发电厂辅助设备在大扰动后的响应对发电厂运行特性的影响，协调发电厂的控制与保护系统；

(9) 在规划设计阶段，考核系统承受极端严重故障的能力，即超出正常设计标准的严重故障，以研究减少这类严重故障发生的频率和防止发生恶性事故的措施。

6.1.2　仿真模型

电力系统本质上是一个复杂的大规模非线性动力学系统，含有大量不同时间常数的变量，有些变量具有快变特征而有些变量则具有慢变特征。与电力系统稳定性相关的动态响应，可以分为快变(电磁暂态)、正常速率(机电暂态)及慢变(中长期动态)三个过程，因而电力系统至少是三时间尺度动态系统。

由于电力系统的多时间尺度特性，在进行电力系统仿真建模时，为提高计算效率，在机电暂态和中长期动态仿真中，通常认为电磁暂态过程已经结束，电磁暂态变量已衰减完毕，忽略电磁过程的快动态。

电力系统的动态行为可以用含有连续变量和离散变量的微分-代数方程组来完整描述：

$$\dot{X} = f(X,Y,Z_c,Z_d) \tag{6-1}$$

$$0 = g(X,Y,Z_c,Z_d) \tag{6-2}$$

$$\dot{Z}_c = h_c(X,Y,Z_c,Z_d) \tag{6-3}$$

$$Z_d(k+1) = h_d(X,Y,Z_c,Z_d(k)) \tag{6-4}$$

式中，X 为全部的暂态状态变量；Y 为网络方程中的代数变量，包括节点电压的幅值和相位；Z_c为连续变化的长期(慢)状态变量；Z_d为离散变化的长期(慢)状态变量。方程(6-1)描述了电力系统的暂态行为，方程(6-2)描述了网络特性，方程(6-3)和方程(6-4)描述了系统中长期的动态特性，如OEL、OLTC和二次电压控制等。

在机电暂态仿真中，认为中长期过程还没有开始变化，中长期动态变量保持恒定，即暂态电压稳定时域仿真使用方程(6-1)和方程(6-2)，将变量Z_c和Z_d处理成常量。中长期电压稳定时间框架下，系统的动态将由慢动态元件的动作所决定，因而中长期电压稳定时域仿真可以直接使用方程(6-1)～方程(6-4)；在不牺牲中长期分析的精度下，也可以采用时间框架分解技术，忽略系统的快过程，将描述快过程的微分方程(6-1)以代数方程(6-5)代替：

$$0 = f(X,Y,Z_c,Z_d) \tag{6-5}$$

即采用准稳态(quasi steady state，QSS)近似模型。

6.1.3 仿真方法

在微分-代数方程组求解技术上，基于固定步长的计算方法是广泛使用的数值方法，具有实现简单的优点，但将之直接用于中长期时域仿真会导致仿真计算量过大。因为描述一般电力系统动态的模型(6-1)～(6-4)包含了快速的暂态过程，为了较精确地仿真这一动态，必须采用较小的积分步长，如 0.01s，然而中长期过程的时间跨度常在数十分钟，这就至少需要仿真数十万步，将耗费大量的机时。由于中长期电压稳定研究的时间跨度大，算法必须采用更加高效的自动变步长数值积分法；同时，仿真中模型的时间常数差别很大，是典型的刚性非线性动态系统，仿真需要采用数值稳定性高的算法。另外，如果有计算时间和速度的要求，还应该考虑采取措施提高计算效率。

到目前为止，中长期电压稳定性的仿真计算方法主要包括：①同时考虑暂态过程和中长期过程的全过程动态仿真方法；②将暂态过程用其准稳态模型替代的 QSS 仿真方法。

1. 全过程动态仿真方法

电力系统全过程动态仿真是把电力系统的机电暂态过程、中期动态过程和长期动态过程有机地统一起来，主要用于研究电力系统在受到大扰动之后系统较长时间的机电过渡过程。

Gear 算法是公认的求解刚性问题的有效方法之一，特别是对于计算精度要求不高的系统，现有全过程动态仿真程序的数值积分方法大多采用 Gear 类变步长方法(又称为 BDF 法，向后积分法)，例如，瑞典的 SIMPOW 程序[1]、法国和比利时的 EUROSTAG 程序[2,3]、美国 EPRI 的 ETMSP 程序[4]等。这种方法的优点是暂态过程及中长期动态过程可以采用统一的模型和数值积分方法，在中长期动态过程中可以大步长进行仿真。对于变步长的 Gear 积分法，其计算步骤主要包括预测、校正迭代、截断误差计算和自动变阶变步长控制四步。Gear 法能够自启动，起步时使用 1 阶，由于只有 2 阶及以下的 Gear 法的稳定域能够覆盖复平面的左半平面，所以使用的最大阶数为 2 阶。校正迭代采用拟牛顿法，因而 Gear 法能满足刚性系统求解的数值稳定性和收敛性要求。但在应用实践中发现这种方法的主要缺点和问题为：①机电暂态过程中计算步长过小，导致整体仿真效率偏低；②算法难以处理模型中的间断环节。

国内中国电力科学研究院于 1998 年开始在暂态及中长期动态全过程仿真的关键技术方面进行研究，并开发了全过程动态仿真程序(full dynamic simulation program，FDS)[5～15]。FDS 采用了一种能适于电力系统机电暂态及中长期动态统一仿真的组合数值积分算法，克服了 Gear 类变步长方法的主要缺点。该算法有机地结合了固定步长的梯形积分法和变步长 Gear 法的优点，并通过一定的切换策略，使二者在仿真中自动切换，具体说明如下：

(1) 在电力系统全过程仿真的机电暂态过程中采用固定步长的梯形积分法，将动态元件的微分方程和电力网络的代数方程进行迭代求解。这样不但可以避免 Gear 法在暂态过程中步长过小的问题，而且由于控制系统的间断环节多发生在暂态稳定过程中，还可以避免间断处理带来的编程复杂性。

(2) 在中长期动态过程中采用变步长的 Gear 积分法，将动态元件的微分方程和电力网络的代数方程联立求解。对于中长期动态过程的仿真，Gear 法可以采用较大的步长计算，计算速度快于固定步长的梯形积分法。

(3) 固定步长和变步长两种方法在仿真中依据一定的策略自动切换，从而在保证数值稳定性和仿真精度的前提下，大大缩短了仿真时间，提高了程序的计算效率。

因此，电力系统全过程动态仿真的组合数值积分方法主要由三部分组成：固定步长的梯形积分法、变步长的 Gear 积分法和两种方法的自动切换策略。

从数值稳定性方面考虑，单独的固定步长梯形积分法和单独的变步长 Gear 积分法(小于等于 2 阶)的数值稳定域都包含复平面的左半部分，满足电力系统全过程动态仿真的要求，且目前分别都已在成熟的电力系统仿真程序中得到应用。所以，新的数值积分算法能够在保证数值稳定性和仿真精度的前提下，大大缩短仿真时间，提高程序的计算效率，克服了以往单独使用固定步长梯形积分法不能适应中长期动态仿真的需要，以及单独的变步长 Gear 积分法在暂态稳定阶段积分步长过小导致仿真速度过慢的缺陷。

新的数值积分算法切换策略的依据是机电暂态过程和中长期动态过程的不同特点：①机电暂态过程属于系统的快变阶段，电网最低母线电压一般在 0.75p.u. 以下，求解变量值变化剧烈。此时，如果采用 Gear 积分法，则步长会较小，一般小于 0.01s，甚至常常低于 0.001s，求解较慢；如果采用固定步长的梯形积分法，则虽然迭代次数会达到 2～3 次以上，但是固定步长积分法使用微分-代数方程组交替求解，不需要联立求解大型方程组，所以速度相对较快。②中长期动态过程属于系统的慢变阶段，电网最低母线电压一般在 0.75p.u. 以上，求解变量值变化缓慢。此时，如果采用 Gear 积分法，则步长会较大，一般大于 0.05s，甚至达数秒以上；如果采用固定步长的梯形积分法，则虽然迭代次数一般为 2～3 次，但由于步长一般固定在 0.01s 左右，仿真速度不如大步长的 Gear 积分法快。由①和②知，根据母线电压、步长和固定步长积分法的迭代次数可以判断系统处于机电暂态或中长期动态过程。此外，为保证可靠地判断系统动态过程，一种算法要持续计算一定步数。

总而言之，采用组合数值积分算法的电力系统全过程动态仿真能够扬长避短，有效地解决了现有的变步长 Gear 积分法在电力系统机电暂态阶段存在的计算速度过慢和间断环节处理复杂的问题，从而大大提高了电力系统全过程动态仿真程序的仿真效率和实用性。全过程动态仿真方法的主要优点包括：详细计及了元件的动态特性，模拟精度较高；较好地反映了电压失稳的全过程，为分析电压崩溃的机理提供可靠信息；同时可以得到防止电压失稳的预防及校正措施等。

虽然时域仿真法在分析电力系统大扰动电压稳定性和揭示电压失稳机制方面功不可没，但是电力系统自身的若干特性也给时域仿真方法造成了困难，这主要表现在以下两个方面：

(1) 电力系统是一个高维强非线性系统，包含具有不同时间常数、不同动态特性的多种元件，电力系统模型的微分方程组的刚性比很大，考虑到分步积分数值稳定性、迭代收敛性和累计误差等因素，其积分步长不能太大，因此计算量大、耗时多是其一大缺点。

(2) 电力系统的运行状态以及假想故障数目众多，如果网络结构、控制参数或者故障设置发生变化，则需要对整个系统重新积分计算。而且时域仿真只能给出系统稳定还是不稳定的结论，不能给出任何关于系统稳定裕度的信息，从而使得时域仿真法难以实现电力系统实时在线稳定评估及控制。

以上缺点限制了全过程动态仿真法在电压稳定分析中的应用，目前该方法可以仿真电力系统长时间(几十秒到数小时)的动态过程，主要用于分析动态元件对电压稳定的影响、了解电压崩溃现象的特征、检验稳定判据的正确性，以及复杂和严重事故的事后分析等。

2. QSS 仿真方法

近年来，van Cutsem 等学者提出将暂态过程用 QSS 平衡方程替代[16,17]。该方法具有计算速度快、物理概念明确的优点，在中长期电压稳定分析中得到了广泛关注。QSS 分析方法是用一系列由长期动态过程驱动的短期平衡点近似模拟系统长期响应过程，是静态潮流计算和全时域仿真计算的一种折中，其核心思想是用平衡点代替系统暂态过程，只保留那些与中长期过程相关的动态方程。然而，QSS 近似是基于如下假设：存在短期动态过程的稳定平衡点；短期动态过程可在足够短的时间内达到平衡点。

QSS 仿真计算的基本过程如图 6.1 所示。实际仿真计算中，仿真时间步长一般取 1～10s。图中曲线上的每个点代表一个暂态平衡点，即 Z_c 和 Z_d 固定在当前值时方程(6-2)和方程(6-5)的解。点 A 到点 A' 以及点 B 到点 B' 代表平衡点的跳变，y 状态的瞬间跳转源于方程(6-4)描述的线路开断、负荷突增、OLTC 动作、OEL 动作等。在时域仿真的每一步检测设备的状态，当满足设备动作条件时，就改变其状态。图中曲线 $A'B$、$B'C$ 由系统中连续的动态过程驱动，即方程(6-3)所描述的系统慢动态变化，或由系统中参数的缓慢变化引起，如系统负荷的持续增加。由于仿真步长一般相对于方程(6-3)的时间常数较小，故可以使用显式数值积分方法。此外，由于在每个仿真时间步上都可能出现离散的状态转移，故需要使用单步长积分方法。中长期动态元件的过程由方程(6-3)和方程(6-4)描述，离散动态元件的动作效果可体现在 AA'、BB' 的跳变上，连续动态元件的动作效果可体现在点 A' 到点 B、点 B' 到点 C 的变化过程中。

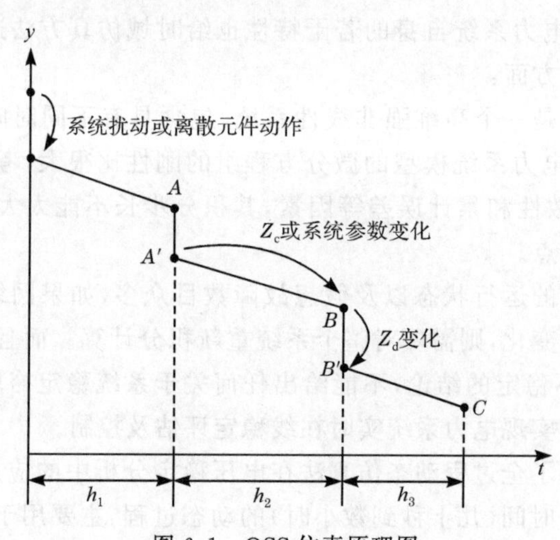

图 6.1　QSS 仿真原理图

与全过程动态仿真方法相比，研究中长期电压稳定性时，QSS 仿真方法具有速度快、收敛性好的优势，具体表现为：

(1) 暂态过程用平衡方程代替。全过程仿真计算中，需要求解全部的暂态和中长期动态过程，微分方程的阶数较高。QSS 仿真方法近似将暂态过程用其平衡方程代替，大大减少了需要求解的微分方程数目，减少了计算量。

(2) 时标分解可分开求解暂态和中长期过程。全过程动态仿真中，受暂态过程的限制，步长不可能太大，时步的增加会导致误差积累。遇到微分方程组的刚性问题时，较大的步长会影响数值计算的稳定性、收敛性和计算效率。QSS 仿真方法避免了多时标系统的刚性问题，步长较大，计算速度和收敛性有所提高。

尽管 QSS 仿真方法获得了较多一般意义上的电压稳定机制和控制的结论，取得了一些对实际系统运行有价值的指导信息，然而，由于 QSS 仿真计算的前提假设为系统暂态稳定，故它也具有一些缺点：

(1) 不能发现由于中长期状态变化导致暂态稳定吸引域缩小而导致的暂态失稳；

(2) 不能发现由于中长期状态变化导致的暂态振荡 Hopf 分岔型失稳；

(3) 不能处理中长期动态导致的暂态不稳定，即在给定的Z_c和Z_d值下方程(6-2)和方程(6-5)无解时，QSS 仿真算法将失败，该现象说明中长期状态变化会导致系统失去暂态稳定平衡点。

6.2　中长期电压稳定与静态、暂态电压稳定的关系

6.2.1　中长期电压稳定与静态电压稳定的关系

静态电压稳定是指系统受到小扰动后，系统电压能够保持或恢复到允许的范围内，不发生电压崩溃，主要用以定义系统正常运行方式和事故后运行方式下的电压静稳定储备情况。静态电压稳定分析方法大都基于电压稳定机理的某种静态认识，通常把网络传输极限功率时的系统运行状态作为静态电压稳定极限状态，分析静态电压稳定的基本模型是电力系统的潮流方程或扩展潮流方程。因此，从本质上来说，静态电压稳定分析是研究潮流方程是否存在可行解的问题。静态电压稳定分析的优点是将一个复杂的微分-代数方程解的研究看成是简单的非线性代数方程实数解的存在性研究；其缺点是不能反映各元件的动态特性。

中长期电压稳定分析是静态电压稳定分析的一种扩展，在系统模型和数值方法复杂化的代价下，中长期电压稳定分析的能力得到了极大的提高。与基于潮流的静态电压稳定分析相比，中长期电压稳定分析具有如下优势：

(1) 不存在 PV 节点和 $V\theta$ 节点的假设。潮流计算中往往设置 PV 节点和 $V\theta$ 节点假设，而实际运行系统并没有这样的电气元件；时域仿真方法中，当负荷增加时，发电机机端电压将会下降，负荷增量会通过发电机的频率特性在发电机之间进行分配，这样模拟符合电力系统的实际。

(2) 能够较准确地计及各种控制器的限制作用。在静态电压稳定分析的潮流计算中，调节无功出力以维持机端电压恒定的发电机节点以 PV 节点表示，并给发电机无功出力以简单的常值最小无功出力 $Q_{\min}$ 和最大无功出力 $Q_{\max}$ 约束，当发电机无功出力超过此约束后，就将该节点变成 PQ 节点，从而粗略地考虑了无功约束。中长期的仿真计算中，发电机最大无功出力约束可由发电机最大定子电流限制或最大励磁电流限制所引起，时域仿真中详细模拟了与电压稳定有关的发电机励磁限制、定子电流限制等。

(3) 能够反映控制作用和元件动作的时域规律。潮流计算中虽然能够处理一些装置的自动调节行为，但没有考虑调节规律在时间上的特性，因此难以反映系统的真实情况。

通过中长期电压稳定仿真分析，能够研究电压崩溃发生和发展的机理，能够

更清楚地掌握系统随运行条件变化的时变特征，准确地得知各元件的动作次序及其影响，以及系统慢动态偏离系统静态平衡点时对系统动态性能的影响，而这些信息在静态电压稳定分析中是很难准确获知的。可以预见，随着计算机硬件技术的突飞猛进，以及中长期电压稳定仿真方法的日益发展，该方法将成为静态电压稳定方法的有益补充，必将会得到逐步推广应用。

6.2.2 中长期电压稳定与暂态电压稳定的关系

暂态电压稳定即短期大扰动电压稳定，指的是系统受到大扰动后，不发生电压崩溃的能力。电力系统中存在大量的快速响应动态元件，如感应电动机负荷、发电机及励磁控制系统、HVDC、SVC等，它们的暂态行为可以直接导致系统暂态电压失稳。中长期电压稳定是指系统在响应较慢的动态元件和控制装置的作用下的电压稳定性，如OLTC、发电机定子电流限制、OEL、二次电压控制等，它们的慢动态行为可以直接导致系统中长期电压失稳。

电力系统的动态过程（从机电暂态过程到中长期动态过程）是一个连续的过程，并不是截然分开的，暂态过程对中长期过程有影响，中长期过程对后续新的暂态过程也有作用。

由中长期电压不稳定导致的暂态电压失稳的一个典型情况是：在一个初始扰动后，系统仍然继续运行一段短时间，从这个时刻起，系统由Z_c和Z_d变量描述的中长期动态来驱动，由中长期电压不稳定性引起的系统稳定状况恶化，要么导致发电机励磁电流受限而失步，要么导致发电机定子电流限制而跳机，要么导致感应电动机失速。在这类情况下，中长期电压不稳定是原因，暂态电压失稳是最终结果，由中长期不稳定性引起的系统状态缓慢恶化，最终导致电压崩溃这样一个突然过渡过程。

6.3 中长期电压稳定的分析场景

6.3.1 发电机过励限制

发电机过励限制（OEL）又称最大励磁限制或励磁电流限制，是AVR中设置的防止发电机转子绕组过流的装置，通过计算励磁绕组在励磁电流超出长期运行最大值的发热量达到某常数来限制调节器输出以限制发电机转子电流，达到保护发电机转子的目的。

发电机过励磁限制模型是由发电机过热负荷能力所决定的，其目的是避免长时间励磁过电流造成的发电机过热，由图6.2可见，转子过电流时间与励磁电流峰值有关。

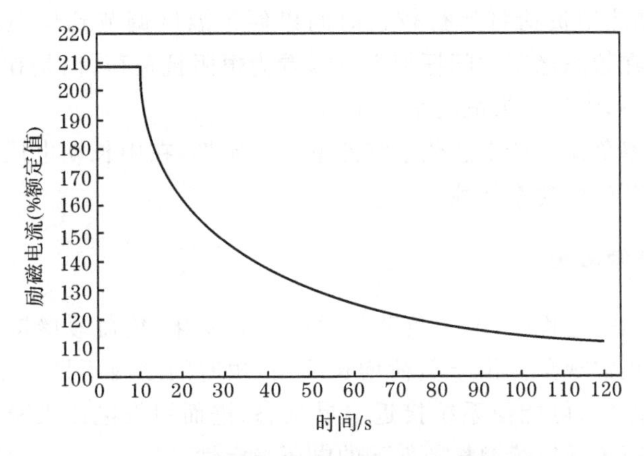

图 6.2 发电机励磁绕组电流过载能力

励磁调节器是电力系统调节电压的主要手段,但其调节范围有一定限制,一旦系统中某发电机的励磁调节达到最大限制值(一般是系统电压长期过低,AVR作用于增励或是 AVR 故障等引起),当由于励磁绕组热容量限制,机组的过励磁能力到达设定运行时间时,过励磁限制器会将励磁电流减少到额定值,造成系统中无功功率突然减少,引起系统中电压突然降落,由于此时其他发电机一般也处于接近极限状态,该发电机的突然减励磁可能会引起其他发电机的连锁反应,从而造成系统电压失稳。OEL 动作后,一般不立即采取切机等措施,而是使发电机尽可能维持在运行状态。

6.3.2 有载调压变压器

有载调压变压器(OLTC)的调节作用被认为是导致中长期电压失稳的主要机理之一,主要理由是:当负荷侧电压降落时 OLTC 动作相当于给负荷侧带来了一定的有功、无功储备,然而实际 OLTC 并没有增加系统的无功功率,一段时间后,OLTC 在恢复负荷侧电压的同时也恢复了其功率,实际对整个系统电压稳定不利,OLTC 的不断调整也使其一次侧电压不断降低,最终可能导致电压崩溃。

OLTC 分接头调节时应逐级调压,同时监视分接位置及电压、电流的变化。分接头变换器完成一次挡位变化所需的时间为数秒钟,但为避免分接开关频繁动作调压,升降压动作应增设延时时间,一般 110kV 调压延时取 30～60s,35kV 调压延时取 60～120s。由这一延时时间的范围可知,OLTC 的动作仅影响系统的中长期电压稳定性,与暂态电压稳定性无关。

6.3.3 恒温负荷

在电网持续低电压的过程中,恒温负荷和其他负荷调节装置会试图恢复负荷功率。例如,加热型负荷将运行较长时间以便把温度调节到恒温器所要求的温度。这类负荷在暂态稳定时间框架内可以看为恒阻抗负荷,但是在中长期动态过程的时间框架下,则表现为恒功率负荷。

由于恒功率负荷会严重恶化系统的电压稳定性,在中长期电压稳定性分析中要考虑恒温负荷的恒功率特性。

6.3.4　负荷持续增长

电力系统运行过程中,电力负荷随时间不断变化,负荷缓慢持续增长是电力系统运行中的正常现象。由于负荷增长缓慢,短时间之内不易察觉,但是在持续增长一段时间之后,可能使系统接近临界状态,进而引发电压失稳。因此需分析电力系统在负荷缓慢持续增长条件下的电压稳定性。

负荷持续增长造成的长期电压稳定性问题,主要是由于负荷持续增长后,发电机励磁电流增加,可能引起过励磁限制装置动作,导致局部地区电压将会严重降低,引发电压稳定性问题。典型日负荷曲线示例如图 6.3 所示。

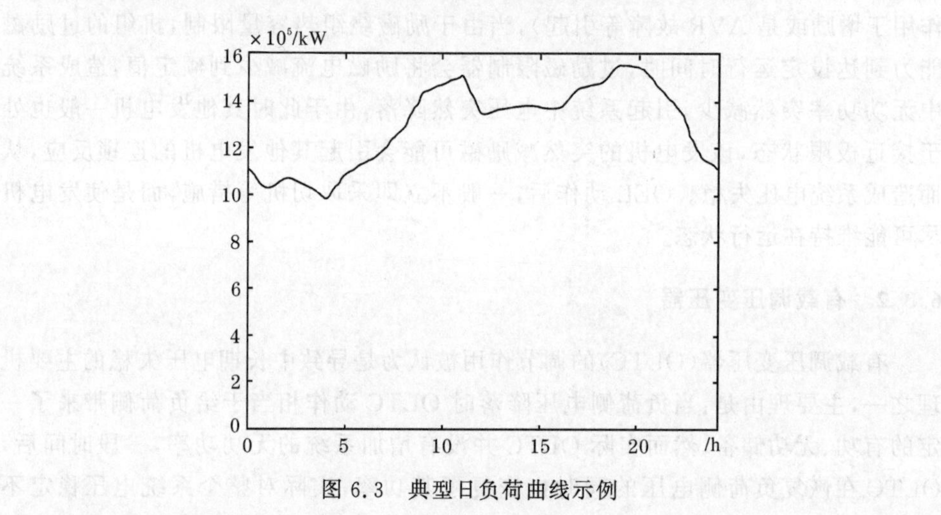

图 6.3　典型日负荷曲线示例

6.4　中长期电压稳定分析实例

本节给出一个中长期电压失稳的仿真计算的例子[18,19]。系统接线图如图 5.11所示。仿真所采用的主要模型:变压器(Bus 9—Bus 10)为 OLTC 变压器,其他分接头保持不变;Bus 7 上的负荷为恒功率模型,其他负荷为恒阻抗模型;发电机 2 和 3(Bus 2 和 Bus 3)上有过励磁限制装置,发电机 1(Bus 1)为无穷大发电机。其他模型及参数请参见文献[19]。1s 时在 Bus 5—Bus 6 之间的一条 500kV

线路跳开。线路跳开后,系统状态演变如图 6.4～图 6.7 所示。

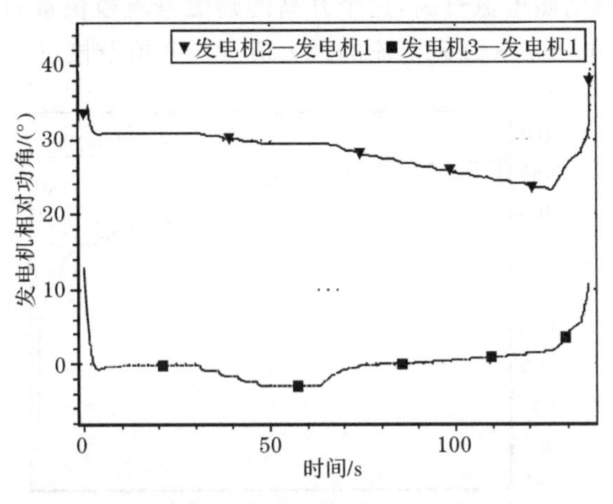

图 6.4　发电机相对功角变化

图 6.4 表示发电机 2、发电机 3 分别与发电机 1 之间相对功角摇摆曲线。由图 6.4 可见,这个扰动引起的初始快速暂态过程会很快消失,表明系统是可以保持暂态功角稳定的,后续的中长期过程中功角虽有摇摆,但机组仍能保持同步运行,表明系统也可以保持中长期功角稳定。

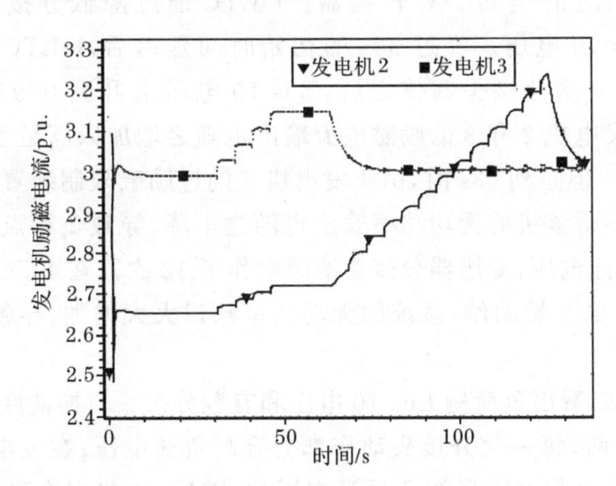

图 6.5　发电机 2 和发电机 3 的励磁电流

图 6.5 中过励磁限制器的励磁电流表明了发电机 2 和发电机 3 电动势 E_q 的响应,这个电动势正比于励磁电流。如图所示,扰动之后,发电机 2 和发电机 3 的励磁电流会突然上升,如果超过了转子电流限制,就会启动过励磁限制器的反时间机制。扰动后,OLTC 的运行对发电机强加了一个非常重的无功需求。这个需求进一步恶化了转子过负荷,直到最终过励磁限制器被激励,致使励磁电流回到

额定值。注意,这个过励限制器是积分型的,以至于 E_q 被强迫到 $E_q^{\lim}$。随后的分接头变换导致暂态励磁电流升高,这个升高的励磁电流很快被过励磁限制器所检测(如图 6.5 中发电机 2、3 励磁电流的最大值点),并给予校正。

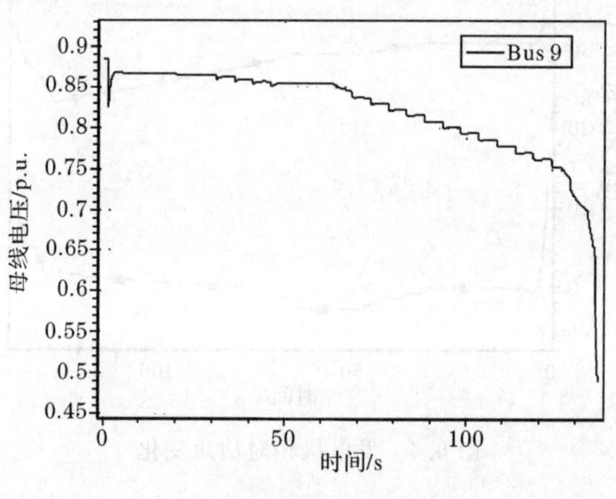

图 6.6　Bus 9 电压

图 6.6 给出了 Bus 9 的电压,即给负荷供电的 OLTC 的高压侧母线电压。由图可见,暂态过程中,Bus 9 能够在 0.87p.u. 处稳定运行。在这个点以后,驱动这个系统响应的是 OLTC 转换器。OLTC 通过降低分接头变比 r,设法恢复负荷侧 Bus 10 电压。经过 30s 的初始时间延迟后,OLTC 转换器开始运行,约 58s,经过 4 次分接头调整之后,Bus 10 电压上升到 0.915p.u.,非常接近事故前水平,发电机 2 和 3 的励磁电流输出也随之增加以满足系统对无功功率的需求(图 6.5)。但是到 63s 时,由于发电机 3 的过励磁限制装置开始动作,限制了其输出电流,使得该机的无功功率输出也随之下降,导致负荷点 Bus 10 的电压再次下降。为保证电压,变压器分接头继续动作了 12 次。在 125s 时,发电机 2 的过励磁限制装置也开始动作,系统的无功功率缺口大大增加,导致了电压崩溃的发生。

图 6.7 中可以看出负荷侧 Bus 10 电压和有载分接头转换器变比的响应,在发电机励磁限制之前,每一次分接头动作都会升高负荷电压;在发电机励磁限制之后,分接头变换对负荷电压最初几乎没有影响,随后,这些变换降低了负荷电压,对系统的电压稳定起反作用。

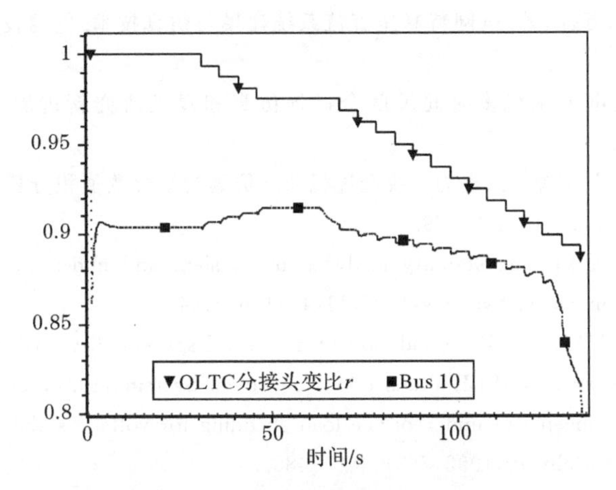

图 6.7　分接头变比和负荷电压

参 考 文 献

[1] ABB Corporation. Program Operation Manual of SIMPOW. ABB,2005.

[2] Stubbe M,Bihain A,Deuse J. STAG:A new unified software program for the study of the dynamic behaviour of electrical power systems. IEEE Transactions on Power Systems,1989,4(1):129～138.

[3] Astic J Y,Bihain A,Jerosolimski M,et al. The mixed Adams-BDF variable step size algorithm to simulate transient and long term phenomena in power systems. IEEE Transactions on Power System,1994,9(2):929～935.

[4] Sanchez-Gasca J J,D'Aquila R,Raserba J J,et al. Extended-term dynamic simulation using variable time step integration. IEEE Computer Application in Power,1993,6(4):23～28.

[5] 汤涌. 电力系统稳定计算复故障补偿算法. 中国电机工程学报,1999,19(7):77～79.

[6] 汤涌. 电力系统稳定计算隐式积分交替求解. 电网技术,1997,21(2):1～3.

[7] 汤涌,宋新立,刘文焯,等. 电力系统全过程动态仿真的数值方法——电力系统全过程动态仿真软件开发之一. 电网技术,2002,26(9):7～12.

[8] 汤涌,刘文焯,宋新立,等. 电力系统全过程动态仿真的故障模拟——电力系统全过程动态仿真软件开发之二. 电网技术,2002,26(10):1～5.

[9] 汤涌,宋新立,刘文焯,等. 电力系统全过程动态仿真中的长过程动态模型——电力系统全过程动态仿真软件开发之三. 电网技术,2002,26(11):20～25.

[10] 汤涌,宋新立,刘文焯,等. 电力系统全过程动态仿真的实例与分析——电力系统全过程动态仿真软件开发之四. 电网技术,2002,26(12):5～8.

[11] 汤涌. 电力系统数字仿真技术的现状与发展. 电力系统自动化,2002,26(17):66～70.

[12] 宋新立,刘肇旭,李永庄,等. 电力系统稳定计算中火电厂调速系统模型及其应用分析. 电网技术,2008,32(23):44～49.

[13] 刘文焯,汤涌,万磊,等.电网特高压直流系统建模与仿真技术.电网技术,2008,32(22):1～3,7.

[14] 汤涌.交直流电力系统多时间尺度全过程仿真和建模研究新进展.电网技术,2009,33(16):1～8.

[15] 宋新立,汤涌,刘文焯,等.电力系统全过程动态仿真的组合数值积分算法研究.中国电机工程学报,2009,29(18):23～29.

[16] van Cutsem T. Voltage stability analysis in transient and mid-term time scales. IEEE Transactions on Power Systems,1996,11(1):146～154.

[17] van Cutsem T,Mailhot R. Validation of a fast voltage stability analysis method on the Hydro-Quebec system. IEEE Transactions on Power Systems,1997,12(1):282～292.

[18] Taylor C W. Concepts of undervoltage load shedding for voltage stability. IEEE Transactions on Power Delivery,1992,7(2):480～488.

[19] Taylor C W.电力系统电压稳定.王伟胜译.北京:中国电力出版社,2002.

第7章　提高电压稳定性的技术措施

电力系统电压稳定性与许多因素有关，不同的事故机理可能导致不同动态特征的电压崩溃性事故。因此，防止电压失稳的措施也多种多样，且根据不同的电压失稳模式有不同的侧重。

当电力系统趋向于短期电压不稳时，靠近负荷中心的快速反应的动态无功调节设备能够提高系统事故后的电压稳定水平，并帮助系统恢复电压。通常所指的动态无功调节设备主要有发电机、同步调相机和SVC。在扰动之前应具备足够的动态无功备用，但应注意发电机和同步调相机所提供的过载能力有时间限制，它们可能把短期电压稳定问题转移为长期电压稳定问题，而SVC在调节的极限状态下只相当于普通的电容器，在紧急的控制措施中还应该包括预防电压崩溃的集中或低压减负荷措施。

防止长期电压不稳定的措施中最重要的是恢复长期稳定运行平衡点和避免由长期动态过程造成的短期电压不稳定。可采取的措施包括无功补偿的投切、发电再调度和减负荷等。对于多层输配电系统，OLTC应进行协调控制，避免OLTC的动作进一步恶化电压稳定水平。此外，当发电机还有无功储备时，可以通过二次电压控制来提升发电机端电压。

系统提供动态无功支持的能力与负荷的电压无功特性是决定电压稳定性的关键因素。因此，总体而言增加系统的动态无功储备与改善负荷的电压无功功率特性是提高电压稳定性的主要措施。

7.1　提高电压稳定措施的分类

提高电力系统电压稳定性的措施应该是综合的、多方面的，各种措施既针对特定的现象（如暂态电压稳定性、中长期电压稳定性）又相互配合，共同发挥作用。目前，在电力系统的规划、设计、运行和管理环节中，都应当考虑相应的措施以提高电力系统的电压稳定性。

本节总结了当前提高电力系统电压稳定性的主要措施，并加以归类。

1）规划设计阶段的措施

（1）优化网络结构。电压失稳事故通常发生在重载的电力系统中，然而，通过研究后发现，所谓的重载并不是指系统中的大部分线路负载都很重，实际情况往往是电压失稳事故发生前的电网整体负载率并不是太高，大部分线路负载还比较轻,仅有少数线路重载运行。因此,在规划设计阶段就必须合理规划和优化网络结构,保证系统有足够的传输能力,尽量避免多回并行线路或交直流并联线路发生故障,引起大规模负荷转移而导致连锁故障引发电压崩溃事故。

(2) 加强无功规划。无功规划的基本要求是分析电网稳态和动态运行条件下的无功特性,合理配置无功补偿设备和电压调节手段,改善、控制和优化无功功率在全网中的分配和流动,以达到提高系统运行稳定性、抑制线路电压升高、满足正常运行和事故扰动后电网安全运行和电压的调控需求。无功规划应该满足分层分区的原则、满足正常和事故后方式电压的运行标准、满足事故扰动下电网稳定性及动态无功备用的要求。

(3) 在负荷中心配备足够的无功补偿设备。从理论研究及对历次电压失稳事故的分析来看,电力系统发生电压崩溃的一个重要原因是系统中的无功补偿容量不足。因此,在电网规划阶段就必须考虑足够的无功补偿容量(包括静态、动态无功补偿容量),使负荷中心(受端电网)有充裕的无功调控能力和坚强的电压支撑,并留出一定的裕度满足未来负荷增长的需要。

2) 调度运行阶段的措施

(1) 运行方式优化。电力系统是一个非线性大系统,在一定的负荷条件下,存在满足发电与送电要求的多种潮流状态,即系统存在多个可行的平衡点。合理选择适当的平衡点,使系统运行平衡点有较大的电压稳定裕度,是提高电力系统电压稳定性的重要措施。此外,在某些运行方式下,系统中存在可能导致电压失稳的故障模式,调整运行方式常常可以避免这种潜在的危险。

(2) 无功补偿优化。无功补偿优化能够在保证系统电压安全的基础上,减少线路上的无功传输,帮助实现无功的分层分区平衡,在提高电压稳定性的同时,还能减少线路有功损耗,降低系统的运行费用,提高电网运行的经济效益。

(3) 建立电压安全监视与控制系统(如 AVC),实时监控电网的电压及无功状况。利用实时监控系统,调度人员可以及时发现系统的电压稳定薄弱环节,在事故发生前就采取措施消除系统中的隐患。

(4) 加强用户侧功率因数管理。加强用户侧功率因数管理可以减少用户从电网吸收的无功功率的数量,在系统侧无功补偿容量一定的情况下,相当于增加了系统的无功备用。

3) 实时控制方面的措施

(1) 低压减负荷。低压减负荷是目前最有效的解决电压稳定问题的措施之一,具有原理简单、可靠性高的特点,在国内外电力系统中都被广泛采用。低压减负荷可分为集中控制型和分散型两种,我国目前采用的基本都是分散型低压减负荷控制。

(2) 低压解列。低压解列的作用是在事故蔓延到整个电网之前,对地区性供电网络或区域电网实现解列，阻止事故范围的进一步扩展，避免全网性的崩溃性事故发生。

低压解列措施有一定的风险性，另外装置的参数整定也比较困难。在实际的工程中，要根据电网的具体情况进行整定和校核，以保证装置的可靠性。

(3) OLTC 分接头紧急控制。OLTC 是电力系统主要的电压控制设备之一。当负荷受到大扰动后，如果负荷侧电压水平偏低，OLTC 会自动调整分接头来恢复负荷侧电压水平，从而恢复相应的负荷功率，但是分接头调整只是调整了无功功率在不同电压等级的分配关系，并不能新增无功功率，提高负荷侧电压水平则必然会降低主网侧电压水平，从而又影响到负荷侧电压，最终可能导致电压崩溃故障。为了避免和阻止电压崩溃，当分接头的变化不利于系统稳定的情况下，电源侧电压下降时需要闭锁变压器分接头，当电压恢复时解除闭锁。

(4) 直流输电快速控制。直流输电输送的有功功率和换流器消耗的无功功率均可由控制系统进行快速控制，这种快速可控性可以被用来改善交流系统的运行性能。例如，根据交流系统在运行中的要求，快速增加或减少直流输送的有功功率或者直流电流整定值，调节换流器吸收的无功功率，就可以达到改善交流系统电压稳定性的目的。

(5) 无功补偿装置自动投切。故障后，快速投入足够容量的机械投切或可控硅控制的电容器，可以有效地阻止电压的进一步下降，避免电压崩溃的发生。对于并联电抗器正常运行的系统中，可以采用快速切除电抗器来代替电容器的投入。

4) 新技术应用

除上述措施外，还可以采用新型的电力电子设备或者对现有元件控制系统的控制方式进行改进来提高电力系统的安全稳定性。

(1) 安装 SVC、STATCOM、TCSC 等新型 FACTS 设备，研究和采用新的控制策略，为系统提供动态的无功支撑，改善系统的电压稳定性。

(2) 完善发电机励磁控制系统，使发电机能够从维持机端电压恒定变为维持升压变压器高压侧母线电压恒定。这相当于减小了输电环节的阻抗，提高了系统的传输能力。

7.2　发电机控制

同步发电机是电力系统中最重要的无功电源之一，也是最主要的动态无功储备。同步发电机提供无功功率的能力对于防止电力系统电压失稳事故的发生非常关键。

7.2.1 发电机无功备用容量

图 7.1 和图 7.2 给出了一个发电机稳态 PQ 运行极限和 V 形曲线的例子[1,2]，从图中可以看出发电机的无功出力是如何受发电机励磁绕组发热或发电机电枢绕组发热限制的。当电力系统趋向于长期电压不稳定时，这种限制是系统最终电压失稳的重要原因之一。

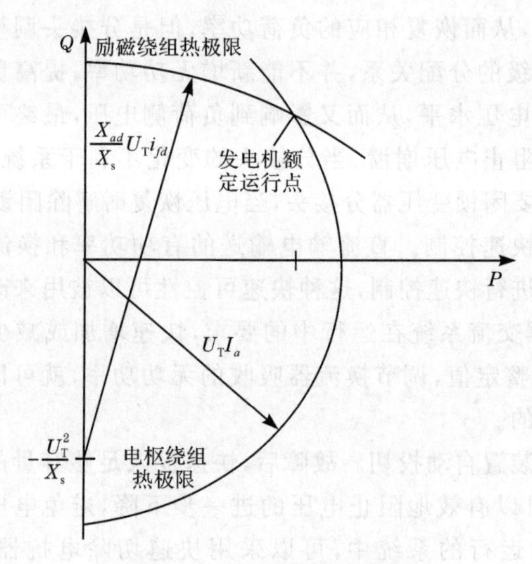

图 7.1　发电机运行极限图

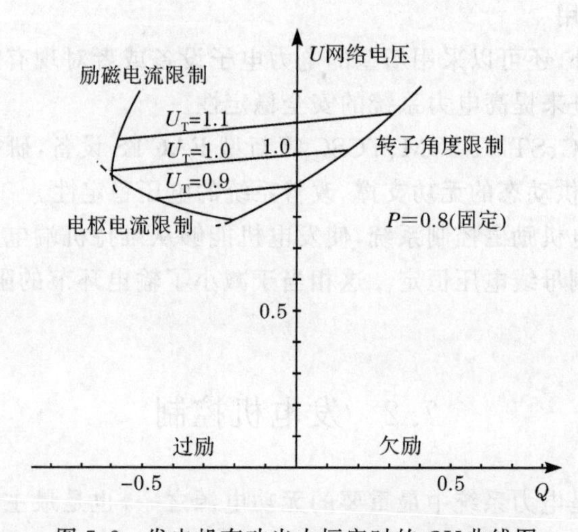

图 7.2　发电机有功出力恒定时的 QV 曲线图

由图 7.1 可知，如果发电机机端电压能够基本维持在额定电压附近，则发电机的无功极限通常受励磁绕组发热的限制。如果发电机的机端电压大幅下降，则电枢绕组电流成为限制因素。

根据 $Q=P\tan\varphi$（φ 为功率因数角）可知，当发电机工作在高功率因数时，发电机无功备用充足。由于发电机是电力系统中最重要的具有快速调节特性的动态无功电源，因此，一旦电力系统出现电压紧急状态，发电机的这些无功备用容量的大小对于保证系统的电压稳定，防止电压崩溃非常重要。

因此，提高电力系统电压稳定性的一种非常有效的方法是：在正常运行状态下，尽量用并联电容器组替代发电机作为无功电源输出，使发电机在正常运行时功率因数接近于 1.0。这样，发电机储备有大量的无功备用，在电力系统出现无功不足导致电压下降时快速响应，避免电压崩溃的发生。

7.2.2　发电机高压侧电压控制

目前，对于电力系统中运行的绝大部分发电机而言，其配套的 AVR 的控制目标一般都是维持发电机机端电压恒定。如果 AVR 的控制目标能够变为维持发电机出口升压变压器高压侧母线的电压恒定（即高压侧电压控制），则相当于缩短了发电机与负荷之间的距离，减小了输电环节的阻抗，对于系统的电压稳定性和功角稳定性都是有利的。

以图 7.3 所示的单机单负荷系统为例，对比两种不同的发电机电压调节特性对电压稳定性的影响。

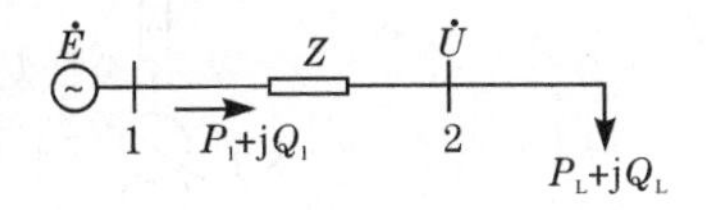

图 7.3　单机单负荷系统

假定如下两种情况：

(1) 图 7.3 中发电机的 AVR 可以维持机端母线电压不变；

(2) 图 7.3 中发电机的 AVR（高压侧电压控制）可以维持升压变压器高压侧母线电压不变。

可以分别得到这两种情况下的 PV 特性曲线，如图 7.4 所示。

图 7.4 中，曲线 1 为维持机端母线电压不变的 PV 曲线，曲线 2 为维持升压变压器高压侧母线电压不变的 PV 曲线。由图 7.4 可知，采用高压侧电压控制后，系统允许的最大传输功率明显提高，同时，与在负荷侧增加并联电容补偿不同的是，随着最大传输功率的提高，电压不稳定的临界电压并没有随之升高，因而其改善系统电压稳定性的效果更好。

目前，高压侧电压控制主要是通过在现有励磁系统中加入（变压器）压降补偿的方法来实现，这种方法不需要采集升压变压器高压侧的电气量，因而无须添置额外的设备，便于实现，具有良好的经济性，同时，根据目前国内外已经应用的实例来看，取得了较好的效果。

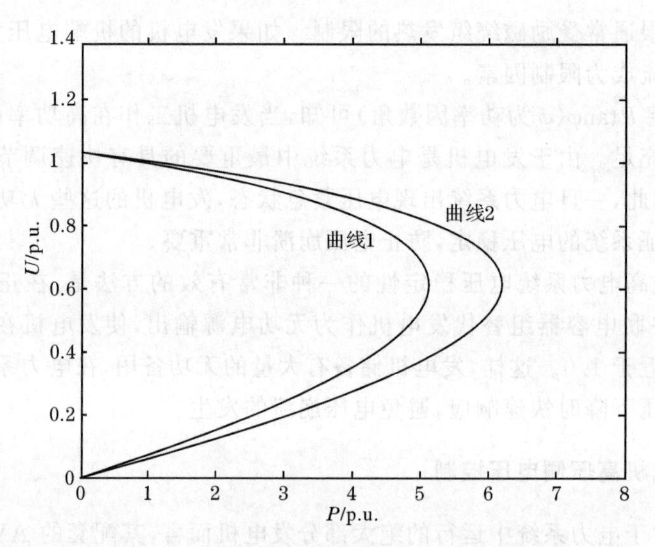

图 7.4　单机单负荷系统的 PV 特性曲线

图 7.5 给出了一种高压侧电压控制器的结构图[3~5]。

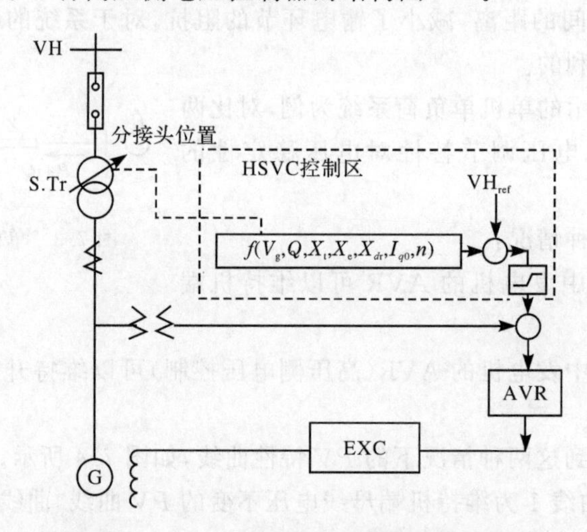

图 7.5　一种高压侧电压控制器的结构图

7.2.3　发电机出力控制

电压崩溃事故的发生与电网的负荷水平密切相关。在事故发生前,电力系统往往处于重负荷状态,部分关键线路重载,线路无功损耗大,线路末端电压偏低。如果系统受到故障扰动或者负荷持续增加,线路末端的电压水平逐渐下降,最终发生电压崩溃。

在连锁性事件引发的电压崩溃中,潮流转移控制不当是导致系统失去稳定的重要原因,由于线路断开导致潮流大量转移到正常运行中的线路上,造成这些线路上的潮流逐渐加重,线路末端电压越来越低,最终无法维持稳定而发生电压崩溃事故。

对于这类事故,快速合理的潮流重新分配是防止电压崩溃发生的有效措施。在事故发生前的正常运行状态下,通过调节系统中部分发电机的有功出力,尽量使潮流分布更均衡,减少重载线路的数目及潮流水平,可以有效地预防电压崩溃事故的发生。在事故发生后的紧急运行状态下,通过调节系统中部分发电机的有功出力,使过载或重载线路的负载下降到合理范围内,防止进一步的线路连锁跳闸,可以避免事故扩大,阻止由连锁故障引发大范围的电压崩溃事故。

发电机出力控制可以通过安全自动装置或调度运行人员下令的方式来执行。当系统中出现负载非常重的线路时,命令送端机组减少出力或停机,同时命令受端机组增加出力或开机,从而减轻线路负载,提高电压稳定裕度,降低发生电压失稳的风险。对于中长期电压稳定而言,由于电压下降的过程持续时间比较长,人工下令的方式是可行的。

7.3　输电系统无功补偿

从电压稳定的角度看,减少无功功率在线路上的传输,做到无功分层分区平衡,维持电网中各母线电压在较高水平,对于提高系统的电压稳定性是有好处的。从实际系统中发生的电压崩溃事故来看,受端系统无功支撑能力不足,往往是最终导致电压崩溃事故发生的原因之一。

为了提高电力系统的无功支撑能力,可以采用增加输电系统无功补偿的方法。具体分为并联补偿和串联补偿两种,采用的设备包括并联电容器组、并联电抗器、静止无功补偿器(SVC)、静止无功发生器(SVG/STATCOM)、串联电容器、调相机等。下面分别予以介绍。

1) 并联电容器组和并联电抗器

以如图 7.6 所示的简单电力系统为例说明并联电容补偿对于提高电压稳定性的作用。

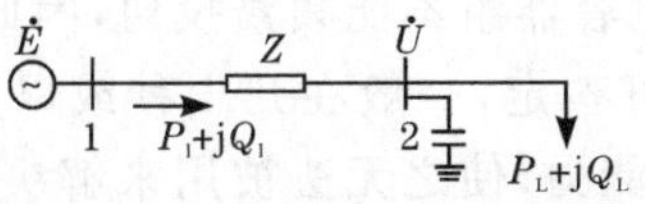

图 7.6　单机单负荷电力系统(增加并联电容补偿)

对于图 7.6 所示的单机单负荷系统,可以绘出如图 7.7 中曲线 1 所示的鼻型曲线[6]。若在母线2处投入不同容量的并联电容补偿(图7.6)，则在其他条件不变的情况下可以得到图7.7中的其他鼻型曲线。从图7.7可以看出，在母线2处增加并联电容补偿后，系统电压崩溃点对应的最大传输功率有所增加，相当于系统的电压稳定裕度有所增加(需要注意的是，在最大传输功率增加的同时，PV曲线上电压崩溃点对应的临界电压也随之增加。若无功补偿容量过大，有可能出现临界电压超过初始运行电压的情况)。

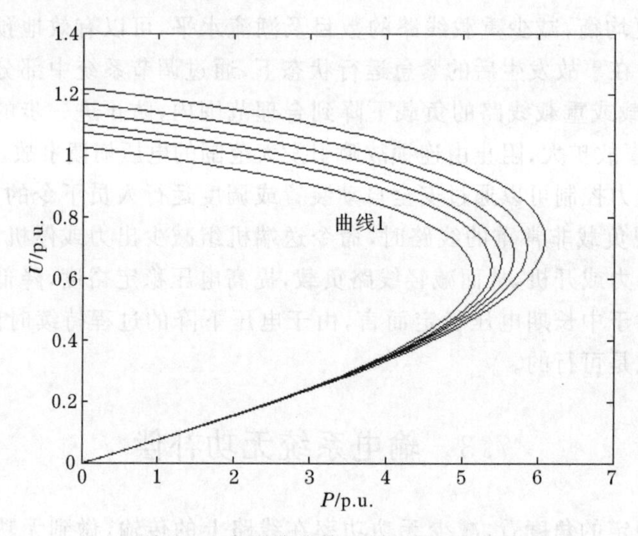

图7.7　鼻型曲线簇(增加并联补偿)

与调相机、静止无功补偿器等其他无功补偿装置相比，并联电容器组的最大优点是造价低。在电力系统中大量采用后，可以减少无功流动，提高电压水平，提高发电机等动态无功电源的功率因数，从而改善系统的电压稳定性。并联电容器组的一个明显缺点是其无功输出与电压的平方成正比，因而当系统电压下降需要增加无功输出时，它的无功输出量反而大大降低；当系统中出现过电压需要减少无功输出时，它的无功输出量反而大大增加。

在目前的制造水平下，机械投切电容器组的投切速度可以达到0.15～0.75s，在这个时间范围内，若有足够容量的并联电容器组投入系统运行，是有可能帮助一个暂态电压不稳定的系统重新恢复稳定运行的。但是由于投切过程中的过电压和涌流等原因，并联电容器组不能频繁投切，因此，在实际使用时会加入一定的投切延时(延时时间可整定，一般在几十秒或以上)，这限制了机械投切并联电容器组对电压的控制能力，使之无法被用来解决电力系统的暂态电压失稳问题。

上述对并联电容器组的讨论同样适用于并联电抗器，切断并联电抗器相当于投入并联电容器。

2) 静止无功补偿器(SVC)

SVC 克服了机械投切并联电容器和电抗器的缺点,可快速准确地调节电压,投切电容器组不受暂态过程限制。SVC 可根据一定的斜率来调节电压,该斜率与其稳态增益相关,控制范围通常为 1%～5%[7,8]。

以图 7.3 所示的单机单负荷系统为例,若在母线 2 处投入不同容量的 SVC(图 7.8),则可以得到如图 7.9 所示的鼻型曲线簇,图中曲线 1 为没有 SVC 补偿时的 PV 曲线。

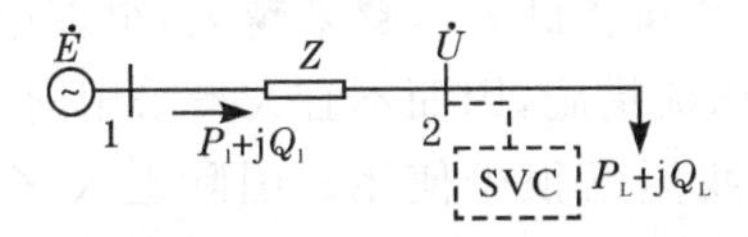

图 7.8 单机单负荷电力系统(增加 SVC 补偿)

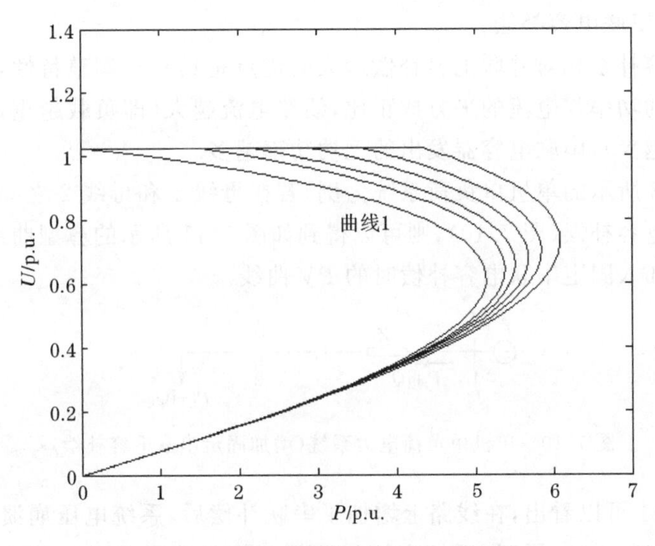

图 7.9 鼻型曲线簇(增加 SVC 补偿)

由图 7.9 可知,随着负荷功率的增加,SVC 可以在一定负荷功率变化范围内维持负荷节点处的电压不变,若 SVC 装设的容量足够大,则可以在保证负荷节点处电压水平的同时大幅提高系统的输送能力。根据装设容量的不同,SVC 存在不同的控制极限,当达到控制极限时,SVC 相当于并联电容器。

3) 调相机

从无功补偿特性上看,同步调相机是性能优良的无功电源,它对电压无功的控制能力与同步发电机基本相同。与 SVC 相比,同步调相机的优点在于它在自身的极限运行点可以维持在额定电流运行,不像 SVC 那样表现出电容器特性——无功输出与电压平方成正比。此外,同步调相机具有一定的过载运行能力,能够在故障后的数十秒内输出大量无功功率,这一特性对于维持系统的暂态稳定非常有利。

同步调相机的缺点在于初始投资和运行费用较高。与 SVC 相比,同步调相机的投资要高很多,且它在满负荷运行时的损耗在 1.5%左右,空载损耗在 0.5%左右。此外,同步调相机的运行维护复杂,机组的启动和运行需要很大的维护工作量。同步调相机在故障瞬间向系统输出短路电流,增大系统的短路容量。在目前的电力系统中,由于电网和装机规模越来越大,很多电网中都存在短路电流偏大的问题,常常需要采取限流措施,因而不宜大量采用同步调相机。

目前,同步调相机在我国已很少使用。国际上大多数同步调相机的应用与 HVDC 工程有关,用来提高直流逆变侧的短路容量。如加拿大马尼托巴水电局在纳尔逊河逆变站安装的 3 台+300/−165Mvar 的同步调相机[1]。

4) 固定串联电容补偿

串联电容补偿相对并联电容补偿最大的优点是具有自调整特性,即串联电容器发出的无功功率与电流的平方成正比,线路电流越大(即负载越重,此时需要的无功补偿量越大),串联电容器发出的无功功率越多。

以图 7.3 所示的单机单负荷系统为例,若在母线 1 和母线 2 之间的线路中加入固定串联电容补偿(图 7.10),则可以得到如图 7.11 所示的鼻型曲线簇,图中曲线 1 为没有加入固定串联电容补偿时的 PV 曲线。

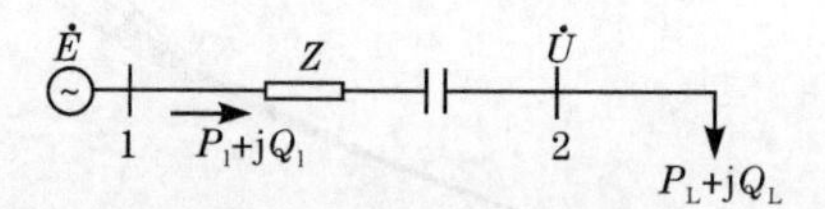

图 7.10 单机单负荷电力系统(增加固定串联电容补偿)

从图 7.11 可以看出,在线路上增加了串联补偿后,系统电压崩溃点对应的最大传输功率有所增加,同时,系统电压崩溃点对应的临界电压并未增加。这也是串联补偿相对于并联补偿的一个优点。

除了调节电压和无功分布外,串联电容补偿还可以增加线路的自然功率。在理想的沿线路均匀补偿的情况下,加装 50%的串联电容补偿可以将线路的自然功率提高到原来的$\sqrt{2}$倍。

串联电容既可以装在线路的两侧,也可以装在线路中间的某点上。具体装在何处,要根据实际情况综合分析后确定。基本的安装地点选择原则是:使沿线电压尽可能均匀,而且各负荷点电压都在允许的范围内。考虑到电压幅值和继电保护等因素的限制,必须限制线路上一个补偿点处的补偿度。例如,对于某条线路的串补度为 70%的情况,通常是在线路两端各装 35%的串补装置。我国目前运行

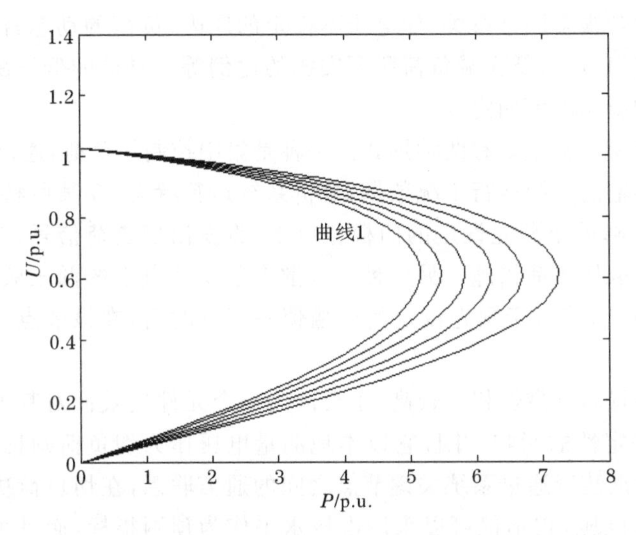

图 7.11　鼻型曲线簇(增加固定串联电容补偿)

的带串补线路的补偿度一般不大于 50%。

5) 可控串联电容补偿(TCSC)

TCSC 除了具有固定串联补偿的优点外,其调节更为灵活,对无功电压的控制能力更强,还可以用来抑制串联补偿引起的次同步谐振。但可控串补的投资较大且设置较为复杂,因此在实际应用时,往往采用一定容量的固定串补加上可控串补的方式。

7.4　负荷控制

电压稳定问题的物理本质是系统传输能力与负荷功率需求之间的矛盾,当系统传输能力无法满足负荷的功率需求时,就会发生电压失稳。由此可知,减少负荷需求将是维持电力系统电压稳定性的有效措施。

目前,减少负荷需求的主要方法包括集中切负荷和低电压切负荷(低压减负荷)两种。其中,集中切负荷采用事件驱动机制,通常是依据离线仿真计算的结论,在断开某(几)条线路、变压器、发电机等元件时,实时发出跳闸指令一次性切除负荷。低压减负荷则根据实时采集的电压和/或其他电气量,按照预先设定的动作门槛及延时,分轮次切除负荷。下面介绍低压减负荷方式。

7.4.1　低压减负荷现状分析[7]

采取低压减负荷措施,由装置根据低电压持续的时间自动切除相应的负荷,是目前公认的解决电压稳定性问题的投资最小且最有效的方法。低压减负荷措施的实施方案与很多因素有关,如电压不稳定的原因、负荷的动态特性、低电压继电器的电压定值范围、低压减负荷所要安排的比例等。具体的低压减负荷方案需综合考虑各种影响因素而定。

低压减负荷措施主要有两种形式。一种是集中控制切负荷,通过来自于EMS或独立通道传输的系统运行工况数据,分析系统运行状态,在某些特定条件下,若关键节点电压降低至预先设定的门槛值以下,将发出切负荷信号,对预先设定的区域或节点采取切负荷措施。另一种是分散安装于节点上的低压减负荷装置,通过检测节点电压,若低于预先设定的门槛值一定延时后,在该节点切除一定量的负荷。

分散型装置的可靠性相对较高,不会因为一个元件失效而对其他元件的运行产生直接或决定性的影响,并且它以本地测量电压作为切负荷判据,不依赖于通信设备。集中型装置通过系统关键节点之间的通信联系,在切负荷决策之间确定整个区域的低电压,它不仅可以采用电压水平作为预测指标,而且可以选择其他指标,选择哪种类型的低压减负荷方案应根据电力系统的实际情况而定。国外早期低压减负荷措施中有些是分散型的,如1981年美国田纳西电力局(TVA)安装的低压减负荷装置,安装在9个161kV的变电站,动作延迟时间为1.0~1.75s,还有美国Western Washington、Consumers Power Co.等电力公司都是采用分散型装置。目前我国采用的都是分散型低压减负荷控制,但集中型控制是发展的趋势。

表7.1所示为国外比较典型的低压减负荷措施配置情况。

表7.1 国外典型低压减负荷措施

电力公司	概况
太平洋电力公司 Puget Sopud 地区	非集中控制,用于减少500kV双回线路开断引起的电压降低,解决长期电压稳定问题。电压低于10%,时间延迟3.5s,切除5%负荷;电压低于8%,时间延迟5s,切5%负荷;电压低于8%,时间延迟8s,切5%负荷
加拿大魁北克	通过安装在735kV变电站两个控制中心发送控制信号,解决长期电压稳定问题。电压低于0.94,时间延迟11s,切400MW;电压低于0.92,时间延迟9s,切400MW;电压低于0.9,时间延迟6s,切700MW
东京电力公司	4个500kV变电站安装监控单元,控制275kV或154kV/66kV变电站的低压减负荷措施,用以解决长期电压稳定性问题。对10s到分钟级电压序列用最小方根法检测电压慢速变化情况,对1s内的时间序列检测电压快速变化情况,主要考察电压变化率,判断电压稳定性,以发出控制信号
Entergy	基于EMS系统数据的低压减负荷措施,在枢纽变电站(Franklin)负荷超过360MW,主变开断,同时4个关键115kV节点(Franklin、McComb、Brookhaven和Liberty)的电压低于0.92p.u.时,发出切负荷信号。切除负荷按地域划分为两个区域,切负荷量分别为160MW和90MW

续表

电力公司	概况
新墨西哥	集中控制切负荷措施，分快速切负荷和慢速切负荷两种，通过检测几个关键节点电压降低情况，发出切负荷措施。快速切负荷在0.6s延时后分13轮次切除共341MW负荷，慢速切负荷措施考虑了LTC的动作以后的情况，当电压低于门槛值(0.9p.u.)10s后，切除负荷16.7MW
BC Hydro	集中控制切负荷措施，用于解决500kV系统由于输电线路丢失或无功支撑不足引起的电压崩溃问题，包括两个独立的子系统，Vancouver Island 和 Lower Mainland，分别检测3个关键变电站的电压及某些无功设备的备用，以确定是否需要采取切负荷措施
瑞典南部	基于EMS的控制措施，通过检测节点电压、发电机电流限制器以及无功功率数据，启动燃气轮机，切换并联电抗，并相应地切除负荷

目前国外低压减负荷措施的特点包括：

(1) 低压减负荷措施大部分以解决长期电压稳定性问题为主，主要通过静态分析方法研究，因而动作延时设置比较长，如加拿大魁北克的方案中，动作延时为6～11s，太平洋电力公司Puget Sopud地区的方案中，动作延时为3.5～8s。

(2) 低压减负荷措施针对性很强，一般主要是针对少数能够引发电压稳定性问题的特定故障，如表7-1中大部分措施都是针对主变或者关键输电通道丢失的情况。

(3) 动作电压的设置与系统的运行特性密切相关，不同的系统，电网结构和运行状态有很大差别，某些系统运行电压较低，扰动后电压下降较大，因而其门槛值比较低；而某些系统运行电压较高，扰动后电压下降不大，其门槛值相对则较高。因而，动作电压的设定应根据电网实际运行情况，结合其针对的故障电压特性具体分析。

(4) 切负荷轮次有多有少，如加拿大魁北克的方案中设置了3个轮次，而加拿大安大略省配置了9个轮次。为避免过切负荷，应当设置多轮次。

(5) 负荷模型对低压减负荷措施的配置有一定影响，对于感应电动机负荷较少地区，一般采用静态负荷模型，动作延迟时间可以设置较长，达到十几秒甚至更长。只有对于感应电动机负荷较多的工业区，为保证感应电动机负荷的正常运转，低压减负荷措施的动作延迟时间必须考虑尽可能短，可以考虑在1.5s左右。

我国对低压减负荷措施也早有重视，《电力系统安全稳定导则》2001年修订版中对低电压减负荷的规定为：在负荷集中地区，如有必要应考虑当运行电压降低时，自动或手动切除部分负荷，或有计划解列，以防止发生电压崩溃。国内部分电网针对各自的情况配置了电压减负荷措施，表7.2中列出了其中的一部分配置情况。

表 7.2　国内电网低压减负荷措施配置情况

<table>
<tr><th colspan="2">电网</th><th>首轮动作电压</th><th>延迟时间/s</th><th>总切负荷量</th><th>备注</th></tr>
<tr><td colspan="2">黑龙江</td><td>209kV</td><td>0.5</td><td>有功负荷 80MW，
电抗器 15Mvar</td><td>共 4 轮，均为基本轮次</td></tr>
<tr><td rowspan="3">吉林</td><td>延边地区</td><td>0.85p.u.</td><td>0.3</td><td>130MW</td><td>共 6 轮，4 基本轮次，2 特殊轮次</td></tr>
<tr><td>磐石地区</td><td>0.85p.u.</td><td>0.2</td><td>180MW</td><td>共 7 轮，4 基本轮次，3 特殊轮次</td></tr>
<tr><td>蛟河地区</td><td>0.85p.u.</td><td>0.3</td><td>15MW</td><td>只有 1 轮次</td></tr>
<tr><td colspan="2">河北南网</td><td>0.85p.u.</td><td>0.7</td><td>695MW</td><td>2 轮次</td></tr>
<tr><td colspan="2">山西</td><td>0.87p.u.</td><td>0.7～1.3</td><td>30%～40%</td><td>3～4 轮次</td></tr>
<tr><td colspan="2">浙江</td><td>195～200kV</td><td>3.0～3.7</td><td>1408MW</td><td>2 轮次</td></tr>
<tr><td colspan="2">福建</td><td>0.83p.u.</td><td>0.2</td><td>2649MW</td><td>5 轮次，1 特殊轮次</td></tr>
<tr><td colspan="2">湖南</td><td>0.8～0.85p.u.</td><td>1.2～21.2</td><td>按等分容量划分</td><td>5 轮次</td></tr>
<tr><td colspan="2">宁夏</td><td>0.85p.u.</td><td>1</td><td>1756MW</td><td>5 轮次，3 基本轮次，1 特殊轮次，
1 备用轮次</td></tr>
<tr><td colspan="2">青海</td><td>0.90p.u.</td><td>1.5</td><td>2104.6MW</td><td>4 轮次，3 基本轮次，1 特殊轮次</td></tr>
<tr><td colspan="2">广东</td><td>0.83p.u.</td><td>0.3～1</td><td>11532MW</td><td>2 轮次</td></tr>
</table>

目前国内低压减负荷措施的特点包括：

(1) 部分地区低压减负荷措施主要是针对单个母线的特定故障设置，考虑的是短路故障后引发的电压降低问题。低压减负荷措施本身具有识别短路故障的能力，其动作延迟时间是从短路故障消失后，电压恢复到一定水平后开始计时，因而动作延迟时间可以设置为很短。而另一些地区对故障考虑得比较复杂，故障后暂态过程比较复杂，单纯通过设备本身能力不足以判别电压是否恢复平稳状态，需通过增加动作延时来躲过暂态过程，动作延时设置较长。

(2) 动作电压门槛值与电网运行特性相关，运行电压较高的地区动作电压门槛值较高，如青海的方案中动作电压门槛值为 0.90p.u.；而运行电压较低的地区，动作电压门槛值可以设置较低，如湖南方案中动作电压门槛值设置为 0.8p.u.。但一般情况下，首轮动作电压门槛值在 0.85p.u. 左右。

(3) 切负荷量取决于装置安装范围和节点电压对负荷灵敏度。对于全局性措施，在故障情况下需切除大量负荷，如广东方案中，需切除 11532MW；而对于单个节点的措施，切除量则很小，取决于切除负荷后电压恢复的效果，如吉林蛟河地区只需切除 15MW 就可以满足要求。

(4) 切负荷轮次一般为多轮次，与国内低压减负荷措施装置有关。国内低压减负荷措施装置一般为 5 个轮次，其中 4 个基本轮次，1 个特殊轮次。因而国内配置方案中多为 4 个基本轮次，但也有少数采用 1～2 轮次的。

7.4.2 低压减负荷措施配置方法

1. 需要考虑的故障类型及运行方式

我国《电力系统安全稳定导则》中将电力系统承受大扰动能力的安全稳定标准分为三级:第一级标准为常见的单一故障,要求系统在发生此类故障时必须保持稳定运行和正常供电;第二级标准为较严重的故障,要求系统在发生此类故障后,保护、开关及重合闸正确动作,应能保持稳定运行,必要时允许采取切机或切负荷等稳定控制措施;第三级标准为罕见的严重故障,系统在发生此类故障导致稳定破坏时,必须采取措施,防止系统崩溃,避免造成长时间大面积停电和对最重要用户(包括厂用电)的灾害性停电,使负荷损失尽可能减少到最小,电力系统应尽快恢复正常运行。针对这三级标准所采取的措施,即为保证电力系统安全稳定运行的三道防线。在我国,低压减负荷措施常被配置在第三道防线中,用于系统发生局部电压崩溃时,防止由此引发连锁性崩溃事件,减少负荷损失。

如果低压减负荷措施被配置在第三道防线中,则配置时主要考虑第三级安全稳定标准定义的罕见严重故障。实际配置时,可以考虑如下故障类型:

(1) 同杆并架双回线路单回三永跳双回;
(2) 中枢变电站双联变故障退出;
(3) 故障时开关拒动;
(4) 失去大容量发电厂;
(5) 直流线路双极闭锁;
(6) 区域电网与主网解列;
(7) 连锁故障;
(8) 其他偶然因素。

由于电压崩溃事故基本上都发生在重负荷情况下,因而低压减负荷措施配置需要考虑的运行方式主要是大负荷运行方式。

2. 需要考虑的电压失稳类型

以时间尺度来看,电压稳定分为暂态电压稳定和中长期电压稳定。由于不同时间跨度的电压失稳事故有着不同的影响因素,电压失稳过程中表现出来的动态特征也不一样,因而对低压减负荷措施的要求也会有所不同。在具体配置时,有必要采用全过程仿真程序对可能造成电压失稳的严重故障进行仿真,验证低压减负荷措施在不同类型电压失稳事故中的有效性和合理性。

3. 低压减负荷措施配置应遵守的基本原则

保证电力系统的安全稳定运行是对所有稳控措施的基本要求。除此之外,经济性也是需要考虑的问题之一。对于低压减负荷措施,其配置的指导方针可以概括为在能够保持系统稳定,不造成大规模停电的基础上,尽量少切负荷。基于此方针,低压减负荷措施的配置原则如下:

(1) 电力系统中发生第一级安全稳定标准对应的单一元件故障扰动后,如果系统可以保持稳定,电压在合理的范围内,自动低压减负荷装置不应当动作。

(2) 电力系统中发生第二级安全稳定标准对应的较严重的故障扰动后,如果相应的安全稳定第二道防线措施动作,且动作后系统可以保持稳定,电压在合理的范围内,自动低压减负荷装置不应当动作;如果将低压减负荷作为第二道防线措施,则允许动作。

(3) 切除负荷量充足,满足不同故障下系统稳定性和恢复电压的要求,同时应避免过量切除负荷。

(4) 合理设置各轮次动作电压和延迟时间,正确反映故障的严重程度,各轮次不应越级动作。

(5) 低压减负荷措施要和其他第三道防线中的措施相适应,减少不必要的负荷损失,避免对电网的进一步冲击。

4. 低压减负荷措施的配置方法

由于目前还没有理论可行、工程实用的低压减负荷配置算法出现,且不同电网之间在电网结构、运行状况等方面存在巨大差异,因此,目前配置低压减负荷措施时主要还是依靠仿真计算工具,具体情况具体分析。

低压减负荷措施必须同时满足暂态电压稳定、中长期电压稳定的要求。此外,局部电网解列运行后的电压稳定问题也需要特别关注——由于系统中通常会为解列情况的发生配备一些其他的稳定控制措施,配置低压减负荷措施时需要考虑怎样和这些措施相配合,不要少切或多切负荷,以免给已经脆弱的局部电网造成更大的冲击,导致整个局部电网停电事故。

综上所述,总结低压减负荷措施的配置流程如下。

1) 确定存在电压稳定问题的区域

这些区域由全网暂态、中长期电压稳定仿真计算结果分析确定。

2) 确定配置区域中的可切负荷总量

可切负荷总量根据该区域的负荷水平、负荷构成和不同负荷的重要性综合确定。

3) 确定低压减负荷措施动作后的电压恢复目标值

电压恢复目标值既是评价低压减负荷措施合理性的重要指标,也是确定低压减负荷措施各个参数的边界条件。确定了电压恢复目标值后,后续工作中大量参数的确定,都可以围绕该目标值进行。

低压减负荷措施动作后的电压恢复目标值可以在考虑如下因素后给出：

(1) 电网在这个恢复电压水平下的稳定水平。

(2) 不同的故障严重程度,可以有不同的电压恢复目标值。如对于通常的 $N-2$故障,可以考虑给出一个较高的值;对于非常严重的连锁故障,可能导致电网中某些节点的电压很难恢复到一个较高的水平,因此在配置低压减负荷措施时,对于电压最低的几个节点可以考虑给出一个较低的电压恢复目标值(需保证电动机不堵转同时考虑一定的稳定裕度)。

4) 确定低压减负荷措施初步配置方案

低压减负荷初步方案可以根据一定的算法计算得到,也可以根据现有的配置经验给出。对于前者,已经有若干方法被提出,比较常用的有求解 PV 曲线法等;对于后者,可以参考如下设计方法给出：

(1) 低压减负荷继电器的动作电压定值范围为比正常运行时所允许的最低电压低 8%～15%,对于电压变化幅度较大的系统,还可采用根据电压变化率来整定。

(2) 低压减负荷的时延主要取决于负荷特性。如负荷主要为感应电动机负荷,电压降低对其影响较大,则切负荷的速度要快,时延一般不超过 1.5s;如负荷主要为恒阻抗特性的照明或电加热装置时,切负荷的延时可以长一些,如 3～6s,甚至更长。

(3) 对于恒阻抗类型的负荷,当电压降低到一定程度而切除部分负荷后,系统的电压仍无法恢复到正常运行所接受的水平,还需要增加一些特殊轮次,使系统的电压恢复到可以接受的水平。

(4) 低压减负荷方案所切负荷应安排充足,一般情况下安排的切负荷量不应少于该地区负荷的 10%～20%。低压减负荷装置可以与低频切负荷装置安排切除相同的负荷。切除顺序按照负荷的重要性进行安排。

5) 对初步配置方案的适应性进行检验

采用全过程仿真程序对初步配置方案的适应性进行分析,同时考虑暂态电压稳定性、中长期电压稳定性对于低压减负荷措施的要求。

具体包括以下三个子步骤：

(1) 检验初步方案对电网暂态电压稳定的适应性并据此对初步方案进行修改形成方案二；

(2) 检验方案二对电网中长期电压稳定的适应性并据此对方案二进行修改形成方案三；

(3) 检验方案三对局部电网解列的适应性并据此对方案三进行修改形成方案四。

6）形成最终方案

最终方案通过结合方案二、三、四形成。

7.5 高压直流调节

由于直流输电系统在向受端交流系统提供有功功率的同时，还需要消耗约为直流传输有功功率40%～60%的无功功率，因而其对于受端交流系统而言表现出不利的“无功负荷特性”。这种“无功负荷特性”被认为是引起电压不稳定的一个因素。

实际上，由于高压直流输电系统的快速调节特性，采用适当的调节控制方式，可以通过交流系统的快速控制增强电力系统的暂态电压稳定性。例如，当故障扰动导致系统无功支撑不足时，可以通过快速降低直流线路的有功功率或直流电流来减少直流所吸收的无功功率，从而改善交流系统的电压稳定性。如果没有特殊的控制方式，处于恒功率控制状态下的直流输电系统遇到低电压或扰动时，功率控制将增加直流电流，从而使得换流器吸收的无功功率显著增加。此时如果将直流系统的控制模式切换到恒电流控制，将有助于改善电压稳定性。

7.6 多级电压控制

无功电压控制主要是合理安排和充分利用电网中的无功功率可调容量，保证在正常运行情况下和事故发生后电网各枢纽点的电压维持在正常水平，确保电网的安全稳定运行，避免经长距离输电线路或多级变压器输送大量无功功率。

传统的无功电压控制一般采用分散控制，在这种控制方式下，各电压控制设备（发电机、电容器组、OLTC等）仅能获取本地信息，独立地控制本地的电压。这样的分散控制速度快，不依赖于控制中心，仅满足就地无功电压在上下限范围内等局部优化目标，但由于控制器之间无法协调，可能会对主网的无功分布、电压水平产生不利影响。

与分散控制相对应的是电压集中控制，它需要收集系统范围内电压、无功等信息，由调度中心给出控制策略并下发控制信号，这种控制方式对无功量测精度和数据通信有较高的要求，实施起来有一定的困难。

分级式的电压控制，作为上述两种控制方式的折中，是一种比较好的电压控制方式。

在法国等一些欧洲国家，采用了三级电压控制模式，将电力系统的电压控制功能按时间和空间分开，具有分级递阶的控制结构，如图7.12所示。

三级电压控制位于最高层，是对全系统的控制，由系统控制中心执行，其响应

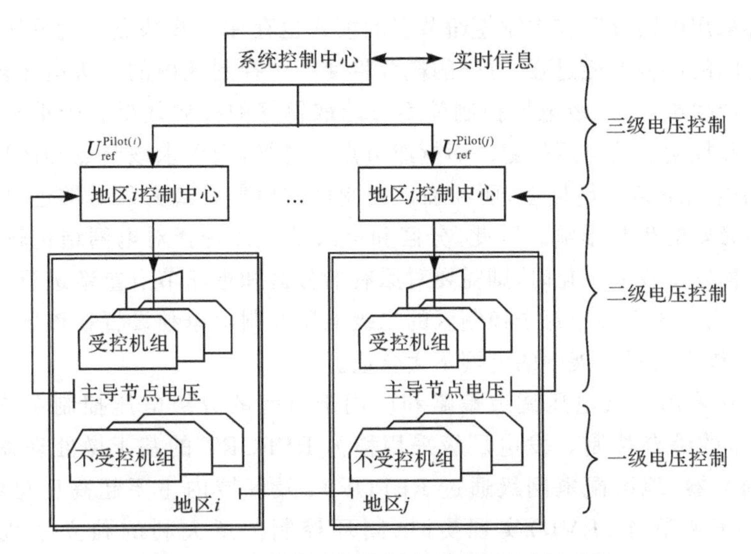

图 7.12 具有递阶结构的电压控制系统示意图

时间为几十分钟。三级控制从全系统角度协调各二级控制系统，其主要目标是：利用系统范围的信息，确定能够满足电网安全约束的、使系统经济运行的各二级控制区域主导节点的电压幅值。

二级电压控制处于中间层，是对某个区域的控制，由各地区的控制中心执行，时间常数约为几十秒钟到几分钟。其主要目标是：按照预定的控制规律改变一级电压控制器的设定参考值，保证枢纽母线电压等于设定值。

二级电压控制作为防止电压崩溃事故的措施，首先由法国电力公司(Electricite de France,EDF)提出，从 1974 开始单区试验，至 1985 年，几乎整个法国电力系统都配置了二级电压控制，相应地有 27 个控制区、100 台火电机组和 150 台水电机组，控制的总无功功率约 30000Mvar。运行实践证明了二级电压控制简化了运行控制工作，更好地协调了控制机组间的无功出力。随后，该控制方式也在意大利、西班牙等国家付诸实施。近一步的研究表明，二级电压控制是管理控制区内可利用无功功率的有效方法。

一级电压控制处于最底层，设置在发电厂、用户和各供电点，通常是快速反应的闭环控制，用以控制本地电压，响应时间一般在 1 秒至几秒内。控制设备通过保证输出变量尽可能接近设定值来补偿电压的快速和随机的变化。

采用三级电压控制模式的主要优点在于“时空解耦”。从“空间”上对无功电压进行控制区域的划分，并通过对各区域中枢纽节点的控制来实现对该区域的控制，这样充分利用了区域内的无功资源，避免了无功的大范围流动。无功电压的控制效果通过各控制层在时间上的解耦得到了保证。

这种采用电网分区和控制枢纽节点的模式也存在一些缺点。就分区而言,各控制区之间的耦合不能过强,过强的耦合将使一个控制区内的二级电压控制对相邻控制区产生影响,二级电压控制就不可能取得好的控制效果。严重时,有可能会造成相邻控制区的电压失稳。而枢纽节点的选择,则要求该节点和区域内的其他节点的电气距离尽量接近,而和临近控制区的电气距离必须足够远,以避免区域之间不必要的相互影响。因此,分区和枢纽节点的选择对电网结构较为敏感。当电网结构发生较大变化时,则需要对原有的分区和枢纽节点重新进行计算和调整。另外,由于该方案中每个控制区的二级电压控制由单独设置在该区域的控制中心完成,该方式对发展中的电网不太合适。

意大利采用二级电压调节策略和应用于全网的分级电压控制系统来实现无功、电压的综合控制。发电厂级采用称为 REPORT 的基于微处理器的电压和无功调节器;地区配电网级通过 REPORTs 及区域内主要超高压母线电压,由区域电压调节器(RVR)实现实时、闭环控制。意大利的独立系统运营商(ISO)在主要发电厂安装了 REPORT 装置,在许多区域电网调度室安装了 RVR 装置。

现在仍大量使用传统的"局部"和"手动"的电压控制方法,包括机组无功出力的分配、电厂高压侧电压调节计划、并联电容器和电抗器的投切,以及更加有效、响应速度更快的 SVC 等的应用。但这种方法作为全网的无功电压控制,存在如下不足:

(1) 无功出力的分配和电压调节计划必须基于准确的负荷预测,无法适应电网的动态变化;

(2) 分配计划的下达和执行滞后于电网的变化,即控制手段的实施无法适应电网发生的动态现象;

(3) 发电厂和变电站运行人员在无功电压控制上缺乏协调,不能达到同步和最优控制;

(4) 为了提高控制措施的确定性,需要引入电网无功电源、电压的控制与监测系统。

以电网电压控制为目标,实现电网无功电源的自动协调的分级控制结构,称为二级电压调节(SVR),在意大利、比利时、法国已经得到验证,现在西班牙电网也已全面推广应用。在欧洲开放的电力市场和电力机构变革的情况下,这种分级控制体系得到好评,而且日趋完善,可以满足 ISO 对电压控制简单化、自动化的需求。

在电力市场自由化的推动下,一些发电机制造商在机组励磁控制系统中提供了机组无功功率控制功能,即电厂高压侧的电压控制。事实上,基于电厂高压侧自动电压控制的二级电压控制体系也受到了北美的关注,邦纳维尔水电局正在开发大区域电网电压控制系统，包括发电机与负荷的联切、无功电源调节、TCSC/SVC 模块、电厂高压侧电压调节和变压器分接头调节，并与欧洲 SVR 计划有着紧密的联系。

更进一步讲，ISO 对保证和提高系统安全可靠性、电能质量及经济性的责任，都依赖于简单、有效和自动的电压控制系统来实现系统电压的控制。无功电源的自动协调主要关系到地区的无功备用，包括机组容量、同步补偿器、并联电容器/电抗器、SVC 及 OLTC。大电网先进行分区，通过分散的电压控制系统实现区域内的协调，以实现电压控制的目标。每个区域内，在地区调度和发电厂、变电站之间，要考虑到协调控制所需的数据及控制信号的交换。与电网动态相应的实时数据交换越多，电压控制系统的性能和效果越好。由电压控制产生的经济效益与区域内的协调控制密切相关，也与数据及控制信号的交换的高效率有关。

国内对于系统范围无功电压自动控制的研究已处于快速发展阶段，研究方向主要集中在无功电压优化控制算法、优化闭环控制、仿真分析和无功电压管理等方面。

较早以前，国内大部分在线运行的无功电压控制装置，基本都是以就地无功电压控制为目标，其控制原理以九区图为基础，仅保证就地无功电压控制在上下限范围内，可能会对主网的无功分布、电压水平产生不利影响。另外，这些装置也不具备网络联调功能，不能实现全网无功电压的优化控制。

目前，福建、河南、江苏、安徽、辽宁和河北等省网都已实现无功电压的优化控制，每个系统都有其优缺点，例如，普遍存在着动态分区结果不实用、三级控制鲁棒性不高等问题，这些都是以后 AVC 研究中亟待解决的问题。即使这样，各省网 AVC 系统实践表明，AVC 系统的推广应用确实有助于提高系统的电压质量及安全稳定运行水平，并降低网损，同时可减轻运行人员频繁调整无功的工作量。

参考文献

[1] Taylor C W. Power System Voltage Stability. EPRI Power System Engineering Series. New York: McGraw Hill, 1994.

[2] Kundur P. Power System Stability and Control. EPRI Power System Engineering Series. New York: McGraw Hill, 1994.

[3] 周双喜，朱凌志，郭锡玖，等. 电力系统电压稳定性及其控制. 北京：中国电力出版社，2004.

[4] 王琦，周双喜，朱凌志. 采用高压侧电压控制改善系统的角度稳定性. 电网技术，2003，27(6)：19～21，41.

[5] 程林，孙元章，贾宇，等. 发电机励磁控制中负荷补偿对系统稳定性的影响. 中国电机工程学报，2007，27(25)：32～37.

[6] van Cutsem T, Vournas C. Voltage Stability of Electric Power Systems. Boston: Kluwer Academic Publishers, 1998.
[7] 马世英, 易俊, 孙华东, 等. 电力系统低压减负荷配置原则及方案. 电力系统自动化, 2009, 33(5): 45～49.

第8章 电压稳定性分析实例

大电网运行是现代电力工业的标志，带来的经济效益不言而喻，但一旦发生事故，可能造成的后果将非常严重，因此，大电网的安全稳定运行问题一直是国内外电力工作者研究的重要课题。国外已发生的数起典型的电压崩溃性事故给我国电网的发展以深刻的警示。根据我国互联电网发展所呈现的特点来看，电网结构日趋复杂，跨区域长距离集中送电的交流输电通道或交直流并联输电通道越来越多，新型输电技术广泛采用，峰谷负荷差越来越大，使电压调控的难度不断增加；在有些互联电网中，受端负荷中心动态无功备用不足和送电通道过于集中同时并存，增加了发生电压崩溃事故的概率。

目前的工程实际中，电压稳定性分析常用的方法仍然是经典方法，如无功平衡分析、静态电压稳定裕度分析、机电暂态仿真等。本章给出了两个电压稳定方面的实际工程实例，介绍了如何对具体电网进行详细的电压稳定分析。

8.1 实例一：福建电网电压稳定分析与研究

以福建电网2005年夏大方式和冬大方式为研究对象，通过各种静态电压稳定指标的扫描计算，综合评价了各方式的静态电压稳定水平；分析了福建电网$N-1$和多种严重故障后方式的静态电压稳定水平，确定了对电压稳定影响较大的$N-1$和严重故障形式；通过严重故障的动态稳定校核计算，仿真了可能导致电压稳定问题的各种连锁反应型故障形式及其后果；通过不同负荷模型的仿真研究，对比了福建电网在不同负荷模型下的暂态稳定特征，确定了不同负荷模型对暂态稳定功率极限的影响。提出了福建电网预防电压崩溃性事故的对策及综合措施的建议，提出了增加无功补偿、改善电压稳定性的措施和建议；分析了SVC动态无功补偿对提高电压稳定性、预防电压崩溃性事故的影响；提出了运行方式调整和网架结构调整措施、在电压薄弱地区电源配置措施；提出了低压减负荷方案调整措施。

8.1.1 研究的主要内容

主要从以下几个方面开展研究：

1）对福建电网无功平衡及电压无功现状进行分析，提出无功补偿建议

结合福建电网在运行控制中暴露出的电压无功问题，对现有无功补偿设备和

容量进行平衡分析，对福建电网现有的电压无功调节手段进行评价，提出初步的改善无功补偿的建议。

2）福建电网正常方式静态电压稳定分析

对2005年夏大方式和冬大方式采用静态电压稳定分析方法计算负荷母线的有功功率裕度指标、500kV/220kV母线无功功率裕度指标、区域有功功率裕度、无功功率裕度指标等；通过模态分析计算，确定对电压稳定性影响较大的关键线路、关键机组及电压稳定薄弱环节；在此基础上对福建电网正常方式进行综合的评价。

3）福建电网 $N-1$ 和 $N-2$ 事故后方式静态电压稳定分析

进行500kV重载潮流线路 $N-1$、$N-2$ 开断后的静态电压稳定分析，确定对电压稳定影响较大的 $N-1$、$N-2$ 故障形式。

4）福建电网多重严重故障扰动下的暂态电压稳定校核分析

对福建电网的严重故障扰动形式进行时域仿真，校核在大故障扰动下福建电网发生电压失稳事故的可能性，包括大机组跳闸、失磁及双回线路同跳等严重故障扰动形式。

5）提出福建电网预防电压崩溃性事故的对策及综合措施的建议

根据对福建电网静态电压稳定分析结果，提出增加无功补偿、改善电压稳定性的措施和建议，同时评估SVC动态无功补偿对提高电压稳定性、预防电压崩溃性事故的影响；结合暂态电压稳定校核的结果，提出预防电压崩溃性事故发生的紧急电压控制措施。

8.1.2 研究条件和计算原则

1. 基础数据及评价原则

1）基础数据及运行方式

研究方式为2005年夏大方式、冬大方式，以及以这两个方式为基础的 $N-1$ 和多重事故停运方式。

2）电压稳定性的评价原则

以福建电网单负荷母线的有功裕度和母线的无功裕度来评价各运行方式的静态电压稳定水平，以考虑负荷增长的区域有功储备系数来评价地区电网的受电能力。同时以模态分析计算得到的母线参与因子反映各母线的电压灵敏度，找出福建电网的相对薄弱环节。

求解有功裕度指标时，负荷增长的功率因数取恒定功率因数；求解区域有功储备系数时，假定福建电网各母线负荷按照基础负荷同比增长，增长负荷量由福建电网内部的机组平衡。

3）主要评价指标和相应单位

无功功率裕度：p. u.（基于 100MVA）。

有功功率裕度：p. u.（基于 100MVA）。

有功储备系数：%。

临界电压：p. u.（参考潮流数据中各母线基准电压 525kV、230kV 等）。

电压灵敏度：kV/Mvar。

参与因子：无量纲（相对大小有意义）。

2. 技术原则

遵循的电力系统稳定标准及原则主要有：

（1）《电力系统电压和无功电力技术导则》；

（2）《电力系统技术导则》；

（3）《电力系统安全稳定导则》。

8.1.3　计算工具和方法

本研究工作采用的计算工具是中国电力科学研究院系统所开发的“PSD 电力系统分析软件”，包括 PSD-VSAP 静态电压稳定分析软件、PSD-BPA 潮流程序、PSD-BPA 暂态稳定程序和 PSD-FDS 电力系统全过程动态仿真程序。其中，静态电压稳定分析软件主要包括以下几个模块：

（1）电压稳定裕度计算。计算以线性模拟法为基础，以良好的潮流初始解为初始状态，利用潮流的线性化形式并结合灵敏度算法，同时以电力系统中各种非线性因素的变化作为计算过程中的约束条件，可以考虑发电机无功出力限制等因素，计算单母线负荷增长或区域负荷增长的功率裕度。

（2）模态分析法。该方法是模态技术在静态电压稳定分析中的应用。电压崩溃是模态电压的崩溃，通过对潮流雅可比矩阵的奇异值分解，找出电网中最易失稳的模式。确定参与因子较大的负荷母线为关键负荷母线，关键负荷母线集中的地区为电网中的相对弱区域，同时也作为增加无功补偿的有效区域。本程序所采用的原始数据为 BPA 格式的潮流数据和潮流结果数据。

8.1.4　福建电网电压及无功现状分析

本节介绍福建电网 2005 年的基本概况，包括网架结构特点分析及潮流分析。

1. 福建电网的网架结构特点

2005 年，福建电网的 500kV 网架属于长距离链型电网结构，同时以后石和水口两个主力电源厂构成局部的 500kV 三角环网，如图 8.1 所示。地区电网以

220kV 构成主网架；存在 500kV/220kV 电磁环网结构，如果考虑大方式下外送功率水平较低情况，发生泉莆线 500kV 线路故障跳闸，潮流转移不会引起严重的后果，如果外送功率水平较高，泉莆线故障跳闸可能会造成较大潮流转移。

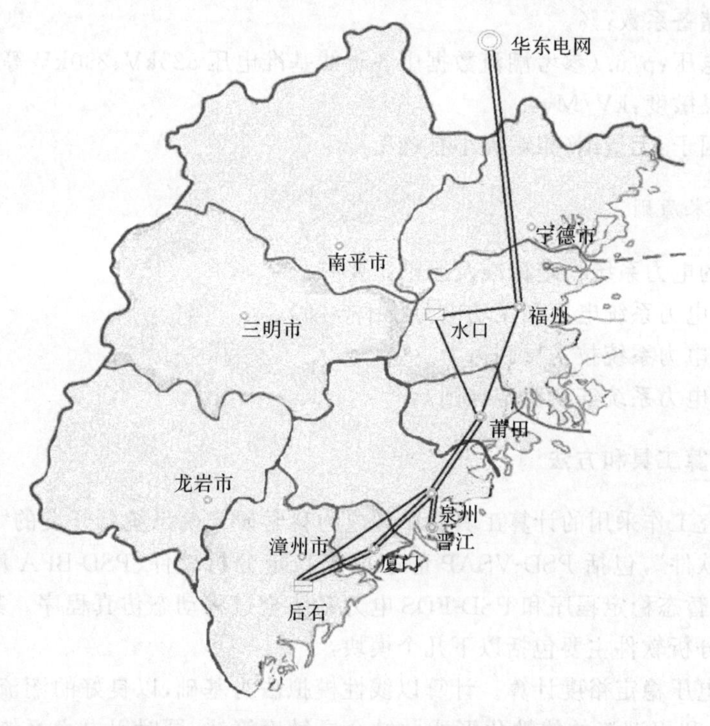

图 8.1 福建 2005 年 500kV 网架示意图

2. 装机情况

2005 年，福建电网直调装机容量合计为 11025MW，福建电网电源分布比较分散，除后石电厂是直接接入 500kV 系统，其余电厂机组分别接入 220kV 或 110kV 电压等级。从电源接入系统的情况可以看出，地区电网的电源支持较好，符合电源分散接入的原则，但泉州、厦门地区外受电力比重较大，动态的电压支持能力相对不足。

3. 潮流分析

2005 年大方式，福建电网计算有功发电出力约为 10832MW，无功出力约为 3756Mvar，有功负荷约为 10666MW，无功负荷约为 4201Mvar，旋转备用约为 200MW，有功网损约为 166MW。旋转备用比例偏低，约为 2%；网损占福建电网发电比例约为 1.5%，网损比例比较合理。

正常大方式下,无线路过载情况。500kV 线路潮流:联络线送华东 0MW,后厦双回 2366.4MW,后泉线 1047.6MW,厦泉双回 1441MW,泉晋双回 777.6MW,泉莆双回 273.8MW,水莆线 39.7MW,福莆线 27.0MW,水福线 162.0MW。

线路潮流较重的 220kV 线路有:华能—旗山双回每回 251.5MW,水口—闽清双回每回 307.8MW,湄电—笏石双回每回 304.1MW,泉州—官桥双回每回 247.9MW,总山—角美Ⅰ回 231.7MW,棉电—凤园双回每回 250.2MW。

从 2005 年大方式下地区负荷分布情况来看,福州、泉州和厦门负荷水平都超过 1000MW,合计占全福建电网负荷总量的 70%,是整个福建电网的负荷中心地区。从功率平衡的情况来看,泉州和厦门外受电力比重最高,分别占地区总负荷水平的 91.4%和 63.9%,是典型的受端负荷中心,福州地区的负荷和发电基本平衡,外受电力为 78MW,仅占 2.8%左右。福州、龙岩地区及后石电厂,机组动态无功备用相对充足;而泉州、厦门地区的动态无功备用几乎为零,发电机组功率因数偏低。

8.1.5 福建电网无功平衡分析

本节结合 8.1.4 节中的潮流分析结果和福建电网的无功补偿现状,着重分析福建电网无功的分层分区平衡情况,在此基础上提出福建电网改善无功补偿的措施和建议。

1. 无功功率平衡的基本原则

自然无功负荷包括电力用户补偿前的无功负荷、各电压级变压器及送电线路的无功损耗、发电厂自用无功负荷、各种电抗器的无功消耗等。无功电源包括发电机实际可调无功容量、线路充电功率、无功补偿设备中的容性无功功率容量等。

无功平衡的主要原则有如下几点:

1) 电力系统在正常运行方式下满足无功的分层、分区平衡原则

电网的负荷分布受地区经济发展因素的影响,随机性很大,电源点的选择受能源分布、交通运输、环境保护等诸多因素的影响,负荷和电源点的分布决定了电力的流向。电网规划就是在负荷预测基础上,根据电力流向确定合理的输电网架。有功潮流的大容量远距离传输是现代大区互联电网发展的必然趋势,由于电力市场化的发展趋势,电网的潮流变化更加频繁和无规律。在电网运行中,无功的远距离传输不仅会加大输电网架的损耗,而且使电网的电压水平难以控制。因此,要维持各点电压水平,就必须使无功电源和无功负荷在任意时刻都相互平衡,做到在不同电压等级的平衡,并且做到各分区内相互平衡,从而避免多级变压器传输大量无功电力。

无功平衡是针对不同运行点而言的,无功负荷和无功电源的出力随运行方式

千变万化。在运行方式的变化过程中,要控制电压水平在要求的范围内,必须使无功的配置容量满足上下限的要求,依据有代表性的设计水平年和典型运行方式选择配置容量。一般总是按照最大无功负荷时间点和最小无功负荷时间点作为平衡对象。前者对应于典型大方式,由于系统潮流重,无功不足而引起电压下降,需要考虑补偿容性无功;后者对应于典型小方式,由于系统潮流轻,充电功率不能平衡,引起系统电压升高,需要考虑补偿感性无功。

2) 事故方式下满足动态的无功平衡和快速的无功调节需求

系统遇到大的事故后,需要重新建立新的平衡点,伴随着大量的潮流转移,系统电压可能会出现大幅度的跌落,有功平衡过程中需要动态的无功备用提供电压支持。因此,紧急的无功备用对于故障后系统电压的恢复和预防大的电网崩溃性事故至关重要。发生大扰动后,采取必要切机、切负荷措施后,系统应能保持电压稳定和正常供电。

建立动态的无功平衡需要有快速调节能力的无功补偿设备,系统内发电机和同步调相机具有快速调节性能,通常可以预留出部分容量作为紧急的动态无功备用。另外,SVC、STATCOM 等无功补偿设备也可以作为系统中的动态无功备用。

2. 无功功率平衡分析

2005 年夏大方式下,500kV 系统电压运行在 511.0～530.4kV,各节点电压都可以维持在合格的考核范围以内。

1) 500kV 线路充电功率补偿及平衡情况

2005 年福建电网内有 500kV 线路 14 条,长度约 1332km,省间 500kV 联络线 2 条。按照运行电压 525kV 计算,福建电网 500kV 线路充电功率合计约为 1505Mvar,其中,福建与华东联络线按照充电功率一半计算。2005 年福建电网 500kV 系统感性无功补偿设备容量合计 1425Mvar,其中,高压电抗器容量为 660Mvar,低压电抗器容量为 765Mvar。福建电网 500kV 线路感性无功补偿度约为 95%。

《电力系统电压和无功电力技术导则》第 5.1 条规定:330～500kV 电网,应按无功电力分层就地平衡的基本要求配置高、低压并联电抗器,以补偿超高压线路的充电功率。一般情况下,高、低压并联电抗器的总容量不宜低于线路充电功率的 90%。高、低压并联电抗器容量分配应按系统条件和各自的特点全面研究决定。同时,新版《电力系统安全稳定导则》2.3.2 条则强调 330～500kV 线路的充电功率应基本上予以补偿。

所以,从分层分区无功就地平衡的角度来看,福建电网 500kV 高、低压并联电抗器配置总量基本上是合理的。

500kV 容性无功补偿设备容量合计为 656Mvar。

可以看出，福建电网500kV变电站中压侧下注无功功率比重不大，无功功率基本平衡。在负荷较重的500kV变电站有相对较多的无功功率交换。

2）220kV线路无功补偿及平衡情况

2005年福建电网220kV变电站配置容性无功补偿设备容量为2305Mvar。各地区无功补偿设备配置情况为：福州地区370Mvar，宁德地区30Mvar，莆田地区90Mvar，泉州地区1030Mvar，厦门地区273Mvar，漳州地区150Mvar，龙岩地区130Mvar，三明地区70Mvar，南平地区162Mvar。

3）无功补偿的分区平衡情况

福建电网供电范围划分为9个分区，各地区负荷功率因数都在0.92以上，负荷侧无功补偿满足电网对负荷侧功率因数的要求。

4）动态无功备用容量分析

与有功备用情况相比较，系统也要有足够的无功备用容量，作为运行备用及调整电压之用。所不同的是，有功备用是全网性的，而无功备用是地区性的。有功备用容量不足，造成频率降低，无功备用不足可能会导致电压失稳。当系统出现无功扰动时，动态无功备用可快速调出，支撑系统电压，必要时可配合其他紧急电压控制措施，如低压减负荷措施等，来恢复系统电压。

动态无功备用一般是指可快速调节的无功补偿设备的无功调节裕度，其中最主要的是发电机的无功备用。按照额定容量确定的发电机无功备用是静态电压稳定评价中需要考虑的内容之一，无功相对缺乏的地区，发电机运行功率因数一般会较低，系统的动态无功备用水平也较低，在大扰动过程中系统电压支持能力变差，容易引发电压失稳。因此，在一些实际应用的电压安全监测系统中，通常把主力机组或关键机组的动态无功备用作为重要的反映电压安全的指标之一。

2005年大方式下，福建全网的动态无功备用占无功总负荷容量的38%，无功备用比较充足。但无功备用分布并不均衡，福州、龙岩、南平备用较充足；后石电厂也有568Mvar的备用；而在缺少电源支撑的厦门、泉州地区，备用几乎为0，从无功备用的情况也可反映出厦门、泉州地区是福建电网无功最为缺乏的地区，也是需要加强无功补偿的地区。

5）无功调节手段分析

福建电网的电压无功调节手段主要有发电机组调压、变压器调压、并联电容器组/电抗器组调压。发电机组是最好的电压无功调节设备，合理利用发电机组可有效地改善附近区域的电压无功调节能力。由于福建电网机组分散接入地区电网，因此提供了较为灵活的电压无功调节手段，但对于泉州、厦门等负荷中心地区，由于外受电比重较大，电压支持能力相对较差，同时无功补偿也相对不足，使得在重负荷情况或网络结构弱化时电压水平难以控制。

3. 福建电网无功补偿及电压无功调整措施建议

对福建电网的电压无功现状分析看出，福建电网的无功平衡情况在正常大方式下基本上符合分层分区平衡、就地补偿的原则。但对于泉州、厦门等负荷中心地区，由于电源少，外受电力比重较大，无功补偿容量相对不足，需要从上级电网接受一定容量无功，虽然在正常大方式下也能满足电压调整的需求，但电压调整手段较少，对方式变化的适应性较差。按照无功补偿的基本原则，对于电源容量较少的地区，应该适当提高其补偿功率因数。由于负荷侧无功补偿满足考核要求，可考虑在主网侧加强并联无功补偿容量，同时适当多保留动态无功补偿容量，以提高电网的动态电压支持能力。

8.1.6 2005 年大方式福建电网静态电压稳定性研究

采用静态电压稳定性分析方法，通过对正常大方式、$N-1$ 及 $N-2$ 事故后停运方式进行静态电压稳定分析计算，全面评价福建电网静态电压稳定水平；通过各种静态电压稳定性评价指标确定各方式的相对薄弱环节，并确定对电压稳定影响最为严重的故障方式。

1. 2005 年大方式静态电压稳定性分析

1）静态电压稳定裕度计算

通过福建电网 2005 年大方式下的静态电压稳定性计算，给出了福建电网负荷母线的电压稳定性指标：功率裕度和电压裕度。

计算分析表明，当负荷按照恒定功率因数增长时，福建电网 110kV 负荷母线的有功裕度为 1.517～6.495p.u.。福建电网各 110kV 负荷母线的功率储备系数低于 40%的只有一个，即功率储备系数为 38%，其他地区 110kV 负荷母线功率储备系数均在 40%以上。

2005 年大方式下，功率储备系数最低的是泉州地区，区域功率储备系数为 10.1%，其次为福州和厦门地区，分别为 12.9%和 20.4%。

2005 年大方式下，500kV 母线的无功裕度为 4.306～5.207p.u.。

2）模态分析法计算结果

对福建电网 2005 年大方式进行模态分析，给出了关键负荷母线、关键线路和关键发电机组。

相关因子排列在最前面的是泉州地区的清濛、山兜和厦门地区的东渡负荷母线，相关因子较大的负荷母线为电网中的电压稳定弱区域，也是进行无功补偿的最佳位置。

220kV 北郊—水口、闽清—惠安、闽清—水口和 500kV 厦门—后石、厦门—泉州线路的参与因子值最大。这些线路多是重潮流线路，其无功损耗变化也比较敏感，在运行中需控制其潮流。

湄电、后石、嵩屿、南埔和华能都是比较关键的发电机组，在运行控制中需要监测其动态无功备用，同时加强其附近区域的无功补偿，提高机组的无功备用水平。

3）2005 年大方式静态电压稳定评价

以上通过功率裕度扫描计算和模态分析计算，可以看出 2005 年大方式下，福建电网具有较高的功率裕度指标，各区域有功储备系数也在 10%以上，满足正常负荷波动的需求。

从模态分析计算结果可以看出，福建电网的相对薄弱环节主要集中于泉州地区、厦门地区和漳州地区，这三个地区也是无功较为缺乏的地区，缺少电源支撑，这与无功平衡分析的结果也是相吻合的。

2. $N-1$ 故障后方式静态电压稳定性分析

通过后厦Ⅰ回线、后泉线、泉厦Ⅰ回线、泉晋Ⅰ回线、泉莆Ⅰ回线、水福线等 500kV 线路 $N-1$ 故障后方式的静态电压稳定扫描分析，可知对福建电网影响最为严重的 $N-1$ 故障形式为后泉线和后厦线故障方式，区域功率储备系数降低到较低的水平，故障后系统的电压安全性不能保证。其余各回 500kV 线路故障方式下对电压稳定的影响较小，能够满足电压安全的需求。

3. 严重事故后方式静态电压稳定性分析

严重事故后方式主要考虑部分 500kV 线路双回故障开断方式和 220kV 重潮流线路的双回开断方式。多重故障后，电网的网架结构变弱，系统的无功损耗加大，静态电压稳定水平也会受到较大的影响，通过严重多重故障的静态电压稳定裕度扫描计算，可以帮助运行人员了解多重故障后系统静态电压稳定水平受影响的程度，正确地制定校正措施和紧急控制措施。

通过泉晋线双回、泉莆线双回、水闽线双回、湄电—笏石双回、棉电—凤园线双回等双回线路开断后方式的静态电压稳定扫描分析，可知双回线开断后对系统的静态电压稳定水平影响较大，最为严重的是 220kV 棉电—凤园双回线开断，其次是 220kV 水闽双回线开断，500kV 泉晋双回线和泉莆双回线由于潮流较轻，开断后对电压稳定的影响比棉电—凤园和水闽双回线开断的影响要小。

8.1.7　故障扰动下的暂态电压稳定性研究

按照我国《电力系统安全稳定导则》要求：

(1) 在正常运行方式下(包括正常检修方式)，系统中任一元件(发电机、线

路、变压器)发生单一故障时,不应导致电压崩溃;

(2) 在负荷集中地区,突然失去外部电源、本地区一台最大容量机组跳闸或失磁等情况发生时,均不得因缺少无功功率而导致电压崩溃。

《电力系统安全稳定导则》涉及的需要进行电压稳定校核的故障形式主要指单一故障形式,但从世界范围内发生的一系列大的电压崩溃性事故可以看出,由多重严重故障形式而导致的电压崩溃性事故所占比例最大,偶然性的多重性事故可能不是连续发生的,但每一次事故冲击,都伴随着大的潮流转移,无功损耗的加大,再加上安全稳定措施、继电保护误动以及人为的因素,事故影响的范围会随之扩大。

在正常运行方式下,系统中大容量的发电机组故障切除,不应发生电压崩溃问题。由于有功功率大量缺额造成的频率下降问题可以由有功备用容量和低周减载装置动作来解决,恢复系统频率。但由于故障切机本身使潮流方式发生大的转移,因此而引起无功损耗的增加,或者由于失去一台发电机的无功电源,使系统的无功缺额加大,再加上负荷动态特性、并联无功补偿设备在电压下降时作用降低等对电压稳定的不利影响,在严重故障情况下可能引发电压崩溃。

发电机组失磁后,不仅丢失该发电机组的无功出力,而且还从系统吸收与其容量相当的无功功率,如果失磁机组不从电网解列,那么系统需要提供两倍以上的备用容量来满足失磁后的无功需求。若网络没有足够的动态无功支持,大机组失磁后也可能引起电压稳定问题。因此,若电网的无功备用容量不足,大机组失磁后应从电网解开;若电网有足够的无功容量支持,可带部分负荷短时间运行。

同一通道上的双回线路在重潮流时发生单回线路故障,由于潮流转移使另一回线过载或引发另一回线路的继电保护误动作,使得发生多重性事故的概率增加,在我国南方互联电网的天广交直流并联输电通道已经发生过几次双回线同跳故障。多重性故障对系统的冲击更大,福建电网虽然在近几年有了较大的发展,但500kV电网结构相对薄弱,多重性故障有可能导致负荷中心地区电压崩溃。

本节以2005年大方式为基础方式,对各种故障扰动下系统的暂态电压稳定性进行了数字仿真,模拟的严重故障形式包括单一线路元件故障、发电机组失磁、变压器故障、后石电厂全停及交流线路的多重故障形式。

1. 单一元件故障校核

故障类型包括500kV和220kV电压等级的各条线路和各条母线分别三相短路、单台发电机跳闸和失磁,以及单台500kV变压器故障退出运行。

2. 线路 $N-1$ 故障校验

故障类型为500kV和220kV电压等级的各条线路和各条母线分别三相短

路，联络线、水莆线故障切除时间按0.1s计算，其余500kV线路按0.09s计算；220kV线路故障切除时间按0.12s计算。故障校核时不考虑线路及变压器元件的过载问题。

计算结果表明，包括联络线在内的500kV线路及福建省内的220kV线路发生三相短路故障时，快速保护正确动作切除故障，福建电网都能保持稳定。后石送出断面后厦线和后泉线故障最为严重。

3. 发电机$N-1$及失磁故障

《电力系统安全稳定导则》规定，正常运行方式下的电力系统，任一发电机跳闸或失磁故障，保护、开关及重合闸正确动作，不采取稳定控制措施，必须保持电力系统稳定运行和电网的正常供电，其他元件不超过规定的事故过负荷能力，不发生连锁跳闸。计算结果表明，2005年冬大方式，福建电网任一台发电机发生跳闸故障，系统都可以保持稳定运行，不会发生电压稳定问题。

失磁故障与发电机跳闸故障相比更为严重，这是因为发生该故障不仅失去了发电机本身的无功出力，而且还需要从系统中吸收与该发电机容量相当的无功功率，对系统造成严重的无功冲击。计算结果表明，福建电网单台发电机发生励磁绕组开路失磁故障，由于系统动态无功备用不足，不能保持稳定，故障后0.3s切除失磁机组，系统可以保持稳定，电压保持在较高的水平。

4. 变压器$N-1$故障校验

对福建电网500kV系统主变进行$N-1$故障校验，0s变压器高压侧发生三永故障，5个周波后变压器退出运行。计算结果表明，福建电网发生500kV主变$N-1$故障，系统可以迅速恢复并保持稳定，电压也维持在较高的水平。

5. 多重严重故障校核

故障类型包括线路三永跳双回、变压器$N-2$退出，以及后石厂全停故障。本次研究采用的低压减负荷方案见表8.1，表中启动值为母线电压的标幺值。

表8.1 福建电网低压减负荷措施一览表

地区	第一轮			第二轮			第三轮			第四轮		
	启动值/p.u.	时延/s	切荷量/%	启动值/p.u.	时延/s	切荷量/%	启动值/p.u.	时延/s	切荷量/%	启动值/p.u.	时延/s	切荷量/%
泉州	0.83	0.2	6	0.79	0.2	7	0.75	0.2	7	0.71	0.2	7
厦门	0.83	0.2	5	0.79	0.2	5	0.75	0.2	5	0.71	0.2	5
漳州	0.83	0.2	9	0.79	0.2	7	0.75	0.2	11	0.71	0.2	11

1）后石电厂全停

后石厂直接接入福建电网 500kV 系统，发电容量（3600MW）占福建电网的 1/3左右，是福建电网南部地区重要的电压和无功支撑，如果发生 6 机全停事故，必将对系统造成很大的冲击。计算结果表明，后石厂 6 台机无故障跳闸，突减 3600MW 出力，系统可以保持功角稳定，低压减负荷动作切负荷 112MW，系统保持电压稳定，可以满足第三级安全稳定标准的要求。第一摆晋江、泉州和福州 500kV 母线电压较低，但是都可以恢复到 0.9p.u.以上。系统最低频率约为 49.1Hz，最终可以稳定在 49.4Hz 左右，低频减负荷未启动（第一轮动作整定值为 49Hz）。发生该故障后，福建与华东联络线以及福建电网内部 500kV 系统潮流发生逆转，华东电网向福建电网供电，通过联络线送福建 1280MW 有功潮流；并且福建电网 500kV 系统潮流也由原来的南电北送变为北电南送，福建电网的南部地区相当于华东电网的末端系统。从后石厂全停故障福建电网 500kV 母线电压、频率曲线以及福建与华东联络线潮流可以看出，发生该故障后系统可以保持稳定。

2）后厦线三永跳双回

后石—厦门线路后石侧 0s 发生三永故障，0.09s 后厦双回断开。该故障方式下，后石厂机组加速功率较大，在第一摆内就发生失步，系统不能保持稳定。后厦双回断开后，后石厂出力只能通过后泉线外送，仅通过一条 500kV 线路外送 3600MW 电力显然是不现实的。在目前现有措施下（严重故障情况后石厂最多只可以切 2 台机组），0.25s 切后石厂 2 台 600MW 机组减少后石厂外送电力，系统仍然不能稳定。综合考虑在现有可采取措施限制下，对该故障方式必须采取集中切负荷措施。计算结果表明，除了采取切机措施，0.3s 在泉州地区集中切负荷 1600MW，厦门地区集中切负荷 400MW，低压减负荷动作切负荷 103MW，系统可以保持稳定。该故障方式下，电压跌落比较迅速，如果不大量采取集中切负荷措施，则低压减负荷装置会被闭锁，起不到其应有的作用。失稳形式表现为后石 500kV 母线低电压时间过长。

考虑到如果不限制切机台数措施，计算结果表明，0.25s 切后石厂 5 台 600MW 机组，低压减负荷动作切负荷 238MW，系统可以稳定，失稳形式仍表现为后石 500kV 母线低电压时间过长。

考虑可以加快机组切除时间措施，计算结果表明，0.15s 切后石厂 2 台机组，系统不能保持稳定。再采取集中切负荷措施，0.3s 在泉州地区集中切负荷 700MW，同时低压减负荷动作切负荷 460MW，系统可以保持稳定，后石 500kV 母线第一摆电压最低。如果该故障情况下可以考虑切后石厂 3 台机组，则极限切除时间为 0.19s，不用采取集中切负荷措施，低压减负荷动作切负荷 684MW，系统可以保持稳定。

通过上述分析可以看出，由于作为福建电网主电源的后石厂装机容量占系统总容量的比例过大，福建电网大机小网的情况依然存在，在后石厂出口附近发生严重故障时，机组加速功率较大，在第一个摇摆周期内就发生失步，为系统采取稳定措施带来一定的困难。在现有措施条件下，发生后厦三永跳双回故障，所需采取的措施代价极大，并且不容易实施。建议加快机组切除时间，并在泉州地区配置严重故障情况下的集中切负荷措施。

3）泉厦线三永跳双回

厦门—泉州线路厦门侧 0s 发生三永故障，0.09s 泉厦双回断开，系统可以保持稳定。晋江和泉州 500kV 母线第一摆电压最低，可以恢复到 0.9p.u.左右。第一摆过程中，低压减负荷动作切负荷 287MW。

4）泉晋线三永跳双回

泉州—晋江线路泉州侧 0s 发生三永故障，0.09s 泉晋双回断开，系统可以保持稳定。晋江 500kV 母线第一摆电压最低，但并未低至低压减负荷装置的启动值，母线电压可以恢复到 0.9p.u.以上。

5）泉莆线三永跳双回

泉州—莆田线路泉州侧 0s 发生三永故障，0.09s 泉莆双回断开，系统可以保持稳定。泉州 500kV 母线第一摆电压最低，母线电压可以恢复到 0.9p.u.以上。第一摆过程中，低压减负荷动作切负荷 20MW。

6）泉州两台主变故障退出

泉州主变高压侧 0s 发生三永故障，0.1s 故障消除，泉州两台联变退出运行。系统可以保持稳定，仙苑电压最低，但是仍然可以恢复到 0.88p.u.左右。在第一摆过程中，低压减负荷动作切负荷 140MW。

7）厦门两台主变故障退出

厦门主变高压侧 0s 发生三永故障，0.1s 故障消除，厦门两台联变退出运行。系统可以保持稳定，厦门地区电压最低，但是仍然可以恢复到 0.9p.u.左右。一、二摆过程中，低压减负荷动作切负荷 72MW。

8.1.8 全过程动态仿真

根据前面的分析，发生严重故障扰动后如采取合理措施福建电网不会发生暂态电压失稳，但是考虑到发电机励磁限制单元和变压器分接头自动调整等慢速动作元件的动作，当发生严重故障扰动时在中长期过程中可能会引起动态电压失稳。本节使用中国电力科学研究院的电力系统全过程动态仿真程序，以冬大方式下后石电厂全停为例，简单模拟福建电网可能出现的动态电压稳定问题。

1. 仿真所采用的主要模型

福建电网的主要负荷点的受电变压器为LTC变压器，分接头可以自动调整；负荷采用静态模型，由60%的恒功率和40%恒阻抗组成，并考虑负荷频率因子；所有发电厂都模拟过励磁装置，采用OELBPA模型。过励磁模型的主要参数是：达到发热量限值后，对励磁电流进行限制。如果3s之内发热量不能低于限值，则发生切机操作。

2. 电压崩溃事故的过程

假定事故为：0.2s时后石电厂发生事故导致全厂与系统解列。解列后，厦门地区负荷点电压偏低，LTC变压器分接头进行自动调整，导致福建电网中数个电厂的机组因为过励磁而发生切机：嵩屿电厂52.8s，发生过励限制，55.8s切机；永安机组57.8s达到限制，60.8s切机；永安机组90.6s达到限制，97.6s切机。从而，使电网发生了电网崩溃事故。

发电机功角的变化曲线如图8.2和图8.3所示，事故后全网的机组能够功角稳定。负荷点(节点：半兰110，110kV)的电压变化曲线如图8.4所示，嵩屿电厂过励磁装置动作前，负荷点电压是随着分接头变化而增加的；嵩屿电厂过励磁装置发出限制励磁电流指令后(52.8s)，因无功匮乏，使得节点电压大幅下降；嵩屿电厂和其他电厂切机后，节点电压再度下降，最终导致电压崩溃发生。系统500kV母线的电压变化曲线如图8.4所示，图中显示的是厦门母线电压的变化过程。发生因过励而切机的电厂的励磁电流和无功功率输出曲线如图8.5和图8.6所示。向负荷点(节点：半兰110，110kV)供电的主要220kV线路厦禾—半兰山上的无功功率变化曲线如图8.7所示。

全过程动态仿真结果表明，由于变压器分接头自动调整引起部分机组跳闸，最终会引发严重的电压崩溃性事故。需要指出的是，该仿真研究建立在福建电网主要负荷点的变压器都是LTC变压器且全部电厂都装设过励磁装置等假设的基础上，不一定真实反映系统的实际情况。从该仿真中也可以看出，电压失稳可能蔓延到较长的时间跨度，国外较为著名的电压失稳事故一般也具有较长的发展时间。暂态稳定分析程序由于未能模拟发电机励磁限制、LTC分接头调整等慢速元件的动作，可能不能暴露电网中存在的电压稳定问题。建议在今后的进一步研究中，深入研究动态调节元件模型，如OLTC、发电机励磁电流限制和负荷的动态恢复特性等，建立更加符合电网实际情况的数学模型。

本节校核了福建电网内的单一故障和多重严重故障的动态电压稳定性，计算结果表明，单一故障，继电保护正确动作，福建电网能够保持稳定，不会引起电压失稳事故，机组失磁故障相对跳闸故障来说较为严重，但是只要将失磁机组切除，

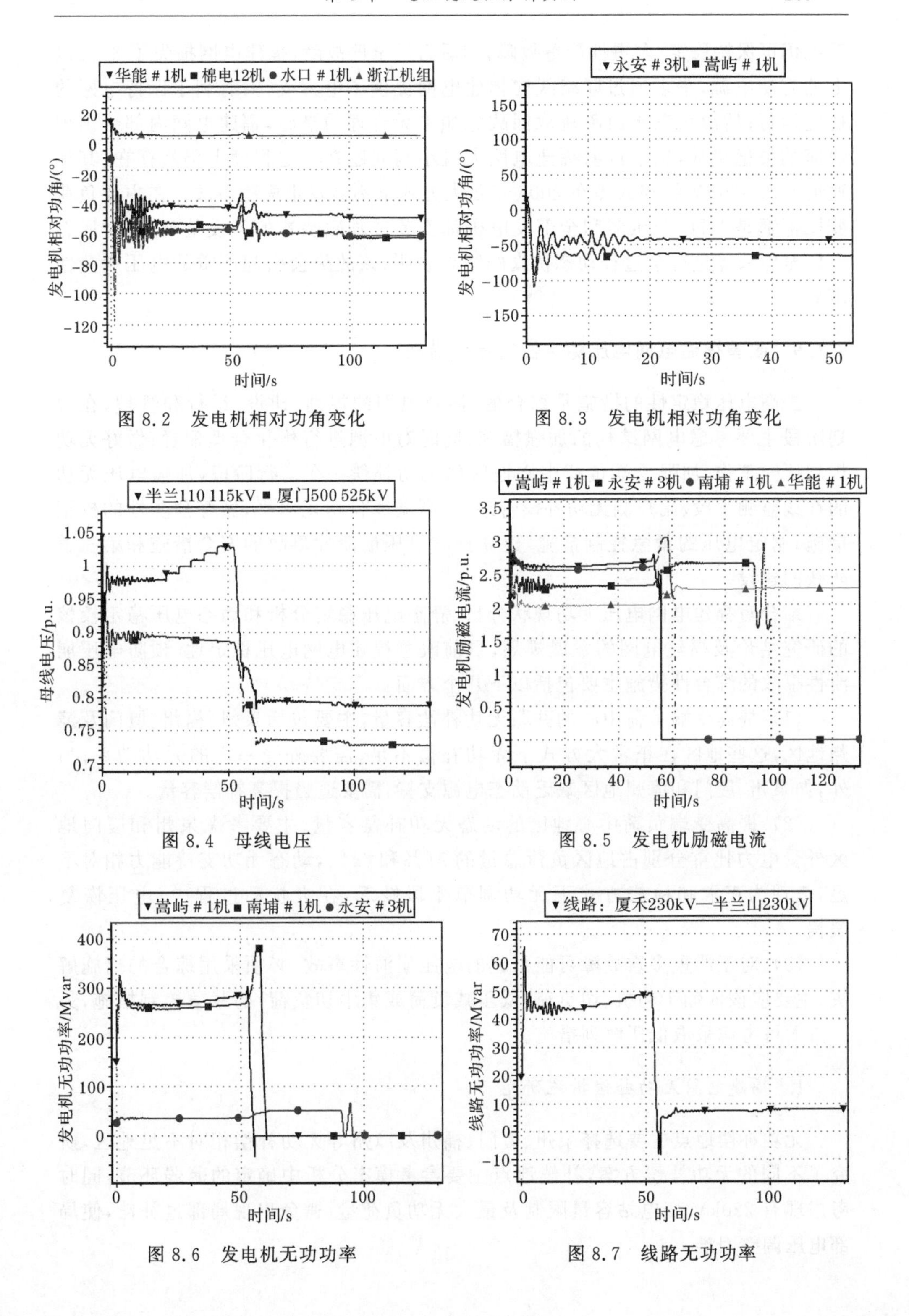

图 8.2　发电机相对功角变化

图 8.3　发电机相对功角变化

图 8.4　母线电压

图 8.5　发电机励磁电流

图 8.6　发电机无功功率

图 8.7　线路无功功率

系统仍可保持稳定;多重性严重故障,如后石厂全停故障,福建电网损失了30%以上的有功电源,华东通过联络线向福建电网提供了电力支持,有利于保持电网的稳定运行;后厦线三永故障跳双回故障如果无合理的措施,福建电网内部会出现快速的失稳事故,这也说明福建电网大机小网问题在一定程度上仍然存在;其他通道双回500kV线路故障在2005年冬大方式下不会发生失稳事故。在主要负荷变压器都是LTC变压器和全部发电机都安装过励磁装置的假设基础上,对后石电厂全停故障进行全过程动态仿真的结果表明,该故障会引起严重的电压崩溃性事故。

8.1.9 改善福建电网电压稳定性的综合措施

提高电压稳定性的措施是综合的,涉及电网的规划、建设、运行和管理,在规划阶段主要考虑电网结构的加强措施,同时对电源进行优化合理配置;做好无功规划研究工作,加强受端负荷中心地区的无功补偿。在运行阶段,加强电压无功的在线监测手段、用户侧无功补偿管理,提高调度自动化水平,做好预防性的校正措施;制定电压的紧急控制措施,建立预防电压崩溃性事故的安全措施和第三道防线的建设。

结合对福建电网电压无功现状分析、静态电压稳定分析和动态电压稳定校核的研究结论及福建电网的发展规划,目前改善福建电网电压稳定性、预防电压崩溃性事故的综合性措施主要包括以下几个方面:

(1) 提高受端负荷中心的并联无功补偿容量,主要包括泉州、福州、厦门及漳州地区,这些地区在正常大方式下无功补偿不足,需要外受一定的无功功率;另外,如泉州、厦门和漳州地区缺乏动态电源支持,需要适当提高补偿容量。

(2) 提高受端负荷中心地区的动态无功补偿容量,主要考虑泉州和厦门地区外受电力比重分别占地区负荷总量的91%和64%,动态无功支持能力相对不足,表现为正常和检修方式下无功调节手段缺乏,在大扰动过程中,电压恢复缓慢。

(3) 对于严重多重故障可能引起的电压崩溃性事故,必须采用综合的措施解决,主要应该依赖于切机、切负荷(低压减负荷或集中切负荷)的紧急控制措施,另一方面可考虑采取低压解列措施。

1. 福建电网无功补偿措施研究

无功补偿地点主要选择泉州、厦门、福州及漳州等无功补偿相对不足地区,研究了不同的无功补偿方案,补偿地点主要参考模态分析中确定的薄弱环节,同时考虑现有220kV变电站容量限制及最大无功负荷量,避免出现局部过补偿,使局部电压调整困难。

通过研究,给出了具体补偿地点和补偿容量。补偿以后,福建电网总的动态无功备用大大增加。明显提高了负荷母线的功率裕度。

2. 动态无功补偿措施研究

在选择SVC安装地点和容量时,首先需考虑哪些地点对SVC比较敏感,最好选择在对电压有较显著支持作用的地点。根据前面的计算结果,发生较严重故障时,福州、泉州和厦门的电压最低。在这些变电站安装SVC后,系统暂态电压跌落期间SVC提供动态无功支持,有利于电压的恢复,从而提高系统的稳定性。此外,电网的短路容量都比较大,在这种情况下,SVC必须有足够容量才能发挥明显作用。一般SVC均安装在主变的第三绕组,这就要求变压器第三绕组有足够大的容量。

研究设计了两套SVC配置方案,并进行了故障校验,根据研究结果,在福州和泉州配置SVC的方案较优。

3. 运行方式调整

根据前面的计算结果,福建电网大机小网的现象依然存在,后厦三永跳双回故障,0.25s切后石2台机,0.3s在泉州地区集中切负荷1600MW,厦门地区集中切负荷400MW,低压减负荷动作切负荷103MW,系统才可以稳定。但是福建电网目前的实际情况是严重故障时后石厂最多只能切2台机,因而必须从运行方式上对后石厂出力进行限制。计算结果表明,限定后石厂其中一台机的出力为320MW,相应地福建电网负荷减去3%(约280MW),在该故障情况下用切2台后石机组的措施可以保持系统稳定,低压减负荷动作切负荷639MW,后石500kV母线第一摆电压最低。

通过对比可以看出,限制后石厂出力可以明显减少后厦三永跳双回故障的切负荷量。

4. 网架结构调整

后石厂电力通过后厦双回和后泉线外送,后石厂出力超过三分之二通过后厦线送出,所以发生后厦三永跳双回故障非常严重。如果后泉线加强为双回,后石厂出力流过后厦双回和后泉双回的潮流相差不大,几乎各占一半,无论发生后厦三永跳双回(低压减负荷动作切负荷230MW)还是后泉三永跳双回(低压减负荷不动作),系统都可以保持稳定,后石厂不用采取切机措施。

后泉加强为双回后,福建送华东暂稳极限为1600MW,最严重的故障约束形式为福双线福侧三相永久性短路故障,该故障发生后,福建大量功率无法外送华东,机组加速,最终导致福建电网与华东电网失去同步,振荡中心在福建与华东联络线上,失稳形式表现为福州 500kV 母线低电压时间过长。

通过上述分析可以看出,后泉加强为双回方案对福建电网外送极限的影响不大,但是对于后石厂出口严重故障来说,甚至不用采取切机措施系统就可以保持稳定,较原电网结构有明显优势。

5. *在电压薄弱地区配置电源*

同步发电机是有功出力电源,同时又是调节性能最好的无功电源,通过发电机励磁调节,可以平滑地改变无功出力的大小。滞相运行时,发电机组可以发出无功功率,进相运行时可以吸收无功功率。发电机励磁系统在暂态过程中可以发挥其过载能力,通过强励多发无功对系统提供动态的电压支持;在系统无功功率过剩时,可以通过进相运行吸收无功功率,抑制系统电压升高。

泉州地区外受电力比重占地区负荷总量的 91%,外受电力比重过大,动态无功支持能力相对不足,在正常和检修方式下无功调节手段缺乏,在大故障扰动过程中,电压恢复缓慢。在电压水平薄弱的泉州地区配置电源,可以提高受端电网的电压支持能力,同时提供动态无功支持能力。

在电压水平比较薄弱的山兜配置一台 300MW 机组,从静态电压稳定分析的结果来看,泉州地区的区域有功储备系数得到了明显的提高,福建电网其他地区的区域有功储备系数也得到了不同程度的提高,结果见表 8.2。

表 8.2 不同方式区域有功储备系数比较 (单位:%)

方式	福州地区	莆田地区	泉州地区	厦门地区	漳州地区	龙岩地区	三明地区	南平地区	宁德地区
冬大方式	18.6	50.9	9.8	20.6	24.0	58.1	48.5	60.7	51.6
配置电源	24.2	59.2	14.1	24	26.7	60.1	50.2	63	53.5

在山兜配置一台 300MW 机组,发生后厦三永跳双回故障,若 0.25s 切除后石厂 2 台机组,系统仍不能保持稳定;若加快机组切除时间,0.15s 切除后石厂 2 台机组,则系统可以保持稳定。在冬大正常方式下,发生该故障,0.15s 切除后石 2 台机组,系统不能保持稳定。

在山兜配置一台 300MW 机组,福建送华东暂稳极限为 1610MW,最严重的故障约束形式为福双线福侧三相永久性短路故障,振荡中心在福建与华东联络线上,失稳形式表现为福州 500kV 母线低电压时间过长。

从上述分析可以看出,在电压薄弱的泉州地区配置电源,可以提高福建电网各地区的区域有功储备系数,特别是泉州地区的区域有功储备系数,同时系统抵御严重故障的能力也得到了加强。

6. 预防福建电网电压崩溃的紧急控制措施

从前面福建电网多重严重故障的动态电压稳定校核中可以看出，后石电厂出线发生后厦三永跳双回故障会引发福建电网出现大面积的电压崩溃性事故，主要原因分析如下：后石电厂是福建电网唯一接入500kV系统的电源，又是泉州、厦门地区最重要的电压支持点和有功电源，占福建电网30%以上的有功出力，后厦三永跳双回故障后，后石厂机组加速功率较大，在第一个摇摆周期内就发生失步。后石机组单调失步后，整个福建南部电网失去了最重要的电压支持，华东电网有功潮流会穿越并不坚强的福建500kV系统向南部电网供电，南部电网成为整个华东电网的末端系统，大的有功潮流的冲击会加大电网的无功损耗，从而使得整个系统的无功平衡不能维持，在此过程中，虽然机组强励动作，发出更多无功支持系统，负荷的电压特性也会降低负荷侧的无功需求，但无功不平衡量太大，难以重新建立新的稳态平衡点，电压会出现持续跌落，最终使整个系统失去稳定。

1）低压减负荷措施的研究

福建电网现有低压减负荷方案仅在泉州、厦门和漳州地区配置了低压减负荷装置。参照国内外低压减负荷的配置情况，结合多重严重故障校验的结果，对福建电网制定低压减负荷整定方案见表8.3～表8.5，主要是调整首轮的电压整定值和切荷量。表8.3中第一轮的电压启动值仍为0.83p.u.，时延为0.2s，主要调整切荷量；表8.4中第一轮的时延为0.2s，切荷量不变，主要调整电压启动值；表8.5中第一轮时延为0.2s，电压整定值为0.86p.u.，并且调整切荷量。下面对上述整定方案进行研究。

原方案：对于后厦三永跳双回故障，需要0.15s切后石2台机，集中切泉州地区700MW负荷，低压减负荷动作切负荷460MW，共切负荷1160MW。

方案一：如果泉州、厦门和漳州地区的第一轮切荷量都增加5%，则对于后厦三永跳双回故障，0.15s切后石2台机，集中切负荷600MW，低压减负荷动作切负荷678MW，共切负荷1278MW，系统不能保持稳定，失稳形式表现为后石500kV母线低电压时间过长。

设置首轮切荷量各增加7%，对于后厦三永跳双回故障，0.15s切后石2台机，集中切负荷600MW，低压减负荷动作切负荷691MW，共切负荷1291MW，系统可以保持稳定。

如果第一轮切荷量设为较大的值，如20%，则对于后厦三永跳双回故障，0.15s切后石2台机，集中切负荷600MW，低压减负荷动作切负荷775MW，共计1375MW。

表 8.3　低压减负荷整定方案一

子方案	地区	第一轮			第二轮			第三轮			第四轮		
		启动值/p.u.	时延/s	切荷量/%	启动值/p.u.	时延/s	切荷量/%	启动值/p.u.	时延/s	切荷量/%	启动值/p.u.	时延/s	切荷量/%
子方案一	泉州	0.83	0.2	11	0.79	0.2	7	0.75	0.2	7	0.71	0.2	7
	厦门	0.83	0.2	10	0.79	0.2	5	0.75	0.2	5	0.71	0.2	5
	漳州	0.83	0.2	14	0.79	0.2	7	0.75	0.2	11	0.71	0.2	11
子方案二	泉州	0.83	0.2	13	0.79	0.2	7	0.75	0.2	7	0.71	0.2	7
	厦门	0.83	0.2	12	0.79	0.2	5	0.75	0.2	5	0.71	0.2	5
	漳州	0.83	0.2	16	0.79	0.2	7	0.75	0.2	11	0.71	0.2	11
子方案三	泉州	0.83	0.2	20	0.79	0.2	7	0.75	0.2	7	0.71	0.2	7
	厦门	0.83	0.2	20	0.79	0.2	5	0.75	0.2	5	0.71	0.2	5
	漳州	0.83	0.2	20	0.79	0.2	7	0.75	0.2	11	0.71	0.2	11

表 8.4　低压减负荷整定方案二

地区	第一轮			第二轮			第三轮			第四轮		
	启动值/p.u.	时延/s	切荷量/%	启动值/p.u.	时延/s	切荷量/%	启动值/p.u.	时延/s	切荷量/%	启动值/p.u.	时延/s	切荷量/%
泉州	0.86	0.2	6	0.83	0.2	7	0.79	0.2	7	0.75	0.2	7
厦门	0.86	0.2	5	0.83	0.2	5	0.79	0.2	5	0.75	0.2	5
漳州	0.86	0.2	9	0.83	0.2	7	0.79	0.2	11	0.75	0.2	11

表 8.5　低压减负荷整定方案三

地区	第一轮			第二轮			第三轮			第四轮		
	启动值/p.u.	时延/s	切荷量/%	启动值/p.u.	时延/s	切荷量/%	启动值/p.u.	时延/s	切荷量/%	启动值/p.u.	时延/s	切荷量/%
泉州	0.86	0.2	13	0.83	0.2	7	0.79	0.2	7	0.75	0.2	7
厦门	0.86	0.2	12	0.83	0.2	5	0.79	0.2	5	0.75	0.2	5
漳州	0.86	0.2	16	0.83	0.2	7	0.79	0.2	11	0.75	0.2	11

方案二：如果第一轮动作电压整定为 0.86p.u.，切荷量保持不变，则对于后厦三永跳双回故障，0.15s 切后石 2 台机，集中切负荷 600MW，低压减负荷动作切负荷 627MW，共计 1227MW，系统可以保持稳定。

方案三：调整首轮动作电压整定值为 0.86p.u.，首轮切荷量各增加 7%，对于后厦三永跳双回故障，0.15s 切后石 2 台机，集中切负荷 500MW，低压减负荷动作切负荷 823MW，共计 1323MW，系统可以保持稳定。

从上述分析可以看出，增加首轮的切负荷比例和提高首轮动作电压整定值，从严重故障保持系统稳定所需的总切荷量来说，并没有优势。但是，适当调整首轮的切荷比例和动作电压整定值，可以减少所需的集中切负荷量。

2）低压解列措施的探讨

低压解列措施是作为第三道防线的安全稳定措施，在大扰动过程中，电压会出现大幅度的振荡和跌落，这往往是电压崩溃性事故的前兆，采取预防性的低压解列措施，对地区性电网或区域电网实现解列，阻止事故范围的进一步扩展，避免全网性的崩溃性事故发生。

低压解列措施有一定的风险性，另外装置的定值整定也比较困难，这主要是因为不同故障形式的动态失稳特征各不相同，电压的失稳过程往往具有扩展性，动态电压失稳在临界点处变化又非常突然，解列过早，可能会损失电网的运行效益和相互的支援，解列过晚，可能挽救不了系统。在实际工程中，要根据具体情况进行整定和校核，以保证装置的可靠性。

考虑到福建电网是以 500kV 线路为中心线，220kV 线路形成主网架结构，不同方式、不同故障，其振荡中心在不断变化，从网架结构特点来看，不具备局部解列运行的条件。

3）预防福建电网电压崩溃的紧急控制措施

在 2005 年冬大方式下，后石电厂出口发生严重故障会对系统造成严重冲击，如果不采取紧急的减负荷措施，华东电网涌过的潮流会给福建电网以很大的冲击。目前福建电网的紧急减负荷措施包括低周减负荷和低压减负荷措施，考虑低周、低压减负荷装置后，进行仿真计算，该故障方式下，必须采取后石厂切 2 台机，集中切泉州地区 1600MW 负荷、厦门地区 400MW 负荷，低频减负荷没有动作，低压减负荷切除 103MW 负荷，系统才可以保持稳定。

综上所述，对于福建电网最严重的后厦三永跳双回故障，为保持系统稳定可采取的措施包括如下几个方面。

（1）限制后石厂出力：限定后石厂其中一台机的出力为 320MW，相应地福建电网负荷减去 3%（约 280MW），在该故障情况下用 0.25s 切 2 台后石机组的措施可以保持系统稳定。

（2）增加故障时联切机组的数量：0.25s 切后石厂 5 台 600MW 机组，低压减负荷动作切负荷 238MW，系统可以稳定；或者切后石 3 台机组，极限切除时间为 0.19s，低压减负荷动作切负荷 684MW。

（3）加快故障时机组切除时间：0.15s 切后石厂 2 台机组，0.3s 在泉州地区集中切负荷 700MW，低压减负荷动作切负荷 460MW，系统可以保持稳定。

（4）网架结构调整：后泉线加强为双回，后石厂出口严重故障时，甚至不用采取切机措施系统就可以保持稳定。

(5) 在泉州地区配置电源：山兜配置 300MW 机组，后石厂出口严重故障时，0.15s 切除后石 2 台机组，系统可以保持稳定。

(6) 动态无功补偿方案对暂态稳定的影响：配置 SVC 可在一定程度上减少所需集中切负荷的量，但是由于可配置 SVC 的量有限，对系统暂态稳定的影响不大。

(7) 低压减负荷措施的调整：调整首轮的切负荷比例和动作电压整定值，从严重故障保持系统稳定所需的总切荷量来说，并没有优势，但可以减少所需的集中切负荷量。

8.1.10 结论

以 2005 年夏大方式、冬大方式为研究对象，通过各种静态电压稳定指标的扫描计算，综合评价了各方式的静态电压稳定水平；计算分析了福建电网多种严重故障后方式的静态电压稳定水平；通过严重故障的动态稳定校核计算，仿真了可能导致电压稳定问题的各种连锁反应型故障形式及其后果；对预防福建电网电压崩溃的紧急控制措施进行了研究。主要的研究结论总结如下。

1) 福建电网无功平衡分析

从对福建电网的无功平衡分析可以看出，无功平衡基本上符合分层分区平衡、就地补偿的原则，但泉州、厦门等负荷中心地区，由于电源少，外受电力比重较大，无功补偿容量相对不足，需要外受一定容量无功，电压调整手段较少，对方式变化的适应性较差。

2) 静态电压稳定性分析

(1) 从对 2005 年夏大方式和冬大方式的静态电压稳定分析结果来看，由于动态无功备用接近无功总负荷容量的 40%，无功备用比较充足，同时福建电网的母线无功裕度指标也较高，500kV 母线的无功裕度最低为 4.3p.u.(基准功率为 100MVA)；从单负荷母线有功裕度指标来看，最低有功储备系数为 38%，各区域功率储备系数也在 10%以上，满足正常负荷波动的需求。但是无功备用的分布不均衡，福州、龙岩、南平的动态无功备用比较充足；而在缺少电源支撑的厦门、泉州地区，无功备用几乎为 0，从无功备用的情况也可反映厦门、泉州地区是福建电网无功最为缺乏的地区。

(2) 从 2005 年夏大方式和冬大方式各自对应的单一故障和多重严重故障后方式福建电网静态电压稳定性指标来看，事故后方式各母线无功裕度、母线有功裕度都有所降低。单一故障后方式中后泉检修、后厦Ⅰ回检修和晋江主变退出方式较为严重，500kV 母线无功裕度相比正常方式下降程度都超过了 80%，区域功率储备系数也都在 3%以下；多重性严重故障后方式以厦门联变退出、泉州联变退出、水闽断双回、泉晋断双回和泉莆断双回较为严重，500kV 母线无功裕度相比正常方式下降程度都超过了 70%，区域功率储备系数也都在 5%以下。

3）动态电压稳定性校验

从对福建电网单一故障和多重严重故障的动态电压稳定性校核计算结果来看，单一故障，快速保护正确动作，福建电网能够保持稳定，不会引起电压失稳事故；机组失磁故障相对于机组跳闸故障较为严重，但是只要及时将失磁机组切除，系统仍可保持稳定；多重性严重故障，如后厦线三永跳双回故障如果无合理的措施，福建电网会出现大面积的电压失稳事故，其他通道双回 500kV 线路故障在 2005 年大方式下不会发生电压失稳事故。在主要负荷变压器都是 LTC 变压器和全部发电机都安装过励磁装置的假设基础上，对后石电厂全停故障进行全过程动态仿真的结果表明，该故障会引起严重的电压崩溃性事故。建议今后进一步研究动态调节元件模型，如 OLTC、发电机励磁电流限制和负荷的动态恢复特性等，建立更加符合电网实际情况的数学模型。

4）预防福建电网电压崩溃的措施

对可能引起福建电网电压崩溃性事故的后厦三永跳双回故障进行了深入的研究，提出限制后石厂出力的措施，并提出了福建电网静态、动态无功补偿方案，研究了低压减负荷方案的调整措施。从网架结构调整的角度研究了后泉线加强为双回措施的情形，结果表明该措施可以大大提高系统抵御严重故障的能力，发生后石出口严重故障时可以不采取切机措施，系统可以保持稳定。对在电压薄弱地区配置电源措施进行了研究，结果表明泉州地区配置电源可以提高各地区的区域功率储备系数，同时可以增强系统抵御严重故障的能力。

8.2 实例二：重庆电网电压稳定性研究及综合评价

本节以重庆电网 2008 年方式为基础研究方式，通过潮流分析和电压无功平衡分析，综合评价了重庆电网的无功平衡现状。通过各种静态电压稳定指标的计算分析，全面评价了正常方式、检修方式和多重严重故障后方式下重庆电网的静态电压稳定水平。通过暂态电压稳定分析，评价了重庆电网的暂态电压稳定水平。在考虑严重故障、连锁故障、SVC 装置以及具有低压自释放功能的感应电动机负荷等多种因素的情况下，对重庆电网开展长期电压稳定的仿真分析，并探讨了重庆电网发生长期电压崩溃的可能性和预防控制措施；通过负荷持续增长的全过程仿真研究给出了重庆电网的动态电压稳定裕度，并对重庆电网静态电压稳定裕度和动态电压稳定裕度进行了对比分析；通过典型负荷模型电压稳定性分析，研究了不同负荷模型对重庆电网电压稳定性的影响。

8.2.1　研究条件和原则

1. 研究原则

在本次研究中，遵循的电力系统稳定标准及原则主要有：

(1)《电力系统电压和无功电力技术导则》；

(2)《电力系统技术导则》；

(3)《电力系统安全稳定导则》。

2. 研究工具

采用中国电力科学研究院"PSD 电力系统软件工具(PSD Power Tools)"之PSD-BPA 潮流和暂态稳定程序作为本次研究的主要工具，主要有：

PSD-BPA 潮流计算程序(4.0 版)；

PSD-BPA 稳定计算程序(5.70 版)；

PSD-FDS 电力系统全过程动态仿真程序；

PSD-PCS 电力系统数字平台(2.0 版)；

PSD-CLIQUE 地理接线图格式潮流图绘制程序；

PSD-MYCHART 稳定曲线绘制工具。

3. 主要元件模型

1) 发电机及其调节系统

发电机采用 E''_d 和 E''_q 变化模型，并模拟了励磁机及 PSS、原动机和调速器。

2) 负荷模型

采用感应电动机加恒阻抗模型，其负荷特性见表 8.6。

表 8.6　重庆电网稳定计算负荷特性

电网	感应电动机		恒定阻抗		频率因子	
	有功/%	无功/%	有功/%	无功/%	dP/df	dQ/df
重庆	40	40	60	60	0	0

4. 低频减负荷配置方案

重庆电网 2008 年低频减负荷配置情况见表 8.7。

表 8.7　重庆电网低频减负荷配置表

	第 1 轮	第 2 轮	第 3 轮	第 4 轮	第 5 轮	第 6 轮	特 1 轮	特 2 轮
整定频率/Hz	49.0	48.8	48.6	48.4	48.2	48.0	49.0	48.5

续表

	第 1 轮	第 2 轮	第 3 轮	第 4 轮	第 5 轮	第 6 轮	特 1 轮	特 2 轮
延时/s	0.2	0.2	0.2	0.2	0.2	0.2	20	15
切负荷百分比/%	6.1	6.1	6.1	6.1	6.1	6.1	4.2	4.2

重庆电网全网低频减负荷配置总量约为 500MW 负荷，有 4 个轮次。分布于巴山、黄荆堡、田家、梅花山、邮亭、凉亭 6 个站点。

5. 故障清除时间

仿真计算的故障清除时间见表 8.8。

表 8.8　重庆电网故障清除时间

故障类型	电压等级/kV	故障形态	故障切除时间	故障后果
线路故障	500	三相短路	近端 0.09s 远端 0.1s	切 1 条线路
		三相短路	近端 0.09s 远端 0.1s	切 2～3 条线路
变压器故障	500	三相短路	0.10s	切 1～2 台变压器
线路故障，单相开关拒动	500	三相短路	0.10s 跳两相 0.25s 跳三相	切 1～2 条线路 或 1 条线路和 1 台变压器
发动机故障	失磁		4s 切机	切失磁机组
	发电机跳闸			切 1～2 台大机组
	失去大容量电厂			切电厂全部机组

8.2.2　2008 年基础运行方式重庆电网电压无功平衡分析

1. 重庆电网 2008 年网架结构特点及装机情况

1) 网架结构特点

2008 年，重庆 500kV 主干网络处于日字型单环网向日字型双环网的过渡过程中，如图 8.8 所示。

500kV/220kV 电网正常运行接线方式如下：

通过 500kV 洪板双回线、黄万一线与四川电网联网运行(构成川渝断面)，正常情况下，川渝间不再形成电磁环网运行。2008 年黄万二回线路投运后，川渝间将通过四回 500kV 线路联网运行。同时，重庆电网通过 500kV 万龙双回线、张恩双回线共四回线路与湖北电网联网运行(构成渝鄂断面)。

贵州习水电厂部分机组可通过 220kV 习井线、习桐綦线并入重庆电网，另外，

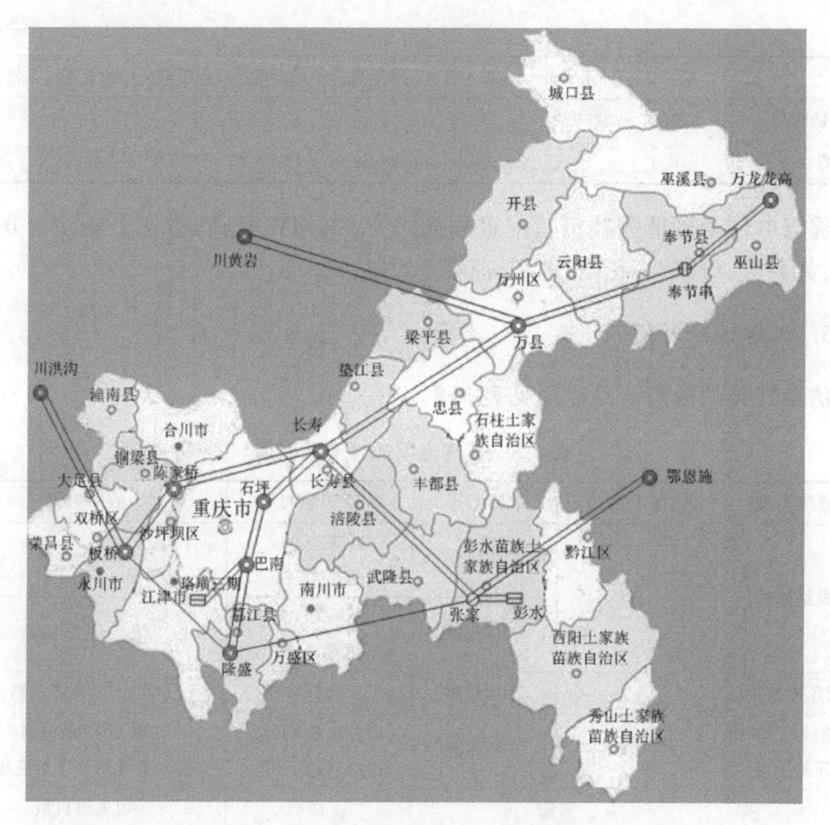

图 8.8　2008 年重庆 500kV 电网结构示意图

綦南地区部分负荷也可由贵州电网通过 220kV 习桐綦线供电。

重庆电网内部，陈家桥、板桥与隆盛站之间维持 500kV/220kV 电磁环网运行（以下用“陈家桥—板桥—隆盛”表示），石坪、巴南站之间维持 500kV/220kV 电磁环网运行（以下用“石坪—巴南”表示）。“陈家桥—板桥—隆盛”与“石坪—巴南”之间、“石坪—巴南”与长寿之间解环运行。

正常情况下，根据电磁环网解环后分片供电要求，220kV 电网在不同供电片区间的联络线开关应断开，其中，朱坪线朱家坝侧开关断开备用，珞璜电厂一、二期之间的联络开关断开备用，竹界线大竹林侧开关断开备用。重庆电网其余 220kV 线路全部投入运行。

2）装机情况

截至 2007 年年底，重庆电网统调装机容量合计 6473.5MW，其中，火电总装机容量为 5770MW，占 89%；水电总装机容量为 703.5MW，占 11%。

2. 无功功率平衡的基本原则

自然无功负荷包括电力用户补偿前的无功负荷、各电压等级变压器及送电线路的无功损耗、发电厂自用无功负荷、各种电抗器的无功消耗等。无功电源包括发电机实际可调无功容量、线路充电功率、无功补偿设备中的容性无功功率容量等。

无功平衡的主要原则参照 8.1.5 节所述。

3. 2008 年典型方式潮流及电压无功平衡分析

1）丰大方式潮流及无功平衡分析

(1) 潮流分析。

2008 年丰大方式下计算有功发电出力为 5440.0MW，无功发电出力为 650.3Mvar，计算有功负荷为 7124.8MW，计算无功负荷为 1881.7Mvar，有功旋转备用为 150MW，有功网损为 170.4MW。旋转备用占重庆电网发电负荷比例约为 2.8%；网损占重庆电网发电负荷比例约为 3.1%。

本方式下，重庆电网接受四川外送电力 4590.4MW，其中，黄岩—万县 500kV 双回线路送 1841.2MW，洪沟—板桥 500kV 双回送 2749.2MW。重庆电网外送湖北电力 2806.9MW，其中，万县—龙泉 500kV 双回送 1962.8MW，张家坝—恩施 500kV 双回送 844.1MW。

潮流计算结果显示，重庆电网潮流分布基本合理，没有过载线路和变压器。

陈家桥主变重载(2×637.1MW，容载比 1.15)，无法满足静态 $N-1$ 安全分析的要求。原因主要是重庆主网分为东西两片运行，负荷主要集中在西部，而西部负荷由陈家桥、板桥站接带，其中大部分由陈家桥主变分担。此外，川渝断面洪沟—板桥 500kV 双回线重载。

(2) 电压无功平衡分析。

2008 年丰大方式下，重庆电网 500kV 系统电压运行在 519.6～529.8kV，低者对应于板桥变电站母线，高者对应于奉节串补站母线。220kV 变电站电压运行在 225.5～238.7kV，低者对应于城口和双桂变电站母线，高者对应于双槐发电厂出口变压器高压侧母线，满足正常运行电压要求。

根据《电力系统电压和无功电力技术导则》220kV 变电站在主变最大负荷时，二次侧下注功率因数应保持在 0.95～1，重庆电网负荷侧功率因数整体较高，满足要求。

(3) 动态无功备用容量分析。

重庆电网的动态无功备用容量基本来源于发电机。从机组运行功率因数来看，接入 500kV 系统的机组功率因数都在 0.99 以上；接入 220kV 系统的机组也仅有重电稍低于0.95,且重电机组有功出力未达其最大出力。整体来看,重庆电网动态无功备用比较充足。

(4) 小结。

重庆电网2008年丰大方式下无功电力基本符合分层分区平衡、就地补偿的原则。500kV降压变中压侧下注功率因数除万县和长寿主变外,都保持在0.95以上,而万县、长寿主变中压侧下注功率虽然很低,但传送的有功、无功量都比较小,在这种情况下,用无功传输的绝对数量来考核无功分层分区平衡原则是否满足更有意义。根据这个原则,万县、长寿变所属区域也满足无功分层分区平衡的原则。主力机组功率因数除重电稍低于0.95外,其余机组都保持在0.97以上,动态无功备用充足。渝东南彭水、黔江、酉阳、秀山地区由于负载较轻,丰大方式采用了江口电厂进相运行吸收多余线路充电功率的方式调节220kV网络的电压,增加了长寿变主变下注无功功率,如果退出220kV彭水变主变低压侧的无功补偿,同时降低江口电厂进相运行深度,则既可以减少长寿变主变下注无功功率,也可以保持长寿变至秀山变长链式网络电压在允许范围之内。

2) 枯大方式潮流及无功平衡分析

(1) 潮流分析。

2008年重庆电网枯大方式下计算有功发电出力为4630.0MW,无功发电出力为571.1Mvar,计算有功负荷为6244.3MW,计算无功负荷为1860.4Mvar,有功旋转备用为450MW,有功网损为119.7MW。旋转备用占重庆电网发电负荷比例约为9.7%;网损占重庆电网发电负荷比例约为2.6%。

本方式下,重庆电网接受四川外送电力3830.4MW,其中,黄岩—万县500kV双回线路送1778.8MW,洪沟—板桥500kV双回送2051.6MW。重庆电网外送湖北电力2142.8MW,其中,万县—龙泉500kV双回送1336.6MW,张家坝—恩施500kV双回送806.2MW。

潮流计算结果显示,重庆电网潮流分布基本合理,没有过载线路。500kV、220kV均无重载线路。500kV变电站中,陈家桥主变负载相对于丰大运行方式有所减轻(2×555.3MW,容载比1.30),但仍满足不了静态$N-1$安全分析的要求。

(2) 电压无功平衡分析。

枯大方式下,重庆电网500kV系统电压运行在518.9～534.6kV,低者对应于陈家桥变电站母线,高者对应于奉节串补站母线。220kV变电站电压运行在224.6～235.5kV,低者对应于巴山变母线,高者对应于珞璜二期发电厂升压变高压侧母线,满足正常运行电压要求。

整个重庆电网平均负荷功率因数为0.958,满足要求。

(3) 动态无功备用容量分析。

从机组运行功率因数来看,接入500kV系统的机组功率因数都在0.98以上;

大部分接入 220kV 系统的机组功率因数大于 0.98，仅重电、永川、珞璜一期机组功率因数稍低于 0.95，整个电网动态无功备用充足。

(4) 小结。

重庆电网 2008 年枯大方式下无功电力基本符合分层分区平衡、就地补偿的原则，只有长寿 500kV 变电站中降压变中压侧下注功率因数较低，但由于下注无功功率数值较小，因此引起的损耗有限。电网中的主力机组大部分功率因数在 0.98 以上，只有重电、永川、珞璜一期稍低于 0.95，整个电网动态无功备用充足。

3) 丰小方式潮流及无功平衡分析

(1) 潮流分析。

2008 年重庆电网丰小方式网络拓扑基本与丰大方式相同。本方式下计算有功发电出力为 2055.0MW，无功发电出力为 362.2Mvar，计算有功负荷为 2886.6MW，计算无功负荷为 964.5Mvar，有功旋转备用为 2440MW，有功网损为 27.6MW。旋转备用占重庆电网发电负荷比例约为 118.7%；网损占重庆电网发电负荷比例约为 1.3%。

本方式下，重庆电网接受四川外送电力 1677.4MW，其中，黄岩—万县 500kV 双回线路送 780.6MW，洪沟—板桥 500kV 双回送 896.8MW。重庆电网外送湖北电力 827.2MW，其中，万县—龙泉 500kV 双回送 718.4MW，张家坝—恩施 500kV 双回送 108.8MW。

潮流计算结果显示，重庆电网潮流分布基本合理，没有过载线路，也没有重载线路，500kV 变电站主变负载都较轻。

(2) 电压无功平衡分析。

丰小方式下，重庆电网 500kV 系统电压运行在 522.6～541.4kV，低者对应于板桥变电站母线，高者对应于奉节串补站母线。220kV 变电站电压运行在 224.5～234.0kV，低者对应于武隆变电站母线，高者对应于双槐发电厂出口变压器高压侧母线，满足正常运行电压要求。

在丰小方式下，负荷功率因数较低，有助于吸收 500kV 系统多余的充电功率，对抑制电压过高有利。

(3) 动态无功备用容量分析。

从机组运行功率因数来看，接入 500kV 系统的机组功率因数都在 0.95 以上。接入 220kV 系统的机组中，江口电厂进相运行以控制渝东南地区的电压；恒泰、安稳、九龙、珞璜三期、彭水电厂功率因数大于 0.95；双槐、永川、重庆、珞璜一期电厂由于有功出力远小于额定值，因而功率因数较低，实际无功出力远小于最大值，无功备用较大。总体而言，重庆电网无功储备充足。

(4) 小结。

重庆电网 2008 年丰小方式下无功电力基本符合分层分区平衡、就地补偿的原则。500kV 降压变中压侧下注功率因数除长寿(下注有功、无功总量较小)、隆盛主变外(可以将 60Mvar 低抗退出一组),都保持在 0.95 以上。主力机组无功储备充足。渝东南彭水、黔江、酉阳、秀山地区由于负载较轻,需要江口电厂进相运行吸收多余的线路充电功率。

4) 枯小方式潮流及无功平衡分析

(1) 潮流分析。

2008 年重庆电网枯小方式下计算有功发电出力为 2440.0MW,无功发电出力为 116.7Mvar,计算有功负荷为 2250.4MW,计算无功负荷为 1066.7Mvar,有功旋转备用为 1400MW,有功网损为 22.6MW。旋转备用占重庆电网发电负荷比例约为 57.4%;网损占重庆电网发电负荷比例约为 0.9%。

本方式下,重庆电网外送四川电力 212.9MW,其中,黄岩—万县 500kV 双回线路接受四川 170.5MW,洪沟—板桥 500kV 双回外送四川 383.4MW。重庆电网接受湖北外送电力 44.6MW,其中,万县—龙泉 500kV 双回接受 390.3MW,张家坝—恩施 500kV 双回外送湖北 345.7MW。

潮流计算结果显示,重庆电网潮流分布基本合理,没有过载线路,也没有重载线路,500kV 变电站主变负载都较轻。

(2) 电压无功平衡分析。

枯小方式下,重庆电网 500kV 系统电压运行在 526.1～544.4kV,低者对应于板桥变电站母线,高者对应于奉节串补站母线。220kV 变电站电压运行在 220.4～238.4kV,低者对应于秀山变电站母线,高者对应于白鹤发电厂出口变压器高压侧母线,满足正常运行电压要求。

整个电网负荷平均功率因数为 0.904,偏低。

(3) 动态无功备用容量分析。

从机组运行功率因数来看,重庆电网大部分机组高功率因数运行,动态无功储备充足,部分低功率因数运行的机组实际无功出力并不大,功率因数较低仅仅是因为有功旋转备用较大。为控制相应地区的电压,安稳、珞璜三期、彭水机组进相运行。总之,本方式下重庆电网动态无功备用充足。

(4) 小结。

重庆电网 2008 年枯小方式下无功电力基本符合分层分区平衡、就地补偿的原则。500kV 降压变中压侧下注功率因数大部分保持在 0.96 以上,仅巴南、隆盛主变下注功率因数较低,下接 220kV 电网可适当增加无功补偿容量。电网动态无功备用充足。

4. 2008 年典型方式电压无功平衡情况评价及措施

从上述对典型方式的电压无功平衡分析情况来看，重庆电网基本满足无功电力分层分区平衡的要求，但运行方式安排上也存在一些问题，下面按照各分区的具体情况总结如下：

(1) 渝西城区是重庆电网的主要负荷中心，负荷量占重庆电网总负荷量的一半以上。在各种运行方式下，西城区的无功功率基本满足分层分区平衡的原则，220kV 及以上节点电压均满足运行要求。

(2) 渝东南分区在四个典型运行方式下负荷侧功率因数都低于 0.9，丰大和枯大方式下负荷侧功率因数不满足要求。但由于渝东南分区属于长链型输电网络，且各种方式下负荷均很轻，负荷侧的低功率因数反而有助于吸收线路多余的充电功率。此外，丰大、枯大、丰小方式下，长寿变下注功率因数较低，这主要是由于这几种方式下长寿变下接 220kV 电网与主网交换的有功功率很少，因此，虽然下注无功总量不大，但功率因数较低。在这几种方式下，由于长寿变中压侧实际下注无功绝对量比较小，因而基本满足无功分区平衡的原则。

(3) 渝东北区包含的有功、无功负荷总量较小，又有白鹤电厂的电压支撑，在各种方式下与其他区域的功率交换较小，基本满足电力分层分区平衡要求。

(4) 渝东城区大方式下负荷侧功率因数较高，无功分层分区平衡状况良好。小方式下，负荷侧功率因数略低于 0.95，有助于吸收线路多余充电功率。整个区域基本满足电力分层分区平衡要求。

8.2.3 重庆电网静态电压稳定性问题研究

本节采用静态电压稳定性分析方法，对重庆电网 2008 年丰大方式、$N-1$ 故障后方式和严重故障后方式进行静态电压稳定分析计算，全面评价重庆电网的静态电压稳定水平，通过各种静态电压稳定性评价指标确定重庆电网的电压稳定薄弱环节。

1. 基础方式静态电压稳定性分析

1) 静态电压稳定裕度计算结果

稳定裕度指标包括单负荷母线有功裕度指标、区域功率储备系数指标和母线无功裕度指标。

从单负荷母线有功裕度扫描结果来看，当负荷按照恒定功率因数增长时，重庆电网 110kV 负荷母线的有功裕度在 0.614～5.008p.u.，低者对应于渝东南区的涪陵母线(主要是因为涪陵母线所接负荷功率因数很低，下同)，高者对应于渝东南地区的彭水母线。110kV 负荷母线的有功储备系数在 20%～110%，低者对应于西城区的巴山母线,高者对应于渝东南区的彭水母线。

从区域功率储备系数的扫描结果来看,重庆电网各分区的区域功率储备系数差别比较大,渝东南分区最高,达到46.2%;渝东北区和东城区次之,分别为29.6%和32.7%;西城区最低,只有12.8%,该区域为重庆电网静态电压稳定最薄弱的区域。

从母线无功裕度扫描结果来看,重庆电网110kV负荷母线无功裕度在0.6~1.684p.u.,低者对应于渝东北区的城口母线,高者对应于西城分区的万盛母线。

2) 模态分析法计算结果

模态分析方法可以用来找出电网中与电压稳定相关的关键母线、关键线路和关键发电机。对重庆电网2008年丰大方式进行模态分析,给出了关键负荷母线、关键线路和关键发电机组。

负荷母线参与因子排列在前面的20条母线中,西城区占45%,渝东北区占20%,东城区占20%,渝东南分区占15%。相关因子较大的负荷母线为电网中的电压稳定弱区域,也是进行无功补偿的最佳位置。由于西城区占据了相关因子较大的前20条母线中的一半左右,可知该区域是重庆电网静态电压稳定最薄弱的区域——该结论与区域功率储备系数的计算结论相一致。

线路参与因子较大的500kV线路有板桥—隆盛、珞璜—巴南、石坪—巴南、石坪—长寿等;参与因子较大的220kV线路有涪陵—武隆、涪陵—长寿、彭水—黔江等,这些线路是关键线路。

发电机组参与因子计算结果表明,珞璜1(三期)是比较关键的发电机组,在运行控制中需检测其动态无功备用,同时加强其附近区域的无功补偿,提高机组的无功备用水平。

2. *N*-1故障后方式静态电压稳定性分析

本小节通过对*N*-1故障后方式进行静态电压稳定分析,研究对重庆电网电压稳定性影响较大的单一故障形式。

N-1故障后方式,重庆电网功率裕度指标有所降低,特别是西城区的有功储备系数常常低于10%(最低的陈家桥#1主变开断运行方式下仅有5.7%),有功储备系数低。此外,西城区的单负荷母线有功储备系数和无功裕度也相对较低。

3. *N*-2故障后方式静态电压稳定性分析

本小节通过对严重故障后方式进行静态电压稳定分析,研究对重庆电网电压稳定性影响较大的严重故障形式。

$N-2$ 故障后方式，重庆电网西城区的各项功率裕度指标进一步降低，但总体来讲，$N-2$ 故障方式下，重庆电网各供电区域仍然有较高的稳定裕度，总体电压稳定水平较高。

8.2.4　2008 年基础运行方式重庆电网暂态电压稳定性问题研究

以 2008 年丰大和枯大方式为基础方式，对各种故障扰动下系统的暂态电压稳定性进行了仿真分析，模拟的严重故障形式包括线路 $N-1$ 故障、发电机组 $N-1$及失磁故障、变压器 $N-1$ 故障、电厂全停、联变故障，以及交流线路的多重故障形式。

1. 丰大方式下暂态电压稳定性问题的研究

1）单一元件故障的暂态电压稳定性分析

故障类型包括 500kV 电压等级的各条线路分别三相短路退出、单台发电机跳闸和失磁，以及单台 500kV 变压器故障。

（1）线路 $N-1$ 故障仿真分析。

故障类型为 500kV 电压等级的各条线路分别三相短路，500kV 线路故障切除时间按近故障点侧 0.09s、远故障点侧 0.1s 计算；故障线路考虑川渝电网所有 500kV 线路，故障校核时不考虑线路及变压器元件的过载问题。

500kV 线路三相短路故障计算结果表明，川渝电网 500kV 线路发生三相短路故障后，快速保护正确动作切除故障，重庆电网都能保持稳定。

（2）发电机 $N-1$ 及失磁故障。

《电力系统安全稳定导则》规定，正常运行方式下的电力系统，任一发电机跳闸或失磁故障，保护、开关及重合闸正确动作，不采取稳定控制措施，必须保持电力系统稳定运行和电网的正常供电，其他元件不超过规定的事故过负荷能力，不发生连锁跳闸。计算结果表明，2008 年丰大方式，川渝电网任一台发电机发生跳闸故障，系统都可以保持稳定运行，不会发生电压稳定问题。

失磁故障与发电机跳闸故障相比更为严重，这是因为发生该故障不仅失去了发电机本身的无功出力，而且还需要从系统中吸收与该发电机容量相当的无功功率，对系统造成严重的无功冲击。计算结果表明，川渝电网单台发电机发生励磁绕组开路失磁故障，3.0s 切除失磁机组，系统可以保持稳定，低压减负荷不动作，电压保持在较高的水平。

（3）变压器 $N-1$ 故障。

对重庆电网和四川电网 500kV 系统主变进行 $N-1$ 故障计算分析，0s 变压器高压侧发生三永故障，5 个周波后变压器退出运行。计算结果表明，川渝电网发生 500kV 主变 $N-1$ 故障，系统可以迅速恢复并保持稳定，低压减负荷不动作，电压维持在较高水平。但陈家桥主变 $N-1$ 故障时，另一主变会严重过载。

2）多重严重故障的暂态电压稳定性分析

（1） 220kV 线路三永跳双回故障。

假定故障为重庆电网 220kV 线路发生三永故障，6 周波后双回线跳开。从计算结果可以看出：

① 发生该类故障，重庆电网都可以保持稳定，系统电压可迅速恢复到正常水平。

② 发生长寿—涪陵、陈家桥—大学城、涪陵—武隆、彭水—黔江、彭水—武隆、酉阳—黔江及奉节—万县三永跳双回故障时，会有部分 220kV 系统与主网解列，主网保持稳定，电压迅速恢复。

③ 部分 220kV 三永跳双回故障会导致某些电厂解列。如发生双槐—花园、恒泰—万盛、江口—武隆及来苏—永川三永跳双回故障，双槐树电厂、恒泰电厂、江口电厂及永川电厂将分别退出运行；发生万县—白鹤电厂三永跳双回故障，白鹤电厂及部分 220kV 线路与主网解列。

（2）500kV 线路三永跳双回故障。

假定故障为 500kV 线路发生三永故障，近故障点侧 0.09s、远故障点侧 0.1s 双回线跳开。

川渝电网发生该类故障，部分故障情况下，系统将失去稳定，如渝板桥—川洪沟、渝万县—川黄岩、渝万县—鄂龙泉、川洪沟—川普提、川二滩—川普提各侧及川谭家—川南充谭家侧故障时，系统将失稳，需采取相应的切机切负荷措施才能保持系统的稳定。此外，发生川九龙—川石棉、川茂县—川谭家、川雅安—川石棉、川二滩—川石板三永跳双回故障时，由于网架结构的原因会有部分电网与主网解列，主网低压减负荷不动作，电压迅速恢复，不会发生电压失稳事故。

（3）500kV 联变故障。

假定故障为 500kV 变压器高压侧发生三永故障，5 周波后本站两台变压器全部跳闸。发生该类故障，重庆主网都可以保持稳定，系统电压可迅速恢复到正常水平，不会发生电压失稳事故。

万县双联变故障退出后，万县变下接 220kV 及以下电网的电压大幅下降。其原因是由于故障时刻的低电压导致城口、奉节、双桂变并联电容补偿无功输出大大减少，由于这一地区缺少其他的无功电源，导致城口等变电站母线电压无法恢复到正常水平。

长寿双联变故障退出后，长寿变下接 220kV 及以下电网的电压大幅下降。电压大幅下降的原因是由于从长寿—秀山属于长链型输电线路，无功传输困难，同时故障后电动机负荷的恢复特性导致无功需求增加。两者相互作用后武隆、彭水、酉阳、秀山变母线电压依次下降，其中，末端的秀山变 220kV 母线恢复电压在

0.75p.u.以下。

（4）主力电厂全停故障。

对川渝电网主力机组进行电厂全停故障分析，发生川渝电网内主力电厂机组全停故障后，系统保持稳定，低频减负荷、低压减负荷未动作。

（5）500kV 线路三相短路单相开关拒动。

假定故障为 500kV 线路发生三相短路故障，0.1s 后对侧开关跳开，本侧单相开关拒动跳开两相，0.34s 后备保护动作切除本线路和同一 3/2 接线上的线路/变压器。

计算表明，部分 500kV 线路发生三相短路单相开关拒动故障后系统不能保持稳定。其中，万龙 1 线、万龙 2 线、长万 1 线万县侧单相开关拒动，将导致川渝电网相对于华中电网失稳；隆板 1 线、洪板 1 线、洪板 2 线板桥侧故障，也将导致系统失去稳定，采取相应切机措施后，系统可以保持稳定。

（6）500kV 输电通道开断。

假定故障为 0s 川渝输电通道单回 500kV 线路三相故障，0.1s 后输电通道上的所有线路跳开或者跳 3 回线（川渝、渝鄂通道都是 2 条 500kV 线路共 4 回线）。

500kV 输电通道开断故障发生时，除渝万县—鄂龙泉输电通道发生开断故障及川洪沟—渝板桥输电通道发生开断故障，重庆电网能够保持稳定之外，其余输电通道的任意侧发生开断故障，系统都将失去稳定，需要采取相应的切机、切负荷措施。

2. 枯大方式下暂态电压稳定性问题的研究

2008 年枯大方式下，重庆电网 500kV 网架继续由日字型单环网向日字型双环网过渡，500kV 隆盛、巴南等变电站扩建第二台主变后，500kV 变电站供电能力及供电可靠性进一步增加。

2008 年 8 月起，隆盛和巴南站扩建的第二台主变及张家坝＃1 主变扩建工程陆续投运，张家坝也由开关站转变为变电站。年末，张家坝—隆盛第二回线路投运，重庆 500kV 电网输送能力得到进一步提高。

与重庆电网相邻的四川电网 500kV 网架结构变化也较小，主要是东坡—尖山线路由一回增加至两回，尖山—雅安线路双回退出运行。

另外，2008 年枯大方式下，华北华中联网方式发生了变化：晋东南经南阳至荆门的 1000kV 单回交流输电线路投入运行，华北与华中电网联系进一步加强。

1）单一元件故障的暂态电压稳定性分析

故障类型包括 500kV 电压等级的各条线路分别三相短路退出、单台发电机跳闸和失磁，以及单台 500kV 变压器故障。

(1) 线路 $N-1$ 故障。

故障类型为 500kV 电压等级的各条线路分别三相短路,500kV 线路故障切除时间按近故障点侧 0.09s、远故障点侧 0.1s 断开计算;故障线路考虑川渝电网所有线路,故障校核时不考虑线路及变压器元件的过载问题。

500kV 线路三相短路故障计算结果表明,川渝电网 500kV 线路发生三相短路故障后,快速保护正确动作切除故障,重庆电网都能保持稳定。

(2) 发电机 $N-1$ 及失磁故障。

计算结果表明,2008 年枯大方式,川渝电网任一台发电机发生跳闸故障,系统都可以保持稳定运行,不会发生电压稳定问题。

失磁故障与发电机跳闸故障相比更为严重,这是因为发生该故障不仅失去了发电机本身的无功出力,而且还需要从系统中吸收与该发电机容量相当的无功功率,对系统造成严重的无功冲击。计算结果表明,川渝电网单台发电机发生励磁绕组开路失磁故障,3.0s 切除失磁机组,系统可以保持稳定,电压保持在较高的水平。

(3) 变压器 $N-1$ 故障。

对重庆电网和四川电网 500kV 系统主变进行 $N-1$ 故障计算分析,0s 变压器高压侧发生三永故障,5 个周波后变压器退出运行。计算结果表明,川渝电网发生 500kV 主变 $N-1$ 故障,系统可以迅速恢复并保持稳定,低压减负荷不动作,电压维持在较高水平。但陈家桥主变 $N-1$ 故障时,另一主变会严重过载;普提变主变 $N-1$ 故障时,普提变下接电网与主网解列。

2) 多重严重故障的暂态电压稳定性分析

(1) 220kV 线路三永跳双回故障。

假定故障为 220kV 线路发生三永故障,6 周波后双回线跳开。从计算结果可以看出:

① 发生该类故障,重庆电网都可以保持稳定,系统电压可迅速恢复到正常水平。

② 发生长寿—涪陵、陈家桥—大学城、涪陵—武隆、彭水—黔江、彭水—武隆三永跳双回故障时,会有部分电网与主网解列,主网保持稳定,电压迅速恢复。

③ 部分双回线路故障跳开将造成某些电厂与系统解列。如发生双槐—花园、恒泰—万盛、江口—武隆及来苏—永川三永跳双回故障,双槐树电厂、恒泰电厂、江口电厂及永川电厂将分别退出运行;发生万县—白鹤电厂三永跳双回故障,白鹤电厂及部分 220kV 线路与主网解列。

(2) 500kV 线路三永跳双回故障。

假定故障为 500kV 线路发生三永故障,近故障点侧 0.09s、远故障点侧 0.1s

双回线跳开。

大部分情况下，川渝电网发生该类故障，重庆电网都可以保持稳定，系统电压可迅速恢复到正常水平；但是川雅安—川石棉、川广安—川黄岩任意侧发生故障，都将导致华北电网相对于华中电网功角失稳；发生川二滩—川普提二滩侧故障，将导致二滩机组功角失稳；发生川二滩—川石板、川九龙—川石棉三永跳双回故障时，由于网架结构的原因会有部分电网与主网解列，主网低压减负荷不动作，电压迅速恢复，不会发生电压失稳事故。

(3) 500kV 联变故障。

假定故障为 500kV 变压器高压侧发生三永故障，0.1s 后本站两台变压器全部跳闸。

发生该类故障，重庆主网都可以保持稳定，系统电压可迅速恢复到正常水平，不会发生电压失稳事故，其中，长寿站发生 500kV 联变故障时，与之相连的 220kV 地区电网将解列；九龙、石棉、雅安变电站故障时，与之相连的地区电厂将退出运行。

(4) 主力电厂全停故障。

对川渝电网主力机组进行电厂全停故障分析，部分电厂发生全停故障后，系统不能保持稳定：珞璜、二滩及广安电厂的全停故障将导致华北电网相对于华中电网功角失稳。

(5) 500kV 线路三相短路单相开关拒动。

假定故障为 500kV 线路发生三相短路故障，0.1s 后对侧开关跳开，本侧单相开关拒动跳开两相，0.34s 后备保护动作切除本线路和同一 3/2 接线上的线路/变压器。

500kV 线路发生三相短路单相开关拒动故障后系统都能保持稳定；但板陈 2 线陈家桥侧故障将导致陈家桥＃2 主变过载。

(6) 500kV 输电通道开断。

假定故障为 0s 川渝输电通道单回 500kV 线路三相故障，0.1s 后输电通道上的所有线路跳开或者跳 3 回线(川渝、渝鄂通道都是 2 条 500kV 通道共 4 回线)。可以看出，渝鄂输电通道发生开断事故时，系统能够保持稳定；川渝输电通道发生三回线路开断事故时，系统不能保持稳定。

3. 丰大方式与枯大方式的暂态电压稳定性问题比较分析

就重庆电网的网架结构而言，2008 年的枯大方式相对于丰大方式的变化主要有两点：首先，500kV 网架继续由日字型单环网向日字型双环网过渡，输电及供电能力进一步提高；其次，晋东南经南阳至荆门的 1000kV 单回交流输电线路投入运行，改变了华北华中联网方式。上述变化既加强了电网的网架结构，有利于提高系统的暂态稳定水平，同时又引发了一些新情况的出现，主要体现在以下四种严重故障形式下。

1）500kV 线路三永跳双回故障

丰大方式下，渝板桥—川洪沟、渝万县—川黄岩、渝万县—鄂龙泉、川洪沟—川普提、川二滩—川普提各侧及川谭家—川南充谭家侧故障时，系统将失稳，需采取相应的切机切负荷措施才能保持系统的稳定；而在枯大方式下，由于网架结构的加强及负荷水平的变化，大部分情况下，川渝电网发生该类故障，重庆电网都可以保持稳定，但是川雅安—川石棉、川广安—川黄岩任意侧发生故障，都将导致华北电网相对于华中电网功角失稳的新情况的出现。

2）主力电厂全停故障

丰大方式下，川渝电网内主力电厂机组全停故障，系统都可以保持稳定；而在枯大方式下，珞璜（包括一、二、三期）、二滩及广安电厂的全停故障将导致华北电网相对于华中电网功角失稳情况的出现。

3）500kV 线路三相短路单相开关拒动

丰大方式下，万龙 1 线、万龙 2 线、长万 1 线万县侧单相开关拒动，将导致川渝电网相对于华中电网失稳，隆板 1 线、洪板 1 线、洪板 2 线板桥侧故障，也将导致系统失去稳定；而在枯大方式下，500kV 线路发生三相短路单相开关拒动故障后系统都能保持稳定。

4）500kV 输电通道开断

丰大方式下，川渝输电通道和渝鄂通道任意侧发生三回线路开断故障，系统都将失去稳定；而在枯大方式下，由于华中、华北特高压输电通道的投运及电网自身负荷水平的变化，除川渝通道三回线路开断，系统将失稳以外，其余输电通道故障时，重庆电网都可以保持稳定。

4. 重庆电网暂态稳定性评价

本节校核了重庆电网单一故障和多重严重故障下的暂态电压稳定性，可得到以下结论。

1）丰大方式

（1）单一元件故障。

① 500kV 线路 $N-1$ 故障，系统能够保持稳定。

② 任意一台发电机 $N-1$ 故障，继电保护正确动作，重庆电网能够保持稳定，不会引起电压失稳事故。

③ 500kV 主变 $N-1$ 故障，系统能够保持稳定，低压减负荷不动作，电压维持在较高水平；但陈家桥主变 $N-1$ 故障时，另一主变会严重过载。

（2）多重严重故障。

① 220kV 线路三永跳双回故障，系统可以保持稳定，电压恢复水平较高。其中，长寿—涪陵、陈家桥—大学城、涪陵—武隆、彭水—黔江、彭水—武隆三永跳双回故障，会有部分 220kV 系统与主网解列；双槐—花园三永跳双回故障，双槐树电厂机组与系统解列；万县—白鹤电厂三永跳双回故障，白鹤电厂机组与系统解列。

② 500kV 线路三永跳双回故障，部分故障情况下，系统将失去稳定，如渝板桥—川洪沟、渝万县—川黄岩、渝万县—鄂龙泉、川洪沟—川普提、川二滩—川普提各侧及川谭家—川南充线路的谭家侧故障时，系统将失稳；此外，发生川二滩—川石板、川九龙—川石棉、川茂县—川谭家、川雅安—川石棉三永跳双回故障时，由于网架结构的原因会有部分电网与主网解列。

③ 500kV 联变同时故障，重庆主网可以保持稳定，系统电压可迅速恢复到正常水平，不会发生电压失稳事故。

④ 主力电厂机组全停故障，系统能够保持稳定，低频、低压减负荷不动作。

⑤ 500kV 线路三相短路单相开关拒动故障，部分故障发生后系统不能保持稳定；万龙 1 线、万龙 2 线、长万 1 线万县侧单相开关拒动，将导致川渝电网相对于华中电网失稳；隆板 1 线、洪板 1 线、洪板 2 线板桥侧故障，也将导致系统失去稳定，采取相应切机措施后，系统可以保持稳定。

⑥ 500kV 输电通道开断故障指川渝或渝鄂通道上有三回以上线路开断的情况。若川渝或渝鄂通道上的所有线路同时开断，则川渝、华中主网可以分别保持稳定，否则需要采取相应的安稳控制措施。

2）枯大方式

（1）单一元件故障。

① 500kV 线路 $N-1$ 故障，系统能够保持稳定。

② 任意一台发电机 $N-1$ 故障，继电保护正确动作，重庆电网能够保持稳定，不会引起电压失稳事故。

③ 500kV 主变 $N-1$ 故障，系统能够保持稳定，低压减负荷不动作，电压维持在较高水平；但陈家桥主变 $N-1$ 故障时，另一主变将严重过载；普提主变 $N-1$ 故障时，普提变下接电网将与主网解列。

（2）多重严重故障。

① 大部分 220kV 线路三永跳双回故障，系统可以保持稳定；但是，长寿—涪陵、陈家桥—大学城、涪陵—武隆、彭水—黔江、彭水—武隆三永跳双回故障，将导致部分电网与主网解列；双槐—花园三永跳双回故障，将导致双槐树电厂机组与系统解列；万县—白鹤电厂三永跳双回故障，将导致白鹤电厂机组与系统解列。

② 500kV 线路三永跳双回故障，部分故障发生后系统不能保持稳定。其中，川雅安—川石棉、川广安—川黄岩线路的任意侧发生故障，都将导致华北电网相对于华中电网功角失稳；发生川二滩—川普提二滩侧故障，将导致二滩机组功角失稳；发生川二滩—川石板、川九龙—川石棉、川茂县—川谭家三永跳双回故障时，由于网架结构的原因会有部分电网与主网解列。

③ 500kV 联变同时故障，重庆主网都可以保持稳定，系统电压可迅速恢复到正常水平，不会发生电压失稳事故。其中，长寿站故障时，与之相连的 220kV 地区电网将解列；九龙、石棉、雅安站故障时，与之相连的地区电厂将退出运行。

④ 部分主力电厂机组全停故障，系统将不能保持稳定；珞璜（包括一、二、三期）、二滩及广安电厂的全停故障将导致华北电网相对于华中电网功角失稳。

⑤ 大部分 500kV 线路发生三相短路单相开关拒动故障后系统都能保持稳定；但陈长 1 线陈家桥侧故障将导致重庆电厂和九龙电厂机组功角失稳，板陈 2 线陈家桥侧故障将导致陈家桥＃2 主变过载。

⑥ 500kV 输电通道开断故障：渝鄂输电通道发生开断事故时，系统能够保持稳定；川渝输电通道发生三回线路开断事故时，系统不能保持稳定，需要采取相应的安稳控制措施。

通过上述分析可以看出，重庆电网 2008 年网内各断面 $N-1$ 故障无暂态稳定、动态稳定问题，川渝、渝鄂断面 $N-2$ 故障引起的暂态稳定问题可以通过川电东送安控装置解决。少数其他断面的 $N-2$ 故障主要是热稳定问题（如陈家桥主变故障）。总体而言，重庆电网 2008 年网架结构较坚强，抵御严重故障冲击的能力较强，在合理的安控措施下系统都可以保持稳定，电压恢复到较高水平，发生暂态电压失稳事故的可能性较小，符合《电力系统安全稳定导则》三级安全稳定标准的要求。

8.2.5 重庆电网中长期电压稳定性仿真研究

本节所有计算结果均基于重庆电网 2008 年丰大方式数据。为了近似模拟更低电压等级变压器的有载调压功能，计算中将 220kV 变压器设为有载调压，以便评估 OLTC 动作特性对长期电压稳定性的影响。

1. 单一故障长期电压稳定评估

故障类型包括 500kV 电压等级的各条线路分别三相短路退出、单台发电机跳闸和失磁，以及单台 500kV 变压器故障。

1) 500kV 线路 $N-1$ 故障仿真分析

故障类型为 500kV 电压等级的各条线路分别三相短路，500kV 线路故障切除时间按近故障点侧0.09s、远故障点侧0.1s计算；故障线路考虑重庆电网所有500kV线路，故障校核时不考虑线路及变压器元件的过载问题。

计算结果表明，重庆电网500kV线路发生三相短路故障，快速保护正确动作切除故障，重庆电网都能保持稳定。

2）发电机 $N-1$ 及失磁故障

2008年丰大方式，重庆电网任一台发电机发生跳闸故障，系统都可以保持稳定运行，不会发生电压稳定问题。

3）500kV变压器 $N-1$ 故障

对重庆电网和四川电网500kV系统主变进行 $N-1$ 故障计算分析，0s变压器高压侧发生三永故障，5个周波后变压器退出运行。计算结果表明，重庆电网发生500kV主变 $N-1$ 故障，系统可以迅速恢复并保持稳定，低压减负荷不动作，电压维持在较高水平。但陈家桥主变 $N-1$ 故障时，另一主变会严重过载。

2. 多重严重故障的长期电压稳定评估

1）220kV线路三永跳双回故障

假定故障为重庆电网220kV线路发生三永故障，6周波后双回线跳开。全过程仿真计算结果表明系统能够保持稳定。

2）500kV线路三永跳双回故障

假定故障为500kV线路发生三永故障，近故障点侧0.09s、远故障点侧0.1s双回线跳开。结果表明，重庆电网发生该类故障时，部分故障情况下，系统将失去稳定，如渝板桥—川洪沟、渝万县—川黄岩、渝万县—鄂龙泉、川洪沟—川普提、川二滩—川普提各侧及川谭家—川南充谭家侧故障时，系统将发生功角失稳，需采取相应的切机切负荷措施才能保持系统的稳定。此外，发生川九龙—川石棉、川茂县—川谭家、川雅安—川石棉、川二滩—川石板三永跳双回故障时，由于网架结构的原因会有部分电网与主网解列，主网低压减负荷不动作，电压迅速恢复，不会发生电压失稳事故。

3）500kV联变退出故障

下面计算重庆电网500kV变电站联变退出故障，故障类型为：0周波变压器高压侧发生三相短路故障，5周波时所有变压器退出。仿真结果表明，万县站、板桥站变压器退出后暂态功角失稳；长寿站变压器退出后，主网保持稳定，其下辖220kV以下地区与主网解列、地区电压失稳；陈家桥站变压器退出后发生长期电压失稳；其余站变压器退出后系统仍然保持稳定。

表8.9给出了渝陈家桥双主变退出后OLTC和发电机过励磁限制动作时序。

表 8.9　渝陈家桥双主变退出故障 OLTC 和过励磁限制动作时序表

故障时间/s	OLTC 动作地点	过励磁限制动作发电机	对电压的影响
0			渝金家岩电压 由 1.05p.u. 降至 0.99p.u.
30.10	渝柏树堡 渝大学城 渝凉亭 渝梅花山 渝田家 渝玉皇观		30s 时,陈家桥周边地区 OLTC 开始动作,金家岩电压最高升至 1.08p.u.,之后缓慢下降至 0.97p.u.; 35s 时,金家岩地区电压低导致 OLTC 第二轮动作,电压升至 1.06p.u.,之后缓慢下降至 0.97p.u.; 之后 OLTC 继续动作几轮,但是电压依旧不能恢复到故障前水平,最后电压稳定在 0.978p.u.
30.11	渝大竹林 渝花园 渝凉风垭 渝双山 渝水碾		
30.12	渝巴山 渝黄荆堡 渝龙井		
30.13	渝金家岩 渝金龙 渝马岚垭 渝走马羊		
30.14	渝来苏		
30.15	渝茶店		
30.16	渝邮亭		
35.11	渝梅花山		
100.12	渝綦江		
298.18		渝重庆电	电压快速下降至 0.85 p.u.
300.98		渝重庆 1	
328.19	渝万盛		300～332s,电压缓慢下降至 0.79p.u.
332.05		渝九龙电	电压快速下降至 0.71p.u.
			332～352s,虽 OLTC 继续动作,但电压仍然缓慢下降至 0.69 p.u.
352.08		渝珞璜 81 渝珞璜 82	电压迅速下降至 0.45p.u.

续表

故障时间/s	OLTC动作地点	过励磁限制动作发电机	对电压的影响
362.06	渝翠云 渝大溪 渝人和		由于OLTC作用,电压有很小升高,最终稳定在0.47p.u.
362.07	渝鸡冠石		
383.08	渝东新村 渝朱家		

陈家桥变电站供电地区线路较多、负荷较重,当陈家桥双主变退出之后,由于下辖220kV地区失去了很大一部分功率源,位于该地区内的渝重庆电厂和九龙电厂发电机励磁电流升高来提高电压,在此期间OLTC不停动作以维持电压,该地区电压略有下降,但是由于渝重庆电厂和九龙电厂发电机长期处于过励磁状态,300s时渝重庆电厂发电机过励磁限制环节首先动作,导致九龙电厂励磁电流继续升高,332s九龙电厂过励磁限制环节动作,使得352s时珞璜一期电厂过励磁限制环节动作,这段时间内陈家桥地区电压迅速下降,电压失稳,此后虽OLTC继续动作,但是由于有功严重不足,最终陈家桥地区电压失稳。

4) 输电通道断开

假定故障为0s川渝输电通道单回500kV线路三相故障,0.1s后输电通道上的所有线路跳开(川渝、渝鄂通道都是2条500kV线路共4回线),仿真结果表明,重庆送湖北、四川送重庆输电通道断开时重庆电网均能保持稳定,其中,四川送重庆输电通道断开时四川地区与华中电网解列,需要对四川地区机组进行切机措施。

5) 发电厂退出仿真结果

对重庆电网发电厂退出故障进行长期仿真分析,重庆电网发电厂退出后系统在长期仍能保持稳定运行。

3. SVC对重庆电网长期电压稳定性的影响

通过发电厂退出和通道断开故障分析SVC(包括陈家桥、万县和川洪沟三个SVC)对重庆电网长期稳定性的影响,分析采用的数据为重庆电网2008年丰大方式数据。

SVC的基本功能是从电网吸收或向电网输送可连续调节的无功功率,以维持装设点的电压恒定,并有利于电网的无功功率平衡。在系统发生电压波动后,SVC能够调节系统电压,使系统电压的稳定裕度变大,利于电压稳定。另外,在电力系统中,发电机经输电线路并联运行,在小扰动作用下,发电机转子电角度之间会发生相对摇摆，同时输电线路上功率也会发生相应的振荡，这时电力系统如果缺乏必要的正阻尼就会使振荡时间延长甚至导致增幅性振荡，最终失去稳定。SVC 对于提高系统运行的稳定性有良好的作用，改善系统的阻尼振荡特性是其主要功能之一。

结合重庆电网实际故障仿真和以上分析可以看出，SVC 大大提高了系统故障后的阻尼，有效地减少了故障后系统振荡的时间，使系统更快地平息振荡保持稳定；在不投入 SVC 时，系统电压和发电机组功角出现振荡，不利于电压稳定。

4. 多重连锁故障的长期仿真分析研究

1）连锁故障模式一

连锁故障模式一是指渝重电、九龙电退出，陈家桥—双山、陈家桥—柏树堡相继断开：0s 渝重电和九龙电退出之后，陈家桥—双山、陈家桥—柏树堡线路重载，10s 后陈家桥—双山线路跳开；20s 后陈家桥—柏树堡单回线跳开；30s 陈家桥—柏树堡双回线跳开之后，金家岩、水碾站属于相对远端受电地区，且金家岩、水碾地区负荷分别为 340MW、370MW，负荷相对较重，由于失去了渝重电和九龙电厂的供电，最终发生电压失稳问题。

在故障发生后 30s，由于金家岩和水碾地区处于电压较低状态，OLTC 开始动作试图调高电压，但是由于地区本身无功支持不足，线路有功传输困难，虽然在 OLTC 动作后电压有上升，但是马上就缓慢跌落，导致 OLTC 再次动作，造成电压反复升高、降低；在 103s 时由于珞璜一期电厂机组长期处于过励磁工作状态，励磁限制环节开始动作，造成有功进一步不足，电压迅速跌落且渝永川电厂励磁电流进一步升高；253s 时永川电厂过励磁动作，最终金家岩、水碾地区电压失稳。

2）连锁故障模式二

连锁故障模式二是指渝重电、九龙电退出，双山—水碾断开，即 0s 渝重电和九龙电退出之后，双山—水碾线路上潮流较重，10s 时其中一回线断开，20s 后双回线断开。

双山—水碾 220kV 双回线在现有方式下输电量为 407.4MW，渝重庆电厂和九龙电厂退出后，双山—水碾线重载，线路跳开后水碾和金家岩地区失去了大部分有功功率来源，电压迅速下降，周边地区 OLTC 不断动作，虽能维持电压恒定，但时间非常短暂，电压仍然继续快速下降，最终降至 0.52p.u.。

3）连锁故障模式三

连锁故障模式三即渝重电一台机检修方式下双山—水碾、陈家桥—大竹林一回线相继断开，即在渝重电一台机组检修情况下，双山—水碾一回线在 0s 三相短路断开；10s 后双山—水碾双回线断开；20s 后陈家桥—大竹林一回线断开。

在故障后 40s，水碾地区 OLTC 开始动作，但由于地区有功不足，电压仍缓慢下落至 0.94p.u.；155s，渝重电另一台机组由于过励磁保护动作，使得电压迅速跌落至 0.82p.u.；207s，由于渝重电退出导致励磁电流进一步升高，渝九龙电厂机组过励磁保护动作，电压继续快速下跌至 0.64p.u.；其后由于 OLTC 动作，使得电压缓慢恢复至 0.68p.u.。

5. 负荷持续增长的中长期电压稳定分析

负荷缓慢持续增长是电力系统中比较常见的现象，由于负荷增长速率低，一段时间之内不易察觉，但是在持续增长一段时间之后易发生系统电压失稳现象，因此，调度人员需要了解系统在负荷缓慢持续增长下系统电压稳定裕度。

传统的静态负荷裕度是基于连续潮流法，从当前工作点出发，随负荷不断增加，依次求解潮流，直到通过临界点，从而得到节点 PV 曲线求得负荷裕度。但是基于潮流求解裕度忽略了动态元件对电压稳定性的影响，得到的结果偏于保守。因此，经过研究分析后，基于 PSD-FDS 电力系统全过程动态仿真程序，提出了动态电压稳定裕度指标。动态电压稳定裕度指标是求解电力系统在负荷以一定速率缓慢增长时，系统距离电压崩溃点的裕度；动态电压稳定裕度考虑了系统中 OLTC、发电机过励磁限制等动态元件的影响，可计算单节点、分区和全网等多种负荷增长方式下系统的动态裕度，为运行人员提供了一个较直观的表示系统当前运行点到电压崩溃点距离的量度，系统运行点距离崩溃点和动态裕度呈线性关系。因此，动态裕度指标具有较好的实际指导意义。

1）无故障下重庆电网负荷持续增长电压稳定性分析

本小节分析无故障下重庆电网全网和分区负荷持续增长时的系统电压稳定裕度，与静态裕度进行比较，评价重庆电网的电压稳定性。

计算负荷持续增长首先需要确定系统负荷增长速率，本小节计算中负荷增长速率为 1%/s，即所有节点负荷每秒增长初始方式下的 1%。计算结果见表8.10。

表 8.10　无故障下重庆电网长期负荷持续增长的动态电压稳定裕度

增长方式	增长速率/(%/s)	动态电压稳定裕度/%
全网	1.0	24.3
渝东北区	1.0	63.6
渝东南区	1.0	62.9
渝西城区	1.0	26.5
渝东城区	1.0	47.7

无故障下全网负荷持续增长过程中，电压逐渐降低使得 OLTC 开始动作，一段时间后电压开始小幅振荡，重庆电厂、路璜一期电厂、九龙电厂机组依次处于强

励状态，随后分别在 178s、196s、204s 过励磁保护动作，部分地区电压迅速下降。

无故障下渝东北分区负荷持续增长过程中，区域电压失稳，在 854s 白鹤电厂过励磁保护动作。

无故障下渝东南分区负荷持续增长过程中，由于江口电厂在 1031s 时过励磁保护动作，使得局部地区电压迅速下降并出现大幅振荡，最终导致电压失稳。

无故障下渝西城分区负荷持续增长过程中，电压降低使得 OLTC 开始动作，一段时间后电压开始小幅振荡，重庆电厂、珞璜一期电厂、九龙电厂、永川机组依次处于强励状态，随后分别在 354s、385s、426s、480s 过励磁保护动作，部分地区电压迅速下降。

无故障下渝东城分区负荷持续增长过程中，由于 125s、267s 渝珞璜三期、一期发电机过励磁保护动作，电压迅速降低，区域电压失稳。

2）渝陈家桥—渝板桥单回线开断方式负荷持续增长电压稳定性分析

本小节分析渝陈家桥—渝板桥单回线开断方式下重庆电网负荷持续增长时的电压稳定性，结果见表 8.11。渝陈家桥—渝板桥线路是 2008 年丰大方式下重庆电网内部潮流最重的线路，在线路开断、潮流重新分布后，系统电压稳定性也发生了较大的变化，需要重视。

表 8.11 渝陈家桥—渝板桥单回线开断方式下重庆电网负荷持续增长的动态电压稳定裕度

增长方式	增长速率/(%/s)	动态电压稳定裕度/%
全网	1.0	10.4
渝东北区	1.0	17.8
渝东南区	1.0	29.7
渝西城区	1.0	11.7
渝东城区	1.0	22.3

首先计算线路开断后重庆电网全网负荷持续增长下的电压稳定性，从计算结果可以看出，在负荷增长过程中，重庆电网母线电压逐渐降低，159s 渝珞璜一期电厂机组过励磁保护动作，168s 渝重庆电厂机组过励磁保护动作，186s、189s 渝九龙电厂和渝珞璜二期电厂发电机保护分别动作，重庆全网电压严重降低。

在这种开断方式下，由于发生潮流转移，渝珞璜一期电厂向陈家桥地区供电增加，使得重庆全网故障关键元件从无故障时的渝重庆电厂变为渝珞璜一期电厂，重庆电网全网负荷裕度与无故障情况略有不同。

分别计算重庆电网在渝陈家桥—渝板桥单回线开断方式下各分区负荷持续增长时的电压稳定性，结果如下：

在渝东北分区负荷增长过程中，渝东北分区电压逐渐不能满足运行要求，1309s 渝白鹤电厂过励磁保护动作。

在渝东南分区负荷增长过程中，891s 渝江口电厂过励磁保护动作，地区失去电压支撑，电压振荡失稳。

在渝西城分区负荷增长过程中，电压降低使得 OLTC 开始动作，电压开始小幅振荡，重庆电厂、九龙电厂、渝珞璜一期机组依次处于强励状态，随后分别在 420s、460s、480s 过励磁保护动作，部分地区电压迅速下降。

在渝东城分区负荷增长过程中，由于 350s 渝珞璜三期发电机过励磁保护动作，电压迅速降低，区域电压失稳。

3）长期负荷持续增长电压稳定性评价

本小节研究了 2008 年重庆电网丰大方式负荷持续增长对长期电压稳定性的影响，计算结果表明：

（1）基于负荷持续增长的全过程仿真计算得到的动态电压稳定裕度与静态电压稳定方法计算得到的静态电压稳定裕度略有不同，这是由于计算条件的差别引起的。但两种方法计算结果的总体趋势基本一致。

（2）重庆电网长期电压稳定性薄弱地区为渝西城分区，其负荷持续增长裕度远远小于其他分区，这是由重庆电网的负荷分布决定的。

（3）渝双山、渝巴山、渝水碾及渝金家岩等地区，在负荷持续增长后易发生电压稳定性问题。

（4）负荷持续增长造成的长期电压稳定性问题，主要是由于负荷持续增长后，发电机励磁电流增加，最终引起过励磁限制动作造成的，OLTC 的动作特性也有较大的影响。渝重庆电厂、渝九龙电厂和渝珞璜一期电厂在发生过励磁动作时，地区电压将会严重降低，易发生电压稳定性问题；渝重庆电厂和渝九龙电厂对渝西城地区有较强的电压支撑作用，任意一台机组跳闸都会造成连锁反应，使渝西城分区电压崩溃。

6. 长期电压稳定性研究评价

本节针对重庆电网 2008 年丰大方式数据，研究了重庆电网的长期电压稳定性。通过严重故障扫描和连锁故障分析，确定了重庆电网易发生长期电压失稳的故障形式；通过部分故障计算比较分析，研究了 SVC 对重庆电网电压稳定性影响；通过分析负荷持续增长时的长期电压稳定性，提出了负荷持续增长的动态稳定裕度。

1）单重及多重故障下的长期电压稳定评价

对于重庆电网单重故障，继电保护正确动作，系统可以保持稳定，不会引发电压失稳事故。通道断开故障和发电厂全停故障，系统均能稳定。500kV 变电站主变退出故障中，万县、板桥、陈家桥、长寿站主变退出后，地区电压均失稳；巴南站主变退出后系统仍然保持稳定。

2）连锁性故障下的长期电压稳定评价

针对重庆电网实际运行情况，计算了可能由连锁故障引发的电压崩溃性事故，计算结果表明，重庆电网可能发生连锁故障地区主要分布于渝西城分区板桥、陈家桥主变下辖地区，连锁性故障引发电压失稳的原因都是由于地区失去部分有功功率来源，造成该地区与外网相连的线路潮流增加，电压下降，OLTC 相继动作，地区发电机励磁电流增加最终导致过励磁保护连锁动作引起。此外，仿真发现的所有可能引发局部电压崩溃的连锁故障均与重庆、九龙电厂退出有关（该地区其他电厂退出不会引起电压崩溃事故），这两个电厂对该地区的电压安全有着非常重要的支撑作用。

3）SVC 对重庆电网电压稳定性影响评价

SVC 的投入大大提高了系统故障后的阻尼，有效地减少了故障后系统振荡的时间；在不投入 SVC 时，系统电压和发电机组功角出现长时间振荡现象，这说明 SVC 对于维持重庆电网故障后稳定性具有积极意义。

4）负荷持续增长的长期电压稳定性分析与评价

通过 2008 年丰大方式下重庆电网负荷持续增长时的动态电压稳定裕度指标可知，重庆电网电压稳定性问题主要集中在渝西城分区，渝西城分区中渝重庆电厂、渝九龙电厂和渝珞璜一期电厂处于重负荷中心，发生的电压失稳性事故多由三电厂中一台或多台机组发生过励磁保护动作而造成连锁反应引起，因此这几个电厂对维持该地区电压稳定意义重大。

8.2.6 结论和建议

以 2008 年典型方式为基础，采用多种应用较成熟的分析方法对重庆电网的电压稳定问题进行了深入研究。完成的研究工作主要包括：典型运行方式下的无功电压平衡分析，丰大方式、$N-1$ 故障后方式和严重故障后方式下的静态电压稳定分析，以及各种单一元件故障和多重严重故障下的暂态电压稳定分析；此外，针对 2008 年丰大方式数据，探索性地开展了重庆电网长期电压稳定性的研究，分析评估了负荷持续增长、SVC 装置及连锁故障等因素对重庆电网长期电压稳定性的影响。以下将对取得的主要分析结论和建议进行总结说明。

1）电压无功平衡

在 2008 年丰大、枯大、丰小和枯小四种典型方式下，重庆电网基本满足无功电力分层分区平衡的要求。在各种运行方式下，西城区的无功功率基本满足分层分区平衡的原则，220kV 及以上节点电压均满足运行要求；渝东南分区在四个典型运行方式下负荷侧功率因数都低于 0.9，丰大和枯大方式下负荷侧功率因数不满足要求；此外，丰大、枯大、丰小方式下，长寿变下注功率因数较低，但总体来说下注无功总量均不大。渝东北分区包含的有功、无功负荷总量较小，又有白鹤电厂的支撑，在各种方式下与其他区域的功率交换都较小，基本满足电力分层分区平衡要求。渝东城分区大方式下负荷侧功率因数较高，无功分层分区平衡状况良好；小方式下，负荷侧功率因数略低于 0.95，有助于吸收线路多余的充电功率，整个区域基本满足电力分层分区平衡要求。

2）静态电压稳定性

2008 年丰大方式下重庆电网各区域的区域有功储备系数不平衡。作为重庆电网的负荷中心，西城区的静态电压稳定水平相对较低。但总体来说，重庆电网并没有明显的薄弱区域，各个地区的母线、线路、发电机参与因子大小比较平均。

$N-1$ 故障后方式，重庆电网功率裕度指标有所降低，特别是西城区的有功储备系数常常低于 10%，有功储备系数低。此外，西城区的单负荷母线有功储备系数和无功裕度也相对较低。

$N-2$ 故障后方式，重庆电网西城区的各项功率裕度指标进一步降低，电压稳定水平较低。

西城区是重庆电网的负荷中心，负荷量占重庆电网的总负荷量的一半以上。在丰大方式下，西城区无功储备相对较低，有必要加强无功电源的建设和管理。

3）暂态电压稳定性

在 2008 年丰大和枯大方式下，重庆电网内各断面 $N-1$ 故障无暂态稳定、动态稳定问题，川渝、渝鄂断面 $N-2$ 故障引起的暂态稳定问题可以通过川电东送安控装置解决。少数其他断面的 $N-2$ 故障主要是热稳定问题(如陈家桥主变故障)。总体而言，重庆电网 2008 年网架结构较坚强，抵御严重故障冲击的能力较强，在合理的安控措施下系统都可以保持稳定，电压可以恢复到较高水平，发生暂态电压失稳事故的可能性较小，符合《电力系统安全稳定导则》三级安全稳定标准的要求。

4）中长期电压稳定性

在 2008 年丰大方式下，重庆电网发生单一故障和部分严重故障时，只要继电保护正常动作，系统均可保持稳定；部分严重故障以及连锁故障下系统发生电压失稳现象，在切除部分机组和负荷后系统可以保持稳定；重庆电网中长期相对薄弱区域仍是西城分区，在动态裕度指标中西城分区的裕度最低，特别是板桥和陈家桥下辖的重负荷区域，在严重故障下易发生电压稳定性问题。总体来说，重庆电网网架结构相对合理，系统坚强，对故障冲击抵御能力较强。

参考文献

[1] 中国电力科学研究院. 福建电网电压稳定分析与研究. 北京：中国电力科学研究院技术报告，2005.

[2] 中国电力科学研究院. 重庆电网全时域电压稳定性深化研究及综合评价. 北京：中国电力科学研究院技术报告，2008.